普通高等院校工程图学类规划教材

工程制图

薛颂菊　徐瑞洁　主编

清华大学出版社
北京

内容简介

本教材是根据教育部最新颁布的高等学校“画法几何及工程制图课程教学基本要求”，在总结近几年各院校教学改革经验的基础上编写而成的。

本教材是按照手工绘图与 AutoCAD 绘图分离的教学模式编写的，其中没有 AutoCAD 的教学内容。其内容简练，选题经典，适于课时压缩而内容不减的机类及近机类各专业使用。其中选编有建筑制图的内容，因此尤其适于建筑类院校机类专业教学选用，参考课时为 64～100。

全书共有 11 章，主要内容有制图基础、正投影基础、立体的投影、轴测图、组合体、机件常用的表达方法、螺纹及螺纹紧固件、标准件和常用件、零件图、装配图、房屋建筑图简介等。

与本教材配套的《工程制图习题集》(薛颂菊主编)已经由清华大学出版社出版。

图书在版编目(CIP)数据

工程制图/薛颂菊，徐瑞洁主编. —北京：清华大学出版社，2015(2022.1 重印)
(普通高等院校工程图学类规划教材)
ISBN 978-7-302-39130-2

Ⅰ. ①工… Ⅱ. ①薛… ②徐… Ⅲ. ①工程制图－高等学校－教材 Ⅳ. ①TB23

中国版本图书馆 CIP 数据核字(2015)第 017689 号

责任编辑：杨　倩
封面设计：傅瑞学
责任校对：王淑云
责任印制：宋　林

出版发行：清华大学出版社
网　　址：http://www.tup.com.cn，http://www.wqbook.com
地　　址：北京清华大学学研大厦 A 座　　邮　　编：100084
社 总 机：010-62770175　　邮　　购：010-62786544
投稿与读者服务：010-62776969，c-service@tup.tsinghua.edu.cn
质量反馈：010-62772015，zhiliang@tup.tsinghua.edu.cn
印 装 者：保定市中画美凯印刷有限公司
经　　销：全国新华书店
开　　本：185mm×260mm　　印　张：16.5　　字　　数：402 千字
版　　次：2015 年 4 月第 1 版　　印　　次：2022 年 1 月第 7 次印刷
定　　价：48.00 元

产品编号：051677-03

前　言

本教材是由长期工作在教学一线，具有丰富教学经验的高校教师编写而成的。书中采用的标准是截至2009年由中华人民共和国国家质量监督检验检疫总局和中国国家标准化管理委员会发布的相关标准。

本教材立足于应用型人才培养，对传统的画法几何内容以掌握概念、强化应用为原则，降低图解问题的分量和难度。全书语言通俗简练，选图翔实易懂，适于课时压缩而内容不减的机类及近机类各专业使用。按照与AutoCAD分离的教学模式进行编写，没有AutoCAD的教学内容。与教材配套的习题集同步性好，方便教学。

全书共有11章，除机械制图内容外，还安排有1个章节的房屋建筑图内容，尤其适于建筑类院校的机类、近机类各专业使用，参考学时为64～100。

本教材由薛颂菊组织统稿，参加编写工作的老师有薛颂菊（绪论、第4、7、8、9章、附录）、徐瑞洁（第3、5、6、11章）、徐昌贵（第10章）、连香娇（第2章）、李冰（第1章），杨谆老师为教材的编写提供了一些资料和图片，在此表示感谢。

由于编者水平有限，其中难免存在不足和疏漏之处，敬请读者批评指正。

编　者

2015年2月

目　　录

绪 论

1. 本课程的性质和研究对象

工程制图是工科各专业必修的一门技术基础课，主要研究绘制和阅读工程图样的原理和方法，培养学生的空间想象能力和创造性思维能力。同时，它又是学生后续课程和课程设计、毕业设计不可缺少的基础课程。

本教材的前半部分属于画法几何范畴。画法几何是研究空间几何问题图示法和图解法的学科。图示法是运用投影理论在平面上表示空间几何元素(点、线、面)及其相对位置的方法；图解法是运用投影理论在平面上用几何作图解决空间几何问题的方法。学习图示法和图解法的过程，也是逐步培养和发展空间想象能力和空间思维能力的过程。

本教材的工程制图部分则涉及工程图样的绘制和阅读。工程图样是工程技术部门的一项重要技术文件，是工程界表达、交流设计思想的语言，也被称作工程师的语言。工程图样可以用手工绘制，也可以由计算机生成。在现代工业中，设计、制造、组装各种设备时，都离不开工程图样，在使用、维修、检测设备中也需要阅读工程图样来了解其结构和性能。因此，每个工程技术人员都必须能够绘制和阅读工程图样。

2. 本课程的任务

(1) 培养用正投影法以二维平面图形表达三维空间立体的能力。

(2) 培养空间想象和空间分析问题的能力。

(3) 培养尺规绘图、徒手绘图等绘图的基本技能以及阅读简单工程图样的能力。

(4) 熟悉技术制图与机械制图的有关国家标准，学会查阅有关标准手册。

(5) 培养严谨细致的工作作风和认真负责的工作态度。

3. 本课程的学习方法

本课程是一门既有理论又重实践的技术基础课，因此，学习时应注意以下几点：

(1) 理论联系实际。做题时，应多画、多看、多想，将投影分析与空间分析相结合，逐步提高投影分析能力和空间想象能力。另外，工程图样上的表达对象多数是日常能够遇到的东西，所以应该多联系实际，才能很好地理解和掌握所学的知识。

(2) 重视实践。完成一定量的习题与大作业训练，是巩固基本理论和培养绘图、读图能力的基本保证。因此，对待作业要高度重视，应该认真、按时、优质地完成。

(3) 掌握正确的画图步骤和分析问题、解决问题的方法。投影理论并不难，难的是画图、看图的实际应用。因此，在学习过程中，注意掌握正确的作图步骤和方法，以便准确、快速、高质量地完成作图。

(4) 严格遵守国家标准。国家标准是评价工程图样是否正确的重要依据。

第 1 章　制图的基本知识

工程图样是工程技术人员表达设计思想、进行技术交流的工具，同时也是指导生产的重要技术文件。为了便于生产、管理和交流，《技术制图》国家标准在图样的画法、尺寸标注等方面做出了统一的规定，这些规定是绘制和阅读工程图样的准则和依据。

本章摘要介绍《技术制图》国家标准对图纸幅面和格式、比例、字体、图线以及尺寸标注等有关规定，并介绍绘图工具的使用及常见的尺规几何作图方法。

1.1　《技术制图》国家标准的基本规定

1.1.1　图纸幅面和格式(GB/T 14689—2008)

1. 图纸幅面

表 1-1 所列为国家标准规定的图纸幅面和图框格式的尺寸。绘制技术图样时，应优先采用表 1-1 所规定的基本幅面，必要时允许加长幅面，但加长量必须符合国家标准 GB/T 14689—2008 的规定。

表 1-1　图纸幅面　　mm

<table>
<tr><td>幅面代号</td><td>A0</td><td>A1</td><td>A2</td><td>A3</td><td>A4</td></tr>
<tr><td>$B \times L$</td><td>841×1189</td><td>594×841</td><td>420×594</td><td>297×420</td><td>210×297</td></tr>
<tr><td>a</td><td colspan="5">25</td></tr>
<tr><td>c</td><td colspan="3">10</td><td colspan="2">5</td></tr>
<tr><td>e</td><td colspan="2">20</td><td colspan="3">10</td></tr>
</table>

2. 图框格式

图框是图纸上限定绘图范围的线框。图样均应绘制在用粗实线画出的图框内，其格式分为装订边和非装订边两种，但同一产品的图样只能采用一种格式。

有装订边的图纸，其图框格式如图 1-1 所示。非装订边的图纸，其图框格式如图 1-2 所示。外框表示图纸边界线，用细实线绘制，其大小为图纸幅面尺寸；内框为图框线，用粗实线绘制，其尺寸见表 1-1。

3. 标题栏(GB/T 10609.1—2008)

每种图纸上都必须画出标题栏，标题栏位于图纸的右下角。国家标准 GB/T 10609.1—2008 规定了标题栏的格式和尺寸，如图 1-3 所示。学生制图作业建议使用图 1-4 所示的简化标题栏。

4. 明细栏(GB/T 10609.2—2009)

装配图中，除了标题栏之外，还有明细栏。明细栏里填写组成装配体的各种零、部件的数量、材料等信息。国家标准 GB/T10609.2—2009 规定了明细栏的格式和尺寸，明细栏在标题栏的上方，外框线是粗实线，内格线和顶线是细实线。制图作业中装配图的标题栏和明

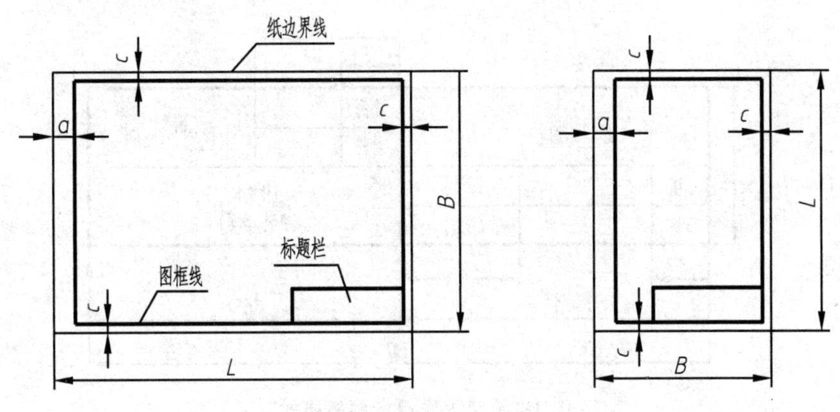

图 1-1　装订边图框格式

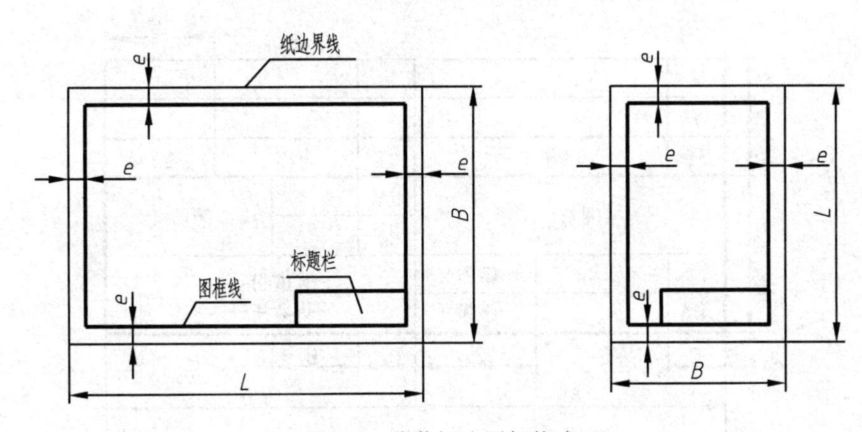

图 1-2　非装订边图框格式

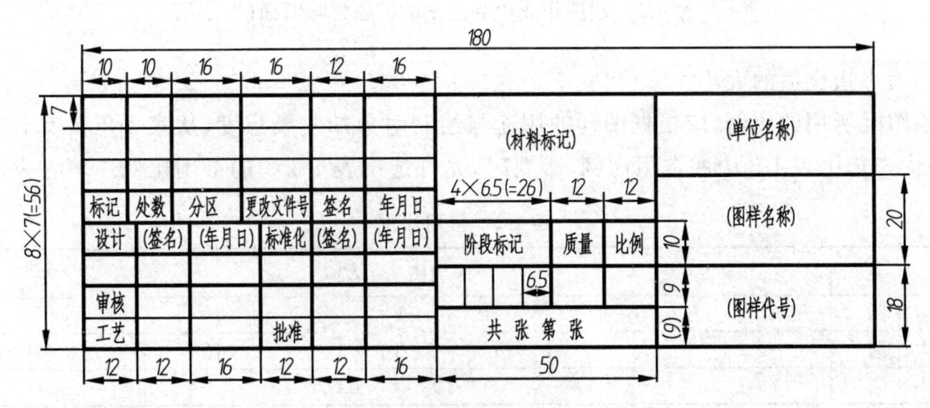

图 1-3　标题栏格式

细栏的格式,建议使用如图 1-5 所示的简化格式。

1.1.2　比例(GB/T 14690—1993)

比例是指图纸图形与其实物相应要素的线性尺寸之比。

比例有三种类型：原值比例(比值为 1)、放大比例(比值大于 1)与缩小比例(比值小于 1)。

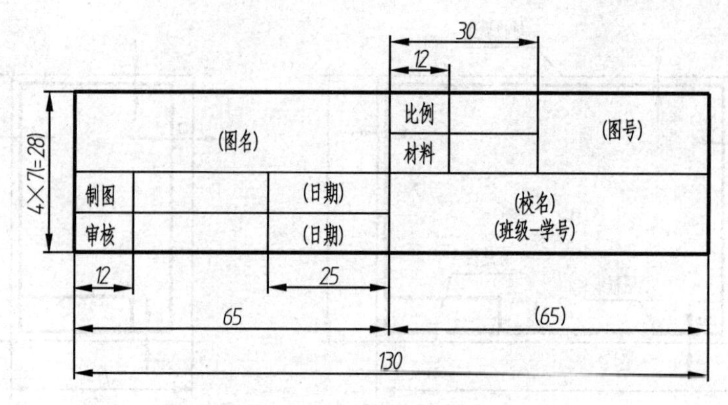

图 1-4 制图作业标题栏格式

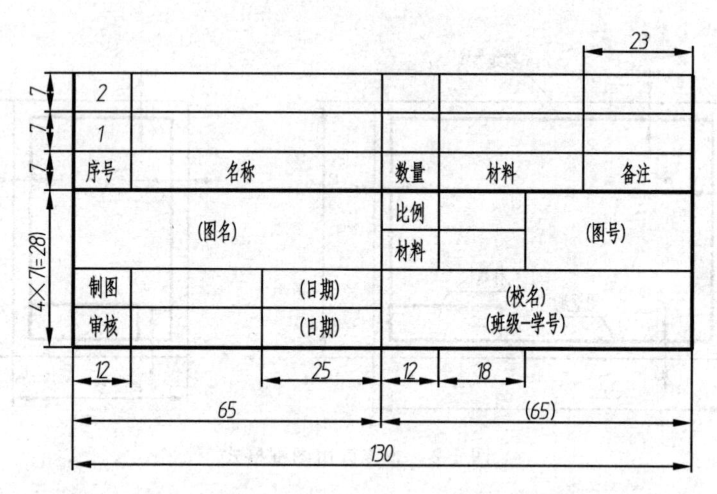

图 1-5 制图作业中装配图的标题栏与明细栏

比例的大小指比值的大小。

绘图时所用的比例,应根据图样的用途与绘制对象的复杂程度,从表 1-2 和表 1-3 中选用,并优先选用表 1-2 中的常用比例,必要时,允许选用表 1-3 中的可用比例。

表 1-2 常用比例

种　类	比　例					
原值比例	1∶1					
放大比例	5∶1	2∶1	5×10^n∶1	2×10^n∶1	1×10^n∶1	
缩小比例	1∶2	1∶5	1∶10	1∶2×10^n	1∶5×10^n	1∶1×10^n

表 1-3 可用比例

种　类	比　例				
放大比例	4∶1	2.5∶1	4×10^n∶1	2.5×10^n∶1	
缩小比例	1∶1.5	1∶2.5	1∶3	1∶4	1∶6
	1∶1.5×10^n	1∶2.5×10^n	1∶3×10^n	1∶4×10^n	1∶6×10^n

注:n 为正整数。

1.1.3　图线(GB/T 17450—1998　GB/T 4457.4—2002)

1. 线型

图线是起点和终点以任意方式连接的一种几何图形,它可以是直线或曲线、连续线或不连续线。国家标准 GB/T 17450—1998 规定了 15 种线型的名称、型式、结构、标记及画法规则等。

机械工程图样中常用的图线型式及应用见表 1-4。各种图线应用示例如图 1-6 所示。

表 1-4　常用图线型式及应用

图线名称	图线型式	线宽	主要用途
粗实线	————	d	可见轮廓线
细实线	————	$d/2$	尺寸线、尺寸界线、通用剖面线、引出线、重合断面的轮廓线、过渡线
虚线	- - - - - -	$d/2$	不可见轮廓线
细点画线	—·—·—	$d/2$	轴线、圆中心线、对称线
粗点画线	—·—·—	d	有特殊要求的表面的表示线
双点画线	—··—··—	$d/2$	假想轮廓线、相邻辅助零件的轮廓线、极限位置的轮廓线
波浪线	～～～	$d/2$	断裂处的边界线、视图和剖视的分界线
双折线	—\/\—\/\—	$d/2$	断裂处的边界线、视图和剖视的分界线

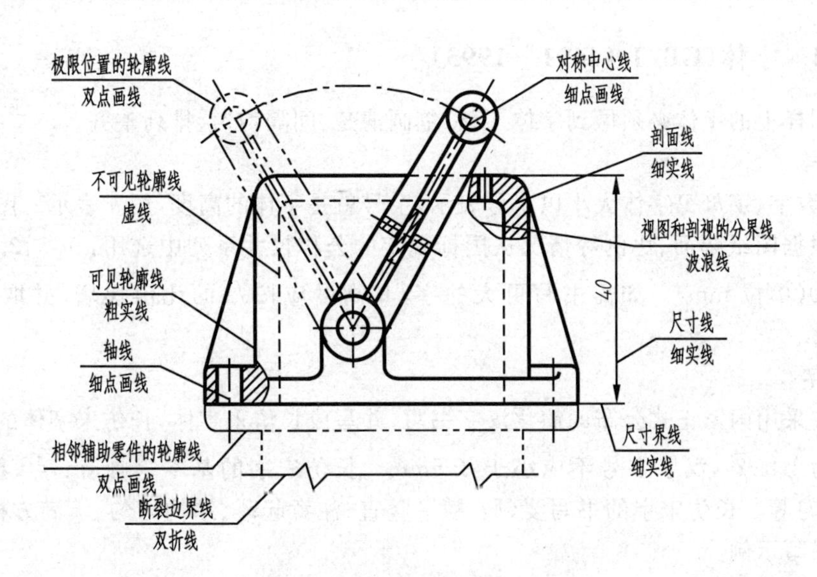

图 1-6　各种线型的应用示例

2. 图线宽度

机械图样中采用粗线和细线两种线宽，比率为 2∶1，即粗线的线宽是 d，细线的线宽约是 $d/2$。

图线的宽度 d，从下列数系中选择：0.13、0.18、0.25、0.35、0.5、0.7、1、1.4、2(单位均为 mm)。粗线的宽度应根据图的大小和复杂程度，在 0.5～2mm 之间选择。

3. 图线的画法

如图 1-7 所示，图线的画法规定如下：

(1) 在同一图样中，同类图线的宽度应一致。

(2) 虚线、点画线、双点画线的线段长度和间隔应各自大致相等。

(3) 绘制圆的中心线时，圆心应是长画的交点。点画线和双点画线的首末两端应是长画。点画线应超出轮廓线 2～5mm。

(4) 在较小图形上画点画线或双点画线有困难时，可用细实线代替。

(5) 点画线、双点画线、虚线与其他图线相交或自身相交时，均应交于线段处。当虚线为粗实线的延长线时，虚线与粗实线之间应留有间隙。

(6) 当图样中的线段重合时，其优先次序为粗实线、虚线、点画线。

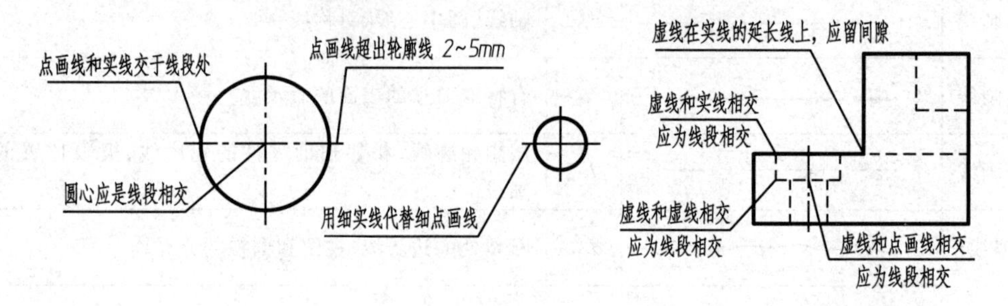

图 1-7　图线的画法

1.1.4　字体(GB/T 14691—1993)

工程图样上的字体必须做到字体工整、笔画清楚、间隔均匀、排列整齐。

1. 字号

汉字、数字、字母等字体大小以字号表示，字号就是字体的高度，用 h 表示。图纸中字体的大小应根据图纸幅面、比例等情况从国标规定的公称尺寸系列中选用：1.8、2.5、3.5、5、7、10、14、20(单位 mm)。如需书写更大的字，其高度应按$\sqrt{2}$的比值递增，并取毫米的整数值。

2. 汉字

汉字应采用国家正式公布的简化汉字书写，并写成长仿宋字体，长仿宋字体的字高与字宽的比值为 $1:\sqrt{2}$，汉字字号不应小于 3.5mm。长仿宋字的基本笔画有：点、横、竖、撇、捺、挑、折、勾等。长仿宋字的书写要领：横平竖直、注意起落、结构均匀、填满方格。图 1-8 是汉字的书写示例。

3. 数字和字母

数字和字母可书写成直体和斜体两种，斜体字的字头向右倾斜，与水平方向的夹角不能小于75°。在同一张图纸上只能采用同一种字体。数字和字母的字高应不小于2.5mm。图1-9是数字和字母的书写示例。

10号字：

字体工整 笔画清楚 间隔均匀

7号字：

横平竖直 注意起落 结构均匀 填满方格

5号字：

技术制图 机械电子 汽车航空船舶土木建筑矿山港口纺织

3.5号字：

螺纹齿轮轴承键弹簧端子设备阀施工引水棉麻化工自动化

图1-8 汉字书写示例

大写斜体字母：

ABCDEFGHIJKLMNOPQRSTUVWXYZ

小写斜体字母：

abcdefghijklmnopqrstuvwxyz

大写直体字母：

ABCDEFGHIJ KLMNOPQRSTUVWXYZ

小写直体字母：

abcdefghijklmnopqrstuvwxyz

斜体阿拉伯数字： 直体阿拉伯数字：

0123456789 0123456789

图1-9 数字和字母书写示例

1.1.5 尺寸标注(GB/T 16675.2—1996 GB/T 4458.4—2003)

图样中的图形只能表达机件的形状,而机件的大小需要标注尺寸来表示。国家标准中对尺寸标注的规则和方法有详细的规定,下面介绍规定中的主要内容。

1. 基本原则

(1) 机件的真实大小应以图样上所注的尺寸数值为依据,与图形的大小、绘图的比例及绘图的准确程度无关。

(2) 图样中的尺寸,以mm为单位时,不需要标注单位符号(或名称),若采用其他单位,则必须注明相应单位符号。

(3) 图样中所标注的尺寸,为该图样所示机件的最后完工尺寸,否则应另加说明。

(4) 机件的每一尺寸,一般只标注一次,并应标注在反映该结构最清晰的图形上。

2. 尺寸的组成

如图 1-10 所示，一个完整的尺寸应由尺寸界线、尺寸线、尺寸线终端（箭头或斜线）和尺寸数字四部分组成。

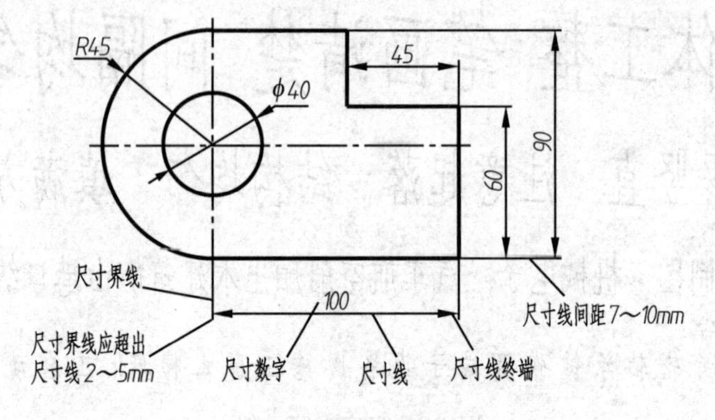

图 1-10　尺寸的组成

1）尺寸界线

尺寸界线表示被注尺寸的起止范围，用细实线绘制，并应由图形的轮廓线、轴线或对称中心线引出，也可以利用轮廓线、轴线或对称中心线作尺寸界线。尺寸界线一般应与尺寸线垂直，且超出尺寸线 2～5mm。如图 1-10 所示。

2）尺寸线

尺寸线表示尺寸度量的方向，用细实线绘制，尺寸线必须单独画出，不能用其他图线代替，一般也不得与其他图线重合或画在其延长线上。标注线性尺寸时，尺寸线应与所标注的线段平行。互相平行的尺寸线，应从被注的图样轮廓线从近到远整齐排列，小尺寸离轮廓线较近，大尺寸离轮廓线较远。图样轮廓线以外的尺寸标注，尺寸线与被标注对象的距离不宜小于 10mm。平行排列的尺寸线之间距离应一致，间隔 7～10mm。如图 1-10 所示。

3）尺寸线终端

尺寸线的终端一般用箭头或细斜线绘制，并画在尺寸线与尺寸界线的相交处。

箭头：箭头的形式和画法如图 1-11(a)所示，适用于各种类型的图样。

斜线：斜线的方向和画法如图 1-11(b)所示，其倾斜方向与尺寸界线成顺时针 45°，长度为 2～3mm。当尺寸线的终端采用斜线时，尺寸线与尺寸界线应相互垂直。

机械图样中一般采用箭头作为尺寸线的终端。

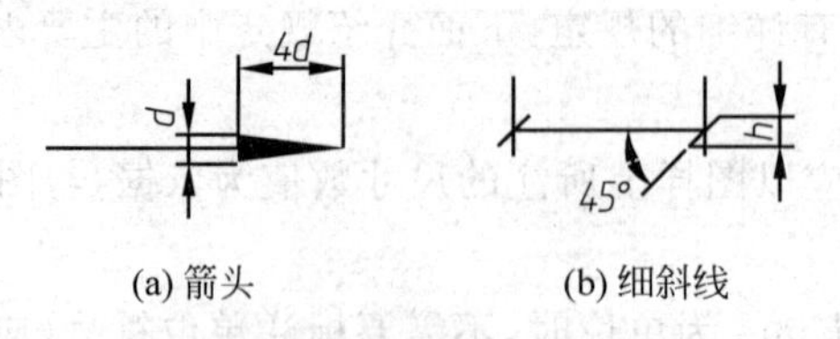

(a) 箭头　　(b) 细斜线

图 1-11　尺寸线终端

4）尺寸数字

尺寸数字表示被注线段的实际大小，与绘图所用的比例和绘图准确度无关。尺寸数字一般注写在尺寸线的上方或左方，也允许注写在尺寸线的中断处。同一图样内尺寸数字字体大小应一致。

尺寸数字的书写位置及字头方向应按图 1-12(a)的规定注写；30°斜线区域内尽量避免注写，无法避免时，应按图 1-12(b)所示注写。

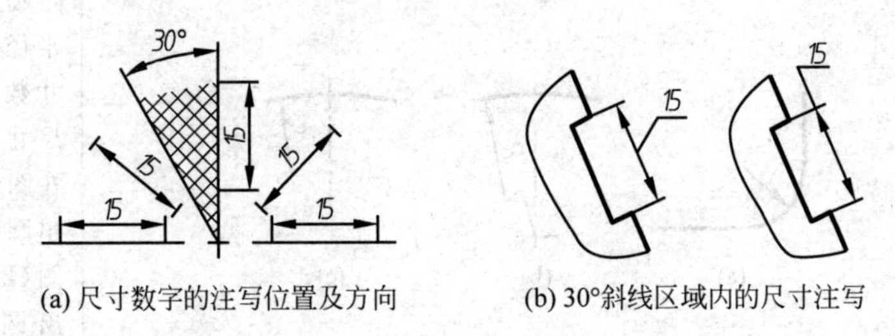

(a) 尺寸数字的注写位置及方向　(b) 30°斜线区域内的尺寸注写

图 1-12　尺寸数字的注写

3. 尺寸标注示例

表 1-5 中列出了国标所规定尺寸标注的一些示例。

表 1-5　常用尺寸标注示例

标注内容	图　例	说　明
线性尺寸标注	24　16	必要时尺寸界线与尺寸线允许倾斜
对称图形的标注	54　R3　40　$\phi15$　26　4×$\phi6$　76	当对称机件的图形只画出一半或略大于一半时，尺寸线应超过对称中心线或断裂处的边界，此时只在尺寸线一端画出箭头
直径尺寸标注	$\phi26$　$\phi40$　$\phi30$	整圆或大于半圆标注直径，直径尺寸应在尺寸数字前加注“ϕ”；尺寸线应通过圆心，当尺寸线的一端无法画箭头时，尺寸线应超过圆心一段

续表

标注内容	图　例	说　明
半径尺寸标注	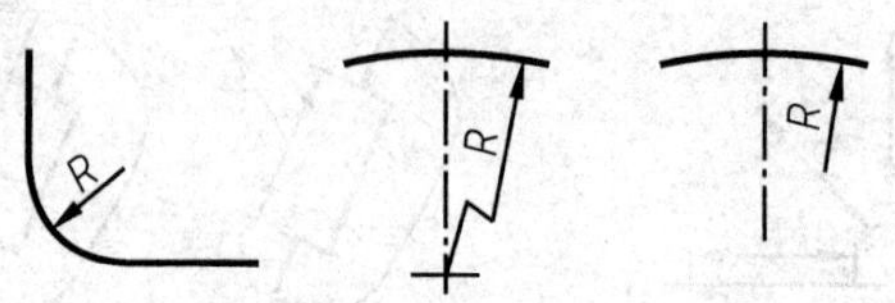 R　R　R (a)　(b)　(c)	半圆或小于半圆标注半径，半径尺寸在尺寸数字前加注“*R*”；尺寸线应通过圆心；在图纸范围内无法标出圆心位置时，可按图(b)标注；不需标出圆心位置时，按图(c)标注
球面尺寸标注	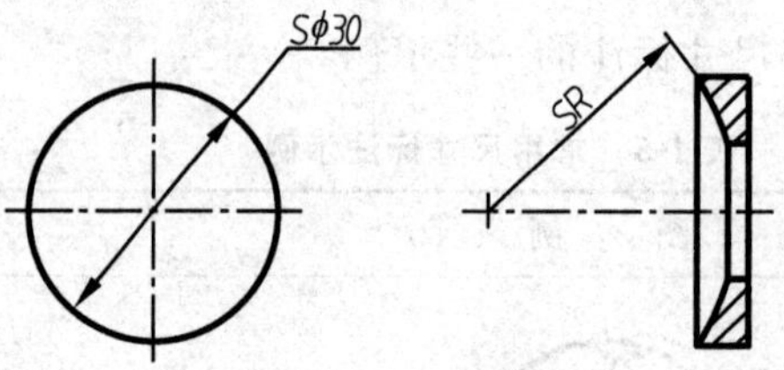 Sφ30　SR	标注球面的直径或半径时，应在“ϕ”或“*R*”前加注符号“*S*”
狭小尺寸标注	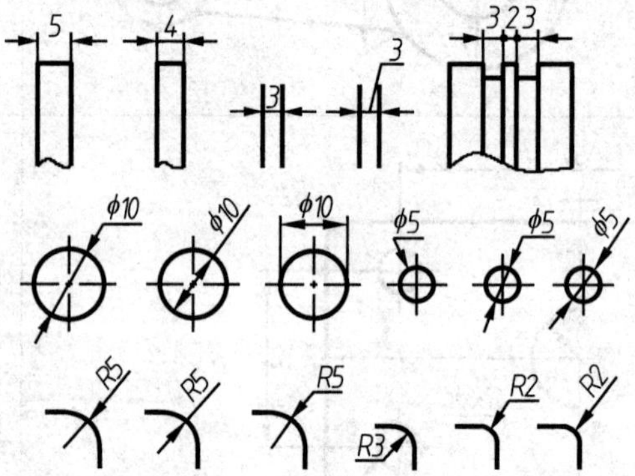 5　4　3　3　323 φ10　φ10　φ10　φ5　φ5　φ5 R5　R5　R5　R3　R2　R2	当没有足够的位置标注尺寸时，箭头可以外移或用一个小圆点代替两个箭头；尺寸数字也可以写在尺寸界线外或引出标注
角度尺寸标注	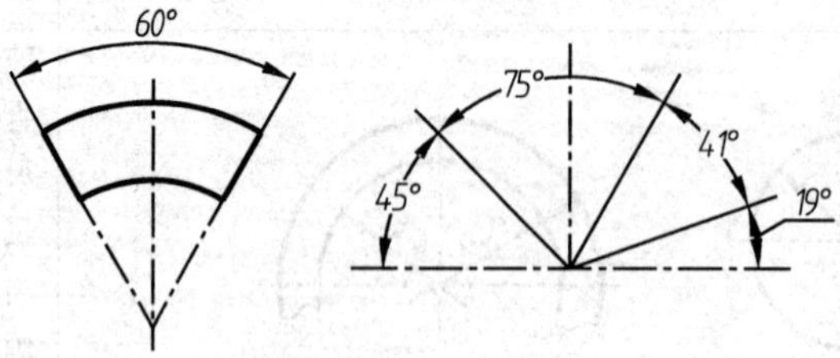 60°　75°　41°　45°　19°	尺寸界线沿径向引出，尺寸线为圆弧，尺寸数字一律水平书写，尽量写在尺寸线的中断处，必要时也可引出标注

续表

标注内容	图　例	说　明
弦长和弧长尺寸标注	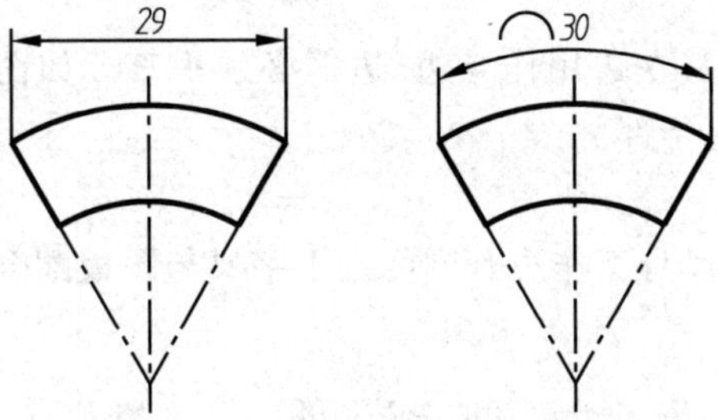 29　⌒30	标注弦长的尺寸界线应平行于该弦的垂直平分线；标注弧长的尺寸界线应平行于该弧所对圆心角的角平分线，在尺寸数字左方加注符号“⌒”
尺寸数字前面符号的含义	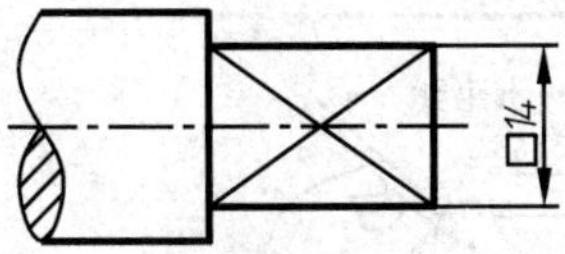 □14 表示正方形边长为14mm；t2 表示板厚2mm；1:10 表示锥度1:10；∠1:5 表示斜度1:5；C1 表示倒角1×45°；φ4.5 ⌴φ8↧3.2 表示沉孔φ8mm，深3.2mm；φ4.5 ⌵φ9.6×90° 表示埋头孔φ9.6×90° 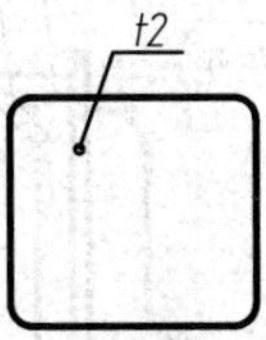 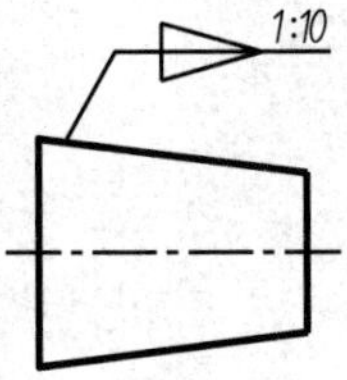 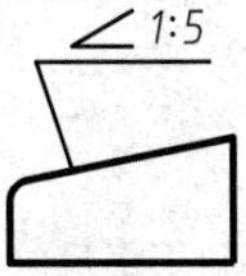 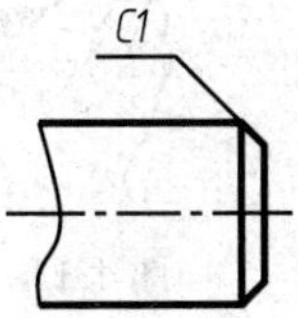 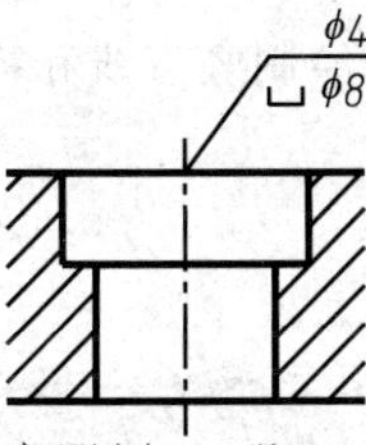 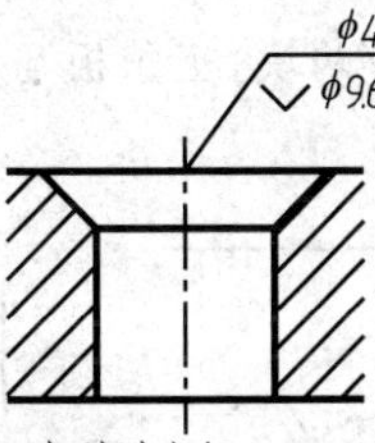	机械图样中可加注一些符号，以简化表达一些常见结构
图线通过尺寸数字时的处理	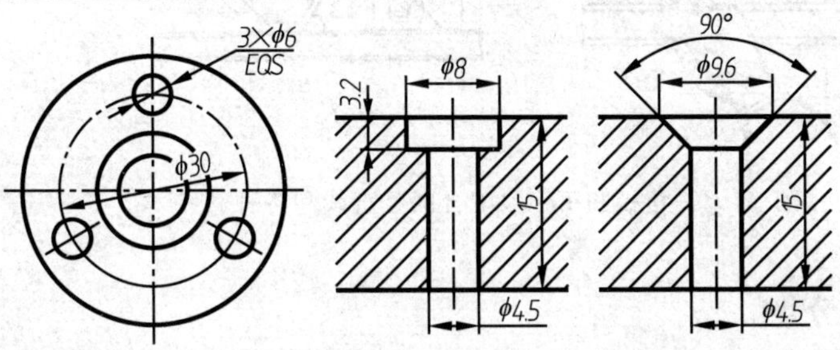 3×φ6 EQS　φ30　φ8　3.2　15　φ4.5　90°　φ9.6　15　φ4.5	尺寸数字无法避开图线时，图线应断开；图中“3 × φ6”表示 3 个直径为 6 的圆孔，EQS 表示均匀分布

1.2　绘图工具的使用

正确使用绘图工具和仪器，是保证绘图质量和加快绘图速度的前提。

绘图工具包括：图板、丁字尺、三角板、圆规、分规、铅笔等。

1.2.1 图板、丁字尺和三角板

1. 图板

图板工作表面应光滑平整，其左边用作导边，边框必须平直。如图 1-13 所示，绘图时，用胶带将图纸固定在图板的偏左下部。

2. 丁字尺

丁字尺由尺头和尺身组成，尺身工作边有刻度。丁字尺与图板配合使用绘制水平线，如图 1-13 所示。

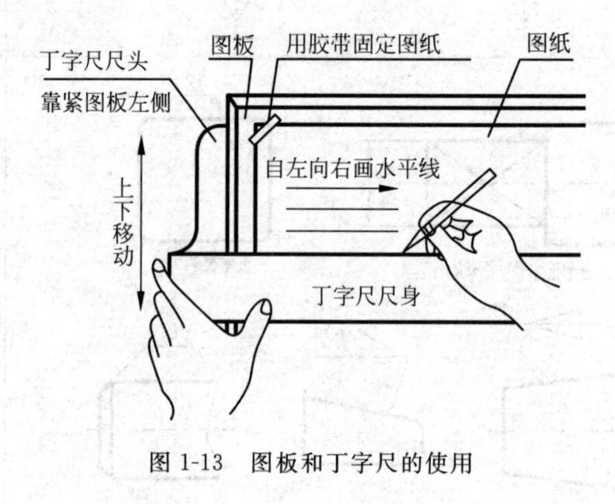

图 1-13 图板和丁字尺的使用

3. 三角板

一副三角板有 45°和 30°、60°两块，三角板与丁字尺配合绘制竖直线和特殊角度的直线，如图 1-14 所示。

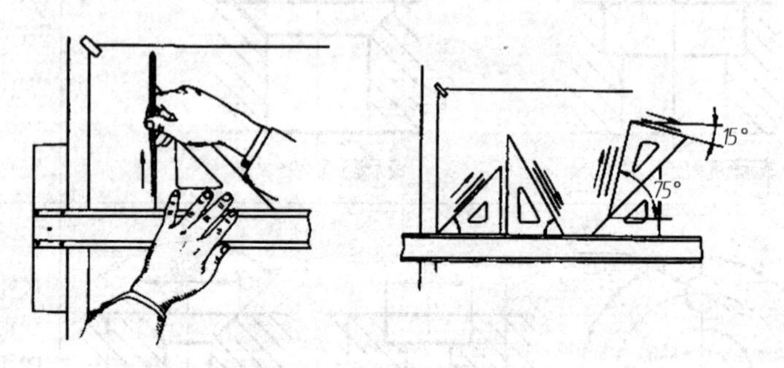

图 1-14 三角板和丁字尺配合画竖直线和各种斜线

1.2.2 圆规和分规

1. 圆规

圆规用来画圆和圆弧。使用圆规时，要注意以下几点：

(1) 圆规使用前要调整针尖，应使用带有台阶的一端的针尖，如图 1-15(a)所示，针尖应调得比铅芯稍长一些。

(2) 画粗实线圆时，铅芯应采用 B 或 2B；画细实线圆时，铅芯应采用 H 或 HB；铅芯应磨成铲形。如图 1-15(b)所示。

(3) 画大圆时用大圆规，画大直径的圆可以用加长杆加大所画圆的半径。圆规的针尖和铅芯尽可能与纸面垂直，顺一个方向均匀转动圆规，并使圆规稍向前进的方向倾斜。如图 1-15(c)所示。

2. 分规

分规的结构和圆规相近，只是分规的两脚都是钢针。分规主要用于量取尺寸和等分线段。如图 1-16 所示。

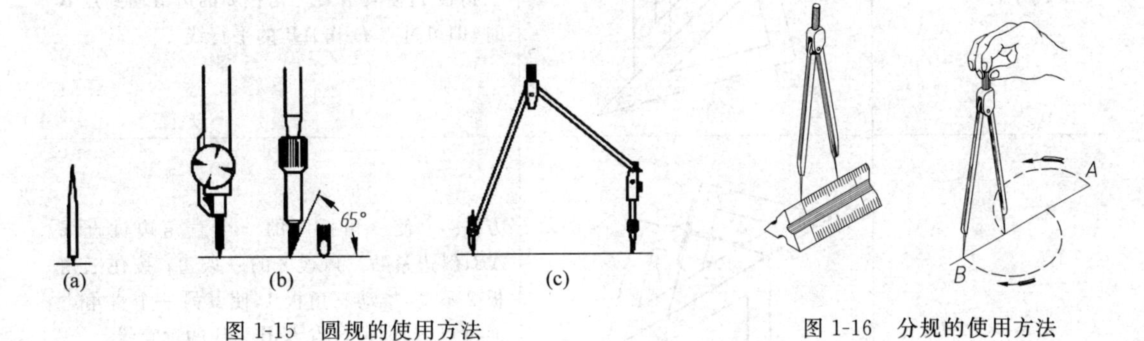

图 1-15　圆规的使用方法　　图 1-16　分规的使用方法

1.2.3　铅笔

绘制工程图常采用 B、HB、H、2H 绘图铅笔。B 前数字越大，表示铅芯越软(黑)，H 前数字越大，表示铅芯越硬，HB 为中等软硬。

绘制工程图样时，建议画底稿和细实线使用 H 或 2H 铅笔，写字用 HB 铅笔。画粗实线用 B 铅笔，铅芯应削成楔形，如图 1-17 所示，d 为粗实线宽度。

绘图时为了使所画图线的线宽均匀，推荐使用不同铅芯直径的自动铅笔。

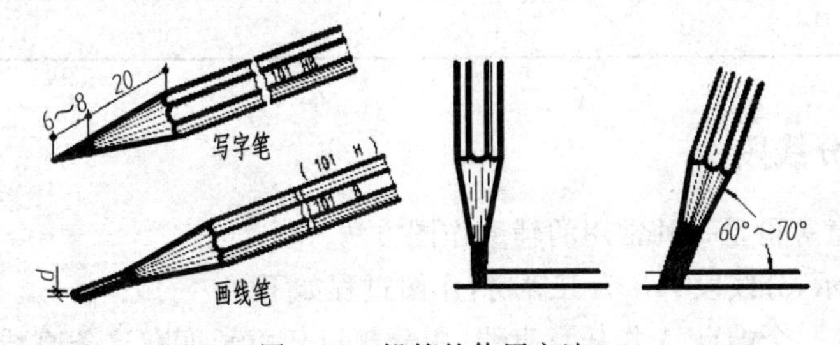

图 1-17　铅笔的使用方法

1.3　尺规几何作图

工程图样中包含各种几何图形，因此，熟练掌握几何图形的尺规作图方法，是提高绘图速度、保证图面质量的基本技能之一。

1.3.1　过点作已知直线的平行线和垂直线

过点作已知直线的平行线和垂直线，用一副三角板配合完成，具体作图方法和步骤如表 1-6 所示。

表 1-6　过点作已知直线的平行线和垂直线

内　容	图　例	作图方法和步骤
过点 K 作已知直线 AB 的平行线		使三角板 1 的一边过直线 AB，另一边紧贴三角板 2 的一条边；按住三角板 2 不动，推动三角板 1，使其沿着三角板 2 的边滑动到点 K 时，即可过点 K 作 AB 的平行线
过点 K 作已知直线 AB 的垂直线		方法一：使三角板 1 的一个直角边过直线 AB，斜边紧贴三角板 2 的一条边；按住三角板 2 不动，推动三角板 1，使其另一个直角边通过点 K，即可过点 K 作 AB 的垂直线
		方法二：使三角板 2 的一个边过直线 AB，三角板 1 的一个直角边紧贴三角板 2，使另一个直角边通过点 K，即可过点 K 作 AB 的垂直线

1.3.2　等分线段

分线段为任意等份是一种常用的辅助作图方法。

如图 1-18 所示，分线段 AB 为五等份，作图过程如下：

(1) 过线段的一个端点 A 作任意直线，用分规以任意长度在这条直线上顺序截取 5 段等长的线段，得到 5 个等分点 $1'$、$2'$、$3'$、$4'$、$5'$。

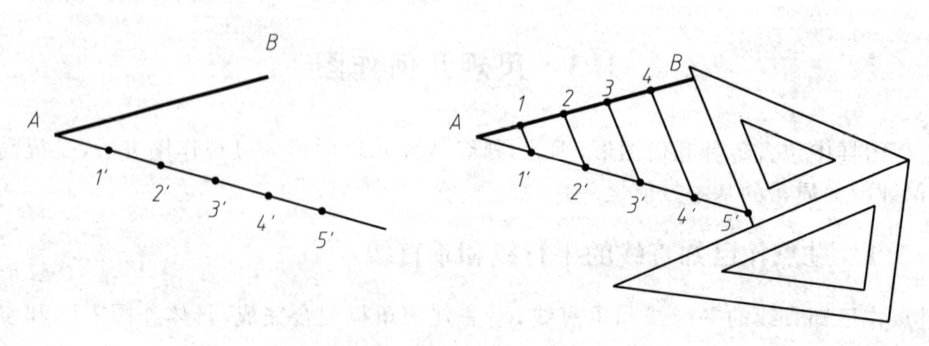

图 1-18　五等分线段

(2) 连接 $B5'$,过 $1'$、$2'$、$3'$、$4'$点分别作 $B5'$的平行线,与 AB 交于点 1、2、3、4,即得到各等分点。

1.3.3 作圆的切线

作圆的切线,其作图方法和步骤如表 1-7 所示。

表 1-7 作圆的切线

内　容	图　例	作图方法和步骤
过点 A 作已知圆 O 的切线	M O A N　M O A N	(1)连接 OA,以 OA 为直径作辅助圆与圆 O 交于点 M 和 N。(2)连接 AM、AN 即为切线
作两已知圆 O_1 和 O_2 的外公切线	R_1 M O_1 B O_2 R_2 R_1-R_2　M_1 M M_2 R_1 O_1 B O_2 R_2 R_1-R_2	(1)以 O_1 为圆心,R_1-R_2 为半径作辅助圆;过点 O_2 作辅助圆的切线 O_2M。(2)延长 O_1M 与圆 O_1 交于点 M_1;过点 O_2 作 O_1M_1 的平行线与圆 O_2 交于点 M_2。(3)连接 M_1M_2,即为两圆的外公切线
作两已知圆 O_1 和 O_2 的内公切线	M R_1+R_2 R_1 O_1 O_3 O_2 R_2　M M_2 R_1+R_2 R_1 O_1 O_3 O_2 R_2 M_1	(1)以 O_1O_2 为直径作辅助圆 O_3;以 O_2 为圆心,R_1+R_2 为半径作另一个辅助圆;两个辅助圆交于点 M。(2)连接 O_2M 与圆 O_2 交于点 M_2;过点 O_1 作 O_2M_2 的平行线与圆 O_1 交于点 M_1。(3)连接 M_1M_2,即为两圆的内公切线

1.3.4 正多边形的作图方法

正多边形的作图方法一般是等分其外接圆，然后连接各等分点，如表 1-8 所示。

表 1-8 正多边形的作图方法

作图内容	图例	作图方法和步骤
作正三角形 (三等分圆周)	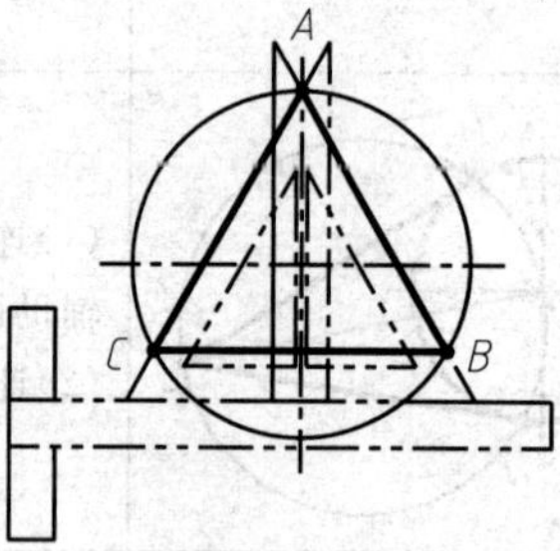 A B C	(1)过 A 点分别作与水平线成 60°角的直线 AB 和 AC，即将 30°三角板的短直角边紧贴丁字尺，并使其斜边过点 A 作直线 AB，翻转三角板，以同样方法做直线 AC。(2)连接 BC，即作出正三角形
作正六边形 (六等分圆周)	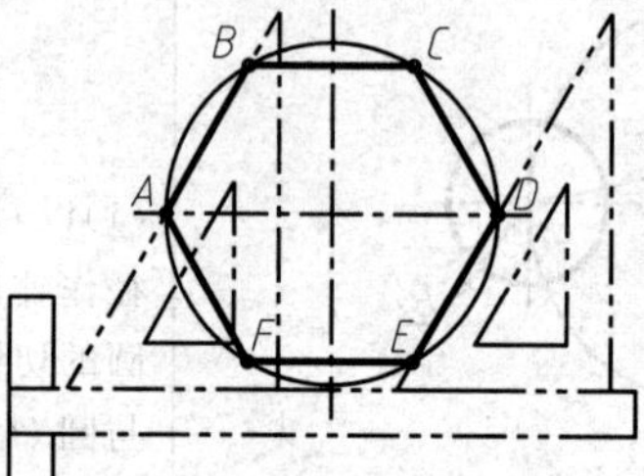 B C A D F E	方法一：(1)过 A、D 两点分别作与水平方向成 60°角的直线 AB、AF、DC、DE，和圆周交于 B、F、C、E 四点。(2)连接 BC、EF，即作出正六边形
	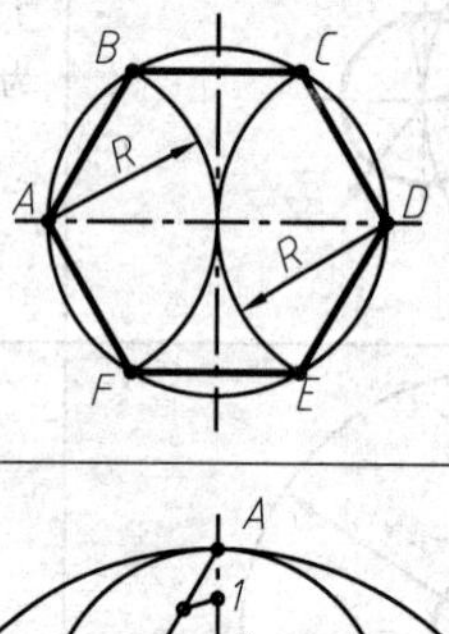 B C R A D R F E	方法二：(1)分别以外接圆水平直径的两个端点 A、D 为圆心，以外接圆的半径 R 为半径作圆弧与圆周相交，得到等分点 B、F、C、E。(2)依次连接 $ABCDEFA$，即作出正六边形
作正 n 边形 (任意等分圆周)	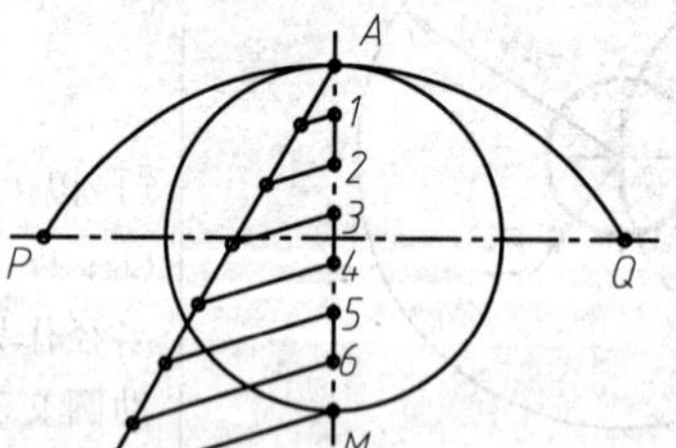 A 1 2 3 P Q 4 5 6 M 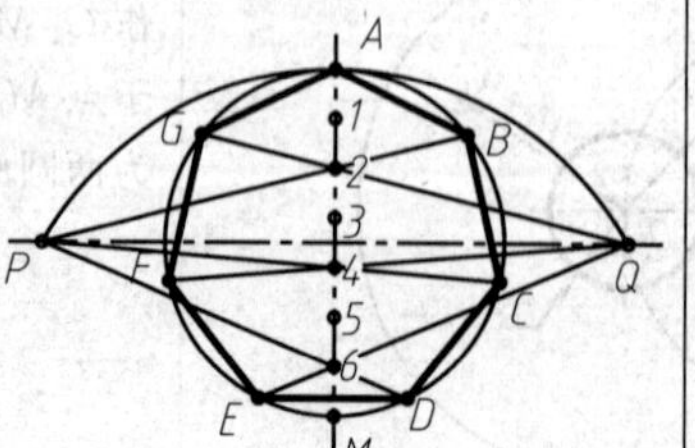 A G B 1 2 3 P F 4 Q C 5 6 E D M	以正七边形为例：(1)将外接圆的直径 AM 七等分；以 M 为圆心，AM 为半径作圆弧与外接圆的水平中心线交于点 P、Q。(2)分别从点 P、Q 与 AM 上每相隔一个等分点(如等分点 2、4、6)连线并延长，与圆周交于点 B、C、D、E、F、G，依次连接 $ABCDEFGA$，即作出正七边形

1.3.5　斜度与锥度

1. 斜度

斜度是指一直线(或平面)对另一直线(或平面)的倾斜程度，其大小用两直线(或平面)之间夹角的正切值来表示，如图 1-19(a)所示。

在图样上通常都是将斜度比值写成 1∶n 的形式进行标注，即：斜度＝$\tan\alpha = H : L = 1 : n$，并在其前面加上斜度符号“∠”，且符号斜线的方向应与斜度方向一致。斜度符号画法、标注及作图方法见表 1-9。

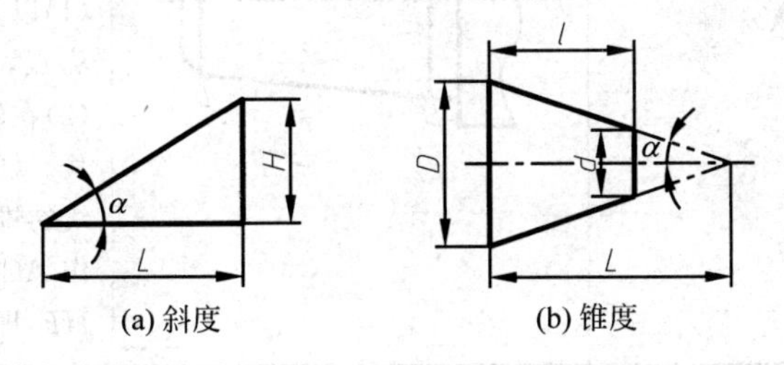

(a) 斜度　　(b) 锥度

图 1-19　斜度与锥度

2. 锥度

锥度是指圆锥的底圆直径与圆锥高度之比。如果是圆台，则是底圆和顶圆的直径差与圆台高度之比。如图 1-19(b)所示。

在图样上通常都是将锥度写成 1∶n 的形式进行标注，即：锥度＝$2\tan\alpha = D : L = (D - d) : l = 1 : n$，并在其前面加上锥度符号，且符号所示的方向应与锥度方向一致。锥度符号画法、标注及作图方法见表 1-9。

表 1-9　斜度和锥度的作图和标注

名称	符号画法	图样上的标注示例	作图方法和步骤
斜度	30° h h为字高	∠1:5 B C A	B 1个单位长 M C N 5个单位长 A (1) 在 AB 上作 AM＝1 个单位长。(2)在 AC 上作 AN＝5 个单位长。(3)连接 MN，其斜度是 1∶5。(4)过点 B 作直线与 MN 平行，即为所求斜度图形

续表

名称	符 号 画 法	图样上的标注示例	作图方法和步骤
锥度	1.4h 30° h为字高	1:5 A B C D	A C G E H F B D 5个单位长 1个单位长 (1)以直线 AB 的中点 E 为对称点，取 $GH=1$ 个单位长。(2)在轴线上作 $EF=5$ 个单位长。(3)连接 GF、HF，此两直线的锥度是 1∶5。(4)过点 A 作 $AC \parallel GF$，过 B 作 $BD \parallel HF$，即为所求

1.3.6 圆弧连接

工程图样中，用已知半径的圆弧光滑连接另外的圆弧或直线，叫圆弧连接。圆弧连接是相切问题，在圆弧连接中起连接作用的圆弧称为连接圆弧，其连接点是切点。

圆弧连接的作图方法是根据已知条件，准确求出连接圆弧的圆心与切点，然后光滑连接另外的圆弧或直线。

1. 用圆弧连接两已知直线

【例 1-1】 已知两直线 AM 和 BM，用半径为 R 的连接圆弧光滑连接两直线。

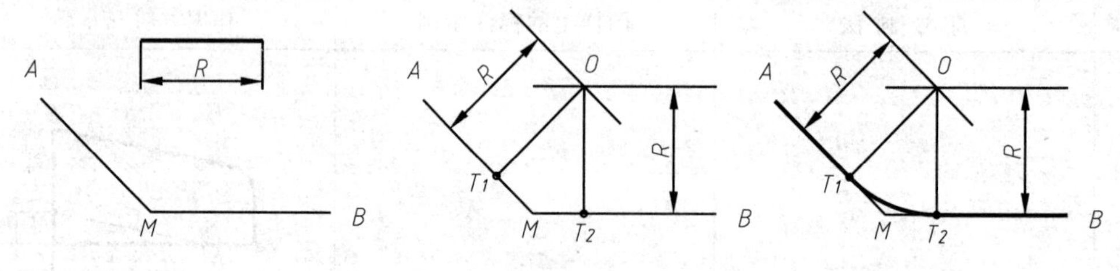

图 1-20 圆弧连接两已知直线

解 如图 1-20 所示，作图方法和步骤如下：

(1) 求连接圆弧的圆心与切点：分别作两已知直线 AM、BM 的平行线且使两平行线之间的距离为 R，两条辅助直线的交点 O 即为连接圆弧的圆心；由点 O 分别向两直线 AM、BM 作垂线，垂足 T_1 和 T_2 即为连接圆弧与直线的切点。

(2) 以 O 为圆心，R 为半径画连接圆弧 T_1T_2。

2. 用圆弧连接已知直线和圆弧

【例 1-2】 已知直线 AB 和半径为 R_1 的圆弧 O_1，用半径为 R 的连接圆弧光滑连接已知直线和圆弧。

解　如图1-21所示，作图方法和步骤如下：

(1) 求连接圆弧的圆心与切点：作直线 AB 的平行线且使两平行线之间的距离为 R；以 O_1 为圆心，$R+R_1$ 为半径作辅助圆弧；辅助圆弧和直线的交点 O 即为连接圆弧的圆心。由点 O 向直线 AB 作垂线，垂足 T_1 为连接圆弧与直线的切点；连接 OO_1 和圆弧 O_1 交于点 T_2，即为连接圆弧与已知圆弧 O_1 的切点。

(2) 以 O 为圆心，R 为半径画连接圆弧 T_1T_2。

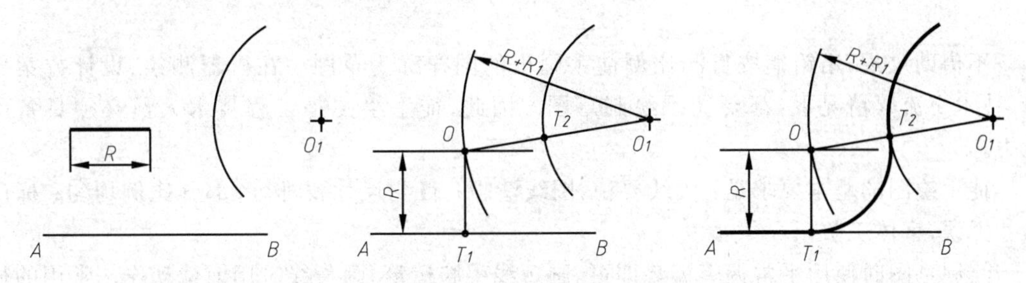

图1-21　圆弧连接已知直线和圆弧

3. 用圆弧连接两已知圆弧

【例1-3】　已知两圆 O_1 和 O_2，用半径为 R 的连接圆弧光滑连接两已知圆(连接圆弧与已知圆外切)。

解　如图1-22所示，作图方法和步骤如下：

(1) 求连接圆弧的圆心与切点：以 O_1 为圆心，$R+R_1$ 为半径作辅助圆弧；以 O_2 为圆心，$R+R_2$ 为半径作辅助圆弧，两个辅助圆弧的交点 O 即为连接圆弧的圆心。分别连接 OO_1、OO_2 与两圆交于点 T_1、T_2，即为连接圆弧与已知圆的切点。

(2) 以 O 为圆心，R 为半径画连接圆弧 T_1T_2。

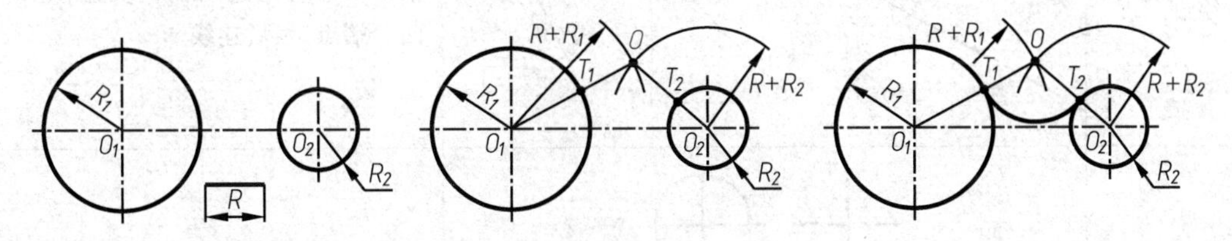

图1-22　连接圆弧连接两已知圆(外切)

【例1-4】　已知两圆 O_1 和 O_2，用半径为 R 的连接圆弧光滑连接两已知圆(连接圆弧与已知圆内切)。

解　如图1-23所示，作图方法和步骤如下：

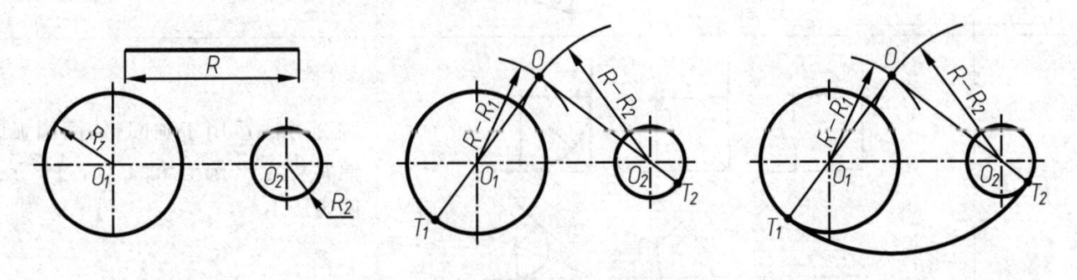

图1-23　圆弧连接两已知圆(内切)

(1) 求连接圆弧的圆心与切点：以 O_1 为圆心，$R-R_1$ 为半径作辅助圆弧；以 O_2 为圆心，$R-R_2$ 为半径作辅助圆弧，两个辅助圆弧的交点 O 即为连接圆弧的圆心。分别连接 OO_1、OO_2 并延长与两圆交于点 T_1、T_2，即为连接圆弧与已知圆的切点。

(2) 以 O 为圆心，R 为半径画连接圆弧 T_1T_2。

1.4 徒手作图

不借助尺规，用铅笔按目测比例徒手画出的图样称为草图。在机器测绘、设计方案比较、技术交流等情况下，都要徒手绘制草图。因此，徒手绘图是工程技术人员必须具备的能力。

徒手绘图的基本要求是：画线要稳，图线清晰；目测尺寸要准，各部分比例均匀；标注尺寸无误，字体工整。

绘制草图时使用平常握笔姿势即可，画短线手腕运笔，画长线时用前臂动作。常用的徒手作图基本方法见表 1-10。

表 1-10　常用徒手作图方法

作图方法	图例	画法说明
绘制直线		画水平线时自左至右画线；画垂直线时应自上向下画线；画斜线时，可以适当转动图纸，便于画图
绘制角度	≈30° 3 5；45° 1 1；60° 5 3	根据两个直角边的比例关系，定出两个端点，然后连线
绘制圆		画圆时，先画对称中心线，再根据半径目测定出 4 点，然后徒手连点画圆；画较大的圆时，过圆心增画两条 45°斜线，在斜线上再定出 4 点，然后过这 8 点画圆
绘制圆弧		画圆方法适用于画圆弧，画圆弧时，通常先定出圆心和 3 点，过 3 点作圆弧

续表

作图方法	图　　例	画法说明
绘制椭圆		先画椭圆长、短轴，定出4个端点，再过4个端点画矩形，画出与矩形相切的4个圆弧，相连即为椭圆

第2章　点、直线、平面的投影

实际工程中的各种技术图样都是按照一定的投影方法来绘制的，机械工程图样通常都用正投影法绘制。本章将首先介绍投影法的基本知识，再讨论点、直线和平面在三投影面体系中的投影规律及投影图的作图方法。引导学生根据点、直线、平面的多面正投影图想象它们在三维空间的位置和相互关系，培养学生的空间分析和想象能力，为学习后面的内容打下基础。

2.1　投影法的基本知识

2.1.1　投影法

我们都知道，光源照射到物体上会产生物体的影子，投影法就源自这种自然现象。如图2-1所示，S为投射中心，A为空间点，平面P为投影面，S与点A的连线为投射线，投射线与平面P的交点a称为空间点A在平面P上的投影，这种产生图像的方法称为投影法。

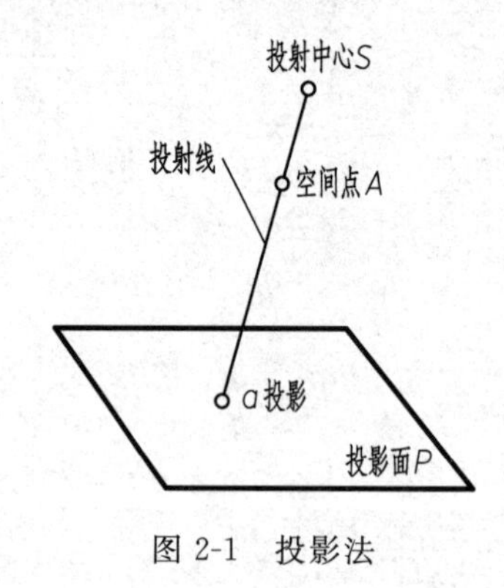

图2-1　投影法

2.1.2　投影法的分类

根据投射线的类型(平行或汇交)，投影法可分为中心投影法和平行投影法两类。

1. 中心投影法

如图2-2(a)所示，投射线汇交于一点的投影法叫做中心投影法。其中，投射线的交点S为投射中心，用中心投影法得到的图形称作中心投影图。

由于中心投影图一般不反映物体各部分的真实形状和大小，且投影的大小随投射中心、物体和投影面之间的相对位置的改变而改变，度量性较差，但中心投影图立体感较好，多用于绘制建筑物的直观图(透视图)。

2. 平行投影法

投射线互相平行的投影法叫做平行投影法，平行投影法分斜投影法和正投影法。投射线与投影面倾斜的叫做斜投影法，如图2-2(b)所示；投射线与投影面垂直的叫做正投影法，如图 2-2(c)所示。用正投影法得到的图形叫做正投影图。

正投影图的直观性虽然没有中心投影图好,但由于正投影图一般能真实地表达空间物体的形状和大小,作图也比较简便,因此,国家标准《技术制图　投影法》中明确规定,机械制图采用正投影法绘制。

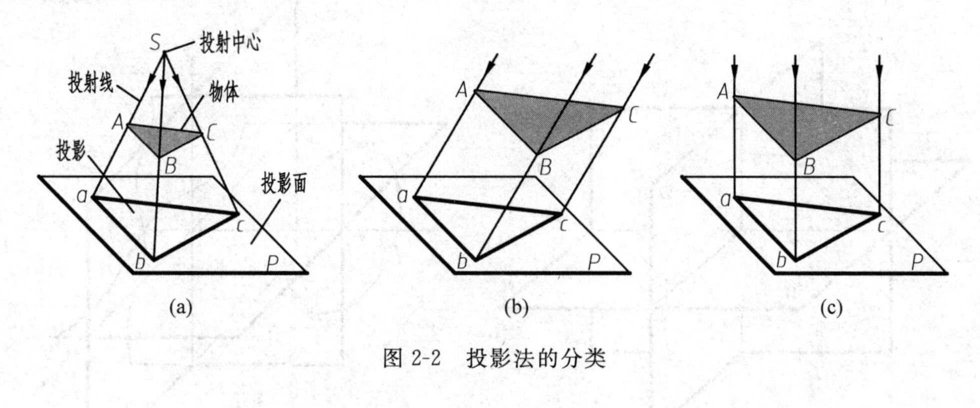

图 2-2　投影法的分类

2.2　点 的 投 影

2.2.1　点的投影

如图 2-3(a)所示,过空间点 A 的投射线与投影面 P 的交点 a 叫做 A 在投影面 P 上的投影。

点的空间位置确定后,它在一个投影面上的投影是唯一确定的,如图 2-3(a)所示。但是,如果只有点的一个投影,是不能唯一确定点的空间位置的,如图 2-3(b)所示,因此,工程上采用多面正投影。

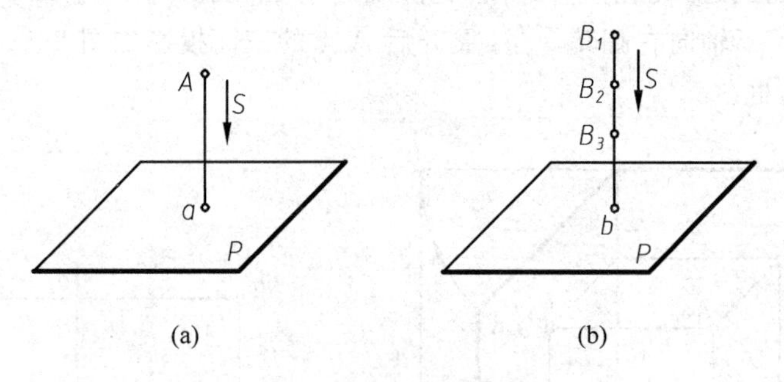

图 2-3　点的单面投影

2.2.2　点的三面投影

1. 三面投影体系

三个互相垂直的投影面将空间分成 8 个分角,如图 2-4(a)所示。图 2-4(b)所示是其中的 4 个分角。将物体置于第Ⅰ分角内,使其处于观察者与投影面之间而得到正投影的方法称为第一角投影法。将物体置于第Ⅲ分角内,使投影面处于物体与观察者之间而得到正投影的方法称为第三角投影法,我国采用的是第一角投影法。

三个相互垂直的投影面,便组成了三投影面体系,正立放置的投影面称为正立投影面,简称正面,用 V 表示;水平放置的投影面称为水平投影面,用 H 表示;侧立放置的投影面称为侧立投影面,简称侧面,用 W 表示。相互垂直的三个投影面的交线称为投影轴,分别用 OX,OY,OZ 表示。如图 2-5(a)所示。

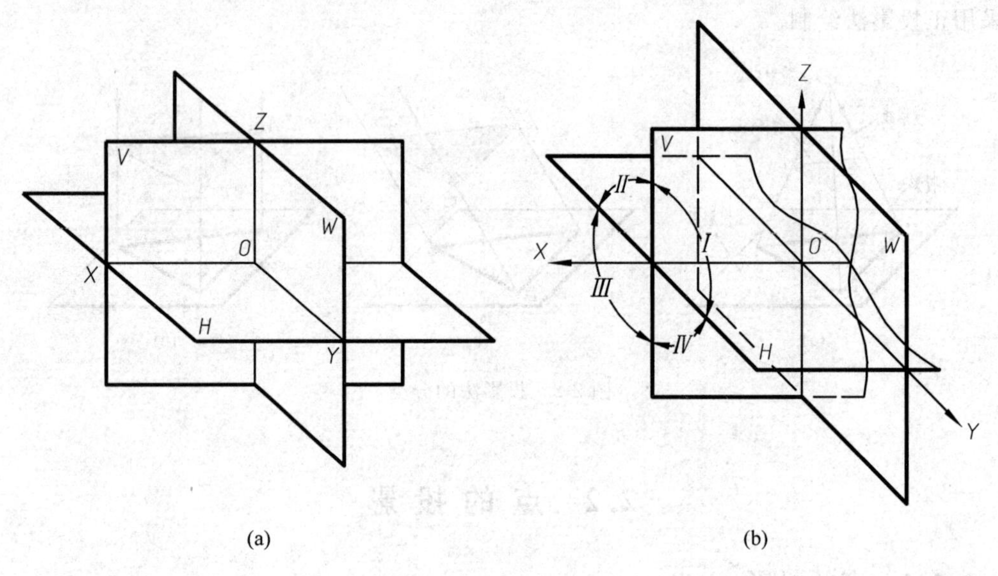

图 2-4　三面投影体系

2. 点的三面投影

如图 2-5(a)所示,将空间点 A 分别向 H,V,W 三个投影面投射,得到点 A 的三个投影 a,a',a'',分别称为点 A 的水平投影、正面投影和侧面投影。

为了使点的三面投影画在同一绘图面上,规定 V 面保持不动,将 H 面绕 OX 轴向下旋转 90°,将 W 面绕 OZ 轴向右翻转 90°。展开后 A 点的三面投影如图 2-5(b)所示,画图时不必画出投影面的边框。

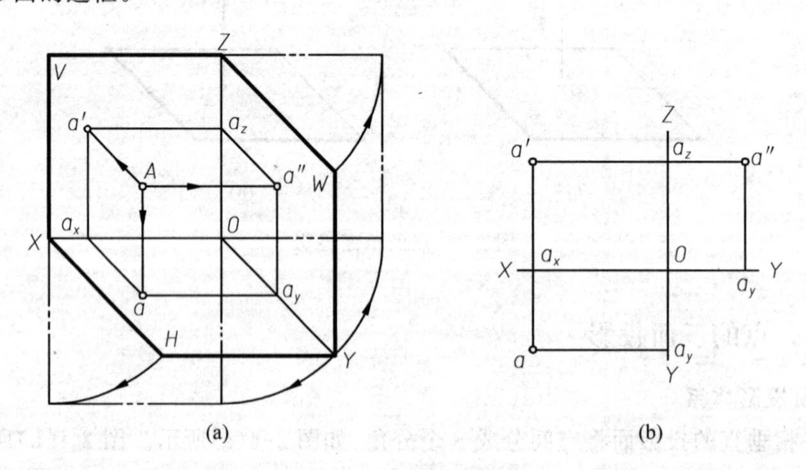

图 2-5　点的三面投影

3. 点的三面投影特性

由图 2-5(b)不难证明,点的三面投影具有下列特性。

(1) 点的正面投影与水平投影的连线垂直于 OX 轴，即 $a'a \perp OX$；点的正面投影与侧面投影的连线垂直于 OZ 轴，即 $a'a'' \perp OZ$。

(2) 点的水平投影到 OX 轴的距离等于点的侧面投影到 OZ 轴的距离。即

$$aa_X = a''a_Z$$

$a'a_X = a''a_Y$　表示点 A 到 H 面的距离

$aa_X = a''a_Z$　表示点 A 到 V 面的距离

$aa_Y = a'a_Z$　表示点 A 到 W 面的距离

根据上述投影特性，在点的三面投影中，只要知道其中任意两个面的投影，就可以很方便地求出第三面的投影。

【例 2-1】 如图 2-6(a)所示，已知点 A 的正面投影和水平投影，求其侧面投影。

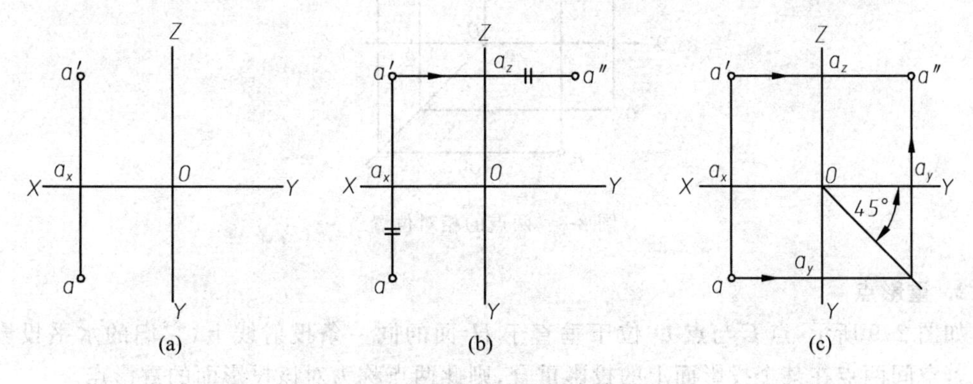

图 2-6　已知点的两个投影求第三投影

解　由点的投影特性可知，$a'a'' \perp OZ$，$a''a_Z = aa_X$，故过 a' 作直线垂直于 OZ 轴，交 OZ 轴于 a_Z，在 $a'a_Z$ 的延长线上量取 $a''a_Z = aa_X$(图 2-6(b))。也可以采用作 45°斜线的方法传递 Y 方向等量坐标值(图 2-6(c))。

4. 点的投影与坐标之间的关系

如图 2-7 所示，在三投影面体系中，三根投影轴可以构成一个空间直角坐标系，空间点 A 的位置可以用三个坐标值(x_A, y_A, z_A)表示，则点的投影与坐标之间的关系为

$$aa_Y = a'a_Z = x_A,\quad aa_X = a''a_Z = y_A,\quad a'a_X = a''a_Y = z_A$$

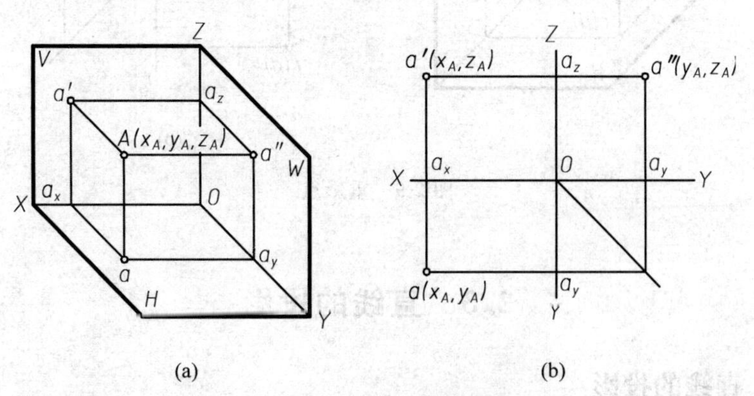

图 2-7　点的投影与坐标之间的关系

2.2.3　两点的相对位置与重影点

1. 两点的相对位置

两点的相对位置指空间两点的上下、前后、左右位置关系。这种位置关系可以通过两点的同面投影(在同一个投影面上的投影)的相对位置或坐标的大小来判断,即:x 坐标大的在左,y 坐标大的在前,z 坐标大的在上。

如图 2-8 所示,由于 $x_A > x_B$,故点 A 在点 B 的左方,同理可判断出点 A 在点 B 的上方、后方。

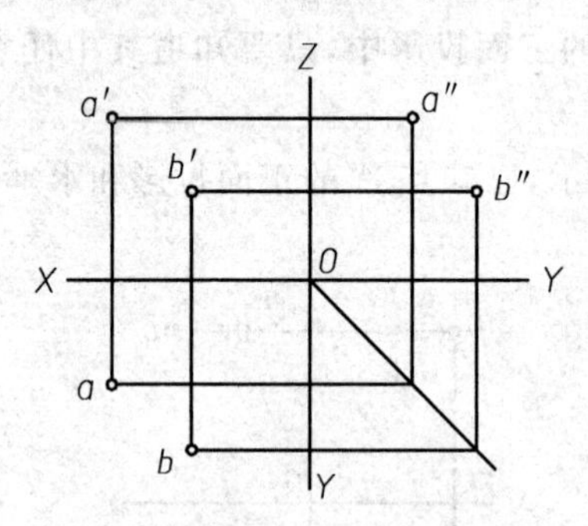

图 2-8　两点的相对位置

2. 重影点

如图 2-9 所示,点 C 与点 D 位于垂直于 H 面的同一条投射线上,它们的水平投影重合。若空间两点在某个投影面上的投影重合,则此两点称为对该投影面的重影点。

重影点的两对同名坐标相等。在图 2-9 中,点 C 与点 D 是对 H 面的重影点,$x_C = x_D$,$y_C = y_D$。由于 $z_C > z_D$,故点 C 在点 D 的正上方。沿投影线方向进行观察,看到者为可见,被遮挡者为不可见。为了表示点的可见性,被挡住的点的投影加括号(图 2-9(b))。

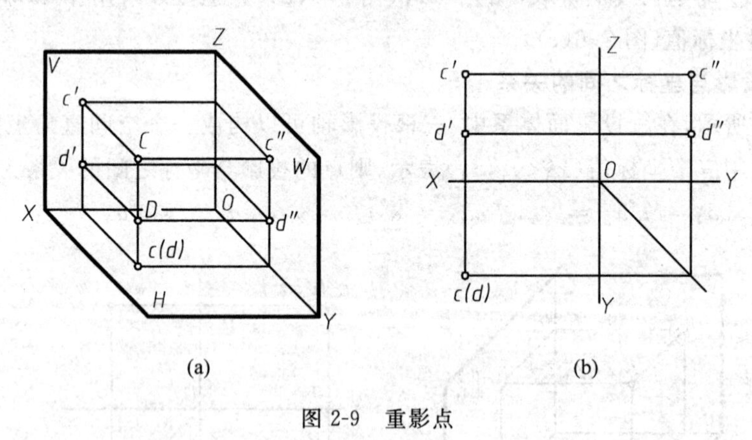

图 2-9　重影点

2.3　直线的投影

2.3.1　直线的投影

由平面几何可知,两点确定一条直线,故直线的投影可由直线上两点的投影确定。如

图 2-10 所示，分别将两点 A、B 的同面投影用直线相连，则得到直线 AB 的三面投影。

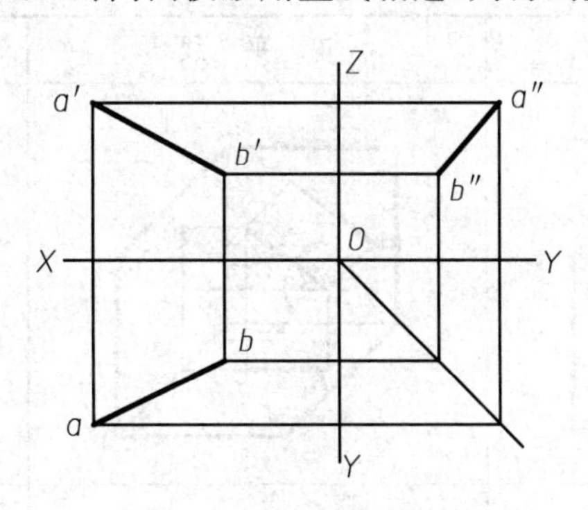

图 2-10　直线的投影

2.3.2　直线的投影特性

1. 直线对一个投影面的投影特性

直线对单一投影面的投影特性取决于直线与投影面的相对位置，如图 2-11 所示。

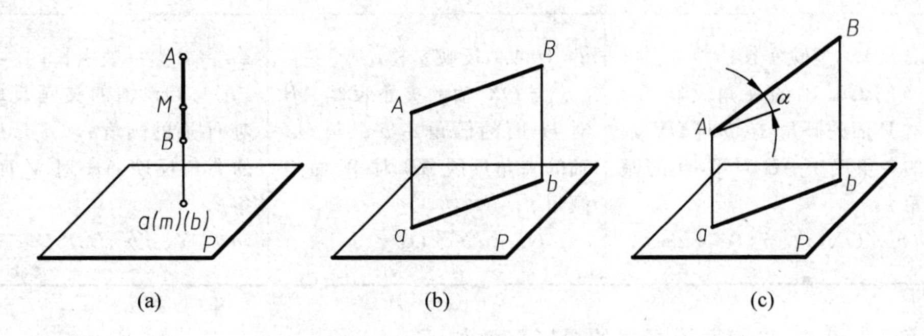

图 2-11　直线对一个投影面的投影特性

(1) 直线垂直于投影面(图 2-11(a))：其投影重合为一个点，而且位于直线上的所有点的投影都重合在这一点上，投影的这种特性称为积聚性。

(2) 直线平行于投影面(图 2-11(b))：其投影的长度反映空间线段的实际长度，即 $ab=AB$，投影的这种特性称为实形性。

(3) 直线倾斜于投影面(图 2-11(c))：其投影仍为直线，但投影的长度比空间线段的实际长度缩短了，$ab=AB\cos\alpha$。

2. 直线在三面投影体系中的投影特性

直线在三面投影体系中的投影特性取决于直线与三个投影面之间的相对位置。根据直线与三个投影面之间的相对位置不同，可将直线分为三类：投影面平行线、投影面垂直线和一般位置直线。投影面平行线和投影面垂直线又称为特殊位置直线。

1) 投影面平行线

平行于某一投影面而与其余两投影面倾斜的直线称为该投影面平行线。其中，平行于 H 面的直线称为水平线，平行于 V 面的直线称为正平线，平行于 W 面的直线称为侧平线。它们的投影特性如表 2-1 所示。

表 2-1 投影面平行线的投影特性

名称	水 平 线	正 平 线	侧 平 线
立体图	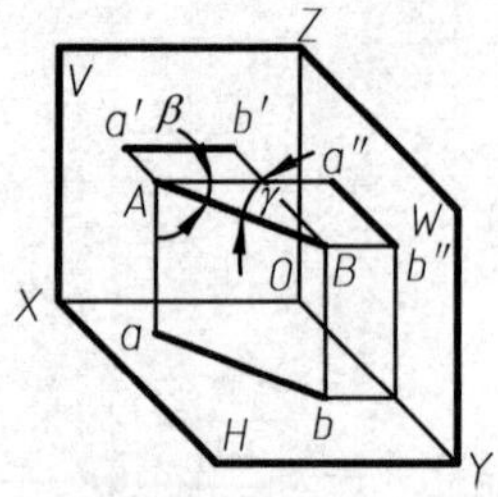	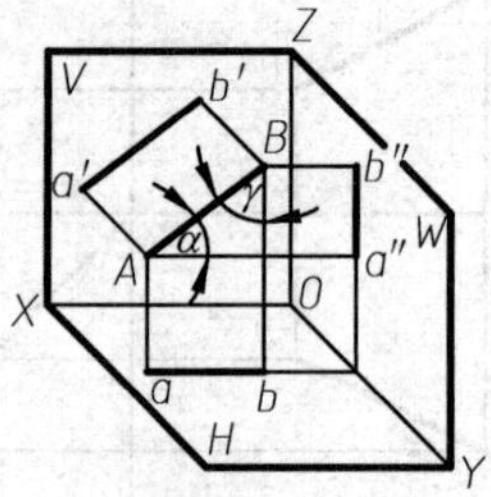	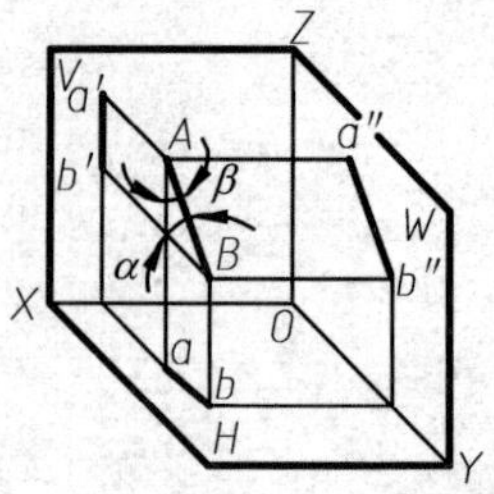
投影图	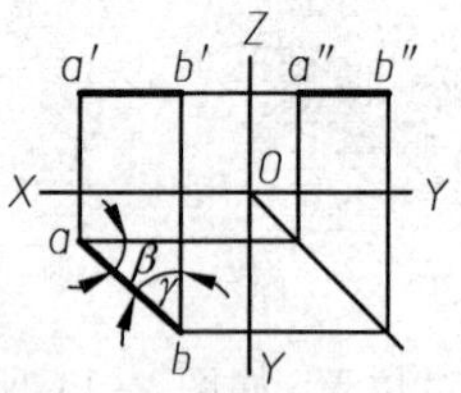	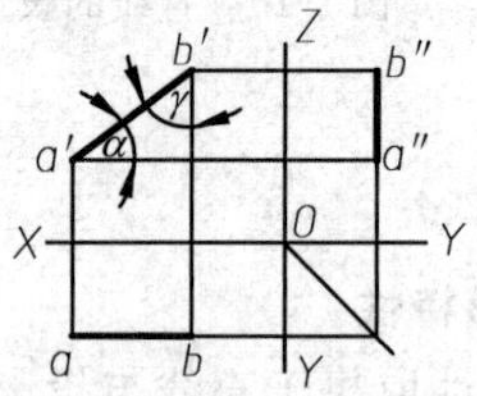	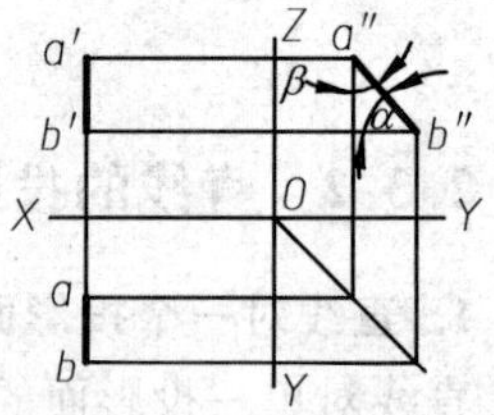
投影特性	$ab=AB$,反映实长； ab 与 OX 轴的夹角反映 AB 对 V 面的倾角 β,ab 与 OY 轴的夹角反映 AB 对 W 面的倾角 γ； $a'b' \parallel OX$,$a''b'' \parallel OY$	$a'b'=AB$,反映实长； $a'b'$ 与 OX 轴的夹角反映 AB 对 H 面的倾角 α,$a'b'$ 与 OZ 轴的夹角反映 AB 对 W 面的倾角 γ； $ab \parallel OX$, $a''b'' \parallel OZ$	$a''b''=AB$,反映实长； $a''b''$ 与 OY 轴的夹角反映 AB 对 H 面的倾角 α,$a''b''$与 OZ 轴的夹角反映 AB 对 V 面的倾角 β； $ab \parallel OY$, $a'b' \parallel OZ$

从表 2-1 可知,投影面平行线的投影特性如下：

(1) 在其平行的投影面上的投影反映实长,且投影与投影轴的夹角分别反映直线对另外两个投影面的倾角的实际大小。

(2) 另外两个投影面上的投影分别平行于相应的投影轴,且长度比空间直线段短。

2) 投影面垂直线

垂直于某一投影面,而与其余两个投影面平行的直线称为该投影面垂直线。其中,垂直于 V 面的直线称为正垂线,垂直于 H 面的直线称为铅垂线,垂直于 W 面的直线称为侧垂线。它们的投影特性如表 2-2 所示。

从表 2-2 可知,投影面垂直线的投影特性如下：

(1) 在其垂直的投影面上的投影积聚为一点。

(2) 另外两个投影面上的投影反映空间线段的实长,且分别垂直于相应的投影轴。

3) 一般位置直线

与三个投影面都倾斜的直线称为一般位置直线。

如图 2-12 所示,一般位置直线的投影特性如下：三个投影都倾斜于投影轴,其与投影轴的夹角并不反映空间线段对投影面的倾角,且三个投影的长度均比空间线段短,即都不反映空间线段的实长。

表 2-2　投影面垂直线的投影特性

名称	铅　垂　线	正　垂　线	侧　垂　线
立体图			
投影图			
投影特性	水平投影积聚为一点；$a'b'=a''b''=AB$，反映实长，$a'b' \perp OX$，$a''b'' \perp OY$	正面投影积聚为一点；$ab=a''b''=AB$，反映实长，$ab \perp OX$，$a''b'' \perp OZ$	侧面投影积聚为一点；$ab=a'b'=AB$，反映实长，$ab \perp OY$，$a'b' \perp OZ$

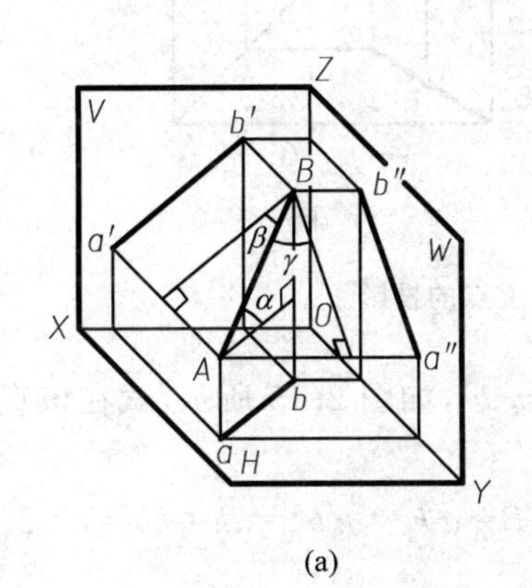

(a)

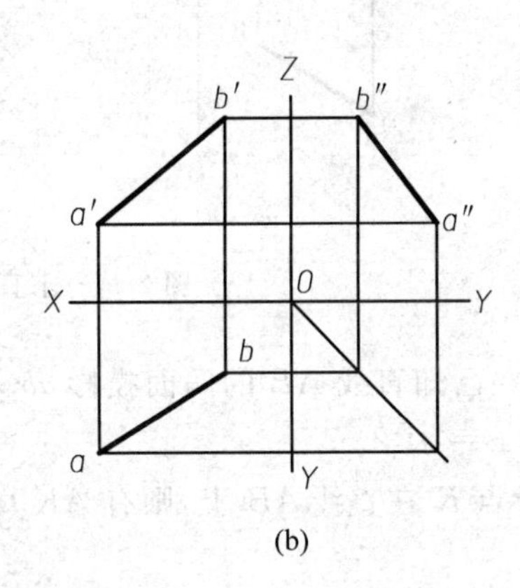

(b)

图 2-12　一般位置直线

2.3.3　直线上的点

如图 2-13 所示，直线上的点的投影特性如下：

(1) 若点在直线上，则点的投影一定在直线的同面投影上，反之亦然。

(2) 若点在直线上，则点的投影将线段的同面投影分割成与空间线段相同的比例(定比定理)；反之亦然。即

$$ac : cb = a'c' : c'b' = a''c'' : c''b'' = AC : CB$$

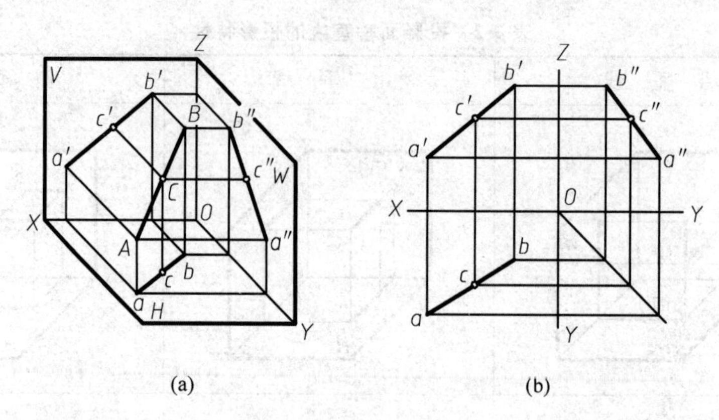

(a)　　(b)

图 2-13　直线上的点

【例 2-2】 如图 2-14(a)所示，已知点 K 在直线上，求作点 K 的三面投影。

解 由于点 K 在直线 AB 上，所以点 K 的各个投影一定在直线 AB 的同面投影上。如图 2-14(b)所示，求出直线 AB 的侧面投影 $a''b''$ 后，即可在 ab 和 $a''b''$ 上确定点 K 的水平投影 k 和侧面投影 k''。

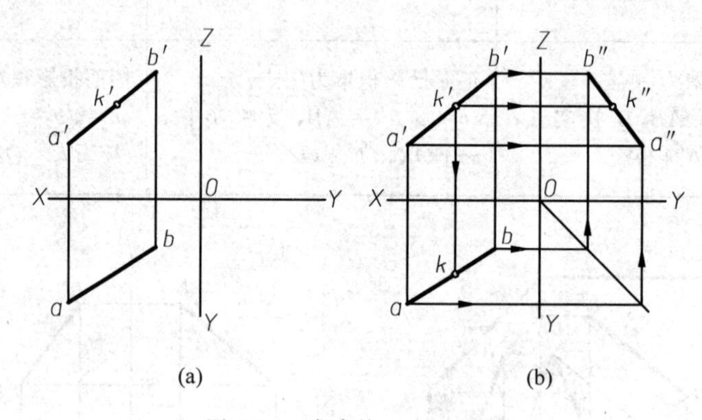

(a)　　(b)

图 2-14　求直线上点的投影

【例 2-3】 已知直线 AB 的两面投影 ab 和 $a'b'$，如图 2-15 所示，试在该直线上取一点 K，使 $AK:KB=1:2$。

解 由于点 K 在直线 AB 上，则有 $AK:KB=a'k':k'b'=ak:kb=1:2$。

作图：

(1) 过 a'(或 a)作任意斜线 $a'B_0$，取任意单位长度，在该线上截取 $a'K_0:K_0B=1:2$，连线 $b'B_0$。再过 K_0 作线 $K_0k'//B_0b'$，交 $a'b'$ 于 k'。

(2) 过 k' 作 X 轴的垂线交 ab 于 k，则 k'、k 即为所求。

点是否在直线上，一般位置直线只需要判断两个投影面上的投影即可。如图 2-16 所示，可以判断出点 C 在直线 AB 上，而点 D 不在直线 AB 上(因 d 不在 ab 上)。但是当直线为投影面平行线，且给出的两个投影又都平行于投影轴时，则还需要求出第三个投影进行判断，或用点分线段成定比的方法判断。

【例 2-4】 如图 2-17(a)所示，已知侧平线 AB 及点 M 的正面投影和水平投影，判断点 M 是否在直线 AB 上。

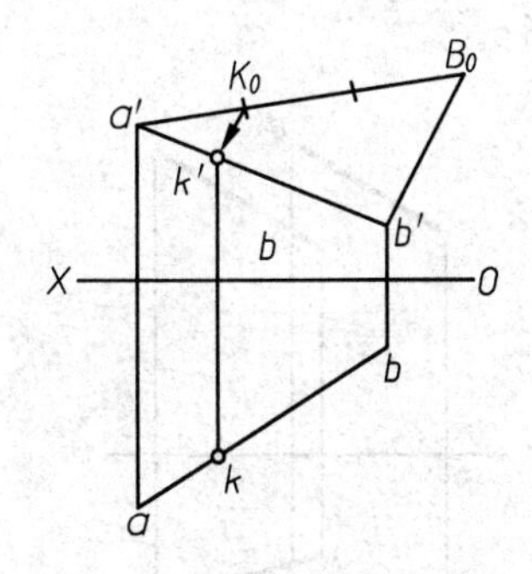

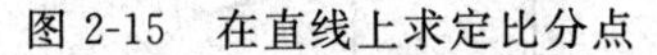

图 2-15　在直线上求定比分点

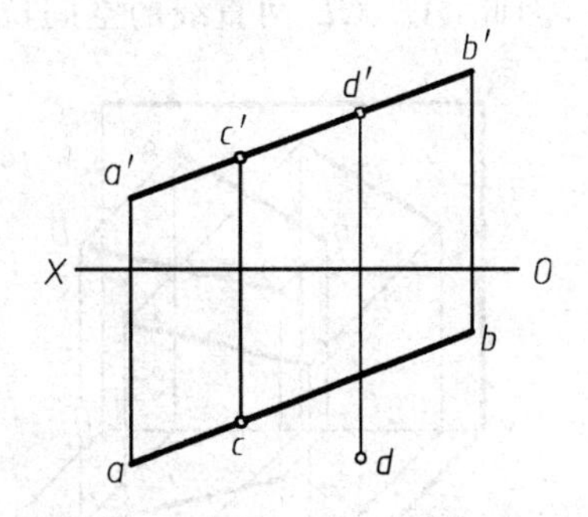

图 2-16　判断点是否在直线上

解　判断方法有以下两种：

(1) 求出它们的侧面投影

如图 2-17(b)所示，由于 m''不在 $a''b''$上，故点 M 不在直线 AB 上。

(2) 用点分线段成定比例的方法判断

由于 $am:mb \neq a'm':m'b'$，故点 M 不在直线 AB 上。

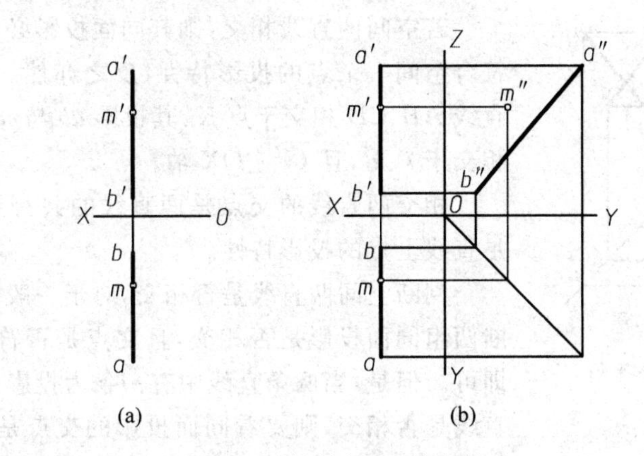

图 2-17　判断点是否在直线上

2.3.4　两直线的相对位置

空间两直线的相对位置有三种：平行、相交和交叉(异面)。

1. 两直线平行

平行两直线的投影特性为：

(1) 平行两直线在同一投影面上的投影仍互相平行。反之，若两直线在同一投影面上的投影都相互平行，则该两直线平行。

(2) 平行两线段之比等于其投影之比。

如图 2-18 所示，若空间两直线相互平行，则其同面投影也相互平行，即若 $AB /\!/ CD$，则 $ab /\!/ cd$，$a'b' /\!/ c'd'$。如果从投影图上判别两条一般位置直线是否平行，只要看它们的两个同面投影是否平行即可。

如果两直线为投影面平行线时，则要看第三个同面投影。如图 2-19 中，AB、CD 是两条侧平线，它们的正面投影及水平投影均相互平行，即 $a'b' /\!/ c'd'$、$ab /\!/ cd$，但它们的侧面投影并不平行，因此，AB、CD 两直线的空间位置并不平行。

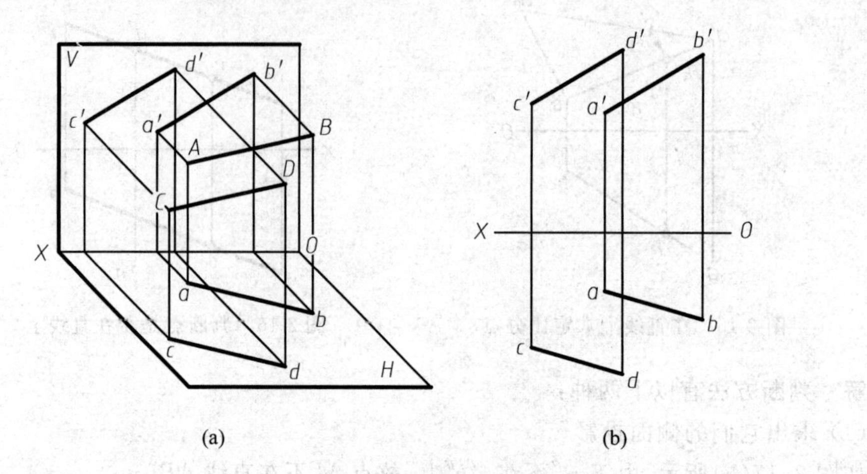

(a) (b)

图 2-18 两直线平行

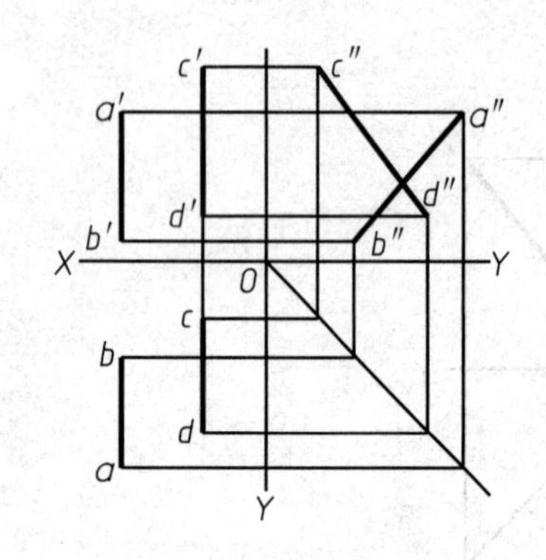

图 2-19 两直线不平行

2. 两直线相交

若空间两直线相交，则其同面投影必相交，且其交点必符合空间一个点的投影特性，反之亦然。如图 2-20 所示，直线 AB、CD 相交于点 K，其投影 ab 与 cd，$a'b'$ 与 $c'd'$ 分别相交于 k、k'，且 $kk' \perp OX$ 轴。

相交两直线的交点是两直线的共有点，因此交点应满足直线上点的投影特性。

判断空间两直线是否相交，对于一般位置直线，只需判断两组同面投影是否相交，且交点是否符合点的投影特性即可。但是，当两条直线中有一条为投影面平行线，判断两直线是否相交，则要看同面投影的交点是否符合点在直线上的定比关系；或是看在其所平行的投影面上的两直线投影是否相交，且交点是否符合点的投影特性。

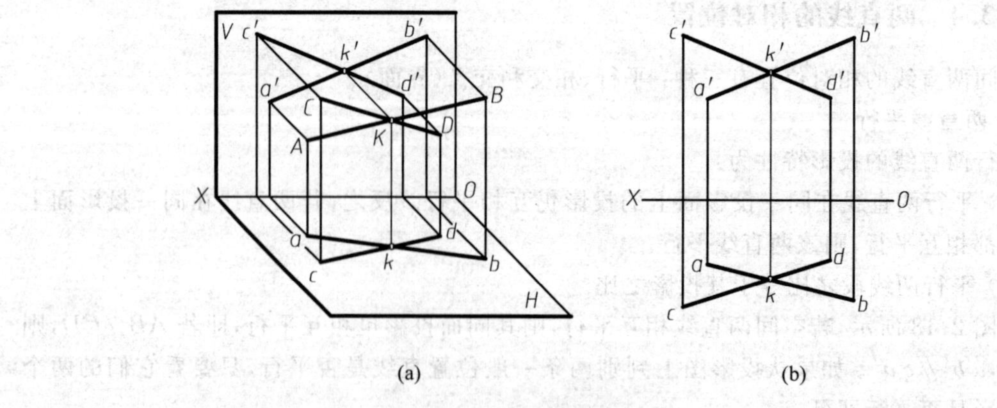

(a) (b)

图 2-20 两直线相交

【例 2-5】 判断直线 AB、CD 是否相交(图 2-21(a))。

解　由于 AB 是一条侧平线，所以根据所给的两组同面投影还不能确定两条直线是否相交，可以用两种方法判断。

(1) 求出侧面投影。如图 2-21(b)所示，虽然 $a''b''$，$c''d''$亦相交，但其交点不是点 K 的侧面投影，即点 K 不是两直线的共有点，故 AB、CD 不相交。

(2) 很明显，$ak : kb \neq a'k' : k'b'$，故点 K 不在直线 AB 上，点 K 不是两直线的共有点，故 AB、CD 不相交。

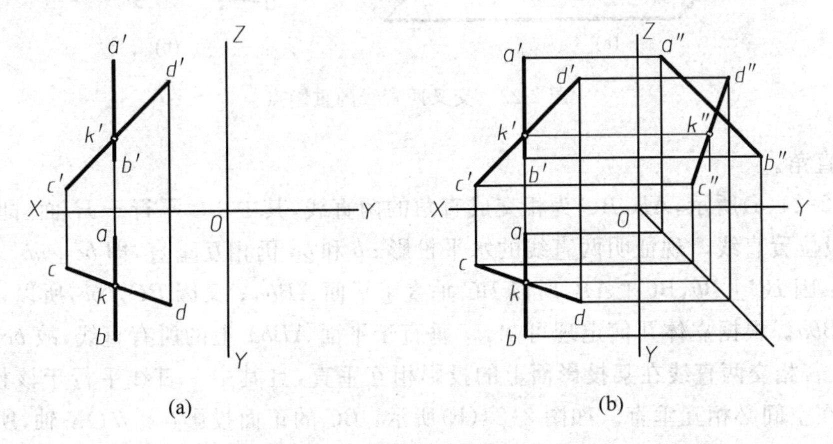

图 2-21　判断两直线是否相交

3. 两直线交叉

空间既不平行也不相交的两直线为交叉直线(或称异面直线)。所以，在投影图上，既不符合两直线平行，又不符合两直线相交投影特性的两直线即为交叉两直线。交叉两直线的某一同面投影可能会有平行的情况，但该两直线的另一同面投影是不平行的，如图 2-22 所示，图 2-19 的两侧平线 AB、CD 也属于两交叉直线。

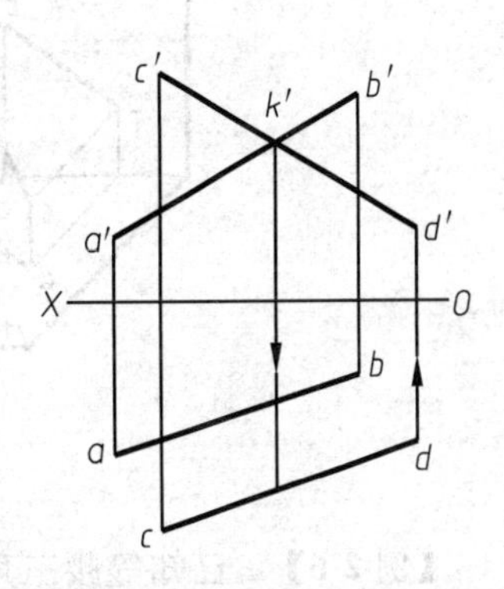

图 2-22　交叉两直线的投影

交叉两直线在空间不相交，其同面投影的交点即是对该投影面的重影点。如图 2-23 所示，分别位于直线 AB 和 CD 上的点Ⅰ和Ⅱ的正面投影 1′和 2′重合，所以点Ⅰ和Ⅱ为对 V 面的重影点，利用该重影点的不同坐标 y_{I} 和 y_{II} 决定其可见性。由于 $y_{\mathrm{I}} > y_{\mathrm{II}}$，所以点Ⅰ的 1′遮住了点Ⅱ的 2′，这时，1′为可见，2′为不可见，需加注括号。

同理，若水平投影面有重影点需要判别其可见性，只要比较两重影点的 z 坐标。如图 2-23 所示，显然 $z_{\mathrm{III}} > z_{\mathrm{IV}}$，对于 H 面来讲，z 坐标大的点在上，上面的点遮住下面的点，所以，3 为可见，4 为不可见，需加括号。

4. 两直线垂直

当空间两直线都平行于某一投影面时，其夹角在该投影面上的投影反映实际的大小。若两直线相互垂直，且同时平行于某一投影面，则两直线在该投影面上的投影反映直角；若两条直线相互垂直，且其中有一条直线平行于某一投影面，则两直线在该投影面上的投影仍反映直角，通常称为直角投影定理；若两直线相互垂直，且都不平行于某一投影面，则其投

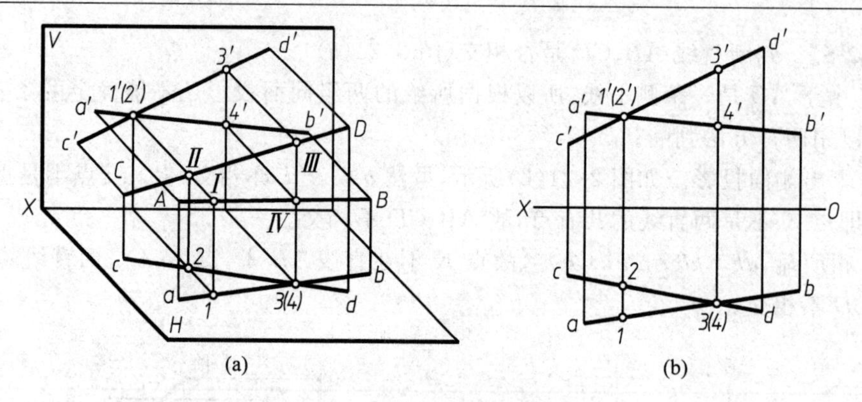

图 2-23　交叉两直线的重影点

影不反映直角。

如图 2-24(a)所示，AB、BC 为相交成直角的两直线，其中 BC 平行于 H 面(即水平线)，AB 为一般位置直线。现证明两直线的水平投影 ab 和 bc 仍相互垂直，即 $bc \perp ab$。

证明：因 $BC \perp Bb$，$BC \perp AB$，所以 BC 垂直于平面 $ABba$；又因 $BC /\!/ bc$，所以，bc 也垂直于平面 $ABba$。根据立体几何定理可知，bc 垂直于平面 $ABba$ 上的所有直线，故 $bc \perp ab$。

反之，若相交两直线在某投影面上的投影相互垂直，且其中一直线平行于该投影面，则此两直线在空间必相互垂直。如图 2-24(b)所示，BC 的正面投影 $b'c' /\!/ OX$ 轴，所以 BC 为水平线，又 $bc \perp ab$，则空间两直线 $AB \perp BC$。

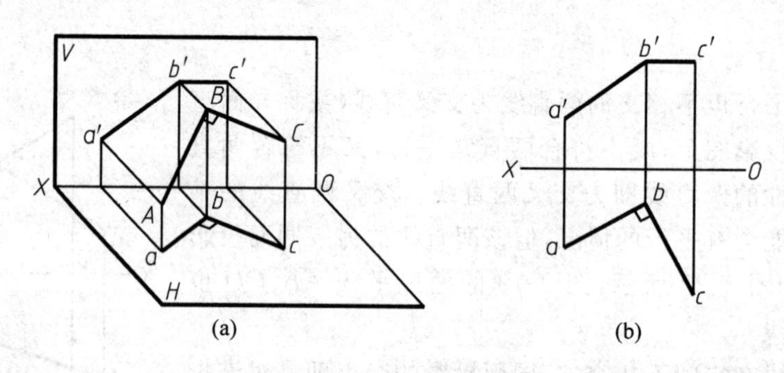

图 2-24　两直线垂直

【例 2-6】　已知等腰三角形 ABD 的一腰为 AC，它的底边在正平线 AB 上(如图 2-25(a)所示)，求作此等腰三角形。

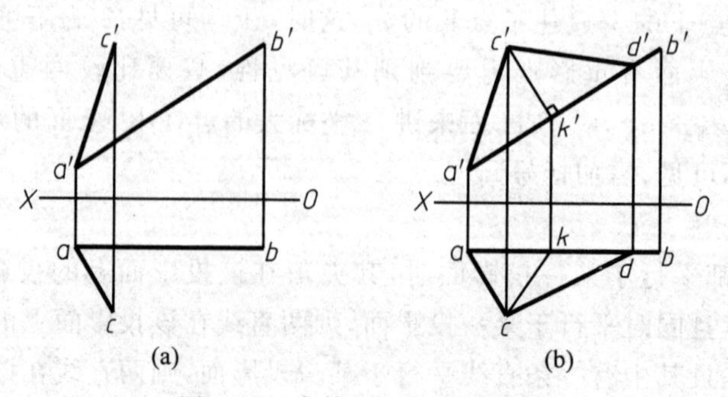

图 2-25　求等腰三角形的投影

解　由于等腰三角形的高垂直平分底边，底边在 AB 上，而 AB 又是正平线，因此，此三角形的正面投影中，既能反映底边的实长，又能反映高与底边的垂直关系。

作图（如图 2-25(b)所示）：

(1) 过点 C 向直线 AB 作垂线 CK（$c'k' \perp a'b'$ 并求出 ck），CK 即为三角形的高。

(2) 量取 $k'd' = k'a'$，并求出水平投影 d，点 D 即为等腰三角形的另一顶点。

(3) 连接 CD（$c'd'$、cd）即得此三角形。

【例 2-7】　试分析判断图 2-26 所示的各对相交直线中哪一对垂直相交？

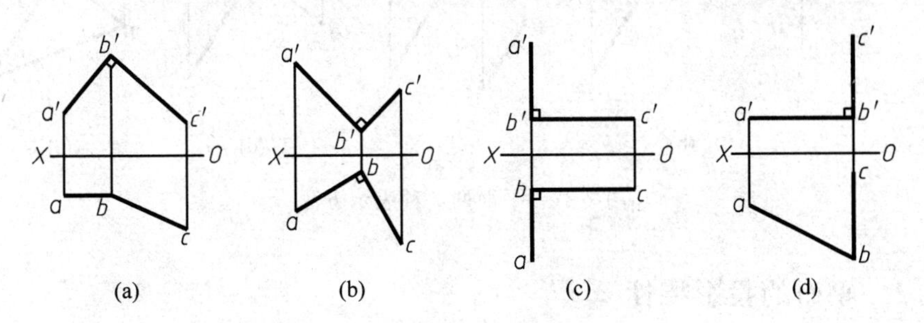

图 2-26　判断两直线是否垂直相交

解

(1) 图 2-26(a)中，因 $ab /\!/ OX$ 轴，故 AB 为正平线。bc、$b'c'$ 均倾斜于 OX 轴，所以，BC 为一般位置直线。由于两直线的正投影 $a'b' \perp b'c'$，且 $AB /\!/ V$ 面，因此，$AB \perp BC$。

(2) 图 2-26(b)中，AB 和 BC 既不平行于 H 面，也不平行于 V 面，因而它们的正面投影和水平投影都不反映空间两直线夹角的实形，尽管图中所示的两对投影相交均为直角，然而空间 AB 和 CD 两直线并不垂直。

(3) 图 2-26(c)中，ab 和 $a'b'$ 均垂直于 OX 轴，从各种位置直线的投影特性可知，AB 为侧平线，BC 为侧垂线，因而，AB 与 BC 两直线不仅其正面投影和水平投影相交成直角，而且空间此两直线也垂直相交。

(4) 图 2-26(d)中，AB 为水平线（$a'b' /\!/ OX$ 轴），BC 为侧平线（bc 和 $b'c' \perp OX$ 轴），尽管 AB 的正面投影 $a'b'$ 与 BC 的正面投影 $b'c'$ 相交成直角，这两条直线在空间并不垂直相交。

2.4　平面的投影

2.4.1　平面的表示法

在投影图上，通常用图 2-27 所示的 5 组几何要素中的任意一组来表示一个平面的投影。

(1) 不在同一直线上的三点（图 2-27(a)）；

(2) 一直线及直线外一点（图 2-27(b)）；

(3) 两条平行直线（图 2-27(c)）；

(4) 两条相交直线（图 2-27(d)）；

(5) 任意的平面图形（图 2-27(e)）。

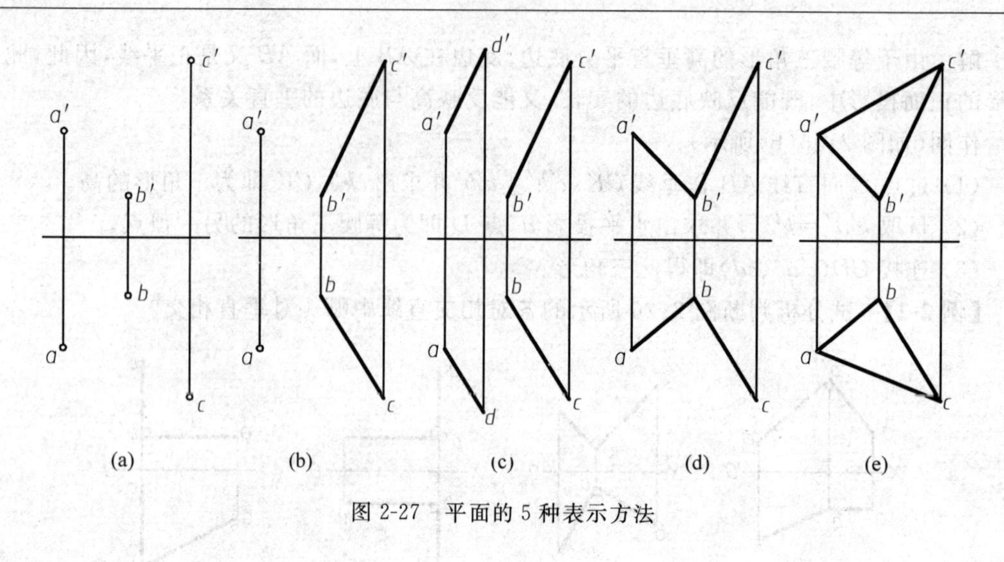

图 2-27　平面的 5 种表示方法

2.4.2　平面的投影特性

1. 平面对一个投影面的投影特性

平面对一个投影面的投影特性取决于平面与投影面的相对位置，可以分为以下三种。

1）平面垂直于投影面

如图 2-28(a)所示，△ABC 垂直于投影面 P，它在投影面 P 上的投影积聚成一条直线，平面内的所有几何元素在 P 面上的投影都重合于这条直线上。这种投影特性称为积聚性。

2）平面平行于投影面

如图 2-28(b)所示，△ABC 平行于投影面 P，它在投影面 P 上的投影反映△ABC 的实形。这种投影特性称为实形性。

3）平面倾斜于投影面

如图 2-28(c)所示，△ABC 倾斜于投影面 P，它在投影面 P 上的投影与△ABC 是类似的。这种投影特性称为类似性。

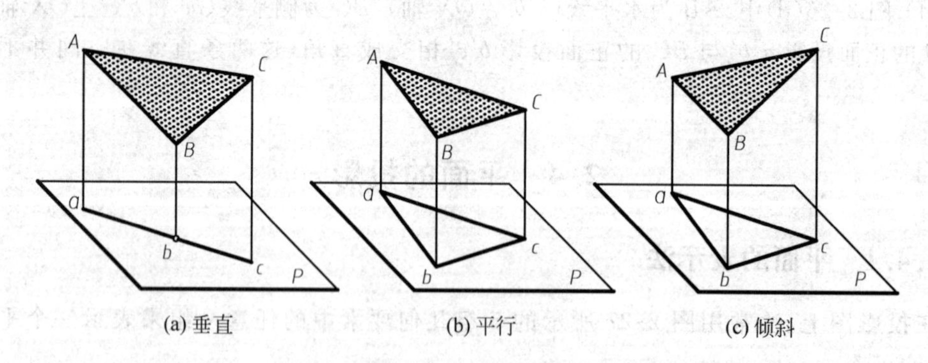

图 2-28　平面对一个投影面的投影特性

2. 平面在三投影面体系中的投影特性

平面在三投影面体系中的投影特性取决于平面对三个投影面的相对位置。根据平面与三个投影面的相对位置不同可将平面分为三类：投影面垂直面、投影面平行面和一般位置平面。投影面垂直面和投影面平行面又称为特殊位置平面。

1）投影面垂直面

垂直于某一投影面与其余两投影面都倾斜的平面称为投影面垂直面。其中，垂直于 H 面时称为铅垂面，垂直于 V 面时称为正垂面，垂直于 W 面时称为侧垂面。它们的投影特性见表 2-3。

表 2-3　投影面垂直面的投影特性

名称	正　垂　面	铅　垂　面	侧　垂　面
立体图	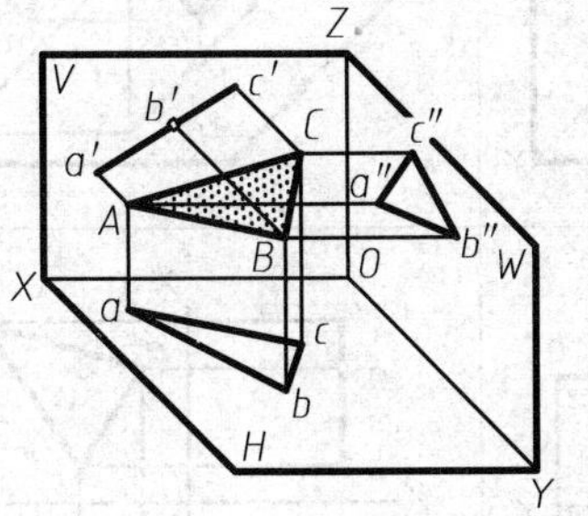	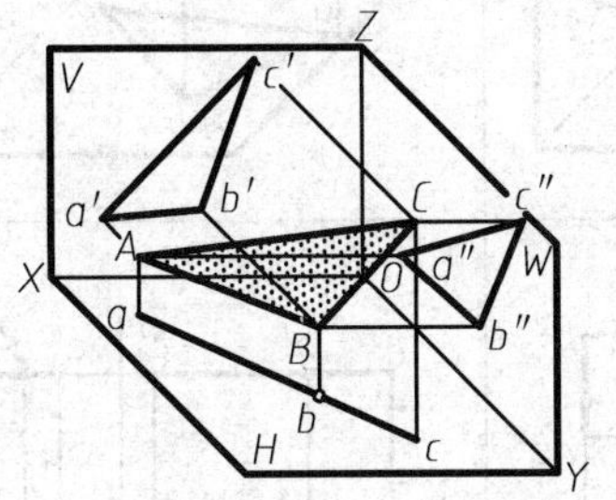	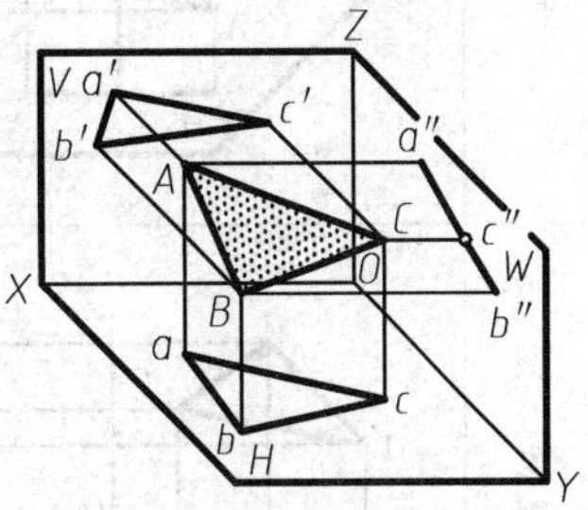
投影图	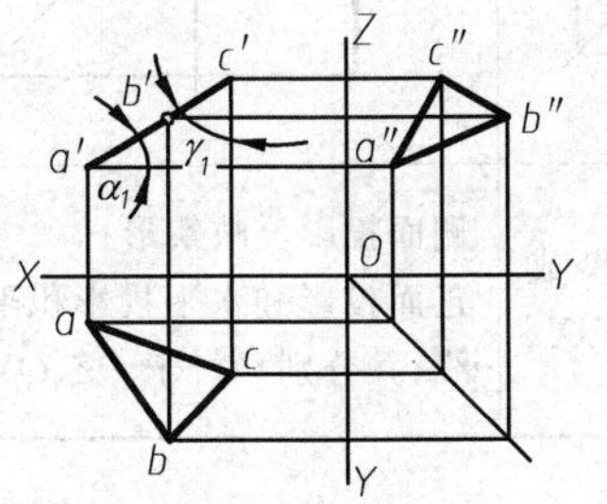	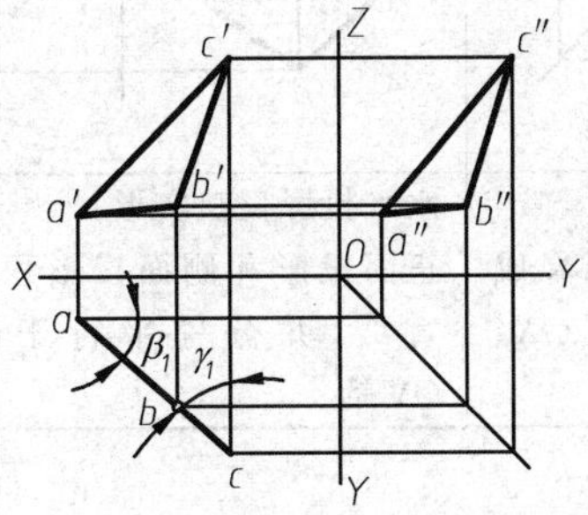	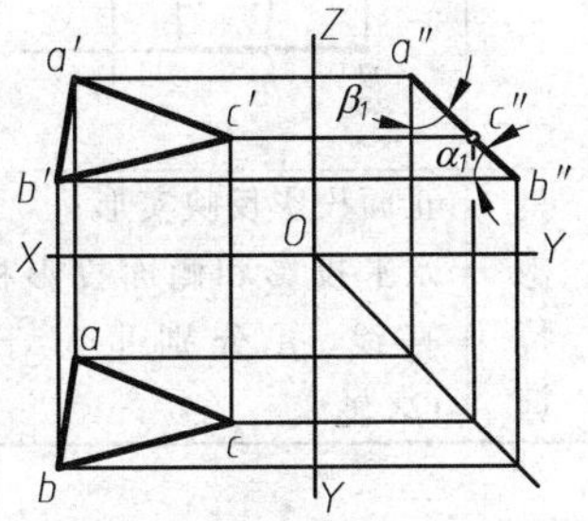
投影特性	正面投影积聚为直线，它与 OX、OZ 轴的夹角反映平面对 H 面、W 面的夹角 α_1、γ_1；水平投影与侧面投影为类似形	水平投影积聚为直线，它与 OX、OY 轴的夹角反映平面对 V 面、W 面的夹角 β_1、γ_1；正面投影与侧面投影为类似形	侧面投影积聚为直线，它与 OY、OZ 轴的夹角反映平面对 H 面、V 面的夹角 α_1、β_1；水平投影与正面投影为类似形

从表 2-3 可知，投影面垂直面的投影特性如下：

(1) 在其垂直的投影面上的投影积聚成与该投影面内两个投影轴都倾斜的直线，该直线与投影轴的夹角反映空间平面与另两个投影面的夹角的实际大小。

(2) 在另两个投影面上的投影形状类似。

2）投影面平行面

平行于某一投影面从而垂直于其余两个投影面的平面称为投影面平行面。其中，平行于 H 面时称为水平面，平行于 V 面时称为正平面，平行于 W 面时称为侧平面。它们的投影特性见表 2-4。

从表 2-4 可知，投影面平行面的投影特性如下：

(1) 在其平行的投影面上的投影反映平面的实形。

(2) 另外两个投影面上的投影均积聚成直线，且平行于相应的投影轴。

表 2-4　投影面平行面的投影特性

名称	正　平　面	水　平　面	侧　平　面
立体图			
投影图			
投影特性	正面投影反映实形； 水平投影和侧面投影积聚成直线，并分别平行于 OX、OZ 轴	水平投影反映实形； 正面投影和侧面投影积聚成直线，并分别平行于 OX、OY 轴	侧面投影反映实形； 正面投影和水平投影积聚成直线，并分别平行于 OZ、OY 轴

3）一般位置平面

与三个投影面都倾斜的平面称为一般位置平面。一般位置平面的投影特性为三个投影面的投影均为缩小的类似形。如图 2-29 所示，△ABC 与三个投影面都倾斜，它的三个投影的形状相类似，但都不反映△ABC 的实形。

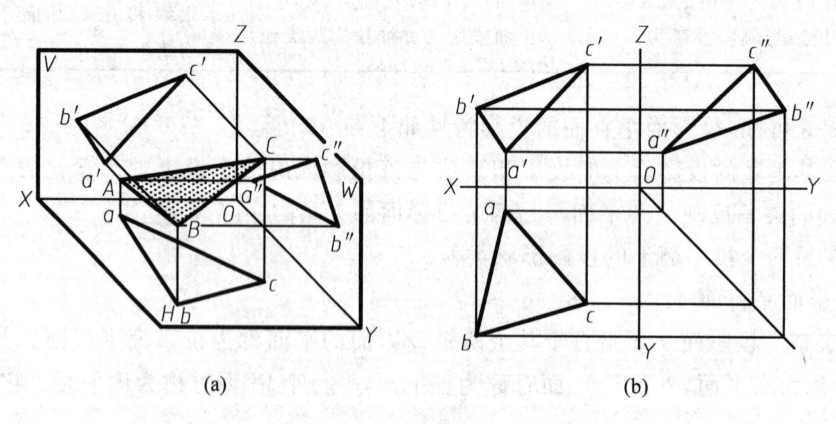

图 2-29　一般位置平面

【例 2-8】　△*ABC* 为一正垂面，已知其水平投影及顶点 *B* 的正面投影(图 2-30(a))，且△*ABC* 对 *H* 面的倾角 $\alpha=45°$，求△*ABC* 的正面投影及侧面投影。

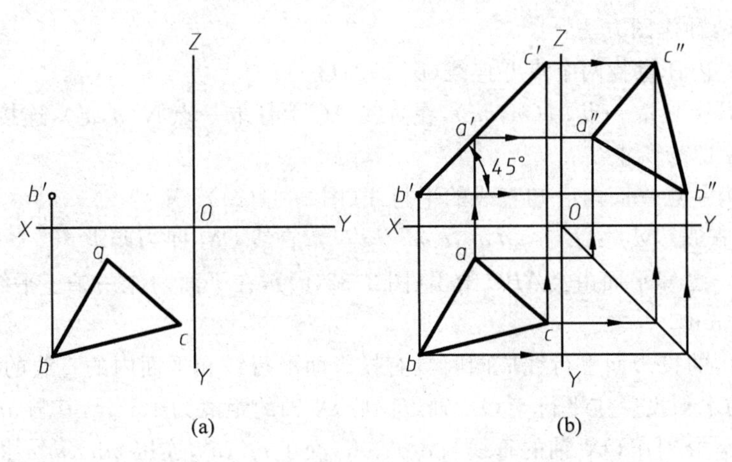

(a)　　　　(b)

图 2-30　求作正垂面

解　由于△ABC为一正垂面，所以它的正面投影应积聚成直线，且该直线与OX轴的夹角为45°。

作图(如图2-30(b)所示)：

(1) 过b'作与OX轴成45°的直线，再分别过a、c作OX轴的垂线与其相交于a'、c'，则得△ABC的正面投影。

(2) 分别求出各顶点的侧面投影并连接，便得△ABC的侧面投影。

2.4.3　平面内的直线和点

1. 平面内的直线

直线在平面上的几何条件如下：

(1) 直线通过平面内的两个点；

(2) 直线通过平面内的一点且平行于平面内的一条直线。

因此，在平面内作直线一般是在平面内先取两点，然后连线；或者是在平面内取一点作面内某已知直线的平行线。

【例 2-9】　已知平面由相交两直线AB、AC给出(图2-31(a))，在平面内任意作一条直线。

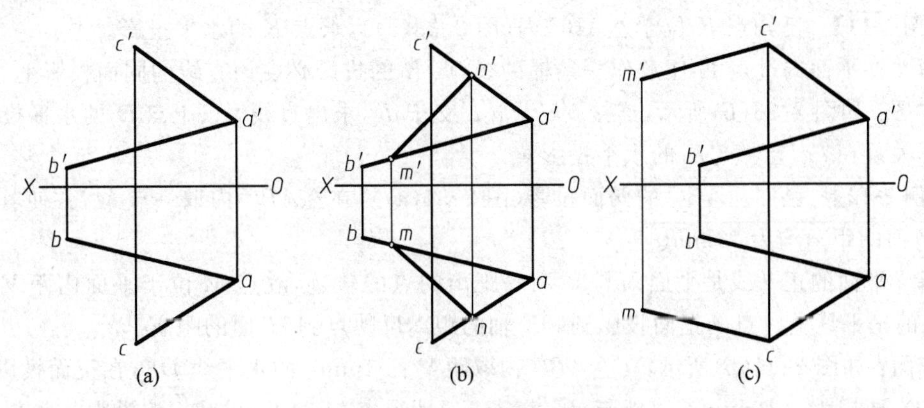

(a)　　　　(b)　　　　(c)

图 2-31　平面内取任意直线

解 可用两种作图方法：

(1) 在平面内任意找两个点并连线(图 2-31(b))

在直线 AB 上任取一点 $M(m,m')$，在直线 AC 上任取一点 $N(n,n')$，连接 M、N 的同面投影，直线 MN 即为所求。

(2) 过面内一点作面内已知直线的平行线(图 2-31(c))

过点 C 作直线 $CM /\!/ AB(cm /\!/ ab, c'm' /\!/ a'b')$，直线 CM 即为所求。

【例 2-10】 已知平面由△ABC 给出(图 2-32(a))，在平面内作一条正平线，并使其到 V 面的距离为 10mm。

解 平面内的投影面平行线应同时具有投影面平行线和平面内的直线的投影特性。因此，所求直线的水平投影应平行于 OX 轴，且到 OX 轴的距离为 10mm，其与 ab、ac 分别交于 m 和 n。过 m、n 分别作 OX 轴的垂线与 $a'b'$、$a'c'$交于 m'、n'，连接 mn 、$m'n'$即为所求。

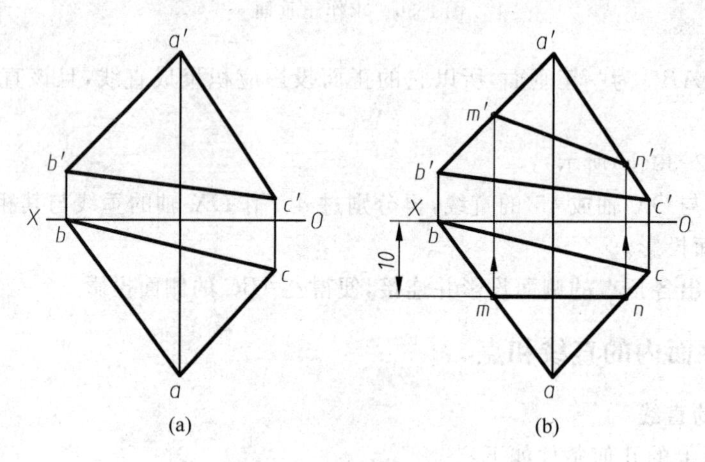

图 2-32 在平面内取直线

2. 平面内的点

点位于平面内的几何条件是点位于平面内的某条直线上，因此点的投影也必须位于平面内该条直线的同面投影上。所以，在平面内取点应首先在平面内取直线，然后再在该直线上取符合要求的点。

【例 2-11】 已知点 K 位于△ABC 内(图 2-33(a))，求点 K 的水平投影。

解 在平面内过点 K 任意作一条辅助线，点 K 的投影必在该直线的同面投影上。

作图：如图 2-33(b)所示，连接 $b'k'$ 与 $a'c'$ 交于 d'，求出直线 AC 上点 D 的水平投影 d，按投影关系在 bd 上求点 K 的水平投影 k。

【例 2-12】 已知△ABC 的两面投影(图 2-34(a))，在△ABC 内取一点 M，并使其到 H 面和 V 面的距离均为 10mm。

解 平面的正平线是平面内与 V 面等距离的点的轨迹，故点 M 位于平面内距 V 面为 10mm 的正平线上。点的正面投影到 OX 轴的距离反映点到 H 面的距离。

作图：如图 2-34(b)所示，在△ABC 内取距 V 面 10mm 的正平线 DE，在正面投影面上作与 OX 轴相距为 10mm 的直线与 $d'e'$交于 m'，即得点 M 的正面投影，按投影关系在 de 上确定点 M 的水平投影 m。

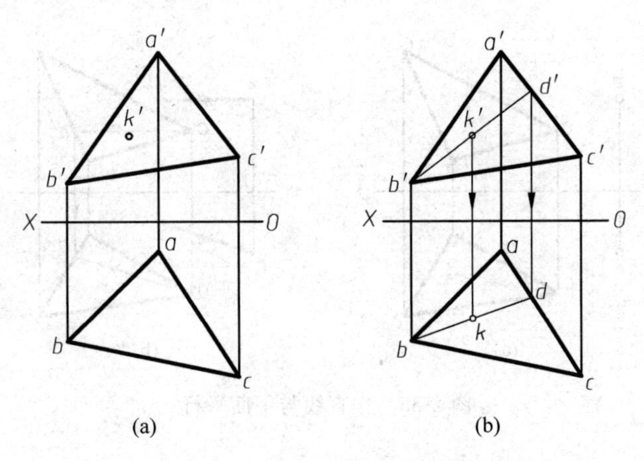

图 2-33　平面内取点

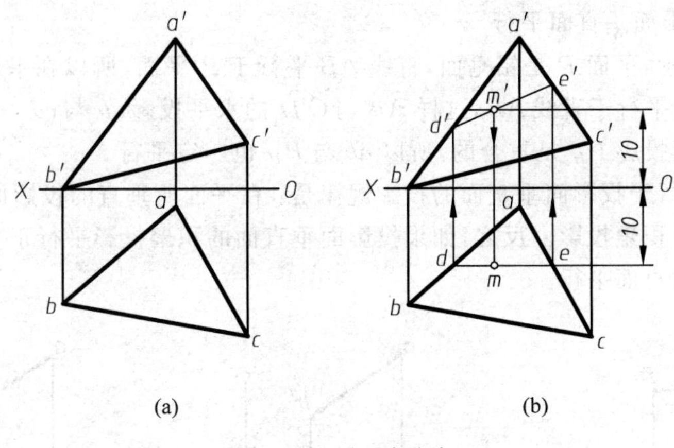

图 2-34　平面内取点

2.5　直线与平面、平面与平面的相对位置

直线与平面或者平面与平面的相对位置分为平行、相交和垂直，其中垂直是相交的特殊情形。

2.5.1　平行

1. 直线与平面平行

如果直线平行于平面，则直线平行于平面内的任意一条直线。反之，如果直线平行于平面内的一条直线，那么直线也平行于平面。

如果直线与平面平行，那么过平面内任意点均可作出直线的平行线。

1）直线与一般位置平面平行

【例 2-13】 过 E 点作一条水平线 EF 平行于$\triangle ABC$(图 2-35(a))。

解　过点 E 可作出无数条平行于$\triangle ABC$ 的直线，但要求直线 EF 为水平线，所以 EF 必须平行于$\triangle ABC$ 内的水平线。

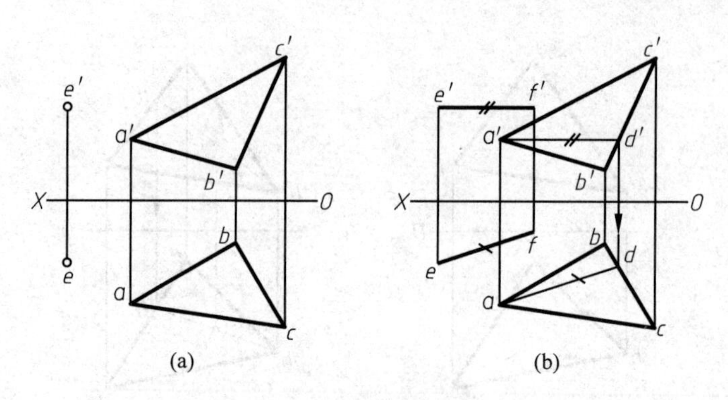

图 2-35　作直线与平面平行

作图：如图 2-35(b)所示，在△ABC 内任作一条水平线 AD(ad、$a'd'$)；过 e' 作 $e'f' \parallel a'd'$，过 e 作 $ef \parallel ad$，直线 EF 即为所求。

2) 直线与投影面垂直面平行

如图 2-36 所示，平面 P 是铅垂面，直线 AB 平行于 P 平面，所以在平面 P 中一定可以找到一条直线 CD 平行于直线 AB，这样 AB 与 CD 的水平投影 ab 与 cd 一定平行，而 cd 与 P 平面的水平积聚投影 P_H 是重合的，所以 ab 与 P_H 也一定平行。

因此，直线平行于投影面垂直面的投影规律是：在平面所垂直的投影面上，直线的投影平行于平面的同面积聚投影。反之，如果投影面垂直面的积聚投影平行于直线的同面投影，则直线与投影面垂直面平行。

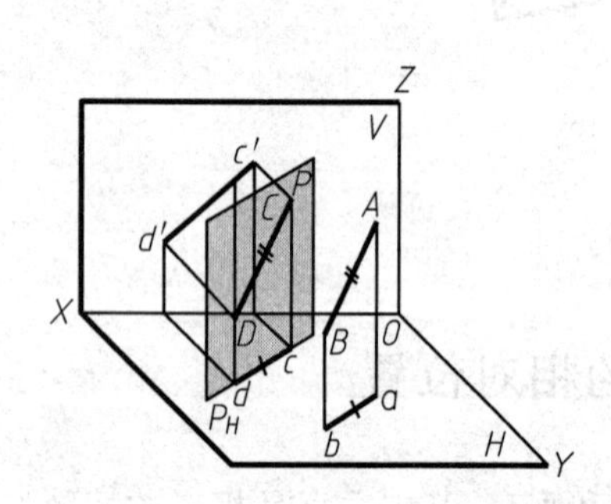

图 2-36　直线与投影面垂直面平行

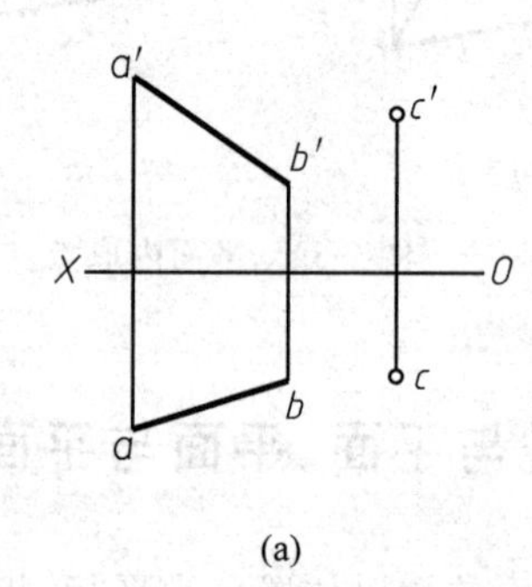

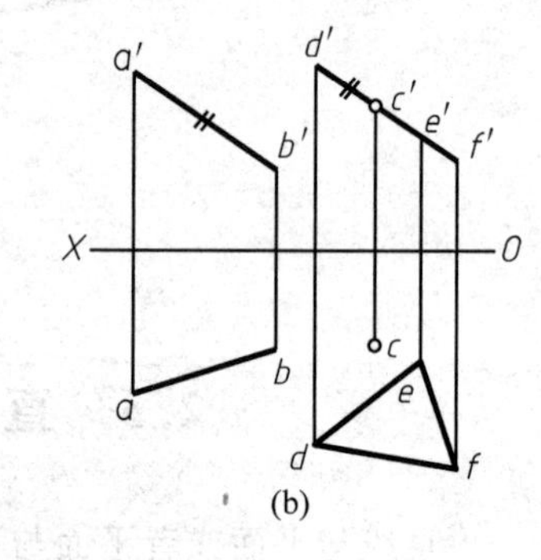

图 2-37　包含点作正垂面平行于直线

【例 2-14】 已知直线 AB 和点 C 的两面投影(图 2-37(a))，包含 C 点作一个正垂面平行于直线 AB。

解　正垂面的正面投影具有积聚性，因此，只要保证所作平面的正面积聚投影与直线 AB 的正面投影 $a'b'$ 平行，则该平面就与直线 AB 平行。

作图：如图 2-37(b)所示，过 c' 作 $d'f' \parallel a'b'$；在水平投影上与 $d'f'$ 按投影关系作任意图形，本例使用△DEF，该图形即为正垂面的水平投影。

需要注意的是，这类问题中的点 C 的水平投影 c 可在平面图形范围内，也可在图形范围外。

2. 平面与平面平行

平面与平面平行的几何条件是：一个平面内的两相交直线与另一平面内的两相交直线

分别平行。

1）两一般位置平面平行

【例 2-15】 已知△ABC 和点 K 的两面投影（图 2-38(a)），过点 K 求作一平面与已知△ABC 平行。

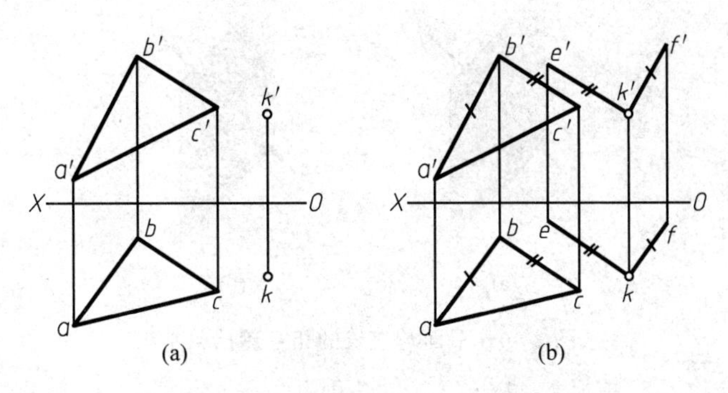

图 2-38　过点作平面与已知平面平行

解　过点 K 任意作两条相交直线分别与△ABC 内的两条相交直线平行，该两直线组成的平面即与△ABC 平行。

作图：如图 2-38(b)所示，过 K 作 $KE \parallel BC$($k'e' \parallel b'c'$，$ke \parallel bc$)；过 K 作 $KF \parallel AB$($k'f' \parallel a'b'$，$kf \parallel ab$)，由 KE 和 KF 组成的平面即为所求。

2）两投影面垂直面平行

若两投影面垂直面相互平行，则它们具有积聚性的那组投影必相互平行。

如图 2-39 所示，两铅垂面 $ABCD$ 和 EFG 互相平行，它们的积聚投影必互相平行，且两积聚投影之间的距离等于两平面之间的距离。

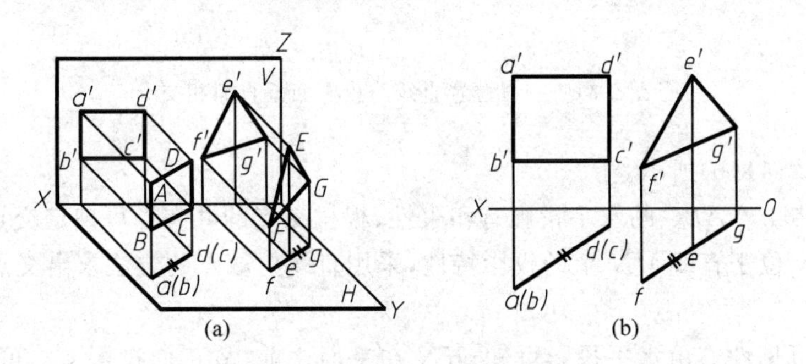

图 2-39　两投影面垂直面互相平行

2.5.2　相交

1. 直线与平面相交

直线与平面相交，其交点是直线与平面的共有点。因此交点的投影既满足直线上点的投影特性，又满足平面内点的投影特性。

当直线或平面处于特殊位置，特别是当其中某一投影具有积聚性时，交点的投影也必定位于有积聚性的投影上，利用这一特性可以较简单地求出交点的投影。

这里只讨论直线与平面中至少有一个处于特殊位置时的情况。

由于直线与平面相对位置的不同，从某个方向投射时，彼此之间会存在相互遮挡关系(见图2-40)，且交点是直线的可见段与不可见段的分界点，因此，求出交点后，还应判别可见性。

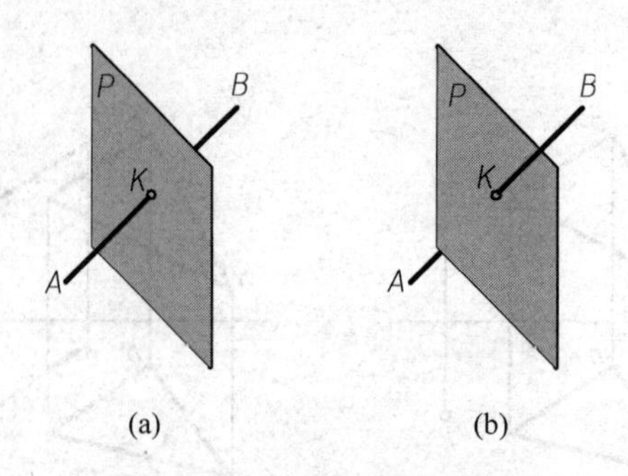

图2-40　平面与直线的相互遮挡关系

【例2-16】 求直线 MN 与△ABC 的交点 K 并判别可见性(图2-41(a))。

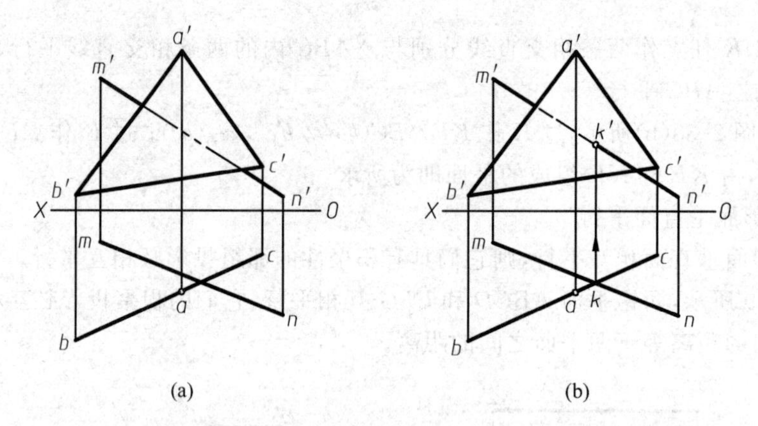

图2-41　一般位置直线与投影面垂直面相交

解　如图2-41(b)所示。

(1) 求交点。△ABC 的水平投影有积聚性，根据交点的共有性可确定交点 K 的水平投影，再利用点 K 位于直线 MN 上的投影特性，采用直线上取点的方法求出交点 K 的正面投影 k'。

(2) 判别可见性。由水平投影可知，KN 在平面之前，故正面投影 $k'n'$ 可见，而 $k'm'$ 与△$a'b'c'$ 的重叠部分不可见，用虚线表示。

【例2-17】 求铅垂线 EF 与△ABC 的交点 K 并判别可见性(图2-42(a))。

解　如图2-42(b)所示。

(1) 求交点。因为 EF 的水平投影有积聚性，故交点 K 的水平投影与直线 EF 的水平投影重合。根据交点的共有性，利用交点 K 位于△ABC 内的投影特性，采用面上找点的方法求出交点 K 的正面投影 k'。

(2) 判别可见性。选择重影点判别。其方法是判别哪个投影面上的可见性就利用哪个投影面的重影点。本例需判别正面投影的可见性，因此利用 V 面的重影点 M、N 来判别。假设点 M 在 EF 上，点 N 在 AC 上，由水平投影可知，点 M 在前，点 N 在后，即直线 EK 在

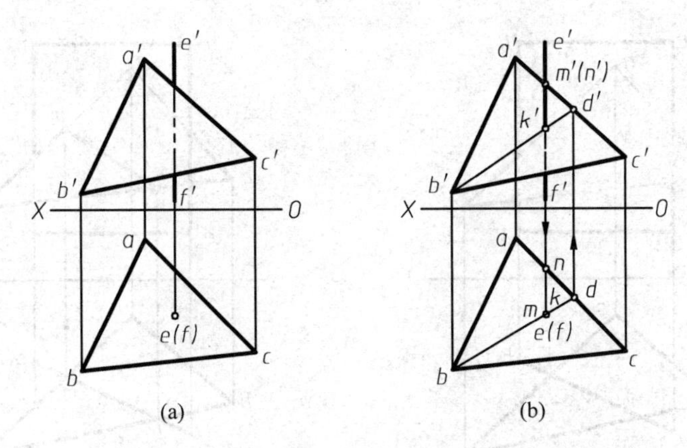

图 2-42　特殊位置直线与一般位置平面相交

平面之前，故 $e'k'$ 可见。

2. 两平面相交

两平面相交，其交线为一条直线，它是两平面的共有线。所以，只要确定两平面的两个共有点，或一个共有点及交线的方向，就可确定两平面的交线。

这里只讨论两个相交的平面中至少有一个处于特殊位置时的情况。

【例 2-18】 求△ABC 和△DEF 的交线 MN 并判别可见性(图 2-43(a))。

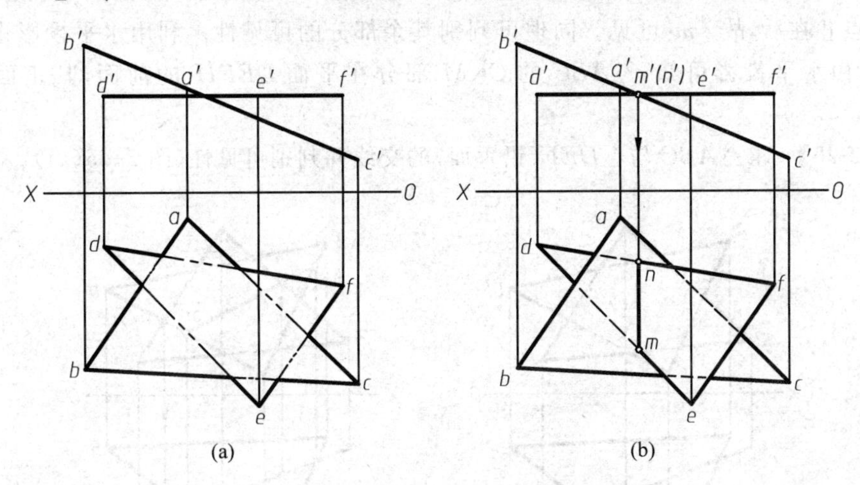

图 2-43　两个特殊位置平面相交

解　如图 2-43(b)所示。

(1) 求交线。因两平面都垂直于 V 面，其交线 MN 应为正垂线。两平面正面投影的交点即为交线的正面投影($m'(n')$)。交线的水平投影应垂直于 OX 轴，由此可求得交线 MN 的水平投影 mn。

(2) 判别可见性。由正面投影可知，△DEF 在交线 MN 的左侧部分位于△ABC 的下方，其水平投影与△ABC 的水平投影相重叠的部分为不可见。

【例 2-19】 求△ABC 和平面 $DEFH$(铅垂面)的交线 KM 并判别可见性(图 2-44(a))。

解　如图 2-44(b)所示。

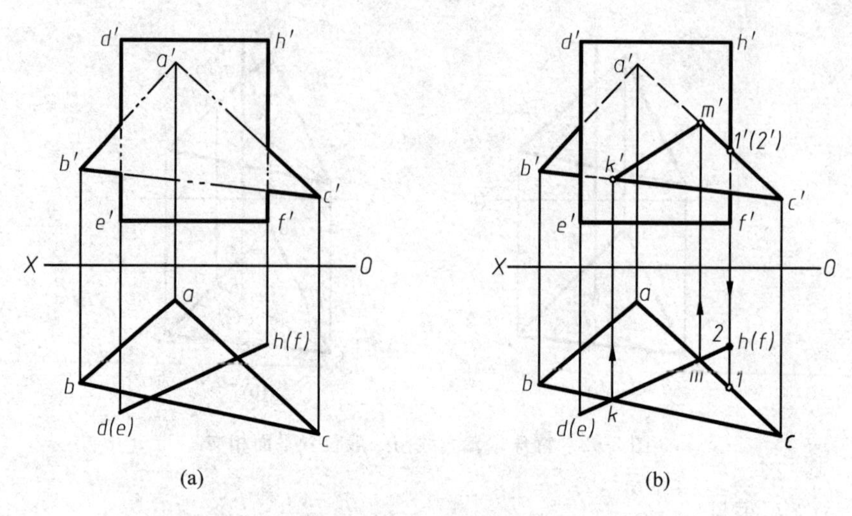

图 2-44　特殊位置平面与一般位置平面相交

(1) 求交线。平面 $DEFH$ 的水平投影有积聚性，其水平投影与 bc 的交点 k、与 ac 的交点 m 即为两平面的两个共有点的水平投影，分别在 $b'c'$ 和 $a'c'$ 上求出其正面投影 k'、m'，连接 $k'm'$ 即为交线 KM 的正面投影。

(2) 判别可见性。选择重影点Ⅰ、Ⅱ判别。假设点Ⅰ在 AC 上，点Ⅱ在 FH 上，由于点Ⅰ在前，点Ⅱ在后，故 $c'm'$ 可见。同理可判别其余部分的可见性。利用水平投影也可直观地判别。由水平投影可知，$\triangle ABC$ 的 CKM 部分在平面 $DEFH$ 的前面，其正面投影为可见。

【例 2-20】 求$\triangle ABC$ 与$\triangle DEF$(铅垂面)的交线并判别可见性(图 2-45(a))。

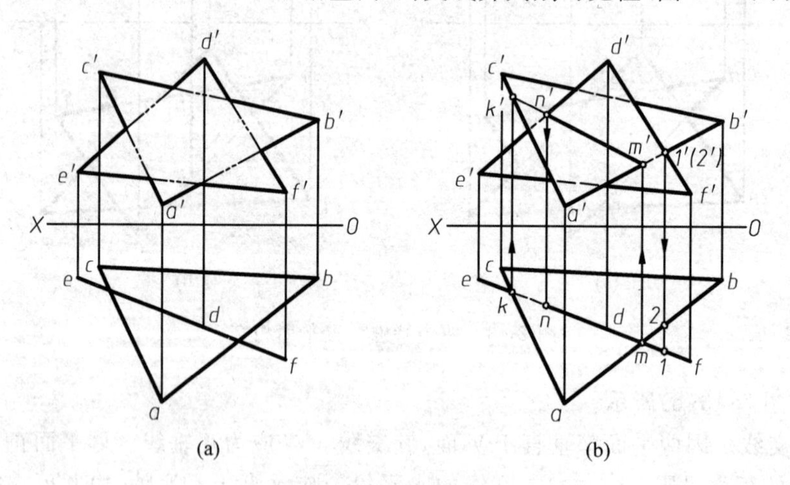

图 2-45　两平面互交

解　如图 2-45(b)所示。

(1) 求交线。因$\triangle DEF$ 的水平投影有积聚性，在水平投影上，ab 与 def 的交点 m、ac 与 def 的交点 k 即为两平面的两个共有点的水平投影，在 $a'b'$ 与 $a'c'$ 上分别确定 m'、k'，直线 KM 即为两平面的共有线。

在本例中，点 K 的正面投影位于△$e'd'f'$的外面，这说明点 $K(k,k')$位于△DEF 所确定的平面内，但不位于△DEF 这个图形内。所以，△ABC 与△DEF 的交线应为 MN（N 为 MK 与 DE 的交点）。

(2) 判别可见性。利用 H 面和 V 面的重影点可以分别判别两平面的水平投影和正面投影的可见性（请读者自行分析）。

从图 2-45(b)可看出，△ABC 的一条边 AB 穿过△DEF，其交点为 M，△DEF 的一条边 DE 穿过△ABC，其交点为 N，这种情况称为“互交”。

2.5.3　垂直

1. 直线与平面垂直

若直线垂直于平面，则直线的正面投影一定垂直于平面上的正平线的正面投影，直线的水平投影一定垂直于平面上的水平线的水平投影。

【例 2-21】 试过点 A 作平面 ABC 垂直于直线 EF（图 2-46(a)）。

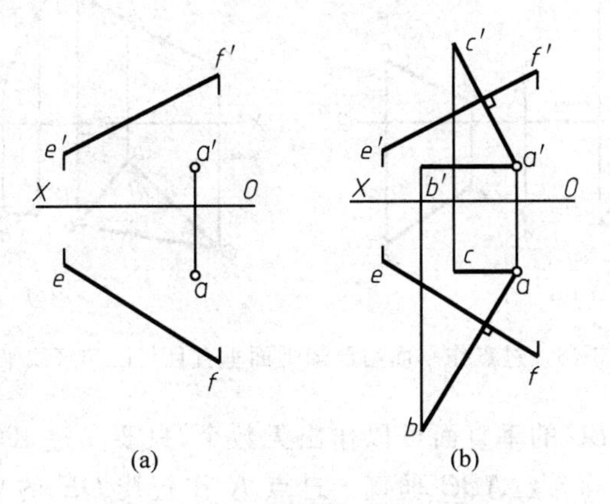

图 2-46　过点 A 作平面垂直于直线 EF

解　作平面 ABC 垂直于直线 EF，可作两条相交于 A 点的直线，并使该二直线都垂直于直线 EF 即可。符合条件的直线可以作出无数条，但因为直线 EF 是一条一般位置直线，若所作直线也是一般位置直线的时候无法反映垂直关系，故所作直线应选择投影面平行线，从而可根据两直线相互垂直，且其中有一条为投影面平行线时，则两直线在该投影面的投影反映直角（直角投影定理）作图。因此，应作过 A 点的一条水平线和一条正平线分别垂直于直线 EF，该二直线组成的平面即为所求。

作图：如图 2-46(b)所示，先过 A 点作一条水平线 AB 垂直于直线 EF（$a'b' /\!/ OX$ 轴，$ab \perp ef$）；再过 A 点作一条正平线 AC 垂直于直线 EF（$ac /\!/ OX$ 轴，$a'c' \perp e'f'$，平面 ABC 即为所求。

2. 平面与平面垂直

由立体几何得知，若一平面通过另一平面的垂线，则两平面相互垂直。由此得出绘制相互垂直平面的两种方法：

(1) 使一平面包含另一平面的一条垂线（图 2-47(a)）。

(2) 使一平面垂直于另一平面内的一条直线（图 2-47(b)）。

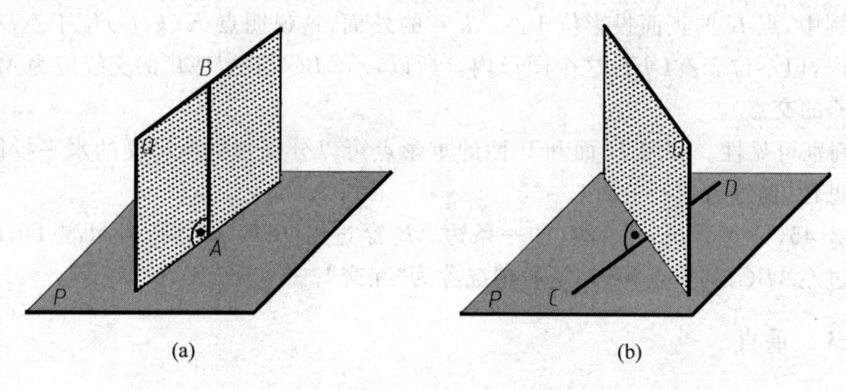

(a) (b)

图 2-47 两平面相互垂直

【例 2-22】 过点 K 作一平面垂直于$\triangle ABC$ 并与直线 DE 平行(图 2-48)。

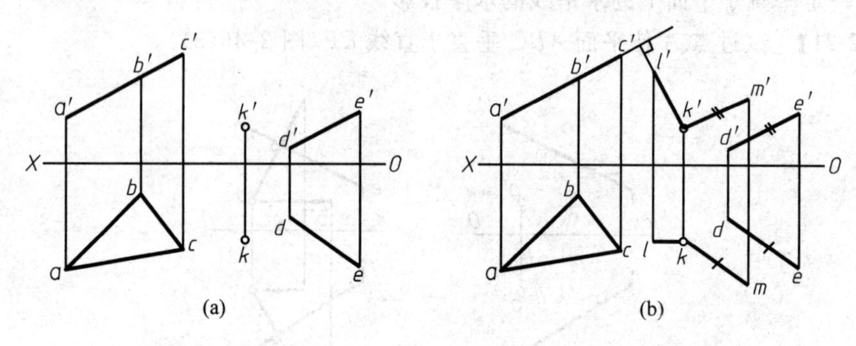

(a) (b)

图 2-48 过点作平面与已知平面垂直且与已知直线平行

解 过 K 点作$\triangle ABC$ 的垂直面可以作出无数个,只要先过 K 点作出$\triangle ABC$ 的垂线,包含该垂线的任意平面均与$\triangle ABC$ 垂直。过点 K 作直线 DE 的平行面也可以作出无数个,只要先过点 K 作直线 DE 的平行线,包含该平行线的任意平面(不包含直线 DE)都与直线 DE 平行。所以,由过 K 点作$\triangle ABC$ 的垂线和过 K 点作直线 DE 的平行线组成的平面即同时满足两个条件,该平面即为所求。

本例中$\triangle ABC$ 是正垂面,所以过 K 点所作的$\triangle ABC$ 的垂线一定是正平线,其水平投影平行于 OX 轴。

作图:先过 K 点作$\triangle ABC$ 的垂直线 KL($kl \parallel OX$ 轴,$k'l' \perp \triangle a'b'c'$);再过 K 点作直线 DE 的平行线 KM($km \parallel de, k'm' \parallel d'e'$),由 KL 和 KM 直线组成的平面即为所求。

在垂直问题中,无论是直线与直线垂直,还是平面与平面垂直,都无法直接作出,都要利用直线与平面垂直的投影特性进行作图。作直线与直线垂直时,先要作直线的垂直面,再在垂直面内作已知直线的垂线;作平面与平面垂直时,先作已知平面的垂线,再包含该垂线作平面即可。

第 3 章　立体的投影

机器零件以及其他物体，无论其结构形状多么复杂，在形体上都可以看成是由一些单一几何形体，如棱柱、棱锥、圆柱、圆锥等组成的。习惯上把组成机器零件的这些单一几何体称为基本体。

基本体按照立体表面的几何形状不同可以分为两类：

平面立体——表面全部都是平面的立体，如棱柱、棱锥、棱台等。

曲面立体——表面是曲面或者是曲面和平面的立体，如圆柱、圆锥、球等。

3.1　三视图的形成及投影特性

3.1.1　三视图的形成

在机械制图中，将物体放置在三投影面体系中，用正投影法分别向正面、水平面和侧面三个投影面进行投影，所得到的图形称为视图。在视图中，可见的轮廓线用粗实线绘制，不可见的轮廓线用虚线绘制。视图和第 2 章介绍的三面投影是完全一样的，只是叫法不一样，正面投影、水平投影和侧面投影分别称为主视图、俯视图和左视图，总称为三视图，如图 3-1(a)所示。

主视图：由前向后投射所得的视图称为主视图；

俯视图：由上向下投射所得的视图称为俯视图；

左视图：由左向右投射所得的视图称为左视图。

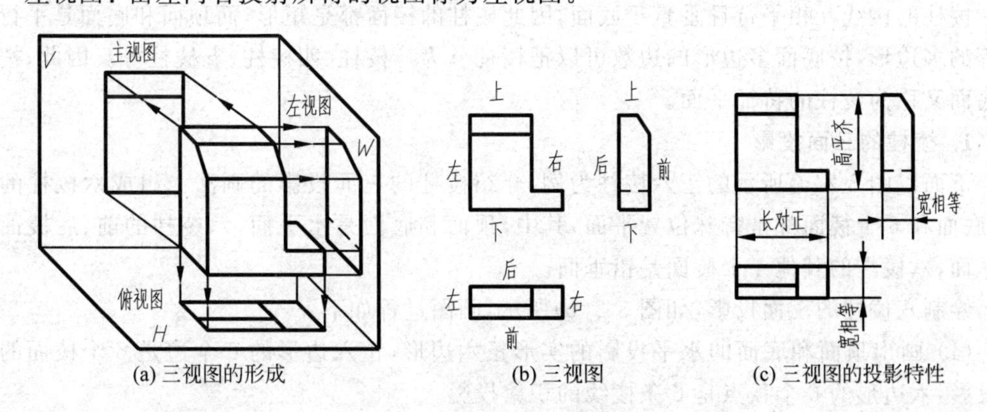

(a) 三视图的形成　(b) 三视图　(c) 三视图的投影特性

图 3-1　三视图的形成及投影特性

三个投影面展开后，三个视图之间的位置关系如图 3-1(b)所示。按照这种位置关系配置视图时，国家标准规定一律不标注视图的名称。

在工程制图中，视图主要表达物体的形状，而不是表达物体与投影面之间的距离，因此不画投影轴，为了使图形清晰，也可以不画投影连线。

3.1.2　三视图的投影特性

如图 3-1(c)所示，主视图反映物体的长度和高度，俯视图反映物体的长度和宽度，左视图反映物体的宽度和高度，因此，主视图和俯视图长度相等且对正，主视图和左视图高度相等且平齐，俯视图和左视图宽度相等且对应，即“长对正、高平齐、宽相等”的三视图投影规律。

“三等”投影规律不但适用于整个物体，也同样适用于物体局部结构的投影。

如图 3-1(b)所示，三视图反映了物体的左、右、前、后、上、下 6 个方位的对应关系。注意，俯视图和左视图中，靠近主视图的一侧是物体的后面，远离主视图的一侧是物体的前面，因此，保证三视图中宽度相等时，要注意宽度量取的起点和前后对应方向。

3.2　平面立体的投影

平面立体的表面都是平面，画平面立体的投影，就是绘制围成立体的所有平面的投影，即绘制组成立体的顶点、棱线和棱面的投影。

立体是不透明的，凡是可见的轮廓线画粗实线，不可见的轮廓线画虚线，当粗实线和虚线重合时画粗实线。当立体的投影对称时，要先画投影的对称中心线，对称中心线用细点画线绘制。

3.2.1　棱柱

棱柱由顶面、底面和若干个棱面组成，棱面和棱面的交线称为棱线，棱柱的棱线互相平行。棱线与底面垂直的棱柱叫直棱柱，棱线与底面倾斜的棱柱叫斜棱柱。本单元只介绍直棱柱投影的绘制方法。

棱柱的棱线互相平行且垂直于底面，因此棱柱的棱面都是矩形，而顶面和底面是平行且全等的多边形，按底面多边形的边数可以把棱柱分为三棱柱、四棱柱、五棱柱等。因此，棱柱的底面又称为棱柱的特征平面。

1. 棱柱的三面投影

下面以图 3-2(a)所示的正六棱柱为例，介绍棱柱的三面投影的画法。组成六棱柱的顶面、底面和 6 个棱面都是特殊位置平面，其中，顶面和底面是水平面，六棱柱的前、后棱面是正平面，六棱柱的其他 4 个棱面是铅垂面。

绘制六棱柱的三面投影，如图 3-2(b)所示，画图过程如下：

(1) 画出顶面和底面的水平投影的实形正六边形，正六边形的 6 个边是 6 个棱面的积聚投影，六边形的 6 个顶点是 6 条棱线的积聚投影。

(2) 六棱柱的正面投影：先画顶面和底面的积聚投影，再画 6 条棱线的投影，正面投影的三个矩形线框是 6 个棱面的投影。

(3) 六棱柱的侧面投影：先画出顶面和底面的积聚投影，再画 6 条棱线的投影，侧面投影中前后两条直线是前、后棱面的积聚投影，两个矩形线框是其余 4 个棱面的投影。

注意：画图时，一定要遵守三视图的投影规律作图。

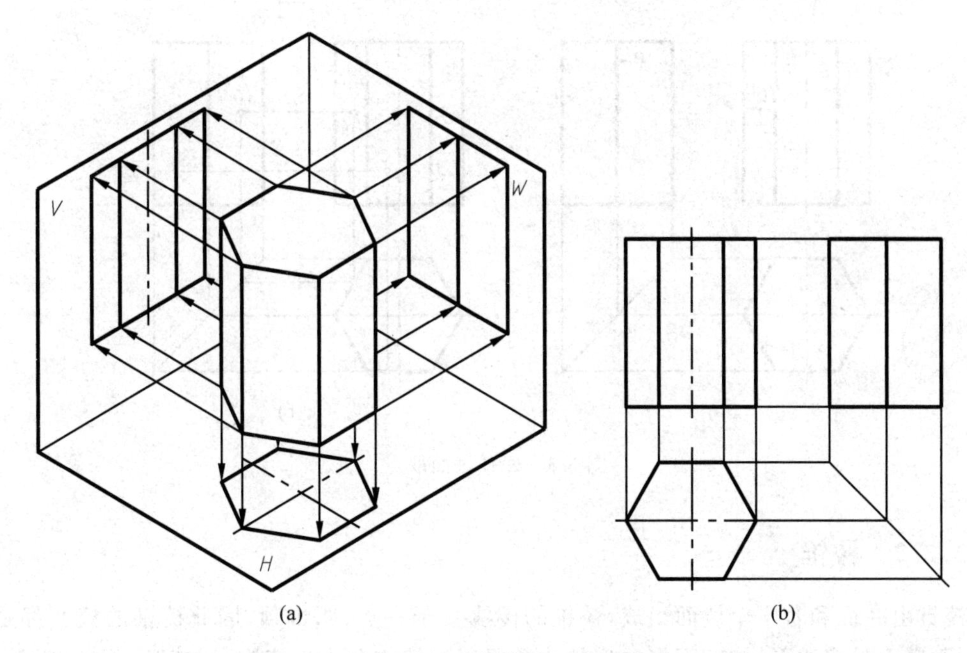

(a) (b)

图 3-2 正六棱柱的三面投影

2. 棱柱表面取点、取线

由于棱柱的表面都是平面，在棱柱表面上取点、取线和第2章中平面上取点、取线的方法完全相同。由于立体不透明，需要判断点和线的可见性，可见性的判定规则如下：当点(线)所在平面的投影可见时，点(线)的同面投影可见；反之不可见。当点(线)所在平面的投影积聚时，点(线)的同面投影可见。不可见的点的投影加括号，不可见的线的投影画虚线。

【例 3-1】 如图3-3(a)所示，已知六棱柱表面的点 A、B 的正面投影，求作其另两面投影并判别可见性。

解 分析：由于组成六棱柱的8个表面全是特殊位置平面，先分析点、线位于六棱柱的哪个表面上，再利用平面投影的积聚性直接求出点的投影并判别可见性。

如图3-3(a)所示，点 A 的正面投影可见，因此 A 点位于六棱柱的前棱面上，前棱面是正平面，水平投影和侧面投影积聚，利用积聚性直接求出点 A 的投影；点 B 的正面投影不可见，因此 B 点位于右后棱面上，右后棱面是铅垂面，水平投影积聚，先求 B 点的水平投影，再求侧面投影。

作图：如图3-3(b)所示。

(1) 求点 A 的投影：过 a' 向 H 面作投影连线，a 在前棱面的水平积聚投影上，a 可见；过 a' 向 W 面作投影连线，a''在前棱面的侧面积聚投影上，a''可见。

(2) 求点 B 的投影：过 b'向 H 面作投影连线，b 在右后棱面的积聚投影上，b 可见；已知 b' 和 b 的投影，作出 b''的投影，b''不可见。

总结：由于组成棱柱的表面都是特殊位置平面，在棱柱表面取点可以直接利用平面投影的积聚性求点的投影。

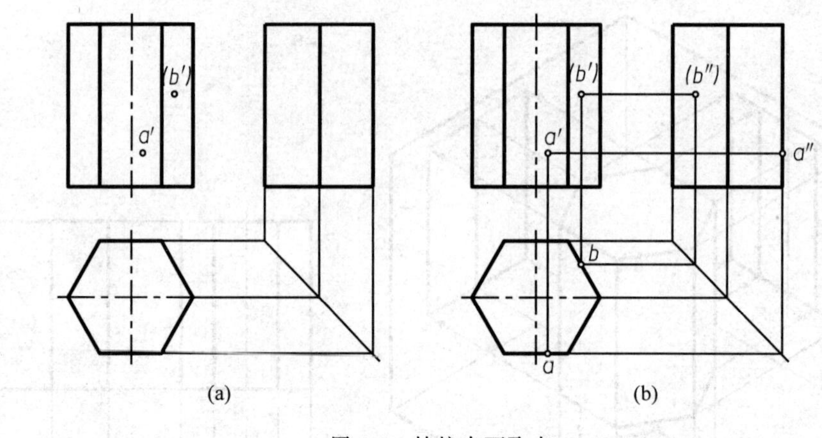

图 3-3 棱柱表面取点

3.2.2 棱锥

棱锥由底面和若干个棱面组成,棱锥的棱线交于一点,叫锥顶,因此棱锥的棱面都是三角形,而底面是多边形,按底面多边形的边数可以把棱锥分为三棱锥、四棱锥、五棱锥等。因此,棱锥的底面又称为棱锥的特征平面。

棱台也是棱锥体,棱台由顶面、底面和若干个棱面组成,棱台的棱线延长后交于锥顶,棱台的棱面是梯形,顶面和底面是多边形。

1. 棱锥的三面投影

下面以图 3-4(a)所示三棱锥为例,介绍棱锥的三面投影的画法。三棱锥由底面和三个棱面组成,底面是水平面,水平投影反映实形;三棱锥的后棱面 SAC 是侧垂面,其侧面投影积聚成直线,另两面投影是类似形;三棱锥的左前棱面 SAB 和右前棱面 SBC 是一般位置平面,三面投影都是类似形。

绘制三棱锥的三面投影,如图 3-4(b)所示,绘制棱锥的投影就是绘制棱锥底面和所有棱线的投影。先画出三棱锥底面 ABC 的水平投影实形三角形以及底面的正面和侧面积聚投影;再画所有棱线的投影,底面各顶点 A、B、C 的三面投影已经画出,只需画出锥顶 S 的三面投影然后连线,画出三条棱线的投影,三棱锥的投影绘制完成。

2. 棱锥表面取点、取线

【例 3-2】 如图 3-5(a)所示,已知三棱锥表面的点 M、N、P 和线 MN 的正面投影,求其另两面投影并判别可见性。

解 分析:确定点、线位于三棱锥的哪个表面上,如果点位于特殊位置平面上,则利用平面投影的积聚性直接求点的投影;如果点位于一般位置平面上,则需要作辅助线求点的投影。

如图 3-5(a)所示,点 M 的正面投影可见,点 M 位于 SAB 棱面上,SAB 棱面是一般位置平面,需要作辅助线求点 M 的投影;点 N 的正面投影可见,点 N 位于 SBC 棱面上,需要作辅助线求点 N 的投影;点 P 的正面投影不可见,点 P 位于 SAC 棱面上,SAC 是侧垂面,侧面投影积聚,利用积聚性求点 P 的投影。

线 MN 的端点 M 位于 SAB 棱面上,端点 N 位于 SBC 棱面上,直接连线则 MN 不在棱

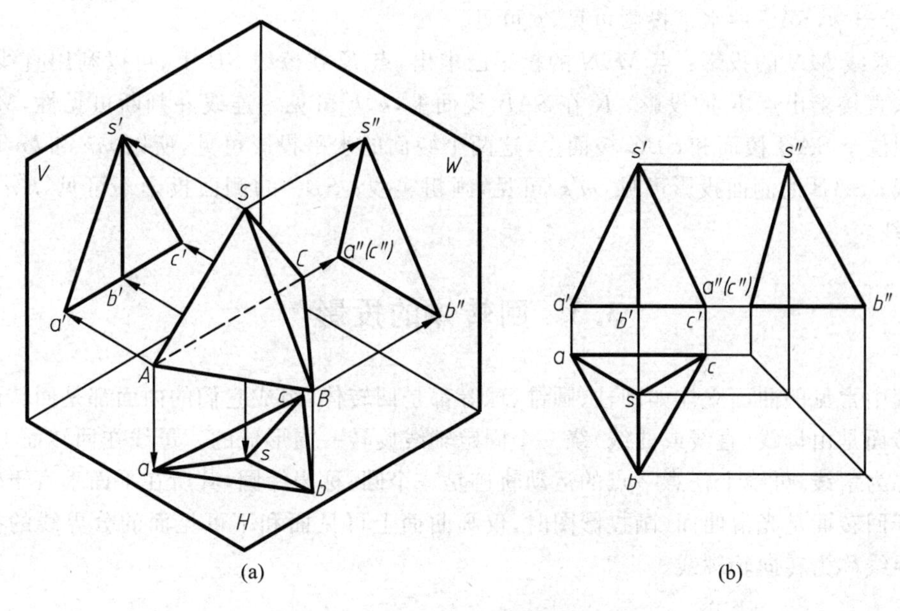

(a)　(b)

图 3-4　三棱锥的三面投影

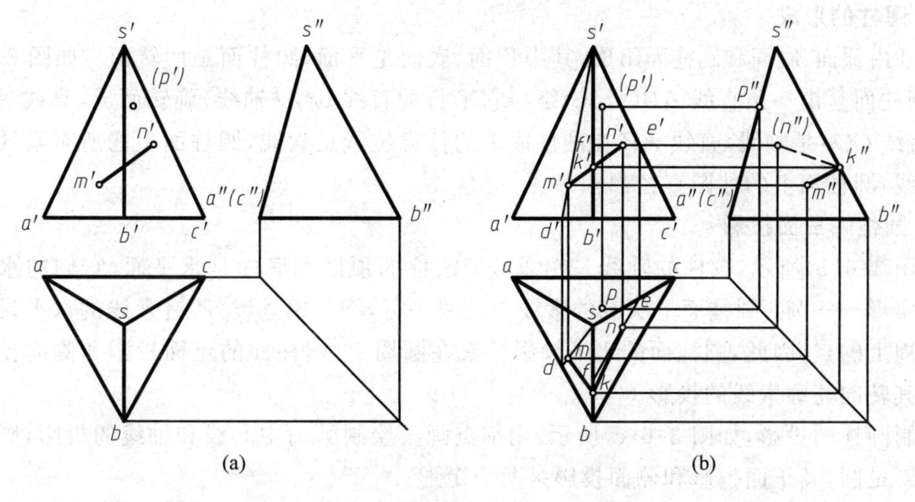

(a)　(b)

图 3-5　三棱锥表面取点、取线

锥表面上，因此，要在 MN 两点之间的棱线 SB 上找到点 K，则 MK 和 KN 是位于棱锥表面上的线。

作图：如图 3-5(b)所示。

(1) 求点 M 的投影：过 M 点作辅助线 SD，连接并延长 $s'm'$ 和 $a'b'$ 交于 d'，求出 d，连接 sd，求出 m，SAB 的水平投影可见，m 可见。已知 m 和 m'，作图求出 m''，SAB 的侧面投影可见，m''可见。

(2) 求点 N 的投影：过 N 点做平行于直线 BC 的辅助线 EF，求出点 N 的投影，SBC 的水平投影可见，n 可见，SBC 的侧面投影不可见，n''不可见。

(3) 求点 P 的投影：先求 P 的侧面投影 p''，SAC 的侧面投影积聚，p''可见；已知 p'和

p'',作图求出 p,SAC 的水平投影可见,p 可见。

(4) 求线 MN 的投影:点 M、N 的投影已求出,点 K 在棱线 SB 上,可以利用直线上取点的方法直接求出点 K 的投影,K 在 SAB 棱面上,k、k''可见。连线并判断可见性,MK 和 KN 分别位于 SAB 棱面和 SBC 棱面上,这两个棱面的水平投影可见,所以 mk 和 kn 可见,画粗实线;SAB 的侧面投影可见,$m''k''$可见,画粗实线;SBC 的侧面投影不可见,$k''n''$不可见,画虚线。

3.3 回转体的投影

工程中常见的曲面立体如圆柱、圆锥、球等都是回转体,组成它们的曲面都是回转面。

回转面是由母线(直线或曲线)绕一个固定轴线旋转一周形成的。母线在回转面上的任意位置称为素线,母线上任意一点的运动轨迹是一个圆,称为纬圆,其所在平面垂直于轴线。

由于回转面是光滑曲面,画投影图时,仅画曲面上可见面和不可见面的分界线的投影,这种分界线称为转向轮廓线。

3.3.1 圆柱

1. 圆柱的形成

圆柱由顶面、底面和圆柱面组成,其中顶面、底面是平面,圆柱面是回转面。如图 3-6(a)所示,圆柱面是由一条直线 AB(母线)绕与它平行的直线 OO_1(轴线)旋转而成,直线 AB 是母线,直线 OO_1 是轴线,直线 AB 在圆柱面上的任意位置是素线,圆柱面上的所有素线都平行于轴线,圆柱面上的纬圆直径都相等。

2. 圆柱的三面投影

如图 3-6(b)所示,圆柱的轴线是铅垂线;圆柱的顶面和底面是水平面,它们的水平投影反映实形——圆;圆柱面上所有的素线与轴线平行,都是铅垂线,所有素线的水平投影积聚成圆周上的点,因此,圆柱面的水平投影积聚在圆周上,圆柱面的正面投影和侧面投影上只画出其转向轮廓素线的投影。

绘制圆柱的投影,如图 3-6(c)所示,用细点画线绘制圆的中心线和轴线的投影,圆柱的水平投影是圆,其正面投影和侧面投影是两个矩形。

圆柱面投影的可见性:如图 3-6(b)所示,回转面的转向轮廓线是可见和不可见部分的分界线,以最左和最右素线为界,把圆柱面分为前半圆柱面和后半圆柱面,前半圆柱面的正面投影可见,后半圆柱面的正面投影不可见;以最前和最后素线为界,把圆柱面分为左半圆柱面和右半圆柱面,左半圆柱面的侧面投影可见,右半圆柱面的侧面投影不可见。

转向轮廓素线的投影:如图 3-6(b)所示,圆柱面有 4 条转向轮廓素线:最左素线 AB 和最右素线 CD 是圆柱面正面投影的转向轮廓素线,其正面投影画粗实线,侧面投影与轴线的投影重合,不画;最前素线 EF 和最后素线 GH 是圆柱面侧面投影的转向轮廓素线,其侧面投影画粗实线,正面投影与轴线的投影重合,不画;4 条转向轮廓素线的水平投影积聚为圆周上的 4 个点。

3. 圆柱表面取点

圆柱的顶面、底面是水平面,圆柱面的水平投影积聚在圆周上,所以圆柱表面取点可以

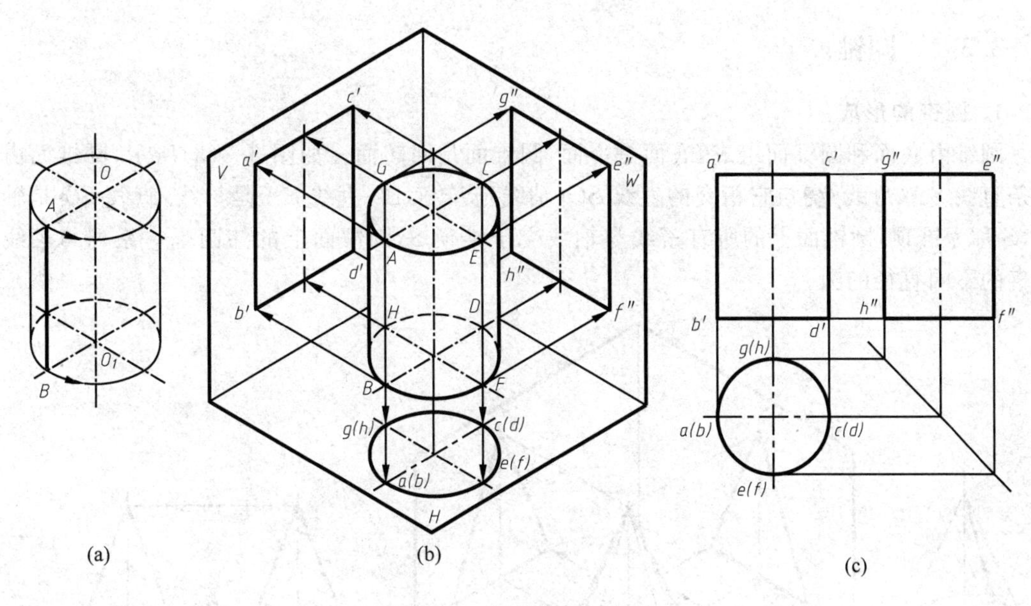

(a) (b) (c)

图 3-6 圆柱的三面投影

利用积聚性直接求点的投影。

圆柱面上点的可见性判别方法与平面立体相同。

【例 3-3】 如图 3-7(a)所示，已知圆柱表面的点 A 的正面投影和点 B 的侧面投影，求它们的另两面投影并判别可见性。

解 分析：点 A、B 都位于圆柱面上，而圆柱面的水平投影积聚，因此先求出点的水平投影，再求其余投影。

作图：如图 3-7(b)所示。

(1) 求点 A 的投影：点 A 位于右前圆柱面上，先求点 A 的水平投影 a，a 可见；已知 a' 和 a，求出 a''，由于 A 在右半圆柱面上，a''不可见。

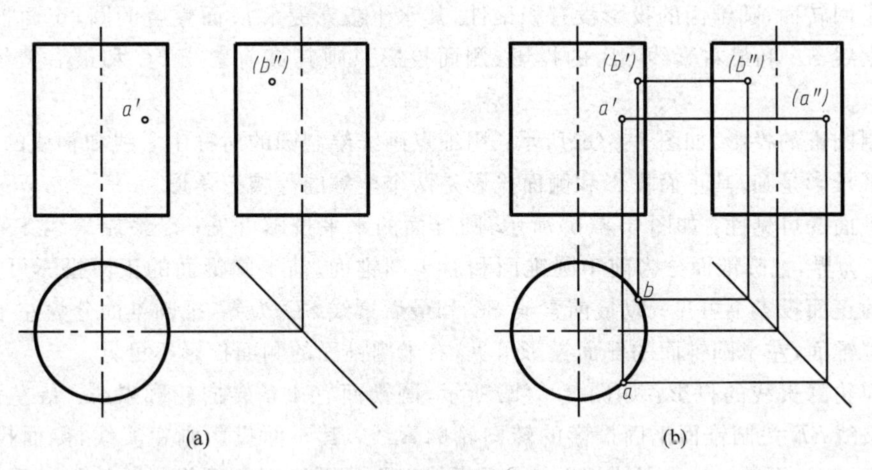

(a) (b)

图 3-7 圆柱表面取点

(2) 求点 B 的投影：点 B 位于右后圆柱面上，先求点 B 的水平投影 b，b 可见；已知 b 和 b''，求出 b'，由于 B 在后半圆柱面上，b'不可见。

3.3.2 圆锥

1. 圆锥的形成

圆锥由底面和圆锥面组成,底面是平面,圆锥面是回转面。如图 3-8(a)所示,圆锥面由一条直线 *SA*(母线)绕与它相交的直线 *SO*(轴线)旋转而成,直线 *SA* 是母线,直线 *SO* 是轴线,*S* 称为锥顶,圆锥面上的所有素线与轴线交于锥顶 *S*,圆锥面上的纬圆是一系列与轴线垂直的不同直径的圆。

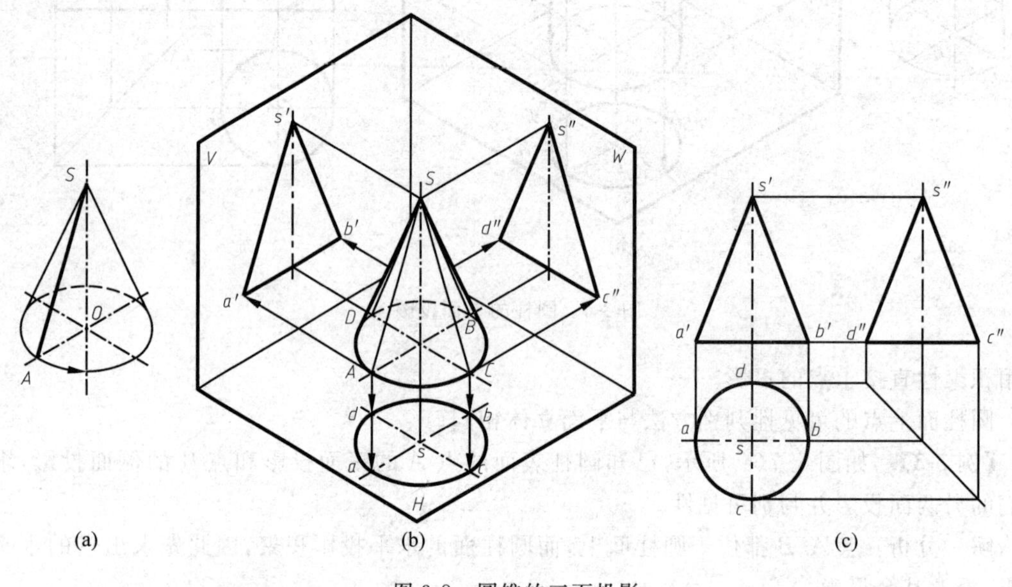

图 3-8 圆锥的三面投影

2. 圆锥的三面投影

如图 3-8(b)所示,圆锥的轴线是铅垂线;底面是水平面,其水平投影反映实形——圆;圆锥面是回转面,圆锥面的投影没有积聚性,其水平投影是和底面重合的圆,正面投影只画其最左素线 *SA* 和最右素线 *SB* 的投影,侧面投影只画其最前素线 *SC* 和最后素线 *SD* 的投影。

绘制圆锥的投影,如图 3-8(c)所示:用细点画线绘制圆的对称中心线和轴线的投影,圆锥的水平投影是圆,其正面投影和侧面投影是两个全等的等腰三角形。

圆锥面的可见性:如图 3-8(b)所示,圆锥面的水平投影可见;以最左素线 *SA* 和最右素线 *SB* 为界,把圆锥面分为前半圆锥面和后半圆锥面,前半圆锥面的正面投影可见,后半圆锥面的正面投影不可见;以最前素线 *SC* 和最后素线 *SD* 为界,把圆锥面分为左半圆锥面和右半圆锥面,左半圆锥面的侧面投影可见,右半圆锥面的侧面投影不可见。

转向轮廓素线的投影:如图 3-8(b)所示,圆锥面有 4 条转向轮廓素线:最左素线 *SA* 和最右素线 *SB* 是圆锥面正面投影的转向轮廓素线,其正面投影画粗实线,侧面投影与轴线的投影重合,不画;最前素线 *SC* 和最后素线 *SD* 是圆锥面侧面投影的转向轮廓素线,其侧面投影画粗实线,正面投影与轴线的投影重合,不画;4 条转向轮廓素线的水平投影分别与圆的对称中心线重合,不画。

3. 圆锥表面取点

圆锥由底面和圆锥面组成，当点位于底面时，由于底面是特殊位置平面，直接利用积聚性求点的投影；当点位于圆锥面时，圆锥面的三面投影都没有积聚性，需要做辅助线求点的投影。

【例 3-4】 如图 3-9(a)所示，已知圆锥表面的点 K 的正面投影，求它的另两面投影并判别可见性。

解 分析：点 K 位于圆锥面上，要做辅助线求点 K 的投影，圆锥面上的线除了素线和纬圆外都是非圆曲线，因此不能任意做辅助线，只能在圆锥面上做两种辅助线：辅助素线和辅助纬圆，以求出点 K 的投影。

第一种方法：辅助素线法

如图 3-9(b)所示，过点 K 作圆锥的素线 SE，先求出素线 SE 的投影(点 S 是锥顶，点 E 在底面圆的圆周上)，点 K 在素线 SE 上，用直线上取点的方法求出点 K 的投影。

作图：如图 3-9(c)所示，K 点位于左前圆锥面上，先求辅助素线 SE 的投影，连接 $s'k'$ 延长和底面交于 e'，求出 e，连接 se，在 se 上求出 K 点的水平投影 k，k 可见；已知 k 和 k'，求出 k''，K 在左半圆锥面上，k''可见。

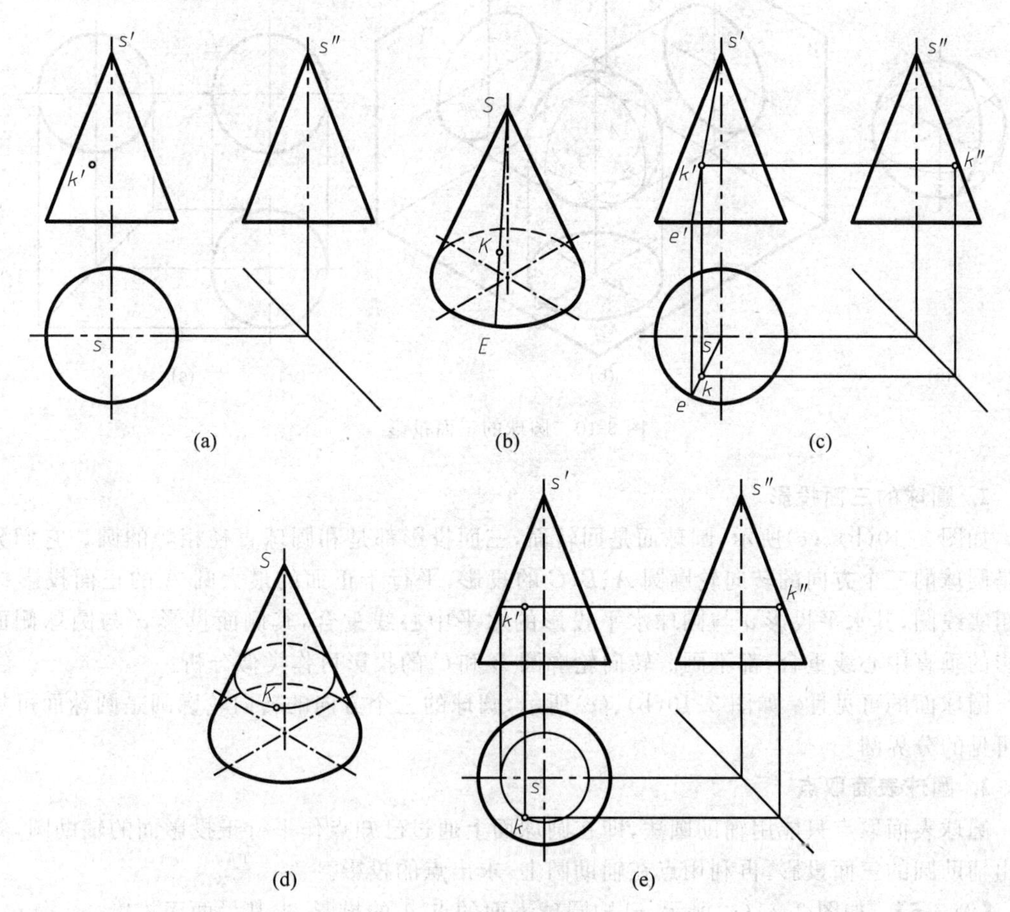

图 3-9 圆锥表面取点

第二种方法：辅助纬圆法

如图 3-9(d)所示，过点 K 作圆锥的纬圆，纬圆是和底面圆平行的水平圆，其水平投影是实形——和底面圆是同心圆。其正面投影和侧面投影积聚成水平直线，且积聚直线的长度等于纬圆的直径。先求出辅助纬圆的三面投影，点 K 在纬圆上，就能求出点 K 的投影。

作图：如图 3-9(e)所示，求辅助纬圆的投影，过 k' 作水平直线，作纬圆的正面投影和侧面投影；以 s 为圆心，以积聚直线的长度为直径作圆，作纬圆的水平投影；求出 K 的水平投影 k，已知 k 和 k'，求出 k''。

3.3.3 圆球

1. 圆球的形成

圆球面是回转面，如图 3-10(a)所示，圆球面是由一个半圆（母线）绕其直径 OO_1（轴线）旋转而成。

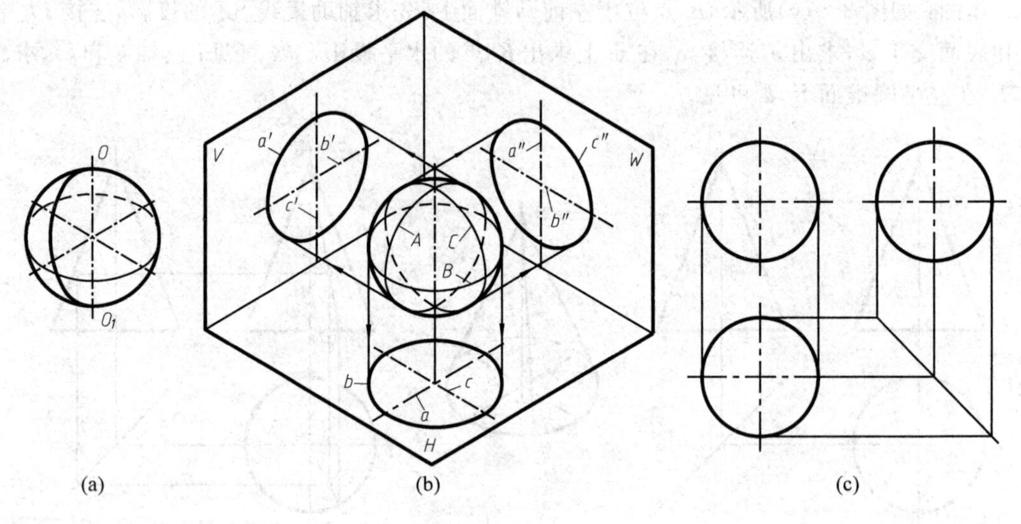

图 3-10　圆球的三面投影

2. 圆球的三面投影

如图 3-10(b)、(c)所示，圆球面是回转面，三面投影都是和圆球直径相等的圆。它们分别是圆球的三个方向的转向轮廓圆 A、B、C 的投影，平行于正面的最大圆 A 的正面投影 a' 画粗实线圆，其水平投影 a 与圆球水平投影的水平中心线重合，其侧面投影 a'' 与圆球侧面投影的垂直中心线重合，都不画。转向轮廓圆 B 和 C 的投影可作类似分析。

圆球面的可见性：如图 3-10(b)、(c)所示，圆球的三个方向的转向轮廓圆是圆球面可见不可见的分界圆。

3. 圆球表面取点

圆球表面取点只能用辅助圆法，即在圆球面上通过已知点作平行于投影面的辅助圆，先求出辅助圆的三面投影，再利用点在辅助圆上，求出点的投影。

【例 3-5】 如图 3-11(a)所示，已知圆球表面的点 A 的投影，求其另两面投影。

解　分析：过点 A 作平行于水平面的辅助水平圆，其水平投影为圆，其正面投影和侧面投影积聚成直线，点 A 在这个水平圆上，即可求出点 A 的投影 a 和 a''。

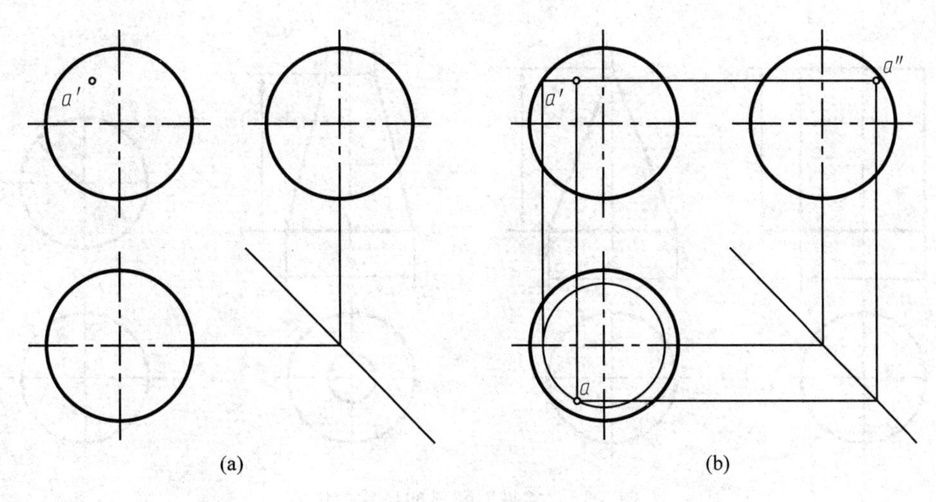

图 3-11　圆球表面取点

作图：如图 3-11(b)所示，先求出辅助水平圆的三面投影。再求点 A 的另两面投影，过 a' 向 H 面作投影连线，和辅助水平圆的水平投影交于一点 a，点 A 在上半球面上，a 可见；已知 a 和 a'，求出 a''，点 A 在左半球面上，a''可见。

3.3.4　基本体的尺寸标注

基本体需要标注确定其形状和大小的尺寸，即标注基本体的定形尺寸。

基本体一般要标注长、宽、高三个方向的尺寸，但是由于各基本体的形状特征不同，所以标注尺寸的数量也不相同。如图 3-12 所示是一些常见平面立体的尺寸标注。

注意：正六棱柱只需标注正六边形的对边距离尺寸和高度尺寸，加括号的尺寸可以不标注，也可以加括号作为参考尺寸。

回转体一般标注直径尺寸 ϕ 和高度尺寸，回转体的长度和宽度尺寸都是直径尺寸；圆球只需标注一个尺寸 $S\phi$，圆球的长度、宽度、高度尺寸都是 $S\phi$。如图 3-13 所示是一些常见回转体的尺寸标注。

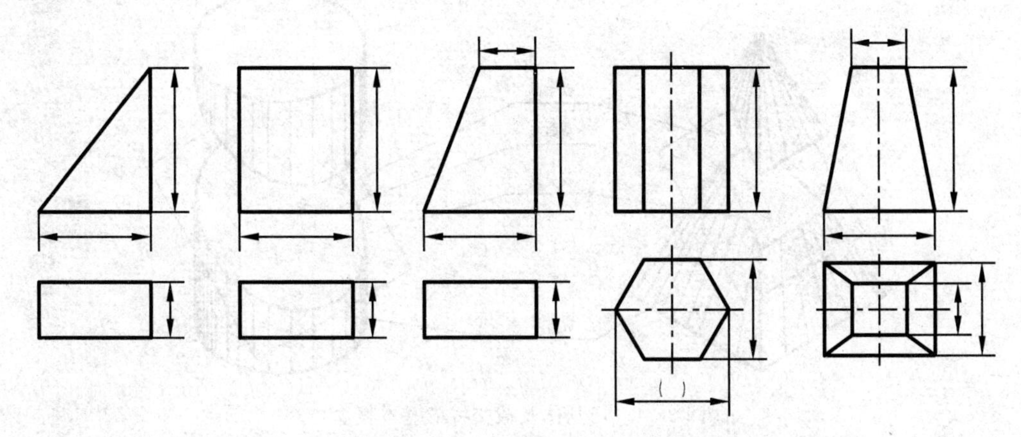

图 3-12　常见平面立体的尺寸标注

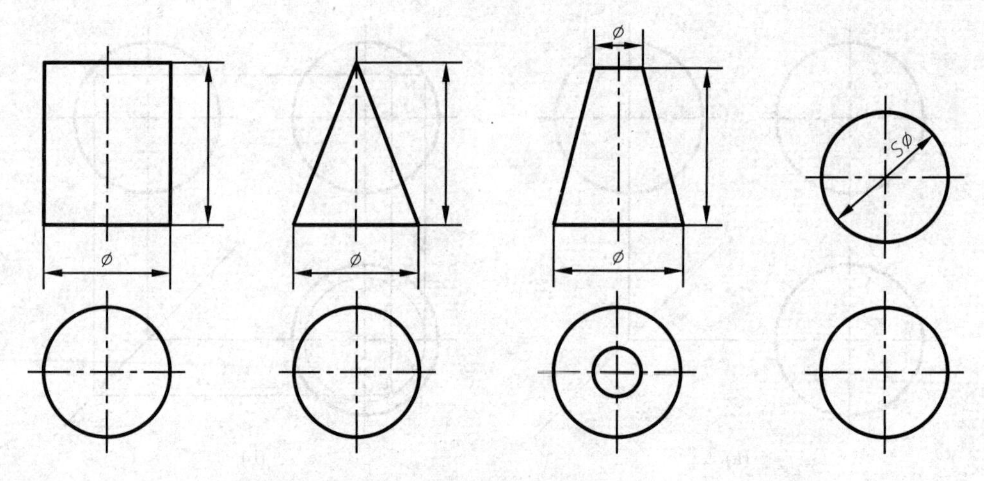

图 3-13　常见回转体的尺寸标注

3.4　切割体的投影

3.4.1　切割体及截交线的概念

工程上经常会看到机件的某些部分是由基本体被平面截切而成，这种被平面截切的立体就是切割体。

1. 基本概念

如图 3-14 所示，用平面切去立体的一部分称为截切，被平面截切的立体称为切割体，截切立体的平面称为截平面，平面与立体表面相交产生的交线称为截交线，截交线围成的平面称为截断面。

要绘制切割体的投影，不仅要绘制基本立体的投影，还要正确绘制截交线的投影，本节主要介绍截交线的投影分析和作图方法。

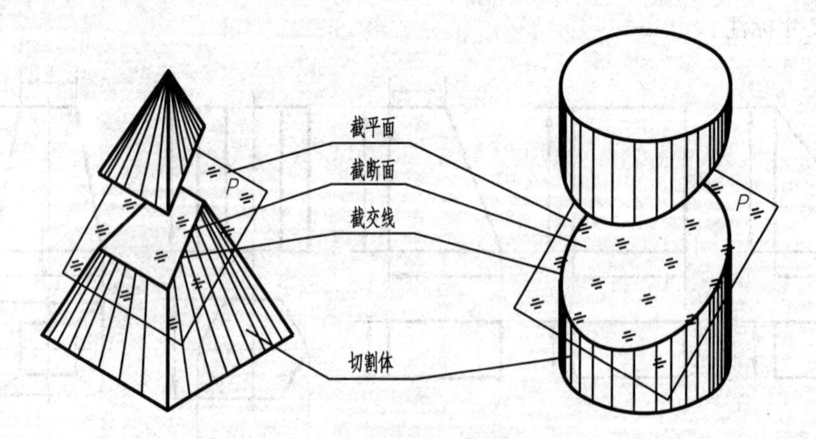

图 3-14　切割体及截交线的基本概念

2. 截交线的性质

平面和立体表面相交产生的截交线具有以下性质。

（1）封闭性：截交线一般是由直线、曲线或直线和曲线围成的封闭的平面图形。

（2）共有性：截交线是截平面与立体表面的共有线，截交线上的点是截平面与立体表面的共有点。

立体的形状以及截平面与立体的相对位置，决定了截交线的空间形状；截平面与投影面的相对位置决定了截交线的投影。

3.4.2　平面切割体的投影

平面立体被截平面截切，称为平面切割体。求平面切割体的投影，关键是求出平面立体截交线的投影。

截平面与平面立体相交，由于平面立体的表面都是平面，所以平面立体的截交线是由直线围成的封闭的平面多边形，如图 3-14 所示，这个平面多边形的边就是截平面与平面立体各表面（棱面和底面）的交线，且截平面与立体的几个表面相交就是几边形。多边形的顶点就是截平面与平面立体棱线（或底边）的交点。因此，求平面立体截交线的投影有两种方法：

（1）交线法：求平面立体被截平面截切的表面（棱面和底面）与截平面的交线，截平面与几个表面相交就求几条交线，即为截交线。

（2）交点法：求平面立体上被截平面截切的棱线（或底边）与截平面的交点，然后在立体同一表面上的两个交点连线即是截交线。

【例 3-6】　如图 3-15(a)、(b)所示，求四棱锥被截切后的三面投影。

解　（1）空间及投影分析

空间分析：如图 3-15(a)所示，四棱锥的 4 个表面被截平面 P 截切，截交线的空间形状是四边形，四边形的 4 个顶点是截平面 P 与四棱锥 4 条棱线的交点。

投影分析：由于截平面 P 是正垂面，截交线的正面投影积聚在 P' 上，水平投影和侧面投影是类似形——四边形。

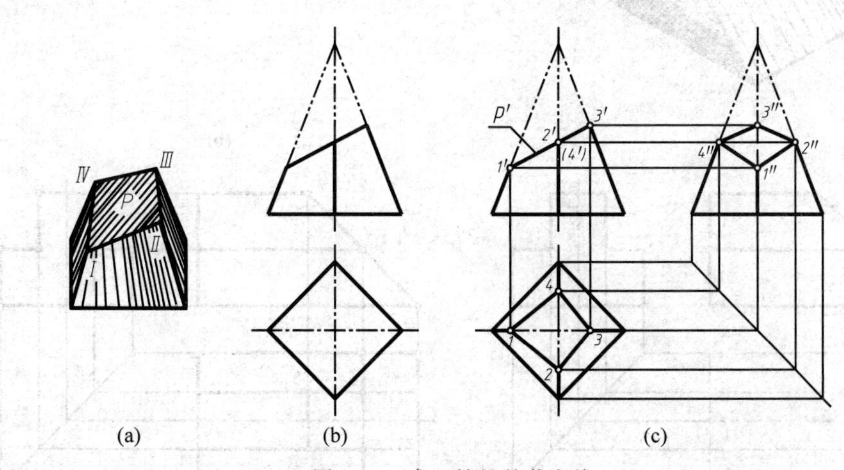

图 3-15　求四棱锥的截交线

（2）作图求截交线

先用细双点画线画出完整四棱锥的侧面投影。

再用交点法求出截平面与四棱锥 4 条棱线的交点Ⅰ、Ⅱ、Ⅲ、Ⅳ，判断可见性并连线。

如图 3-15(c)所示，在截交线的正面投影上确定 4 个交点的正面投影 1′、2′、3′、4′；交点在四棱锥的棱线上，直接作图求出 4 个交点的侧面投影 1″、2″、3″、4″和水平投影 1、2、3、4；连线时，在四棱锥同一个表面上的两点的各同面投影连线，连接 12、23、34、41、1″2″、2″3″、3″4″、4″1″，都可见画粗实线。

(3) 确定四棱锥切割后的投影，分析四棱锥的底面和所有棱线的投影，被切走部分的轮廓线不画或画细双点画线，保留部分的轮廓线要画粗实线(可见部分)或虚线(不可见部分)。

【例 3-7】 如图 3-16(a)、(b)所示，已知八棱柱截切后的正面投影和侧面投影，求八棱柱被截切后的水平投影。

解 (1) 空间及投影分析

空间分析：如图 3-16(a)所示，八棱柱的 8 个棱面被截平面 P 截切，截交线的空间形状是八边形，八边形的 8 个顶点是截平面 P 与八棱柱 8 条棱线的交点。

投影分析：由于截平面 P 是正垂面，截交线的正面投影积聚在 P' 上，水平投影和侧面投影是类似形——八边形；8 个棱面的侧面投影积聚成 8 条直线，由于截交线也在 8 个棱面上，所以截交线的侧面投影与 8 个棱面的侧面积聚投影重合(八边形)；截交线的正面投影和侧面投影已知。

(2) 作图求截交线

先画出截切之前完整的八棱柱的水平投影，如图 3-16(c)所示。

再用交点法求出截平面与八棱柱 8 条棱线的交点，判断可见性并连线。

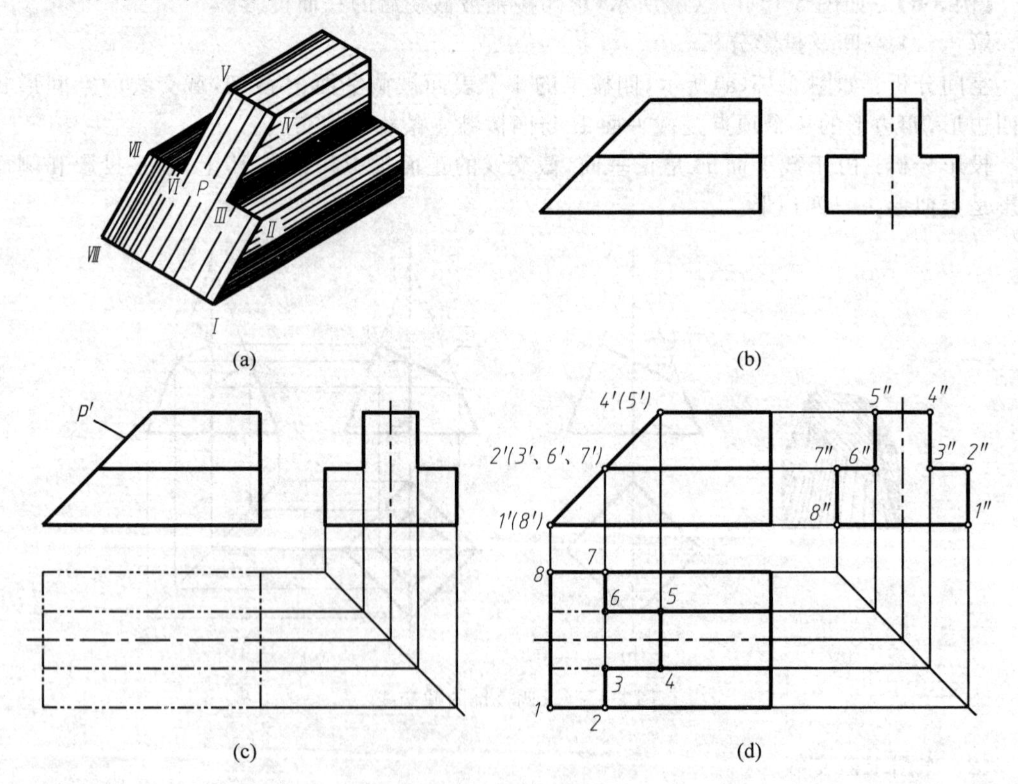

图 3-16　求八棱柱的截交线

如图 3-16(d)所示，确定截交线与 8 条棱线交点的侧面投影 1″、2″、3″、4″、5″、6″、7″、8″和正面投影 1′、2′、3′、4′、5′、6′、7′、8′，已知交点的正面和侧面投影，求出交点的水平投影 1、2、

3、4、5、6、7、8；按顺序连线即为截交线的投影，截交线的水平投影都可见，画粗实线。

(3) 确定八棱柱切割后的投影，如图 3-16(d)所示，分析八棱柱的左、右端面和所有棱线的投影。

【例 3-8】 如图 3-17(a)、(b)所示，已知四棱锥截切后的正面投影，求四棱锥被截切后的水平投影和侧面投影。

解 四棱锥被两个截平面截切。多个截平面截切立体，要逐个截平面作图求截交线。

(1) 空间及投影分析

截平面 P 是水平面，与四棱锥底面平行，其与四棱锥 4 个棱面的交线和四棱锥底面的对应边平行，且截平面 P 和 Q 相交有交线，所以截断面 P 是五边形，其截交线的正面投影和侧面投影积聚，水平投影是实形——五边形。截平面 Q 是正垂面，其与四棱锥的两个棱面有交线，加上 P 和 Q 的交线，截断面 Q 是三角形，其截交线的正面投影积聚，水平投影和侧面投影是类似形——三角形。

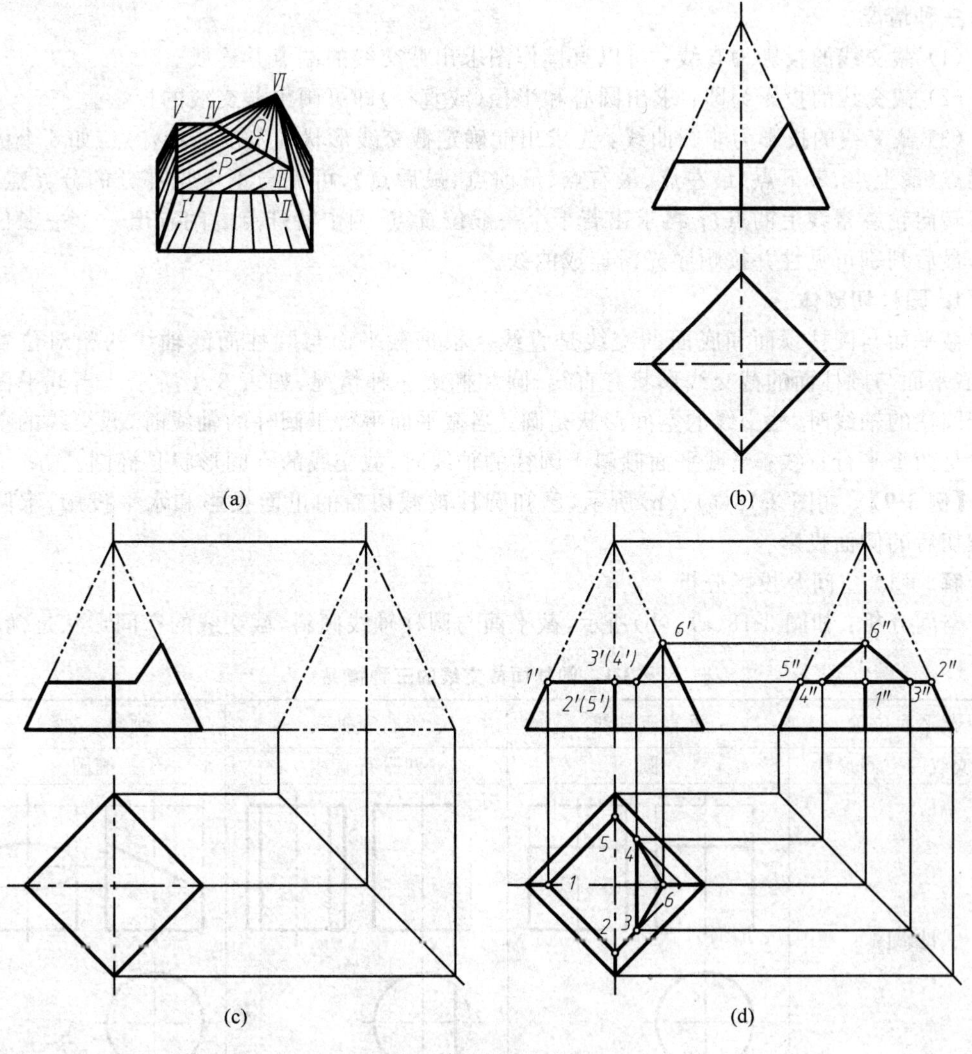

图 3-17　求三棱锥的截交线

(2) 作图求截交线

画出截切之前完整的四棱锥的侧面投影，如图 3-17(c)所示。

先求截平面 P 与四棱锥的完整截交线，再确定局部的截交线。如图 3-17(d)所示，求出 5 个交点的水平投影 1、2、3、4、5 和侧面投影 $1''$、$2''$、$3''$、$4''$、$5''$，然后判别可见性并连线。

求截平面 Q 的截交线。如图 3-17(d)所示，交点Ⅲ和Ⅳ是两个截平面的公共点，也是 Q 和四棱锥的两个交点，已求出；截平面 Q 与四棱锥右棱线有交点Ⅵ，求出其水平投影和侧面投影 6、$6''$，判别可见性并连线。

(3) 确定四棱锥切割后的投影，分析切割后的四棱锥的底面和所有棱线的投影。

3.4.3 回转切割体的投影

回转体被截平面截切，称为回转切割体。由于回转体的表面有回转面也有平面，截平面与平面的交线是直线，截平面与回转面的交线可能是直线或平面曲线，所以回转体的截交线是直线、平面曲线或直线和平面曲线围成的封闭平面图形。因此，回转体截交线的投影的作图有三种情况。

(1) 截交线的投影为直线：可以直接作图求出截交线的端点并连线。

(2) 截交线的投影为圆：求出圆心和半径(或直径)即可画出截交线的投影。

(3) 截交线的投影为非圆曲线：先求出能确定截交线形状和范围的特殊点，如 6 个极限位置点(最上点、最下点、最左点、最右点、最前点、最后点)，可见与不可见部分的分界点(回转体转向轮廓素线上的点)；再求出若干个一般位置点(两个特殊点之间求出一个一般位置点)，最后判别可见性并按顺序光滑连成曲线。

1. 圆柱切割体

截平面与圆柱顶面和底面的交线是直线。根据截平面与圆柱面的轴线的相对位置不同，截平面与圆柱面的截交线形状有直线、圆和椭圆三种情况，如表 3-1 所示。当截平面垂直于圆柱的轴线时，截交线的空间形状是圆；当截平面平行于圆柱的轴线时，截交线的空间形状是两个平行直线；当截平面倾斜于圆柱的轴线时，截交线的空间形状是椭圆。

【例 3-9】 如图 3-18(a)、(b)所示，已知圆柱被截切后的正面投影和水平投影，求圆柱被截切后的侧面投影。

解 (1) 空间及投影分析

空间分析：如图 3-18(a)、(b)所示，截平面与圆柱轴线倾斜，截交线的空间形状是椭圆。

表 3-1 圆柱面截交线的三种情况

截平面位置	垂直于轴线	平行于轴线	倾斜于轴线
截交线的空间形状	圆	两平行直线	椭圆
投影图	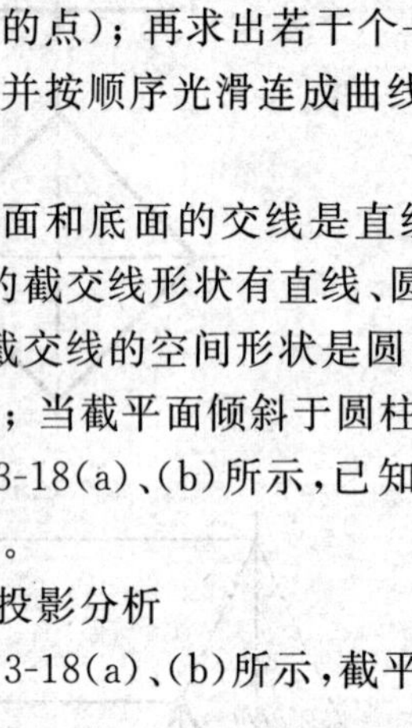	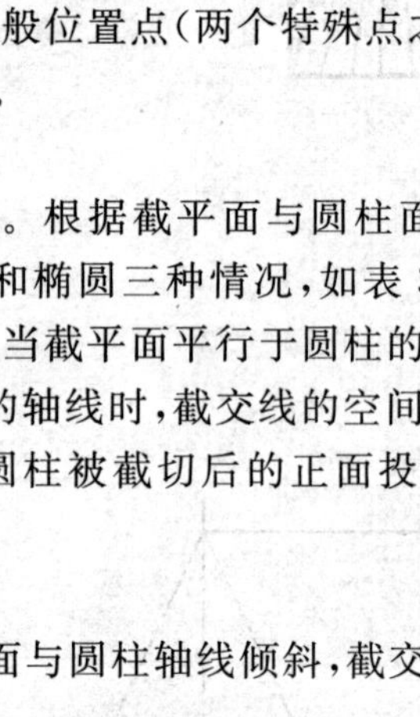	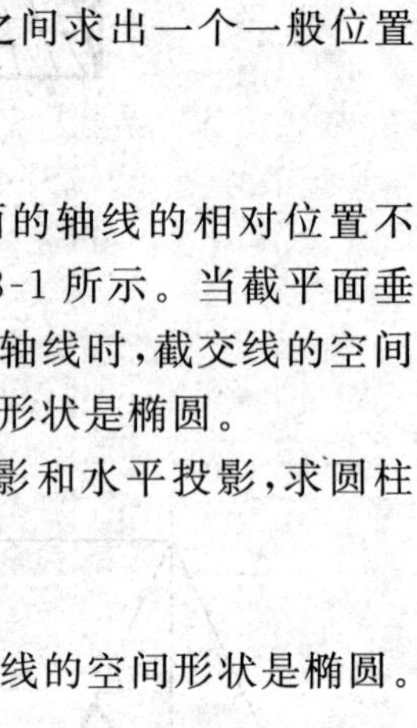

续表

截平面位置	垂直于轴线	平行于轴线	倾斜于轴线
截交线的空间形状	圆	两平行直线	椭圆
立体图			

投影分析：由于截平面是正垂面，截交线的正面投影积聚，水平投影和侧面投影是类似形（椭圆的类似形是椭圆或圆）。由于截交线在截平面上，所以截交线的正面投影在截平面的积聚投影上；截交线又在圆柱面上，圆柱面的水平投影积聚成圆周，所以截交线的水平投影是圆；截交线的正面投影和水平投影已知，侧面投影是椭圆的类似形——椭圆。

(2) 作图求截交线

如图 3-18(c)所示，画出截切之前完整的圆柱的侧面投影。

截交线的侧面投影是椭圆，其作图过程如下：

先求特殊点的投影：确定截交线上位于特殊位置素线上的点的投影 1、2、3、4 和 1′、2′、3′、4′，已知点的两面投影求出点的侧面投影 1″、2″、3″、4″；确定截交线的 6 个极限位置点：最左点Ⅰ，最右点Ⅱ，最前点Ⅲ，最后点Ⅳ，最上点Ⅱ，最下点Ⅰ，已经求出；ⅠⅡ、ⅢⅣ又是椭圆的长短轴。

再求一般位置点的投影：在截交线的已知投影上，确定 4 个对称的一般点 5、6、7、8 和 5′、6′、7′、8′，求出其侧面投影 5″、6″、7″、8″。

最后按顺序光滑连成曲线 1″5″3″7″2″8″4″6″1″，截交线的侧面投影可见，画粗实线。

(3) 确定圆柱切割后的投影，分析切割后的圆柱顶面、底面和特殊位置素线的投影。

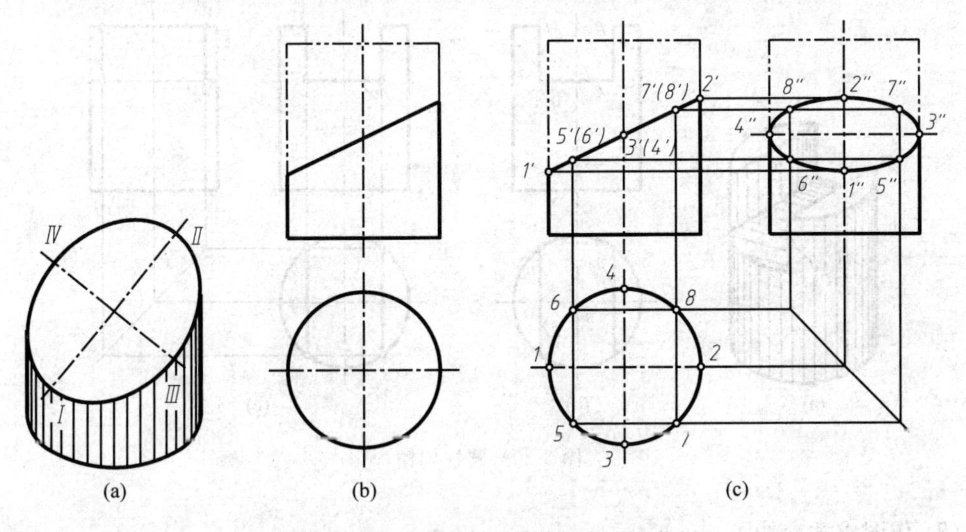

图 3-18　圆柱被倾斜于轴线的截平面截切

思考：从例 3-9 可以看到，截平面与圆柱轴线的夹角发生变化，椭圆的长轴和短轴也会变化，如图 3-19(a)、(b)所示。当截平面与圆柱轴线的夹角是 45°时，截交线的空间形状是椭圆，但其侧面投影是与圆柱直径相等的圆，即其长、短轴的侧面投影长度相等，如图 3-19(c)所示。

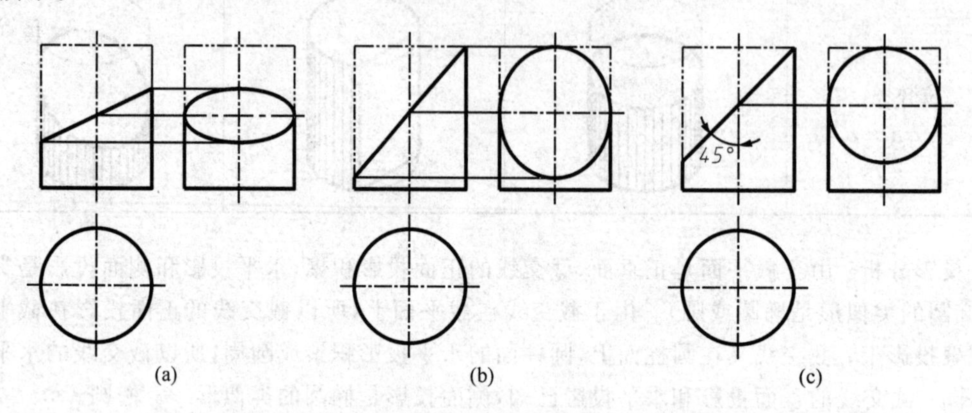

(a) (b) (c)

图 3-19 截平面倾斜于圆柱轴线截切的几种情况

【例 3-10】 如图 3-20(a)、(b)所示，已知圆柱被切槽后的正面投影和水平投影，求切槽圆柱的侧面投影。

解 (1) 空间及投影分析

如图 3-20(a)、(b)所示，侧平面 P 平行于圆柱轴线，和圆柱面的截交线是两条平行直线ⅠⅡ、ⅢⅣ，加上 P 和圆柱顶面的交线ⅠⅢ、截平面 P 和 S 的交线ⅡⅣ，P 截切圆柱的截交线的空间形状是矩形；截交线的正面投影积聚在 p'上，水平投影积聚成直线 1234。截平面 Q 和 P 左右对称，Q 截切圆柱的截交线的分析和作图同 P。水平面 S 垂直于圆柱轴线，完整截切圆柱面的空间形状是圆，取局部是两段圆弧；截交线的正面投影积聚在 s'上，水平投影是两段圆弧，侧面投影积聚。

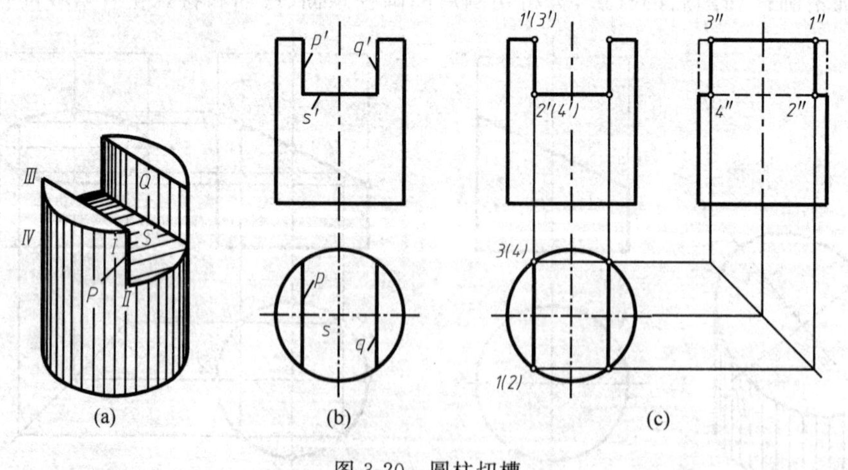

(a) (b) (c)

图 3-20 圆柱切槽

(2) 作图求截交线

先画出截切之前完整的圆柱的侧面投影，如图 3-20(c)所示。已知截交线的两面投影，逐个求出截平面 P、Q、S 与圆柱的截交线的侧面投影，并求出截平面 P 和 S、Q 和 S 的交线。

(3) 确定圆柱切割后的投影。

如图 3-20(c)所示，分析切割后的圆柱顶面、底面和特殊位置素线的投影。

【例 3-11】 如图 3-21(a)所示，已知圆柱截切后的正面投影和侧面投影，求圆柱截切后的水平投影。

解　(1) 空间及投影分析

空间分析：如图 3-21(a)所示，水平面 P 平行于圆柱轴线截切，P 截切圆柱的截交线的空间形状是矩形，其正面投影积聚在 p' 上，侧面投影积聚成直线 $1''2''3''4''$。正垂面 Q 倾斜于圆柱轴线截切，完整截切圆柱面的空间形状是椭圆，取局部是一段椭圆弧，加上截平面 P 和 Q 的交线 Ⅱ Ⅳ，组成封闭的平面图形；其正面投影积聚在 q' 上，侧面投影和水平投影是类似形。

(2) 作图求截交线

先画出截切之前完整的圆柱的水平投影，如图 3-21(b)所示。已知截交线的正面和侧面投影，逐个求出截平面 P、Q 与圆柱的截交线的水平投影，并求出截平面 P 和 Q 的交线。

(3) 确定圆柱切割后的投影

如图 3-21(b)所示，分析切割后的圆柱左右两个端面和特殊位置素线的投影。

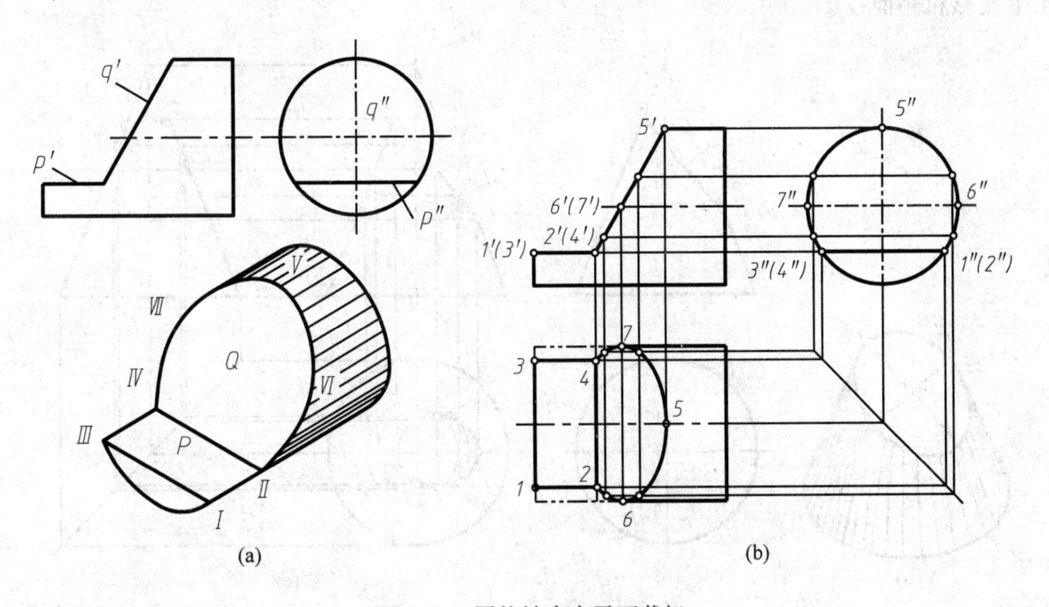

图 3-21　圆柱被多个平面截切

2. 圆锥切割体

根据截平面与圆锥轴线的相对位置不同，截平面与圆锥面的截交线形状有直线、圆、椭圆、抛物线和双曲线 5 种情况，如表 3-2 所示。

表 3-2　圆锥面截交线的 5 种情况

截平面位置	过锥顶	平行于轴线 $\alpha=90°$	与轴线倾斜 $\alpha>\beta$	平行于一条素线 $\alpha=\beta$	平行或倾斜于轴线 $\alpha<\beta$
截交线的 空间形状	两相交直线 （素线）	圆（纬圆）	椭圆	抛物线	双曲线
投影图					
立体图					

【例 3-12】 如图 3-22(a)、(b)所示，已知圆锥被截切后的正面投影，求圆锥被截切后的水平投影和侧面投影。

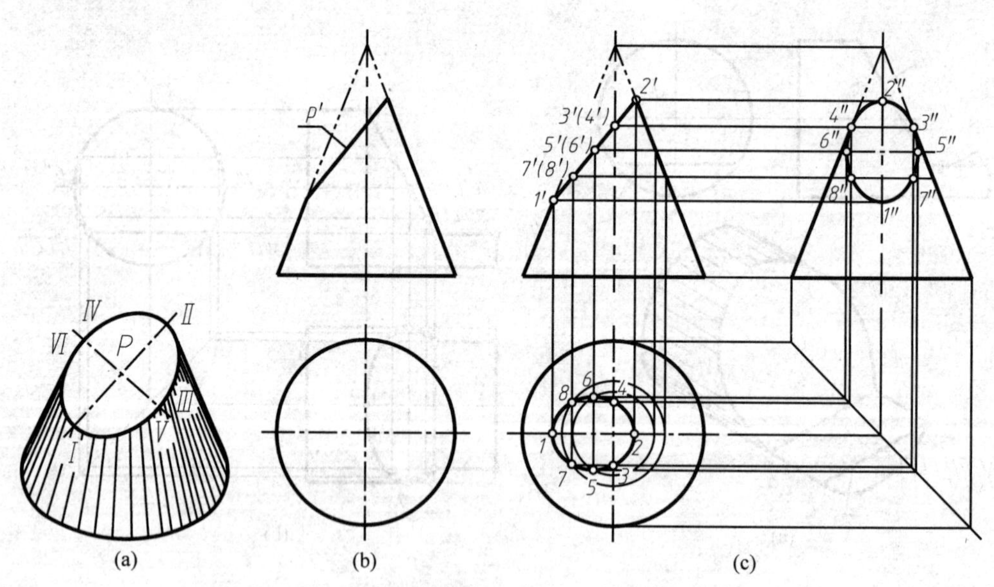

图 3-22　圆锥被倾斜于轴线的截平面截切

解　(1) 空间及投影分析

空间分析：圆锥面被倾斜于轴线的截平面 P 截切($\alpha>\beta$)，截交线的空间形状是椭圆。

投影分析：截平面 P 是正垂面，截交线的正面投影积聚在 p'上，其水平投影和侧面投影是类似形——椭圆。

(2) 作图求截交线

如图 3-22(c)所示，画出截切之前完整的圆锥的侧面投影。

求特殊点的投影：确定截交线上位于特殊位置素线上的点 1′、2′、3′、4′，由于点在圆锥的特殊位置素线上，直接求出点的水平和侧面投影 1、2、3、4 和 1″、2″、3″、4″；确定 6 个极限位置点：最左点和最下点是点Ⅰ，最右点最上点是点Ⅱ，如图 3-25(a)所示。Ⅰ和Ⅱ是椭圆长轴的两个端点，椭圆短轴的两个端点Ⅴ和Ⅵ就是最前最后点，确定 1′2′的中点 5′6′，用辅助纬圆法求出其水平和侧面投影 5、6 和 5″、6″，并连接 56 和 5″6″画短轴中心线。

求一般位置点的投影：确定两个一般位置点 7′、8′，用辅助纬圆法求出其水平和侧面投影 7、8 和 7″、8″。

最后按顺序光滑连成椭圆 175324681 和 1″7″5″3″2″4″6″8″1″，可见画粗实线。

(3) 确定圆锥切割后的投影，分析切割后的圆锥底面和特殊位置素线的投影。

【例 3-13】 如图 3-23(a)、(b)所示，已知圆锥被截切后的正面投影，补全其水平投影，并作出侧面投影。

解 (1) 空间及投影分析

如图 3-23(a)、(b)所示，水平面 P 垂直于圆锥轴线截切，完整的截交线是圆，取局部是圆弧，其正面投影积聚在 p'上，水平投影反映实形，侧面投影积聚成直线；平面 P 和 Q 有交线ⅠⅡ；正垂面 Q 过锥顶截切圆锥，截交线是三角形，其正面投影积聚在 q'上，水平投影和侧面投影都是类似形——三角形。

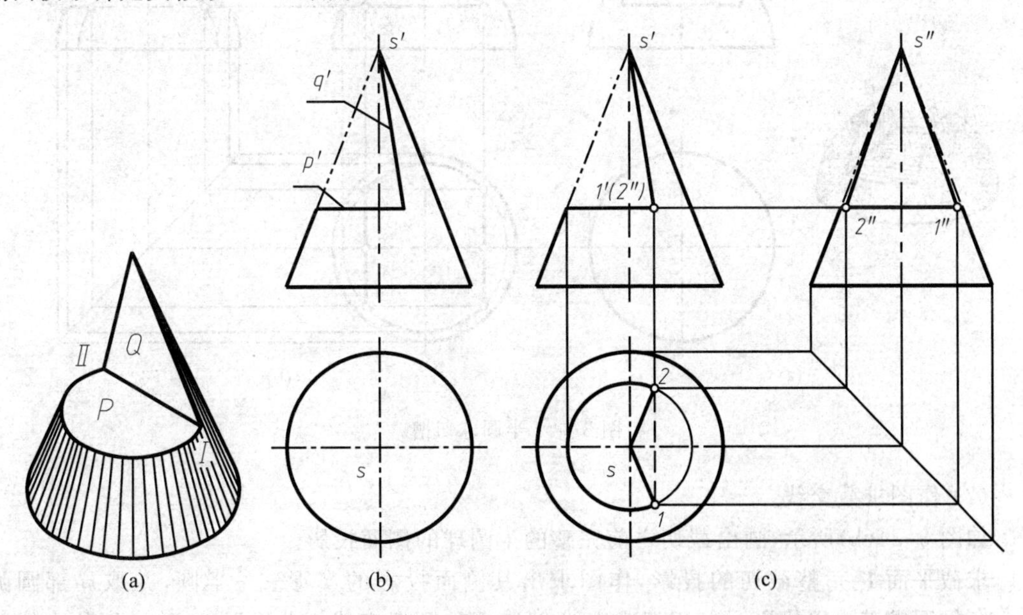

图 3-23　圆锥被几个截平面截切

(2) 作图求截交线

如图 3-23(c)所示，画出截切之前完整的圆锥的侧面投影。

求 P 与圆锥的截交线，作图求出纬圆的水平投影，取局部，即为截交线的水平投影；截交线的侧面投影积聚成直线。点Ⅰ和Ⅱ同时位于截平面 P 和 Q 上，作出它们的水平投影

1、2 和侧面投影 1″、2″。求 Q 与圆锥的截交线，三角形的三个顶点 S 是锥顶，Ⅰ和Ⅱ的投影已经求出，直接连线 $s12$ 和是 $s''1''2''$，即为截交线的投影。

（3）确定圆锥切割后的投影，分析切割后的圆锥底面和特殊位置素线的投影。

3. 圆球切割体

平面截切圆球，无论截平面与圆球的相对位置如何，截交线的空间形状都是圆。

由于截平面相对于投影面位置不同，截交线的投影可能是直线、圆或椭圆。当截平面平行于投影面时，截交线在该投影面上的投影是实形——圆，其余两面投影积聚成直线；当截平面垂直于投影面时，截交线在该投影面上的投影积聚成直线，其余两面投影是类似形——椭圆；当截平面倾斜于投影面时，截交线的三面投影都是类似形——椭圆。

【例 3-14】 如图 3-24(a)所示，已知半圆球切槽后的正面投影，补全其水平投影，并作出侧面投影。

解 （1）空间及投影分析

如图 3-24(a)所示，侧平面 P 完整截切半圆球截交线的空间形状是半圆，取局部是一段圆弧，加上 P 和 R 的交线；截交线的正面投影积聚在 p'上，其水平投影积聚成直线，侧面投影反映实形。截平面 Q 和 P 对称，Q 的截交线和 P 的截交线相同且左右对称。水平面 R 完整截切圆球的截交线的空间形状是圆，取局部是两段圆弧，加上 Q 和 R、P 和 R 的两条交线；截交线的正面投影积聚在 r'上，水平投影反映实形，侧面投影积聚成直线。

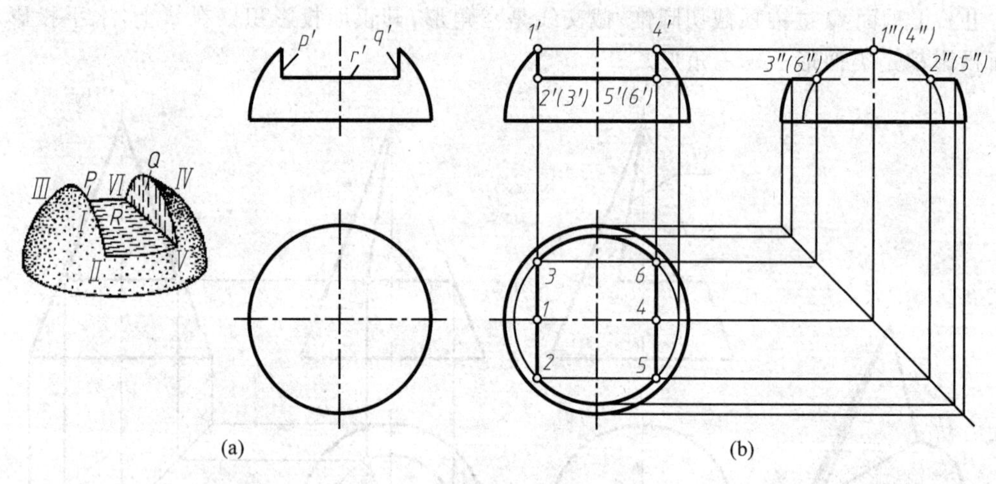

图 3-24 半圆球切槽

（2）作图求截交线

如图 3-24(b)所示，画出截切之前完整的半圆球的侧面投影。

求截平面 P 完整截切的投影，作图求出其侧面投影的实形——半圆，并取局部圆弧 2″1″3″，作图求其水平投影——积聚成直线 213，可见画粗实线；求截平面 P 和 R 的交线ⅡⅢ的投影，连线 2″3″不可见画虚线，23 可见画粗实线。

截平面 Q 和 P 对称，作图方法相同，其侧面投影和截平面 P 的截交线的侧面投影重合，其水平投影积聚成直线 546。

求 R 完整截切圆球的投影，作图求出其水平投影的实形——圆，取局部是两段圆弧 25 和 36，作图求出其侧面的积聚投影，侧面积聚投影在 2″3″之间的直线不可见，画虚线，在 2″3″

之外的部分可见，画粗实线。Q 和 R、P 和 R 的交线已经求出。

(3) 确定半圆球切割后的投影

分析切割后的半圆球的底面和三个转向轮廓线的投影。

4. 复合回转体的切割

由两个或两个以上同轴线的回转体组成的物体称为复合回转体。

求复合回转体的截交线，首先要分析该复合回转体由哪几个回转体组成，然后逐个求各回转体的截交线。

【例 3-15】 如图 3-25(a)、(b)所示，已知复合回转体被截切后的正面投影，补全其侧面投影，并作出水平投影。

解 复合回转体由同轴线的圆锥和两个直径不同的圆柱组成，应逐个求圆锥和两个圆柱的截交线。

(1) 空间及投影分析

空间分析：如图 3-25(a)、(b)所示，水平面 P 和圆锥轴线平行截切，截交线的空间形状是双曲线；水平面 P 和小圆柱轴线平行截切，截交线的空间形状是两平行直线；大圆柱被两个截平面 P 和 Q 截切，水平面 P 和大圆柱轴线平行，截交线的空间形状是两平行直线，截平面 Q 倾斜于大圆柱的轴线，截交线的空间形状是椭圆弧；截平面 P 和 Q 有交线。

投影分析：截平面 P 和圆锥、小圆柱、大圆柱的截交线的正面投影积聚在 p' 上，其水平投影是实形，侧面投影积聚；截平面 Q 和大圆柱的截交线的正面投影积聚在 q' 上，其水平投影和侧面投影是类似形。

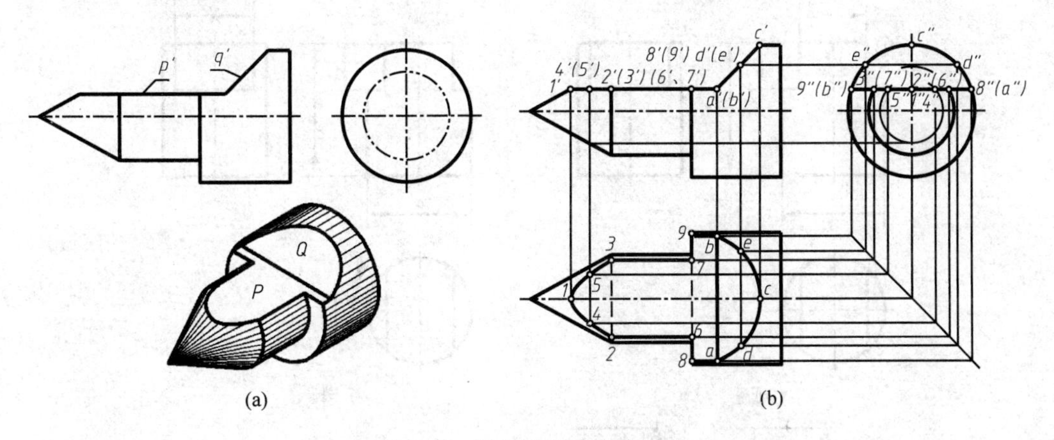

图 3-25　复合回转体的截交线

(2) 作图求截交线

如图 3-29(b)所示，画出截切之前完整的复合回转体的水平投影。

截平面 P 和圆锥的截交线是双曲线，先在正面投影上确定特殊点和一般点的投影：$1'$、$2'$、$3'$、$4'$、$5'$，求出这些点的另两面投影之后判别可见性并光滑连线。

求截平面 P 和小圆柱的截交线，先在正面投影上确定四个点 $2'$、$3'$、$6'$、$7'$，求出其侧面投影和水平投影，连线 26、37，可见画粗实线。

求截平面 P 和大圆柱的截交线，先在正面投影上确定四个点 $8'$、$9'$、a'、b'，求出点的水平投影 8、9、a、b，连线 $8a$、$9b$，可见画粗实线；求截平面 Q 和大圆柱的截交线，在正面投影上确定特殊点和一般点的投影：a'、b'、c'、d'、e'，求出它们的水平投影和侧面投影，光滑连线 $adceb$，可见画粗实线；求截平面 P 和 Q 的交线 AB，连线 ab 和 $a''b''$，可见画粗实线。

(3) 确定复合回转体切割后的投影，逐个分析圆锥、小圆柱和大圆柱切割后的投影。不可见轮廓线画虚线。

3.4.4 切割体的尺寸标注

切割体的尺寸，除了标注基本体的尺寸外，还要标注截平面的位置尺寸，而不能标注截交线的大小，即不能在截交线上直接标注尺寸，如图 3-26 所示。

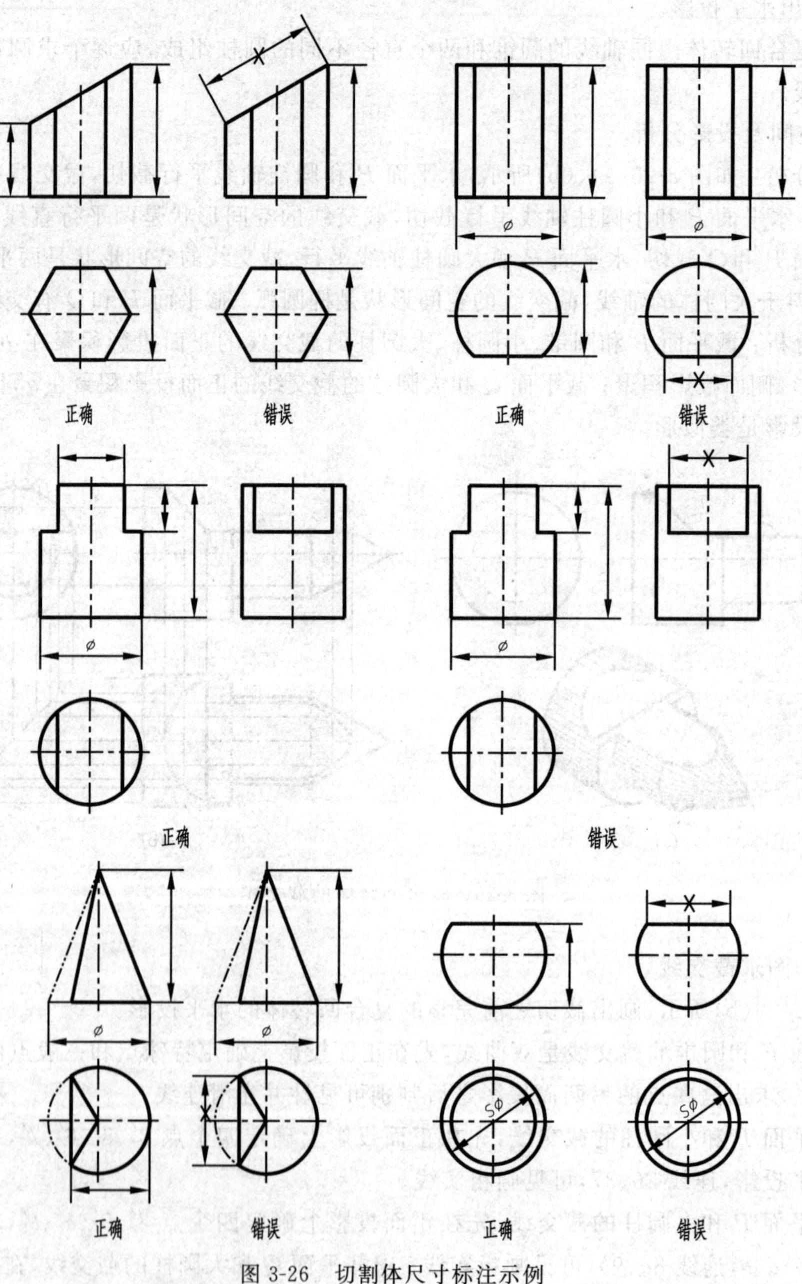

图 3-26　切割体尺寸标注示例

3.5 相贯体的投影

3.5.1 相贯线的概念及性质

两个立体相交叫相贯，两个相交的立体称为相贯体，两立体相交时在立体表面所产生的交线称为相贯线，如图 3-27 所示。

立体分为平面立体和回转体两种，所以立体相贯的形式有三种：平面立体和平面立体相贯，平面立体和回转体相贯，回转体和回转体相贯，如图 3-27 所示。平面立体和平面立体相贯可以看成是用一个平面立体的表面去截切另一个平面立体，求出被截切的平面立体的截交线就是相贯线；平面立体和回转体相贯可以看成是用一个平面立体的表面去截切回转体，求出被截切的回转体的截交线就是相贯线。求这两种相贯线的作图实质是求截交线，本节不再讲述。本节主要讨论两回转体相贯线的作图方法。

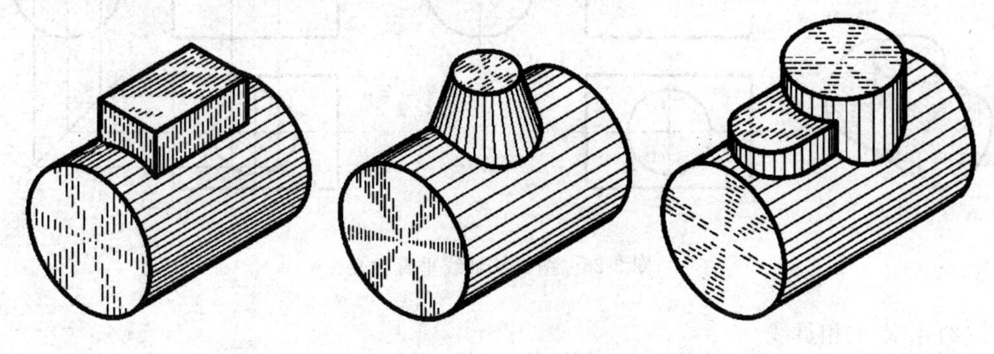

图 3-27 立体相贯

两回转体相贯线具有以下性质：

(1) 表面性：相贯线位于两个立体的表面上。

(2) 共有性：相贯线是两立体表面的共有线，相贯线上的所有点是两立体表面的共有点。

(3) 封闭性：相贯线一般是封闭的空间曲线，特殊情况下可以是平面曲线或直线。

求相贯线的作图，其实质就是求两立体表面的共有点的投影，根据求共有点的作图方法不同，求相贯线的方法可以分为两种：表面取点法和辅助平面法。

当相贯线的投影为非圆曲线时，先求特殊点的投影(即最上、最下、最左、最右、最前、最后点)和回转体的转向轮廓素线上的点，再求一般位置点，最后光滑连线。

3.5.2 表面取点法求相贯线

表面取点法是指参加相贯的两回转体中，当某一个回转体表面的投影有积聚性时，相贯线的投影与此回转体表面的积聚投影重合，即相贯线的该面投影已知，可以在相贯线的已知投影上确定若干个共有点，这些点也在另一个回转体表面上(共有性)，因此，可以利用回转体表面取点的方法在另一回转体上求出这些点的其余投影，最后判断可见性，光滑连接各点的同面投影就是相贯线的投影。

1. 用表面取点法求相贯线

【例 3-16】 如图 3-28(a)、(b)所示,已知两个圆柱轴线垂直相交,求相贯线的投影。

解　(1) 空间及投影分析

如图 3-28(a)、(b)所示,两圆柱的轴线垂直相交,相贯线是一个前后、左右对称的封闭的空间曲线。小圆柱的轴线垂直于水平面,其水平投影积聚,相贯线的水平投影积聚在小圆柱面的水平投影上,根据共有性,是整个小圆;大圆柱的轴线垂直于侧面,其侧面投影积聚,相贯线的侧面投影积聚在大圆柱面的侧面投影上,根据共有性,是两个圆柱侧面投影共有部分的一段圆弧。相贯线的水平和侧面投影已知,相贯线的正面投影是非圆曲线,需要利用表面取点法作图求出。

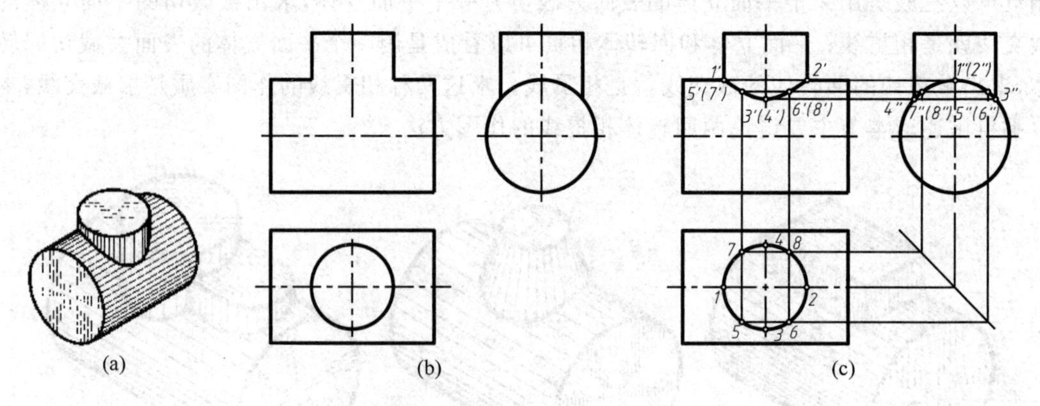

图 3-28　两圆柱轴线垂直相交

(2) 作图求相贯线

求特殊点的投影:如图 3-28(c)所示,在相贯线的水平和侧面投影上确定 4 个特殊点Ⅰ、Ⅱ、Ⅲ、Ⅳ的投影 1、2、3、4 和 1″、2″、3″、4″,利用投影规律求出这些点的正面投影 1′、2′、3′、4′。

求一般位置点的投影:确定 4 个一般位置点的投影 5、6、7、8 和 5″、6″、7″、8″,求出这些点的正面投影 5′、6′、7′、8′。

判断可见性并光滑连线。

2. 轴线垂直相交的两圆柱的相贯线随圆柱直径大小的变化

两圆柱轴线垂直相交时,相贯线的形状和位置取决于两圆柱直径的大小。两圆柱直径大小变化时,相贯线形状和位置也发生改变。

当两圆柱的直径相等时,相贯线的空间形状是椭圆且椭圆所在的平面垂直于正面,相贯线的正面投影积聚成两条相交直线,如图 3-29(b)所示。当侧垂圆柱的直径大于铅垂圆柱的直径时,相贯线是上下两条空间曲线,当侧垂圆柱的直径小于铅垂圆柱的直径时,相贯线是左右两条空间曲线,且相贯线的正面投影的弯曲方向总是朝向较大的圆柱,如图 3-29(a)、(c)所示。

3. 两回转体相贯的三种形式

两个立体相贯时,会出现两立体的外表面相交、一个立体的外表面与另一立体的内表面相交、两立体的内表面相交三种形式。如图 3-30 所示是轴线垂直相交的两圆柱相贯的三种形式。不论哪种形式的两立体相贯,其相贯线的分析和作图方法都是相同的,而且相贯线的形状与相贯的立体是内表面还是外表面无关。

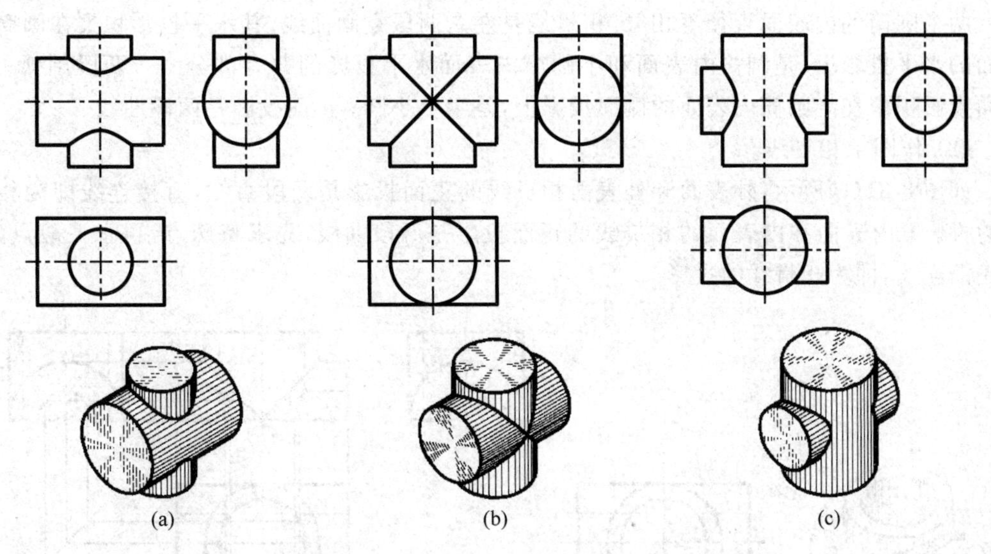

图 3-29　轴线垂直相交的两圆柱直径变化时相贯线的变化

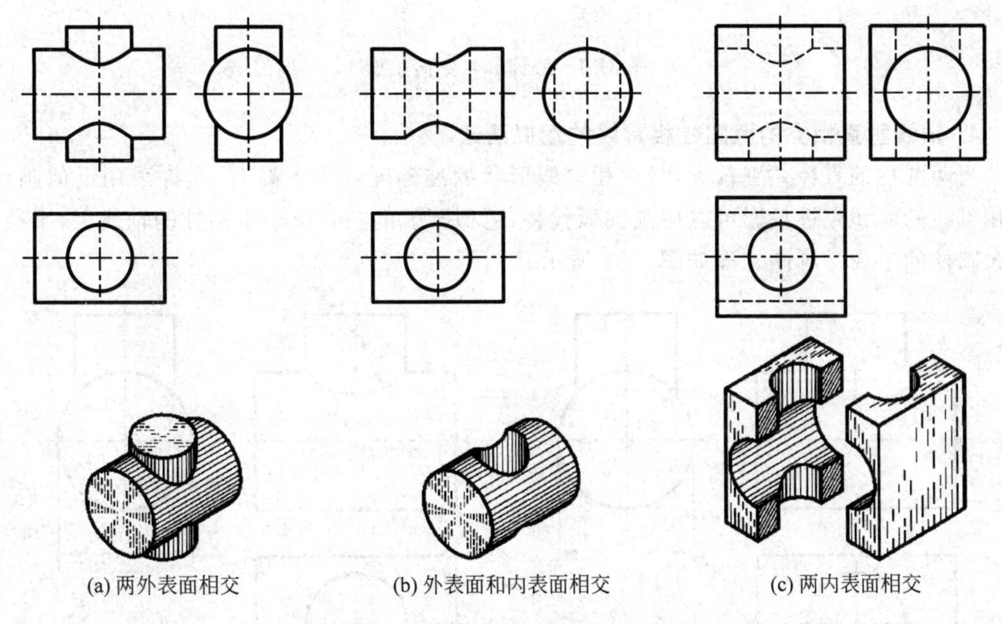

图 3-30　轴线垂直相交的两圆柱相贯的三种形式

【例 3-17】　如图 3-31(a)所示，已知两立体相贯，求相贯线的投影。

解　(1) 空间及投影分析

如图 3-31(a)、(b)所示，圆筒和半圆筒轴线垂直相交，外表面与外表面相贯，内表面与内表面相贯。

两个圆筒的外表面直径相等，相贯线是两条平面曲线——椭圆，由于圆筒的水平投影积聚，相贯线的水平投影积聚在圆筒外表面的水平投影上，是大圆；由于半圆筒的侧面投影积聚，相贯线的侧面投影积聚在半圆筒外表面的侧面投影上，是半圆；正面投影积聚成两条直线。

两个圆筒的内表面直径不相等，相贯线是左右两段空间曲线，其水平投影积聚在圆筒内表面的水平投影上，是圆筒内表面和半圆筒内表面水平投影的共有部分——两段圆弧；其侧面投影积聚在半圆筒内表面的侧面投影上，是半个小圆；正面投影是两段曲线。

(2) 作图求相贯线

如图 3-31(c)所示，外表面和外表面相贯线的正面投影是两段直线，直接连线即为相贯线的投影；内表面和内表面的相贯线的正面投影是两段曲线，先求特殊点，再求一般点，然后光滑连线，即为相贯线的投影。

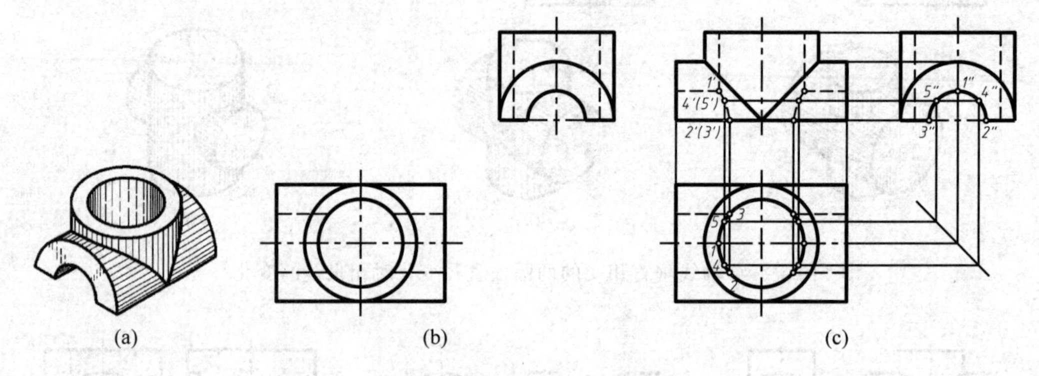

图 3-31　圆筒和半圆筒相贯

4. 轴线垂直相交的两圆柱相贯线的近似画法

当两圆柱的直径差别较大，且对相贯线形状的准确度要求不高时，允许采用近似画法，即相贯线的非积聚性投影可以用画圆弧代替，近似圆弧的圆心位于小圆柱的轴线上，半径等于大圆柱的半径。画图过程如图 3-32 所示。

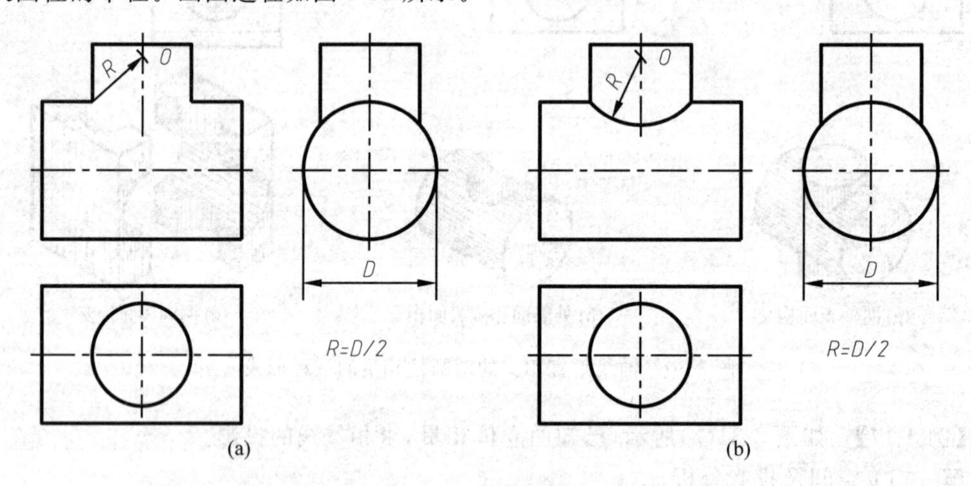

图 3-32　相贯线的近似画法

3.5.3　辅助平面法求相贯线

辅助平面法是利用三点共面原理求出两回转体表面上若干共有点，从而作出相贯线的投影的方法。辅助平面法适用于所有回转体相贯的情况，是求相贯线的通用方法。

辅助平面法的作图步骤如下：

(1) 作辅助平面与两相贯的立体截切；

(2) 求出辅助平面与相贯的两个立体的两条截交线；

(3) 求出两条截交线的交点，即为相贯线上的点；

(4) 求出若干点后，判断可见性，按顺序光滑连接各点的投影，就是相贯线的投影。

用辅助平面法求相贯线时，辅助平面一般取特殊位置平面(通常是投影面平行面)，并使辅助平面与两相贯立体截交线的投影是最简单、易画的图形(直线或圆)。

【例 3-18】 如图 3-33(a)所示，已知圆柱和圆台轴线垂直相交，求相贯线的投影。

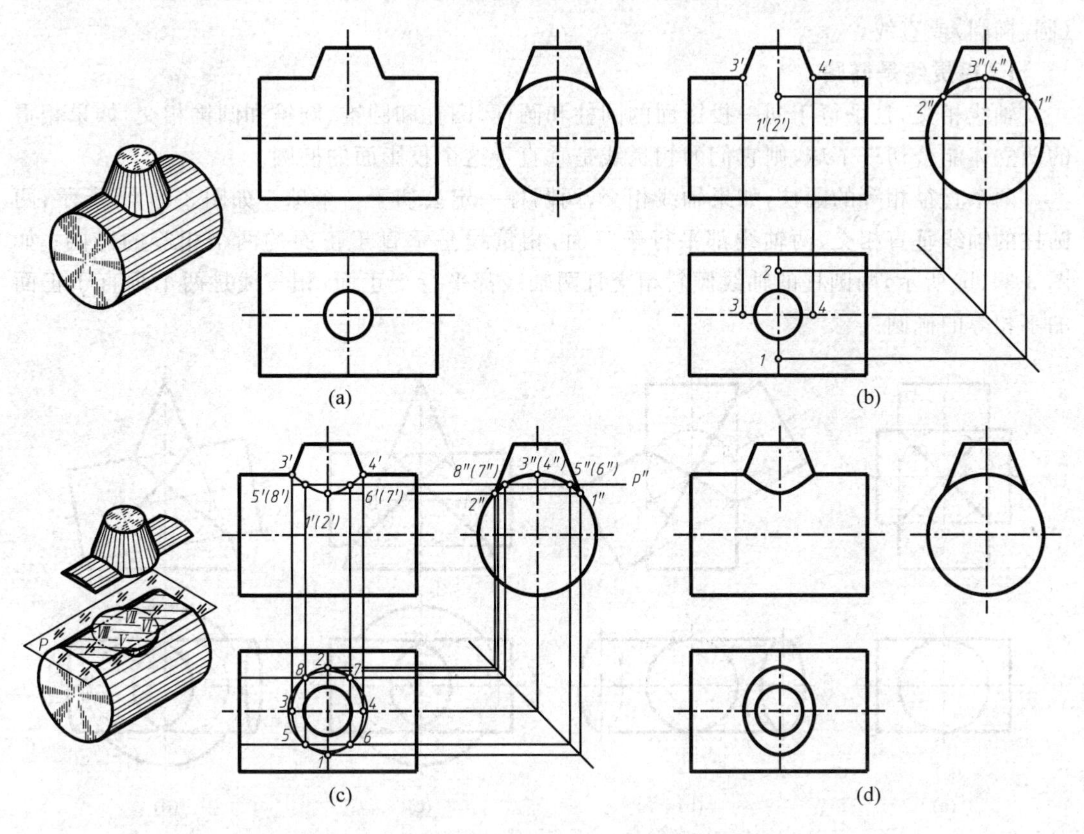

图 3-33　辅助平面法求圆柱和圆台的相贯线

解　(1) 空间及投影分析

如图 3-33(a)所示，圆柱和圆台的相贯线是一条前后左右对称的封闭的空间曲线。由于圆柱的侧面投影积聚且和圆台的侧面投影共有部分是一段圆弧，因此相贯线的侧面投影积聚为一段圆弧，相贯线的正面投影和水平投影没有积聚性，要作图求出。由于相贯线的侧面投影积聚在圆柱面上，可以用表面取点法求相贯线，也可以用辅助平面法求相贯线，本例题采用辅助平面法求相贯线。

(2) 作图求相贯线

求特殊点：如图 3-33(b)所示，在相贯线的侧面投影上确定 4 个特殊点的投影 1″、2″、3″、4″，点Ⅰ、Ⅱ是最下点，也是最前、最后点，分别在圆台的最前、最后素线上；点Ⅲ、Ⅳ是最上点，也是最左、最右点，分别在圆台的最左、最右素线上，同时也在圆柱的最上素线上。利用投影规律求出 1、2、3、4 和 1′、2′、3′、4′。

求一般位置点：采用辅助平面法，如图 3-33(c)所示，用水平面 P 作为辅助平面，平面 P 与圆台的截交线是纬圆，与圆柱的截交线是两平行直线。纬圆和两平行直线的交点Ⅴ、Ⅵ、Ⅶ、Ⅷ 就是相贯线上的点，确定它们的侧面投影，然后作图先求水平投影，再求正面投影。

判断可见性并光滑连线，即为相贯线的投影，如图 3-33(d)所示。

3.5.4　特殊相贯线的投影

两个回转体相贯，相贯线一般是封闭的空间曲线，在特殊情况下，其相贯线是平面曲线(圆、椭圆)或直线。

1. 相贯线是椭圆

轴线相交，且平行于同一投影面的圆柱和圆柱、圆柱和圆锥、圆锥和圆锥相交，如果相贯的两立体能公切一个球，则它们的相贯线是垂直于这个投影面的椭圆。

两个直径相等的圆柱，如果轴线相交，两圆柱一定公切于一个球。如图 3-34(a)所示，两圆柱的轴线垂直相交，两轴线都平行于正面，相贯线是垂直于正面的两个相等的椭圆；如图 3-34(b)所示，两圆柱的轴线倾斜相交且两轴线都平行于正面，相贯线是两个垂直于正面的不相等的椭圆。

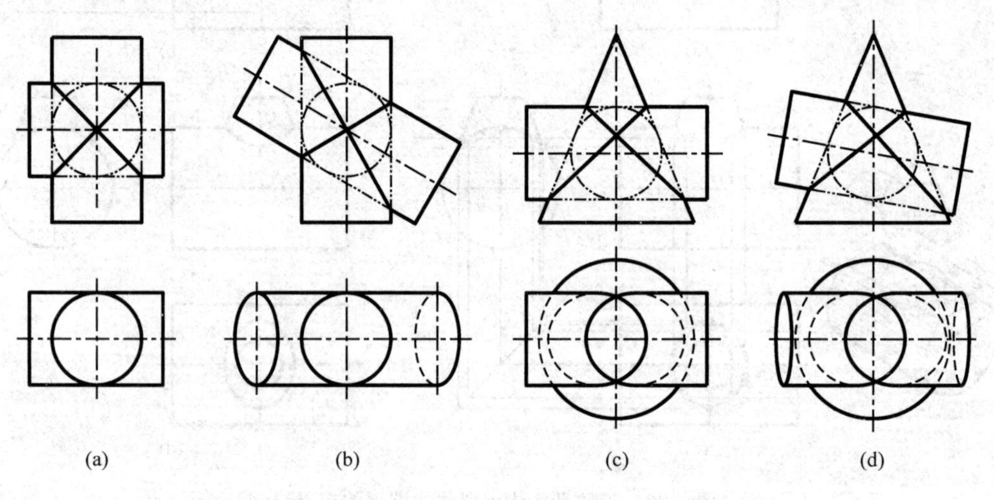

图 3-34　具有公切球的两回转体相贯线

两个相贯的圆柱和圆锥公切于一个球时，其相贯线是两个椭圆。如图 3-34(c)所示，相贯的圆柱和圆锥轴线垂直相交，两轴线都平行于正面，相贯线是垂直于正面的两个相等的椭圆；如图 3-34(d)所示，相贯的圆柱和圆锥轴线倾斜相交，两轴线都平行于正面，相贯线是垂直于正面的两个不相等的椭圆。

2. 相贯线是圆

两个同轴回转体(轴线在同一直线上)相贯，其相贯线是垂直于轴线的圆。如图 3-35(a)所示为同轴的圆柱与圆锥相贯；如图 3-35(b)所示为同轴的圆柱与圆球相贯；如图 3-35(c)所示为同轴的圆锥与圆球相贯。由于过球心的直线都可以是圆球的轴线，因此回转体可以在多个方向与圆球同轴相贯。

3. 相贯线是直线

轴线平行的两个圆柱相贯，其相贯线是直线，如图 3-35(d)所示。

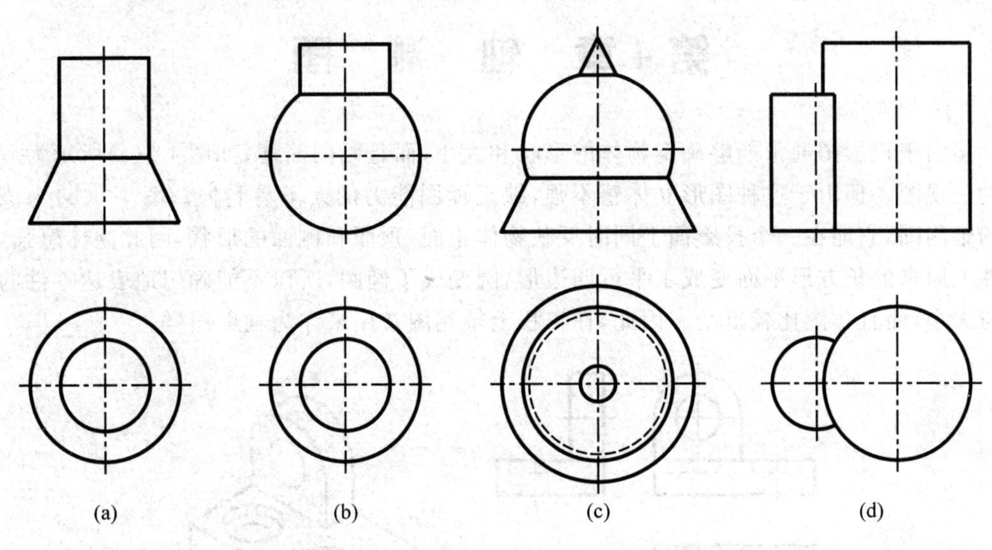

图 3-35　同轴及轴线平行回转体的相贯线

3.5.5　相贯体的尺寸标注

当两立体相贯时，不应直接标注相贯线的尺寸，而应标注两个相贯立体的定形和定位尺寸，如图 3-36 所示。标注回转体的定位尺寸时，不能标注确定其转向轮廓素线的位置的尺寸，而应标注确定回转体轴线位置的尺寸，如图 3-36 所示。

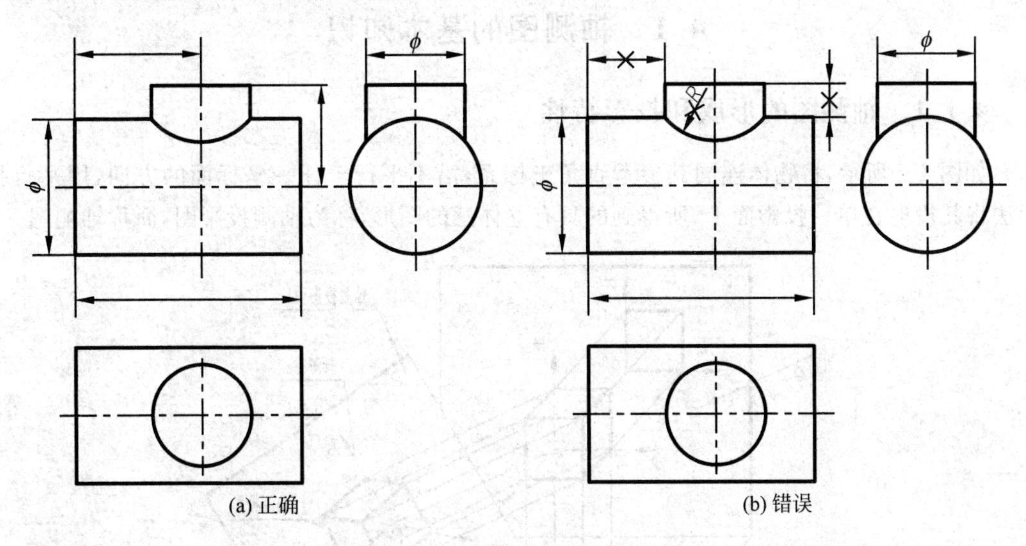

图 3-36　相贯体的尺寸标注示例

第4章　轴　测　图

多面正投影图通常能够确定物体的形状和大小，而且画图简便，如图4-1(a)所示为一物体的三视图。但由于这种图形立体感不强，缺乏读图能力的人不易看懂。图4-1(b)为该物体的轴测图，它能在一个投影面上同时反映物体正面、顶面和侧面的形状，因此立体感强，但零件上原来的长方形平面变成了平行四边形，圆变成了椭圆，所以不能确切地表达零件的形状与大小，而且作图比较复杂。因此，在工程上轴测图常用来作为辅助图样。

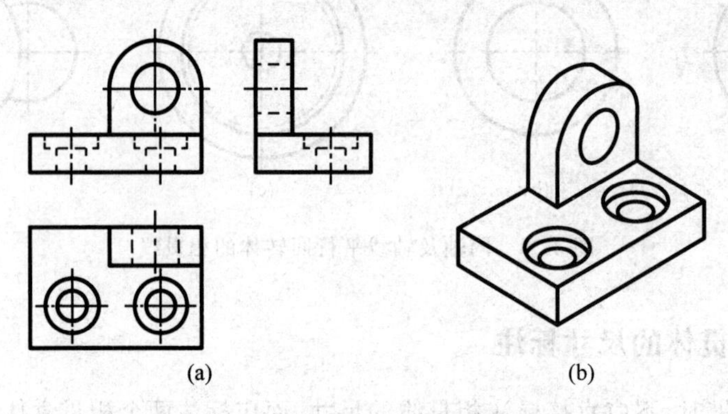

图4-1　多面正投影与轴测图的比较

4.1　轴测图的基本知识

4.1.1　轴测图的形成和投影特性

如图4-2所示，将物体连同其参考直角坐标系，沿不平行于任一坐标面的方向，用平行投影法将其投射在单一投影面上，所得到的具有立体感的图形，称为轴测投影图，简称轴测图。

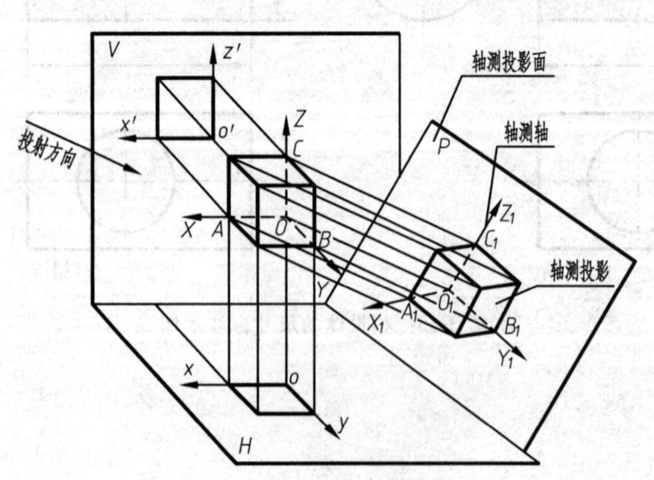

图4-2　轴测投影的形成

由于轴测图是用平行投影法产生的，所以必然具有以下投影特性：

(1) 立体上互相平行的线段，在轴测图上仍然互相平行。

(2) 立体上互相平行的线段或同一直线上的两段线段之比值，在轴测图上保持不变。

(3) 立体上平行于轴测投影面的线段或平面，其轴测投影反映实长或实形。

4.1.2　轴测图的轴间角和轴向伸缩系数

轴间角和轴向伸缩系数是轴测图的画图参数，知道了轴间角和轴向伸缩系数，就可根据立体的视图绘制轴测图。

1. 轴间角

物体上参考直角坐标系的三根坐标轴 OX、OY、OZ 的轴测投影 O_1X_1、O_1Y_1、O_1Z_1 称为轴测轴，每两根轴测轴之间的夹角称为轴间角。

2. 轴向伸缩系数

轴测轴上的单位长度与相应直角坐标轴上的单位长度之比值，称为轴向伸缩系数。通常用 p、q、r 分别表示 X、Y、Z 三个方向的轴向伸缩系数，参看图 4-2，即

$$p=O_1A_1/OA,\quad q=O_1B_1/OB,\quad r=O_1C_1/OC$$

4.1.3　轴测图的分类

根据投射方向和轴测投影面的相对位置，轴测图分为正轴测图和斜轴测图两类。这两类轴测图根据轴向伸缩系数的不同，又可分别分为三种：

(1) 正(斜)等轴测图，简称正(斜)等测，即 $p=q=r$。

(2) 正(斜)二等测图，简称正(斜)二测，即 $p=q\neq r$ 或 $p\neq q=r$ 或 $p=r\neq q$。

(3) 正(斜)三等测图，简称正(斜)三测，即 $p\neq q\neq r$。

画轴测图时，只能按照轴测轴的方向确定点的位置或线段的长度，"轴测"二字由此而来。

在实际作图中，正等轴测图和斜二等轴测图的立体感比较强，作图也比较简便，因此得到广泛地应用。本章我们就主要介绍正等轴测图和斜二等轴测图。

4.2　正等轴测图

4.2.1　正等轴测图的形成

当 3 根坐标轴与轴测投影面倾斜的角度相同时，用正投影法得到的轴测投影图称为正等轴测图，简称正等测，如图 4-3 所示。

4.2.2　正等轴测图的轴间角和轴向伸缩系数

1. 轴间角

由于 3 根坐标轴与投影面倾斜的角度相同，因此，正等轴测图的 3 个轴间角相等，均为 120°，其中，O_1Z_1 轴规定画成铅垂方向，如图 4-4 所示。

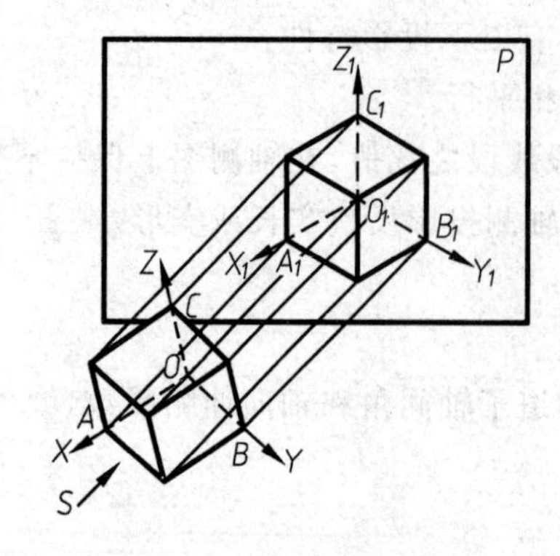

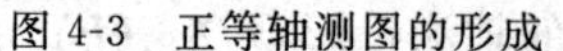
图 4-3　正等轴测图的形成

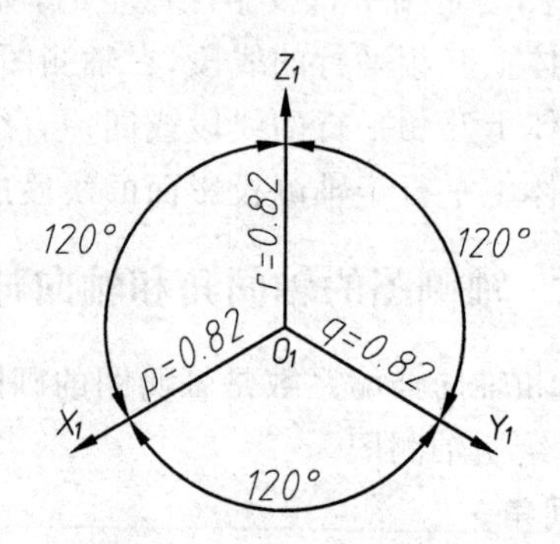

图 4-4　正等轴测图的轴间角和轴向伸缩系数

2. 轴向伸缩系数

正等轴测图的 3 个轴向伸缩系数也相等，根据计算，约为 0.82。为了作图方便，规定用简化系数 1 来作图，这样作出来的正等轴测图，其 3 个轴向的尺寸大约放大了 1/0.82≈1.22 倍。

图 4-5(a)为物体的三视图，图 4-5(b)为用 0.82 的系数画出的正等测图，图 4-5(c)为用简化系数 1 画出的正等测图。

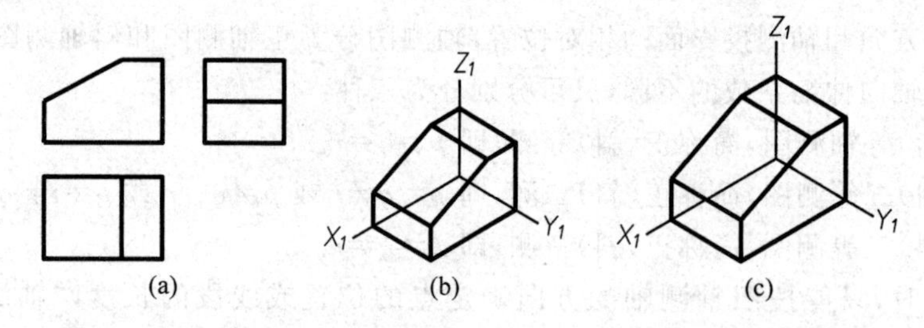

图 4-5　伸缩系数为 0.82 与简化系数为 1 的正等测图的比较

4.2.3　平面立体正等轴测图的画法

绘制平面立体轴测图的基本方法，就是按照“轴测”原理，根据立体表面上各顶点的坐标值，定出它们的轴测投影，然后连接各顶点，则可完成平面立体的轴测图。下面举例说明其画法。

【例 4-1】　绘制三棱锥的正等轴测图(图 4-6(a))。

解　作图步骤：

(1) 在正投影图上确定坐标原点的位置和坐标轴，见图 4-6(a)。

(2) 画出轴测轴，在 $X_1O_1Y_1$ 面上，用坐标值 l 确定 B_1 点，l_1、l_2 确定 C_1 点，A_1 点与原点重合。三点连线，画出底面的投影，见图 4-6(b)。

(3) 由坐标值 l_3、l_4 以及 h 确定顶点 S_1，见图 4-6(b)。

(4) 连接 S_1A_1、S_1B_1、S_1C_1，即可得到三棱锥的正等轴测图。

(5) 擦除多余作图线和不可见轮廓线(轴测图上，不可见轮廓线一般不画出)，按线型加深，完成三棱锥的正等轴测图，见图 4-6(c)。

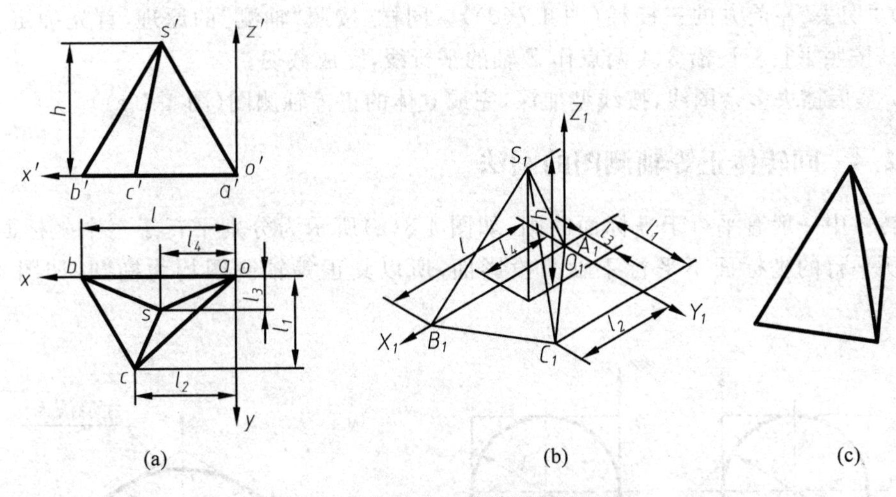

(a)　　(b)　　(c)

图 4-6　三棱锥正等轴测图的画法

【例 4-2】 绘制图 4-7(a)所示立体的正等轴测图。

解　分析：该立体可以看做是长方体先切去左上端以直角三角形为底面的三棱柱，而后在左前端切去一个三棱柱所形成的。

作图步骤：

(1) 选定坐标原点和坐标轴(图 4-7(a))。

(2) 画出轴测轴，首先完成长方体的轴测图(图 4-7(b))。

(3)"切去"左上方的三棱柱体。为此，沿相应轴测方向量取尺寸，得到 1、2 点，连接 1、2 点，得底面三角形。然后分别沿 1、2 两点，根据平行特性作 Y 轴的平行线，完成三棱柱的截切(图 4-7(c))。

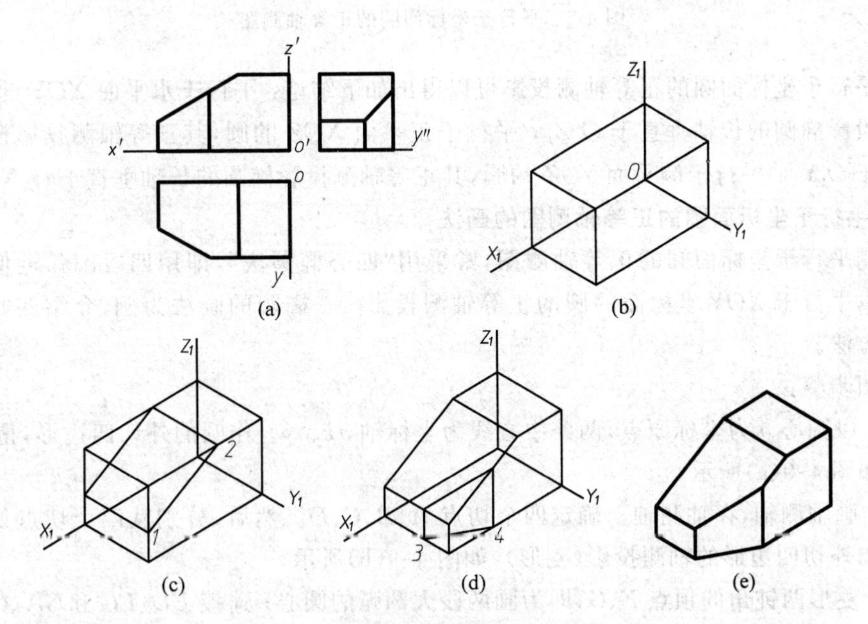

(a)　　(b)

(c)　　(d)　　(e)

图 4-7　切割体正等轴测图的画法

(4) “切去”左前方的三棱柱(图 4-7(d))。同样,按照“轴测”的原理,首先确定 3、4 两点,然后,按照平行特性沿 3、4 两点作 Z 轴的平行线,完成截切。

(5) 最后擦去多余图线,按线型加深,完成立体的正等轴测图(图 4-7(e))。

4.2.4 回转体正等轴测图的画法

回转体中一般有平行于坐标面的圆,如图 4-8(a)所示为分别平行于三个坐标面的圆。由于圆所平行的坐标面不平行于轴测投影面,所以其正等轴测图均为椭圆,如图 4-8(b)所示。

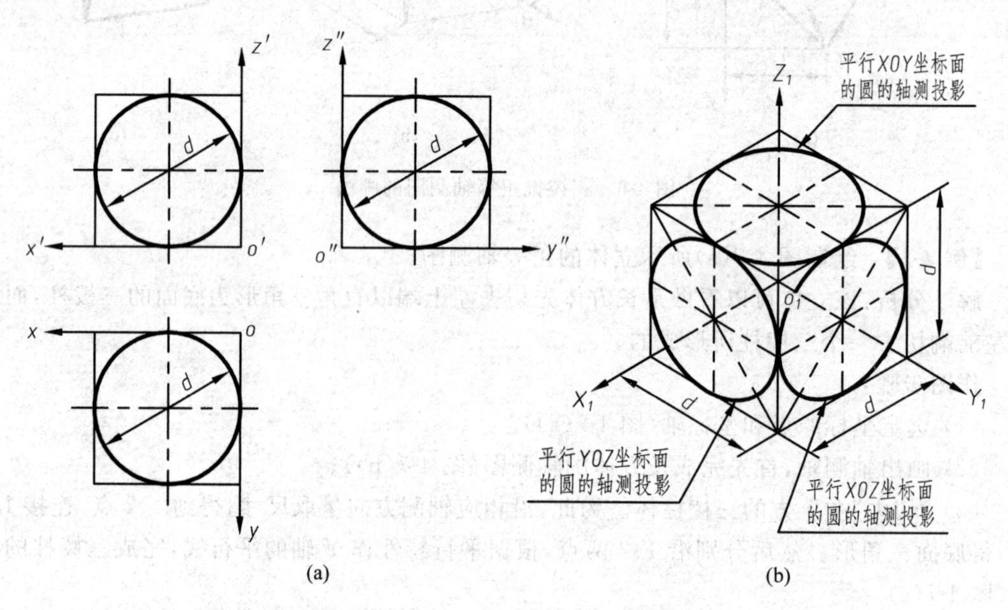

图 4-8　平行于坐标面圆的正等轴测图

从平行于坐标面圆的正等轴测投影可以得出如下结论:平行于水平面 XOY 的圆,其正等轴测投影椭圆的长轴垂直于 O_1Z_1;平行于正平面 XOZ 的圆,其正等轴测投影椭圆的长轴垂直于 O_1Y_1;平行于侧平面 YOZ 的圆,其正等轴测投影椭圆的长轴垂直于 O_1X_1。

1. 平行于坐标面圆的正等轴测图的画法

绘制平行于坐标面圆的正等轴测图,常采用“四心椭圆法”,即用四段圆弧近似代替椭圆。现以平行于 XOY 坐标面的圆的正等轴测投影——椭圆的画法为例,介绍四心椭圆法的作图方法。

作图步骤:

(1) 以圆心 o 为坐标原点,两条中心线为坐标轴 ox、oy。作圆的外切四边形,得切点 a、b、c、d,如图 4-9(a)所示。

(2) 画轴测轴,在轴测轴上确定四个切点 A、B、C、D。然后,分别从四个切点处按平行关系作出外切四边形的轴测投影(菱形),如图 4-9(b)所示。

(3) 菱形两钝角的顶点 E、G,即为画两段大圆弧的圆心;连接 ED、EC 和 GA、GB(亦为菱形各边的中垂线),分别得到交点 1、2,这两点为画两段小圆弧的圆心,如图 4-9(c)所示。

(4) 分别以 E、G 为圆心,GA 为半径画大圆弧 AB 和 CD;以 1、2 为圆心,$1A$ 为半径画

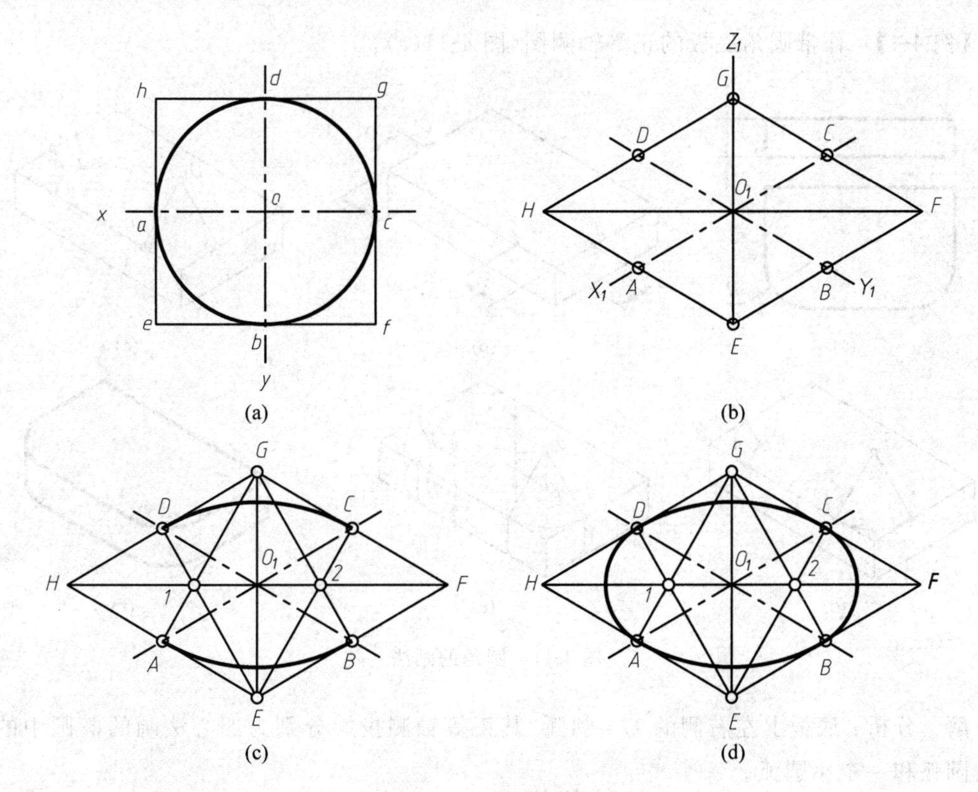

图 4-9　四心法画圆的正等轴测图

小圆弧 AD 和 BC，即得水平圆的正等轴测图。

2. 回转体正等轴测图画图举例

【例 4-3】 作出图 4-10(a)所示圆台的正等轴测图。

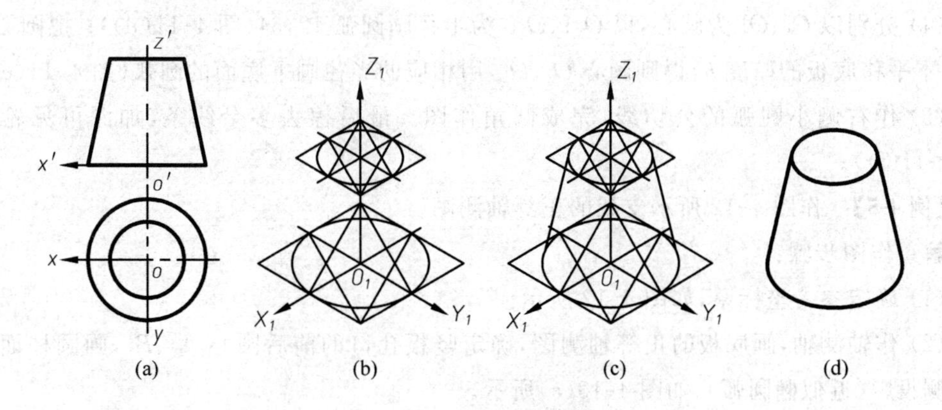

图 4-10　圆台的画法

解　作图步骤：

(1) 确定底面的圆心为坐标原点，建立直角坐标系，如图 4-10(a)所示。

(2) 用"四心法"画出上、下底圆的轴测投影，如图 4-10(b)所示。

(3) 作两椭圆的公切线，如图 4-10(c)所示。

(4) 擦去多余线条，按线型要求加深，即可得到圆台的正等轴测图，如图 4-10(d)所示。

【例 4-4】 作带圆角底板的正等轴测图(图 4-11(a))。

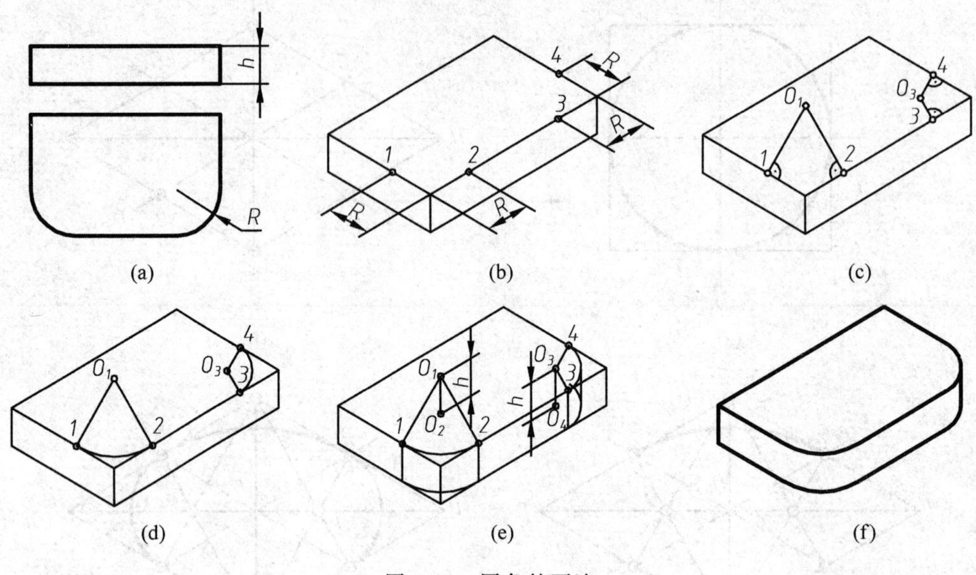

图 4-11 圆角的画法

解 分析：底板上左右侧的 1/4 圆弧，其正等轴测投影分别为四心法画的椭圆中的一个大圆弧和一个小圆弧。

作图步骤：

(1) 画长方体的正等轴测图。

(2) 由左、右角点处沿两边分别量取半径 R，得 1、2、3、4 四点(图 4-11(b))。

(3) 过 1、2、3、4 点分别作所在边的垂线，得到底板上表面的圆心 O_1、O_3(图 4-11(c))。

(4) 分别以 O_1、O_3 为圆心，以 $O_1 1$、$O_3 3$ 为半径画圆弧 12，34(图 4-11(d))；把圆心 O_1、O_3 向下平移底板的厚度 h，得到圆心 O_2、O_4，用相应的半径画下底面的圆弧(图 4-11(e))。

(5) 作右侧小圆弧的公切线，完成圆角作图。最后擦去多余线条，加深可见轮廓线(图 4-11(f))。

【例 4-5】 作图 4-12 所示支架的正等轴测图。

解 作图步骤：

(1) 确定参考坐标系，如图 4-12 所示。

(2) 作轴测轴，画底板的正等轴测图，确定竖板孔口的前后圆心 A_1、B_1，画圆柱面的正等轴测投影(近似椭圆弧)，如图 4-13(a)所示。

(3) 在底板上作出点 1_1、2_1、3_1、4_1，再由各点作近似椭圆弧的切线。作近似椭圆弧的公切线，做竖板上圆柱孔的轴测图，完成竖板的正等测图。再画出底板上两圆孔的轴测投影，如图 4-13(b)所示。

(4) 作底板圆角。先从底板顶面上圆角的切点作切线的垂线，得交点 C_1 和 D_1，再分别以 C_1、D_1 为圆心，在切点间作圆弧，得底板上表面圆角的正等轴测投影。同样，作底板下表面圆角的正等轴测投影。最后作右侧两圆弧的公切线，如图 4-13(c)所示。

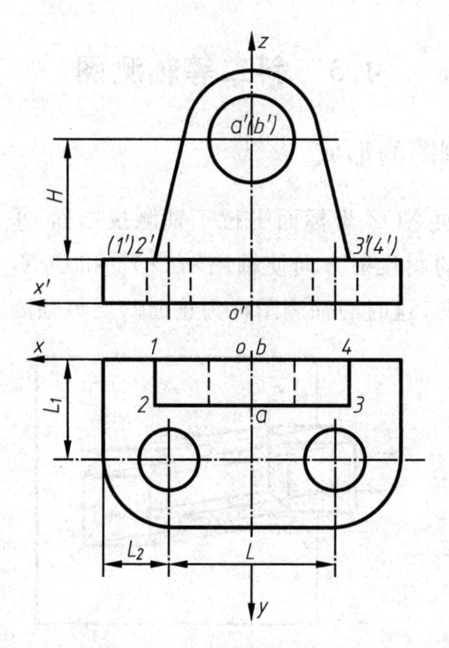

图 4-12　支架的两面投影图

(5) 擦去多余图线，整理、加深可见轮廓，完成支架的正等轴测图，如图 4-13(d)所示。

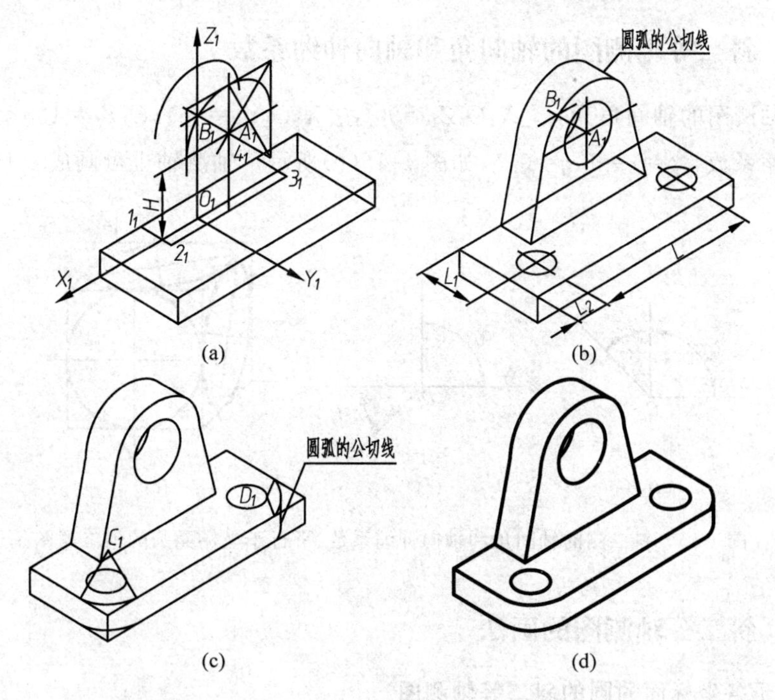

图 4-13　支架的正等轴测图的画法

4.3 斜二等轴测图

4.3.1 斜二等轴测图的形成

如图 4-14 所示，如果使 XOZ 坐标面平行于轴测投影面，采用斜投影法也能得到具有立体感的轴测图。当选择的斜投射方向使轴测轴 O_1Y_1 和 O_1X_1 的夹角为 135°，并使 O_1Y_1 轴的轴向伸缩系数为 0.5 时，这时的轴测图称为正面斜二等轴测图。

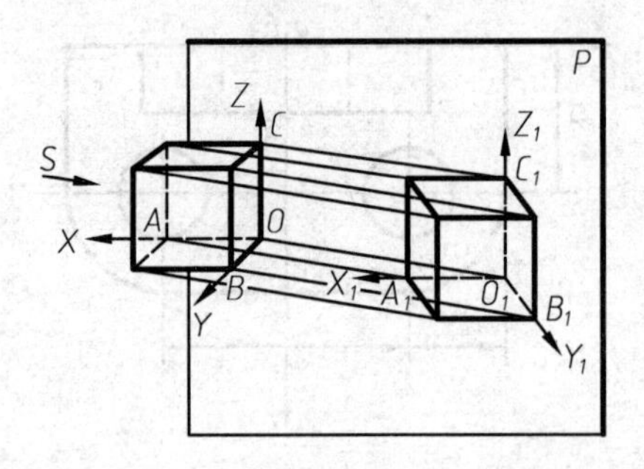

图 4-14 斜二轴测图的形成

常用的斜二等轴测图，指的就是正面斜二等轴测图，简称斜二测。

4.3.2 斜二等轴测图的轴间角和轴向伸缩系数

斜二等轴测图的轴间角为：$\angle X_1O_1Z_1=90°$，$\angle X_1O_1Y_1=\angle Y_1O_1Z_1=135°$。

轴向伸缩系数：$p=r=1$，$q=0.5$，如图 4-15(b)所示。轴测轴也可画成 4-15(a)形式。

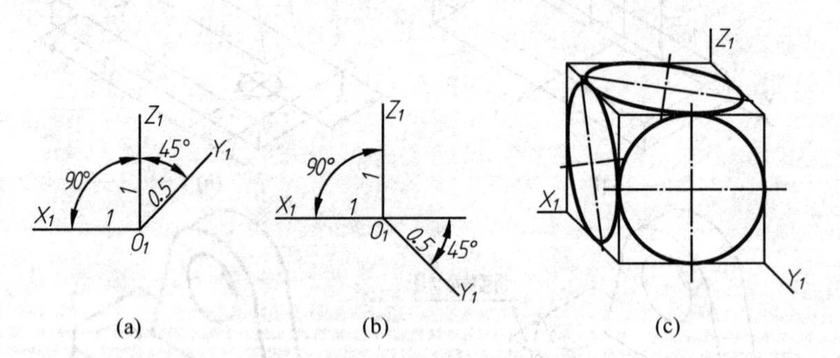

图 4-15 斜二测的轴间角和轴向伸缩系数、平行于坐标面圆的斜二测图

4.3.3 斜二等轴测图的画法

1. 平行于各坐标面的圆的斜二等轴测图

正面斜二等轴测图中，由于 $X_1O_1Z_1$ 面平行于轴测坐标面，所以平行于 $X_1O_1Z_1$ 面上的圆反映实形。而平行于 $X_1O_1Y_1$、$Y_1O_1Z_1$ 坐标面的圆则为形状相同的椭圆，如图 4-15(c)所示。

2. 画图举例

因为物体上平行于轴测投影面的直线、曲线和平面图形的轴测投影反映实长或实形，所以，当物体上有比较多的或较为复杂的图线时，把这些图线所在的平面置于与轴测投影面平行的位置进行投影，画图就比较简便。

【例 4-6】 作出图 4-16(a)所示支架的斜二等轴测图。

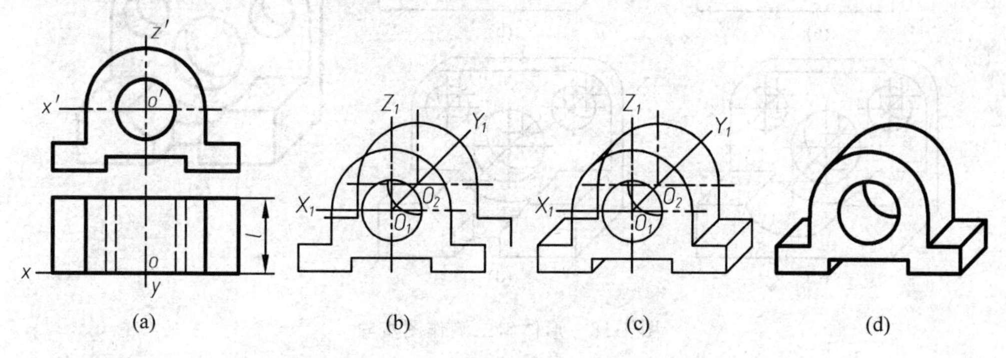

图 4-16 支架的斜二测图画法

解 作图步骤：

(1) 在投影图上设置坐标轴(图 4-16(a))。

(2) 画轴测轴，并画出前端面的形状，它与主视图完全一样；沿 O_1Y_1 轴的负方向量取 $O_1O_2=l/2$，画出后端面的形状(图 4-16(b))。

(3) 画半圆柱轴测图的轮廓线(两圆弧的公切线)和其他可见图线(图 4-16(c))。

(4) 擦去多余线条，加深可见图线，完成作图(图 4-16(d))。

【例 4-7】 完成图 4-17 所示形体的斜二等轴测图。

解 作图步骤：

(1) 首先，作出直角板的斜二测图。斜二测图上，平行于正面的形状保持不变，量取前后方向尺寸时，截取视图上尺寸的一半，图 4-18(a)。

(2) 确定竖板上圆角和同心圆的圆心位置，画出圆角和圆，作出右侧圆弧的公切线，图 4-18(b)。

(3) 确定中间同心圆的前后各个面的圆心，画出最前面及竖板前面的圆弧，再画出竖板上前后圆，图 4-18(c)。

(4) 完成前面切口的轴测图。从前面对称量取槽宽，依照平行特性量取槽深(视图上深度的一半)画出各交线，槽后面与圆柱面的交线是一段圆弧，图 4-18(d)。

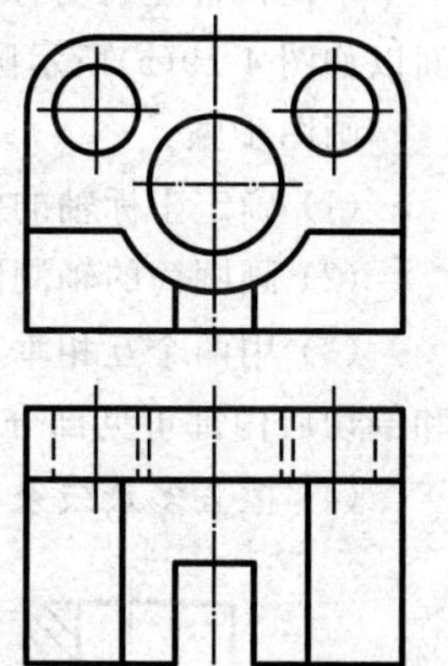

图 4-17 形体视图

(5) 擦去多余线条，加深可见轮廓，完成作图，图 4-18(e)。

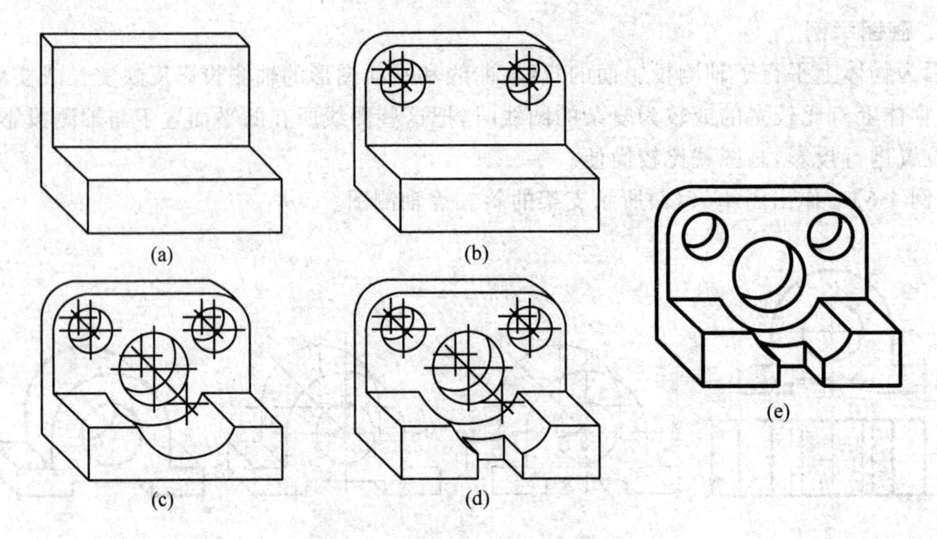

图 4-18 形体斜二测作图步骤

4.4 轴测剖视图

为了表示立体的内部形状,可假想用剖切平面切去立体的一部分,画成轴测剖视图(剖视图的概念详见第6章)。

4.4.1 轴测剖视图的画法

不论机件是否对称,通常用两个互相垂直的剖切面,沿两个坐标面方向将机件剖开。下面以如图 4-19(a)所示圆筒为例,介绍轴测剖视图的画法。

画图步骤:

(1) 确定坐标轴的位置(图 4-19(a))。

(2) 画圆筒的轴测图(图 4-19(b))。

(3) 用两个互相垂直的剖切平面沿坐标面 $X_1O_1Z_1$ 和 $Y_1O_1Z_1$ 剖切。画出断面的形状和剖切后内部可见部分的投影(图 4-19(c))。

(4) 擦去多余线条,加深可见轮廓线,并画出剖面符号(图 4-19(d))。

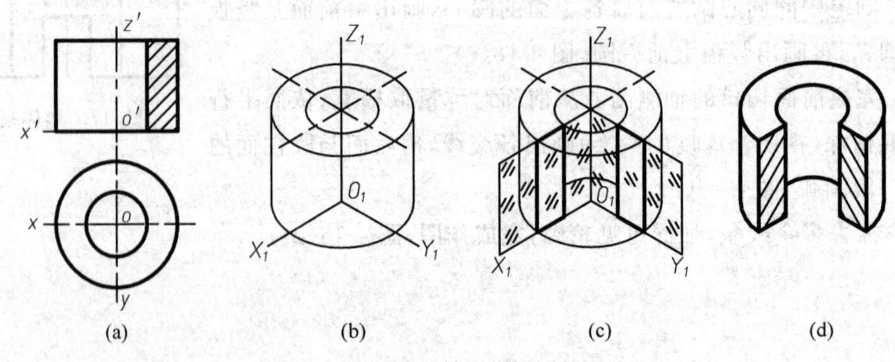

图 4-19 圆筒的轴测剖视图的画法

4.4.2　轴测剖视图剖面符号的画法

一般情况下，多面正投影上剖面线的方向与剖面区域的主要轮廓线或轴线成 45°夹角，在轴测图上这种关系保持不变。

图 4-20(a)、(b)分别为正等轴测图和斜二轴测图上平行于各坐标面断面的剖面线的画法。

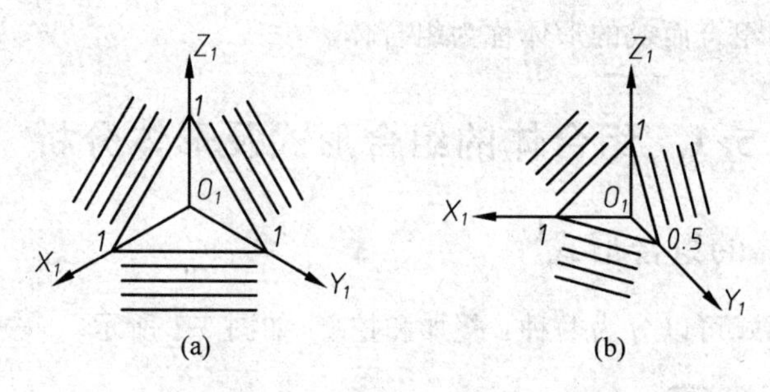

图 4-20　常用轴测图上剖面线的画法

第5章　组　合　体

任何复杂的形体，都可以看成是由一些基本体（如棱柱、棱锥、圆柱、圆锥、圆球等）所组合而成的。由基本体组合而成的形体称为组合体。

5.1　组合体的组合形式及形体分析

5.1.1　组合体的组合形式

组合体的组合形式可以分为两种：叠加和挖切，如图 5-1 所示。

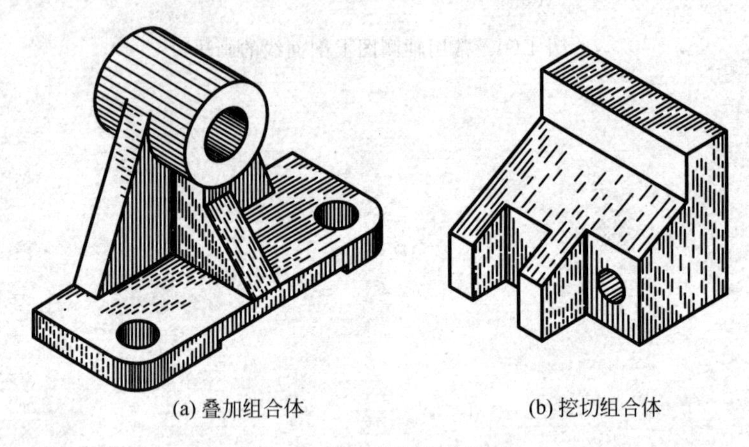

(a) 叠加组合体　　(b) 挖切组合体

图 5-1　组合体的组合形式

1. 叠加

叠加是基本体通过一个或几个面连接形成组合体，叠加又包括叠合、相交、相切三种形式。

1）叠合

叠合是指两个或多个基本体叠合在一起的叠加方式，如图 5-2 所示。

叠合的两个基本体不共面时，在视图上两个基本体表面分界处画分界线，如图 5-2(a)、(b)、(c)、(d)所示；当两个基本体共面时，它们的两个表面连接成为一个表面，两个表面之间没有分界线，在相应的视图上也不画分界线，如图 5-2(e)、(f)所示。

2）相切

相切是指两个叠加的基本体的表面光滑过渡（包括平面与曲面相切或曲面与曲面相切），如图 5-3(a)、(b)、(c)所示，相切的两个基本体表面在相切处光滑过渡，在视图上不画分界线（即切线）。相切时注意要准确找到切点的位置，如图 5-3(c)所示。

图 5-3(c)中，要根据切点的位置确定底板顶面在主视图和左视图中的长度和宽度，但是在主视图和左视图中都不能画出切线。

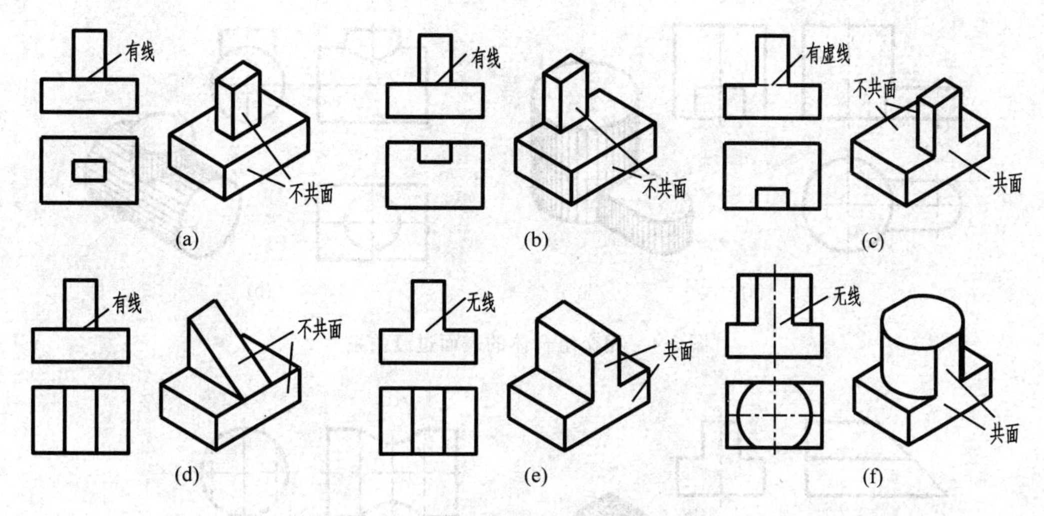

图 5-2　组合体的叠合及相邻表面过渡关系

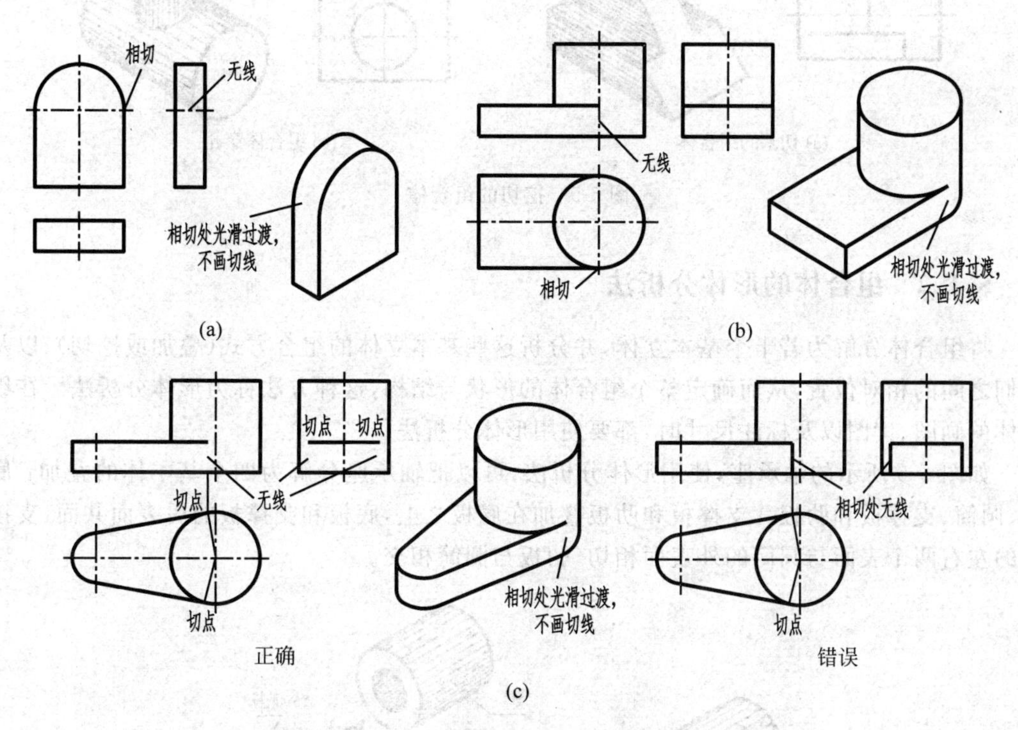

图 5-3　相切组合体的表面过渡关系

3）相交

相交是指叠加的两个基本体的表面之间相交产生交线（包括截交线和相贯线），如图 5-4(a)、(b)所示。在视图上应画出交线的投影。

2. 挖切

挖切包括切割和穿孔，基本体被平面或曲面切割或穿孔，基本体表面会产生截交线或相贯线，如图 5-5(a)、(b)所示。

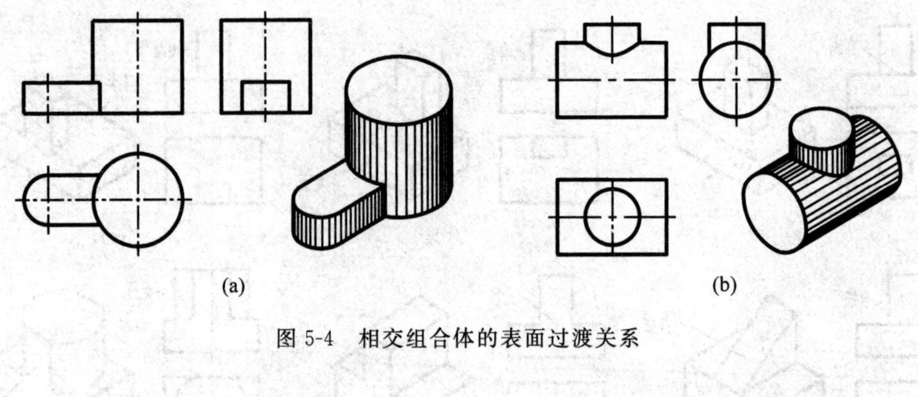

图 5-4　相交组合体的表面过渡关系

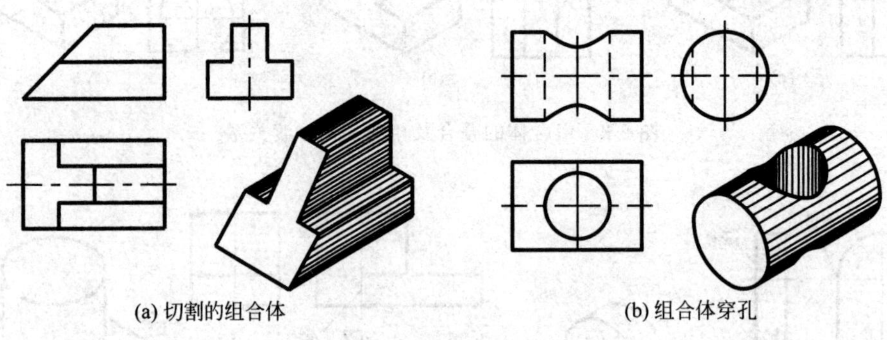

图 5-5　挖切的组合体

5.1.2　组合体的形体分析法

将组合体分解为若干个基本立体，并分析这些基本立体的组合方式(叠加或挖切)，以及它们之间的相对位置，从而确定整个组合体的形状与结构，这种方法称为形体分析法。在组合体的画图、读图以及标注尺寸时，都要使用形体分析法。

如图 5-6 所示的轴承座，使用形体分析法，可以把轴承座分解为四个基本体的叠加：底板、圆筒、支撑板和肋板。支撑板和肋板叠加在底板之上，底板和支撑板的后表面共面，支撑板的左右两个表面与圆筒的外表面相切，肋板与圆筒相交。

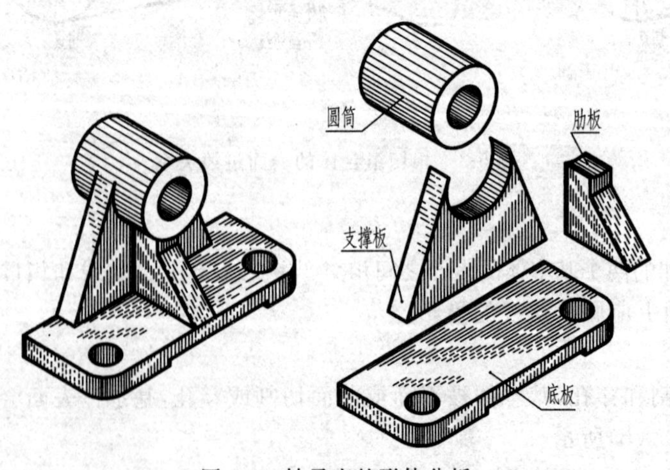

图 5-6　轴承座的形体分析

图 5-7 所示的组合体为切割体，其原形为一个长方体，先被切去一个直四棱柱Ⅱ，再先后切去形体Ⅲ和Ⅳ，最后挖去一个圆柱孔。

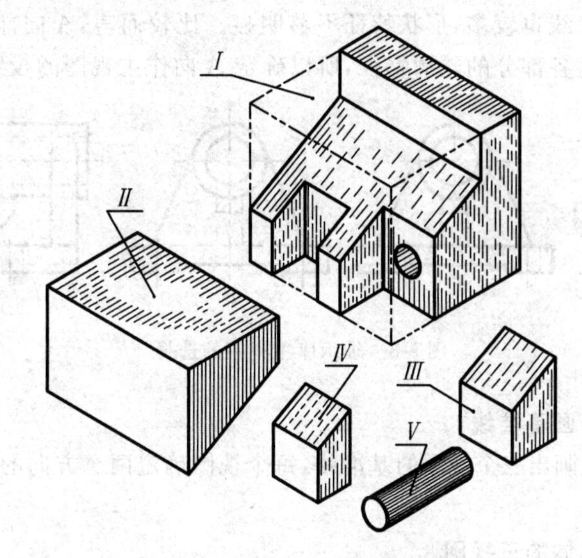

图 5-7　挖切组合体的形体分析

5.1.3　组合体的线面分析法

线面分析法就是根据线、面的投影特性(如积聚性、实形性、类似性等)，分析组合体某些复杂局部的线、面的投影，以便确定其形状和结构。

在组合体画图和读图时，简单的组合体使用形体分析法就可以确定整个组合体的形状和结构，而比较复杂的组合体，尤其是挖切组合体，使用形体分析法有时不能确定组合体的某些较为复杂的图线(如两立体相交形成的相贯线、平面截切立体形成的截交线等)，还需要使用线面分析法。

5.2　组合体的画图方法

画组合体三视图的基本方法是形体分析法，即画图时，先把组合体分解为几个基本体的叠加或切割，分析各基本体之间的相对位置关系、组合方式和表面过渡关系(如共面、相切、相交)，然后按步骤画出各基本体的三视图，最后完成组合体的三视图。

5.2.1　叠加式组合体的画图方法

画叠加式组合体的三视图主要采用形体分析法，下面以轴承座为例说明其画图的基本方法。

1. 形体分析

图 5-6 所示轴承座的形体分析如 5.1.2 节所述。

2. 选择主视图

(1) 放置位置：轴承座按自然放置位置放置，如图 5-8 所示。

（2）投射方向：轴承座自然放置后，有四个投射方向 A、B、C、D 可以做主视图的投射方向，如图 5-8 所示为四个方向投射得到的主视图。A 向和 B 向比较，B 向虚线较多；C 向和 D 向基本一样，视图虚线也较多，形状特征不够明显。比较而言，A 向能反映轴承座的形状特征，也能反映轴承座各部分的轮廓特征，所以确定 A 向作主视图的投射方向。

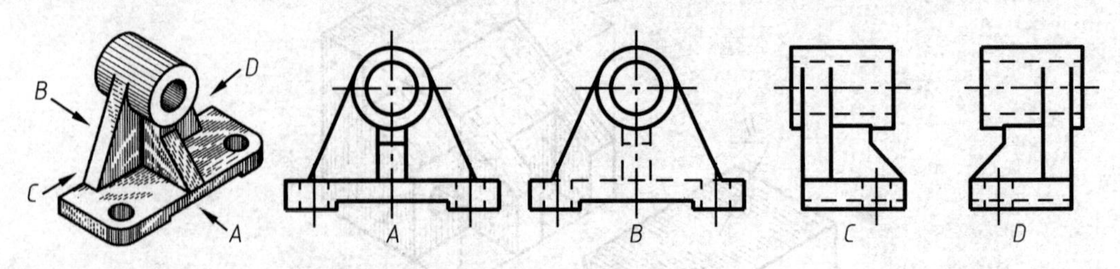

图 5-8　轴承座主视图的选择

3. 选比例，布图、画基准线

选定比例后，首先画出三个视图的基准线，每个视图确定两个方向的基准线，如图 5-9(a)所示。

4. 逐个画各基本体的三视图

（1）画底板。先画俯视图，再根据三视图投影规律画出主视图和左视图，如图 5-9(b)所示。

（2）画圆筒。注意俯视图中，底板被圆筒挡住的部分画虚线，如图 5-9(c)所示。

（3）画支撑板。注意支撑板的左右两表面和圆筒相切，根据切点求出切线的位置。注意圆筒的最左、最右和最下素线有一部分和支撑板成为一个整体，不画线，如图 5-9(d)所示。

（4）画肋板。注意肋板左右表面和圆筒的交线在左视图中的高度；俯视图中支撑板、肋板和圆筒相交处成为一个整体，不画线；左视图中圆筒的最下素线有一部分和肋板成为一个整体，不画线，如图 5-9(e)所示。

5. 检查、加深

检查底稿，加深完成，如图 5-9(f)所示。

5.2.2　挖切式组合体的画图方法

挖切式组合体表面会产生截交线，在画三视图时，先进行形体分析，分析立体的挖切过程，必要时使用线面分析法分析立体挖切后表面产生的截交线。下面以图 5-7 导向块为例，介绍其画图要点。

1. 形体分析

如图 5-7 所示，导向块可以看做是长方体Ⅰ依次切去Ⅱ、Ⅲ、Ⅳ三个形体，并挖去一个圆柱形成的。

2. 按照挖切顺序画图

具体画图步骤如图 5-10 所示。

3. 注意问题

（1）挖切时应首先从挖切面具有积聚性的视图入手，然后根据投影关系画出其他视图

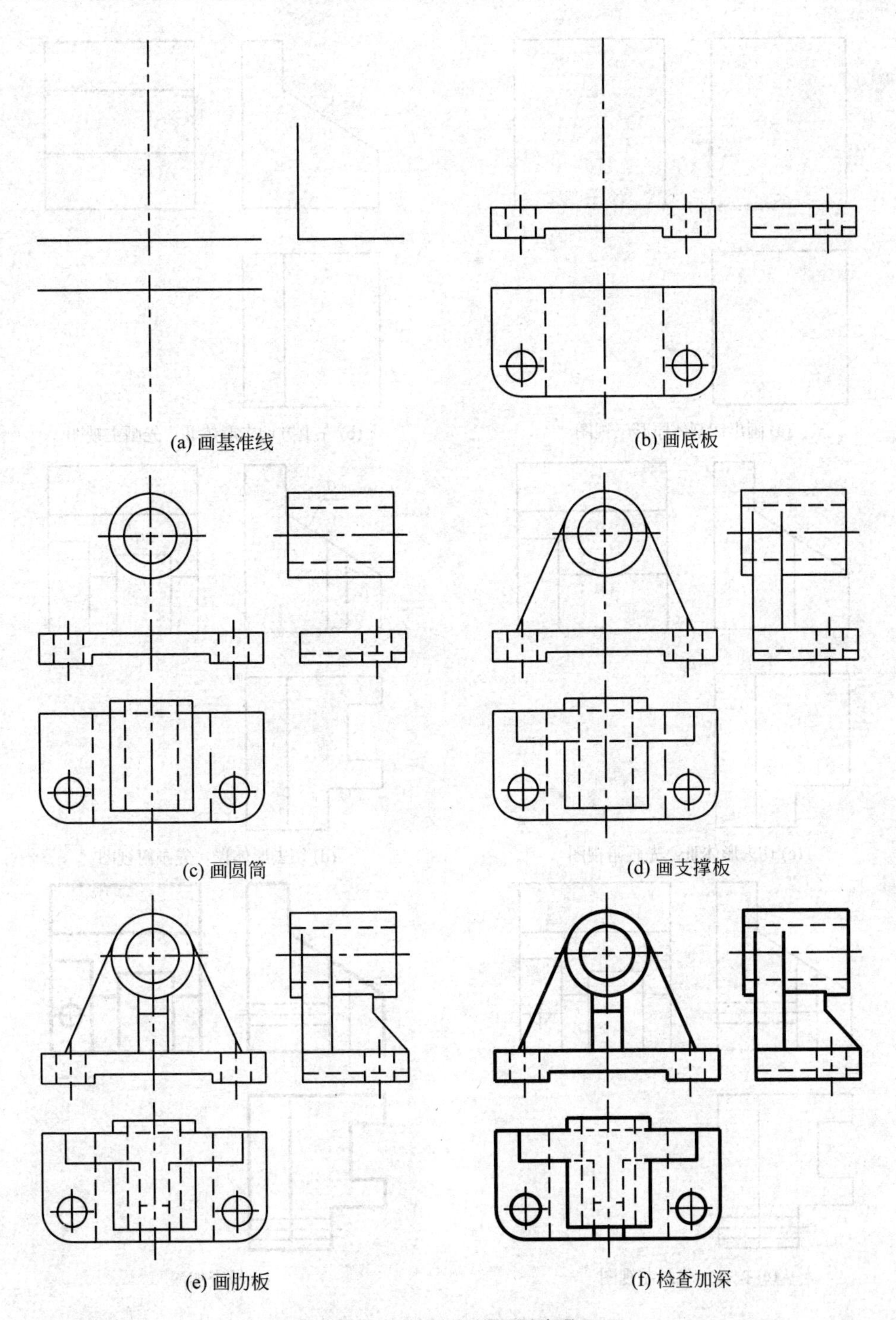

图 5-9　轴承座的画图步骤

的交线。如图 5-10(b)中，挖切面在主视图上积聚为两条线。

（2）挖切式组合体如若出现一个斜面时，除形体分析外，可按线面分析进行画图或检查。如图 5-10(d)中，Q 面为正垂面，在主视图上积聚为一条直线，在俯视图和左视图上为类似形。

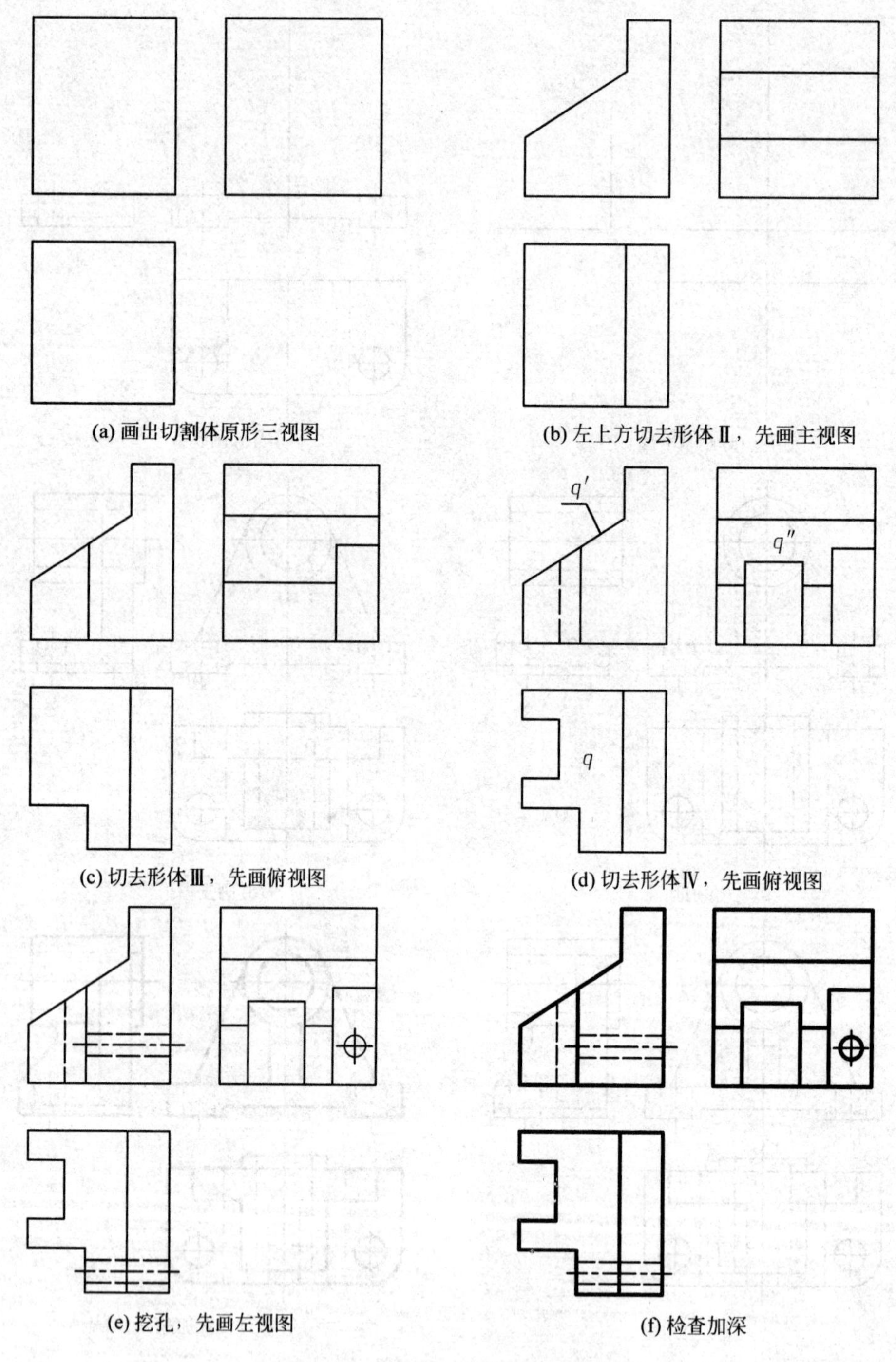

(a) 画出切割体原形三视图

(b) 左上方切去形体Ⅱ，先画主视图

(c) 切去形体Ⅲ，先画俯视图

(d) 切去形体Ⅳ，先画俯视图

(e) 挖孔，先画左视图

(f) 检查加深

图 5-10　挖切式组合体的画图步骤

（3）两个相交的投影面垂直面挖切形体时，若投影面垂直面不同时垂直于一个投影面，则两个投影面垂直面的交线为一般位置直线。此时，作图或检查时也需要进行线面分析。

5.3　组合体视图的阅读方法

画组合体三视图是把空间的组合体，按照投影规律画成平面图形，是从空间到平面的过程；读组合体视图则是根据已经画出的三视图，运用投影规律，想象出组合体的空间形状，是从平面到空间的过程。画图和读图是两个不可分割的过程，画图是读图的基础，读图是画图的逆过程。

5.3.1　读图的基本知识

1. 要掌握常见基本体的三视图

对常见基本体如棱柱、棱锥(台)、圆柱、圆锥(台)、圆球等的三视图应熟练掌握，不仅要熟练绘制三视图，而且要熟练掌握由三视图想象出基本体的读图思路。

2. 要几个视图联系起来读

组合体的形状通常是由两个或三个视图表达的，每一个视图只能反映组合体两个方向的形状，因此，仅仅一个或两个视图不一定能够唯一确定组合体的形状，读组合体的视图时要几个视图联系起来一起读，才能唯一确定组合体的形状。

如图5-11所示的几个组合体，主视图都相同，但是俯视图不同，组合体的形状也不同。

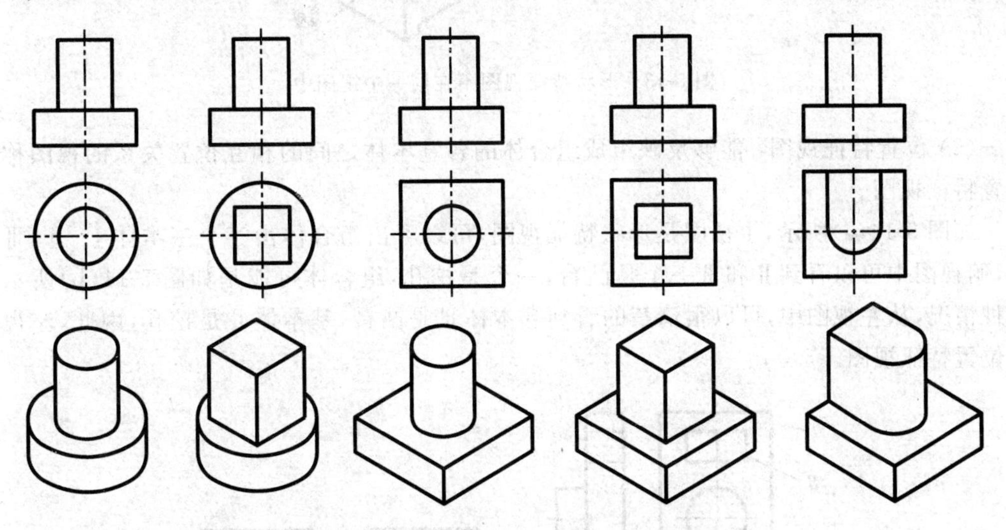

图5-11　一个视图不能唯一确定组合体的形状

如图5-12所示的几个组合体，主视图和左视图都相同，但是俯视图不同，组合体的形状也不同。

3. 要找出特征视图

组合体的特征视图包括形状特征视图和位置特征视图。

(1) 形状特征视图：能够反映物体的形状特征的视图，称为形状特征视图。

图5-11中，俯视图是形状特征视图；图5-12中，俯视图是形状特征视图。

注意： *有时候物体的形状特征不是都在一个视图中，如图5-13所示，底板的形状特征视图是左视图，肋板的形状特征视图是主视图，底板上小孔的形状特征视图是俯视图。*

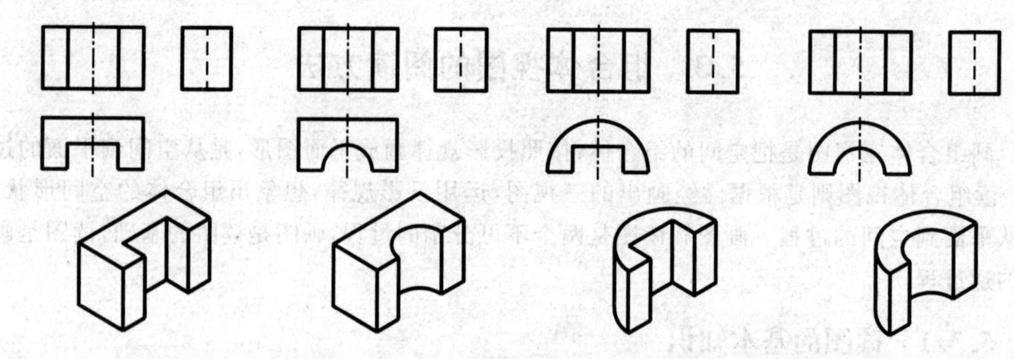

图 5-12　两个视图不能唯一确定组合体的形状

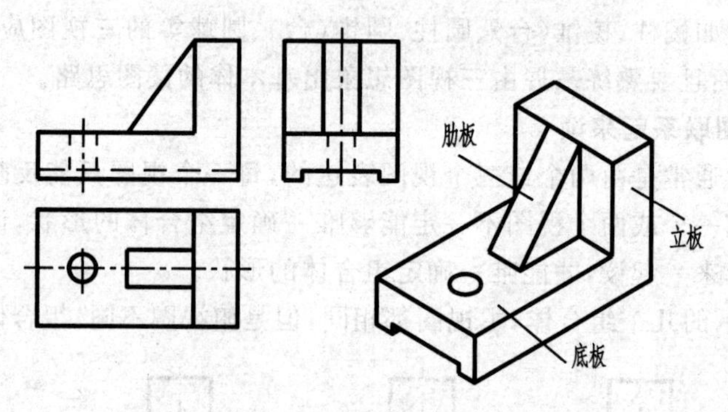

图 5-13　形状特征视图不在同一个视图中

(2) 位置特征视图：能够反映组成组合体的各基本体之间的相互位置关系的视图称为位置特征视图。

如图 5-14(a)所示，主视图是形状特征视图，可以看出组合体由三个基本体Ⅰ、Ⅱ、Ⅲ组成，俯视图中可以看到Ⅱ和Ⅲ一个是凸台，一个是挖孔，组合体可能是如图 5-14(b)所示的两种情况，从左视图中，可以很清楚的看到基本体Ⅲ是凸台，基本体Ⅱ是挖孔，因此，左视图是位置特征视图。

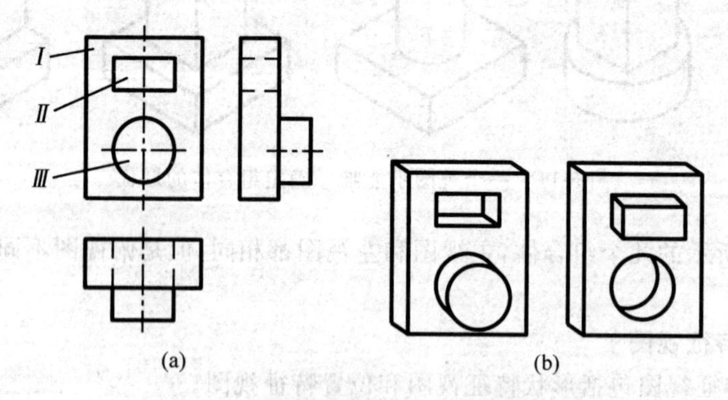

图 5-14　形状特征视图和位置特征视图

读图时，分析确定各基本体的形状特征视图和位置特征视图，再配合其他视图，就能较快地构思出基本体的形状及各基本体之间的相对位置关系，从而较快地想象出组合体的结构形状。

4. 要弄清视图中图线和线框的含义

视图是由图线和线框组成的，视图中的图线可能是线的投影也可能是面的积聚投影，视图中的线框可能是表面的投影也可能是空腔的投影。因此，读图时，弄清视图中图线和线框的含义，即弄清楚组成组合体的图线和线框在空间是什么形体，才能够较快地想象出组合体的空间形状。

1）视图中图线的含义

视图中的图线（包括实线和虚线）可能表示三种情况：

(1) 组合体上平面或回转面的积聚投影；

(2) 组合上两个表面的交线的投影；

(3) 回转面的转向轮廓素线的投影。

如图 5-15(a)所示，六棱柱的六个棱面、顶面和底面以及圆柱顶面的投影都积聚成一条直线，大小圆柱面的投影积聚成一个圆（曲线）；六棱柱的六条棱线（两个棱面的交线）的正面投影是六条线；大圆柱的最左、最右素线的正面投影是两条直线，小圆柱（圆柱孔）的最左、最右素线的正面投影是两条虚线。

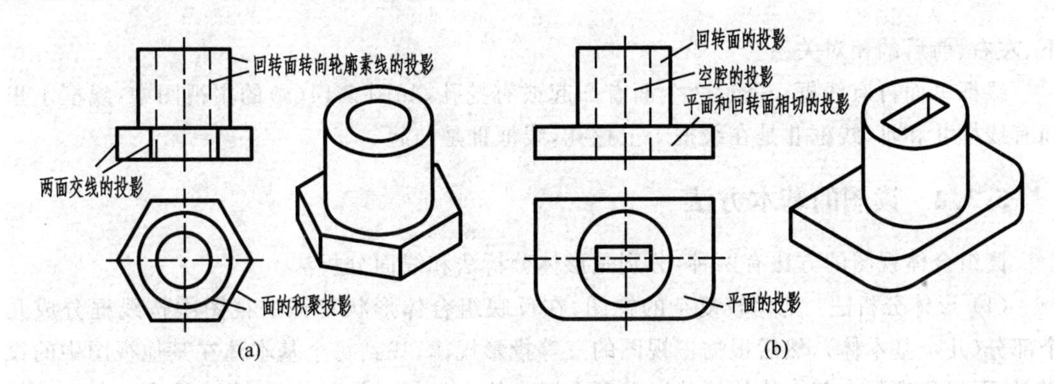

图 5-15　视图中图线和线框的含义

2）视图中线框的含义

视图中的线框可能表示组合体的表面的投影，也可能表示一个空腔的投影，线框可能表示下面四种情况：

(1) 平面的投影，如图 5-15(b)所示，底板的顶面和底面的水平投影重合为封闭线框。

(2) 回转面的投影，如图 5-15(b)所示，圆柱面的正面投影是一个矩形封闭线框。

(3) 平面和回转面相切所组成的面，如图 5-15(b)所示，底板的前表面是圆柱面和平面相切所组成的面，其正面投影是一个封闭线框。

(4) 空腔的投影，如图 5-15(a)所示，圆柱孔（空腔）的正面投影是一个封闭线框；如图 5-15(b)所示，矩形孔（空腔）的正面投影是一个封闭线框。

3）利用线框分析组合体表面的相对位置

视图中相邻的封闭线框：如图 5-16(a)(b)所示，两个相邻线框之间的分隔线是两面交线的投影，则相邻线框表示相交的两个面的投影；如图 5-16(c)(d)所示，两个相邻线框之间的分隔线是平面的积聚投影，则相邻线框表示两个面不相交，应区分出相邻线框之间的上

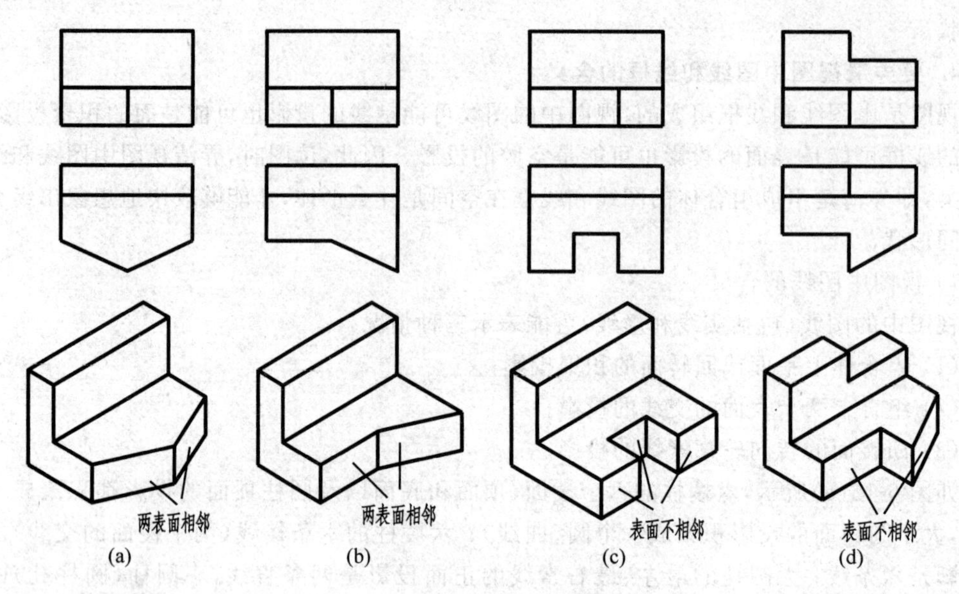

图 5-16　相邻的封闭线框

下、左右、前后的相对关系。

线框里面再有线框：表示两个面有凸起或有挖孔，如图 5-14(a)的主视图中，线框Ⅰ里面有线框Ⅱ和Ⅲ，线框Ⅱ是在线框Ⅰ上挖孔，线框Ⅲ是凸起。

5.3.2　读图的基本方法

读组合体视图的方法有两种，分别是形体分析法和线面分析法。

(1) 形体分析法：把比较复杂的视图，在反映组合体形状特征的视图中按线框分成几个部分(几个基本体)，然后根据三视图的三等投影规律，找到每个基本体在其他视图中的投影，从而想象出每个基本体的形状以及各个基本体之间相对位置关系，最后综合想象出来组合体的整体形状。这是读图的最基本的方法。

(2) 线面分析法：根据线、面的投影特性，分析组合体视图中图线和线框所代表的含义以及相对位置关系，从而想象出组合体的整体形状。

对于比较简单的组合体，使用形体分析法就能够读懂视图。

对于复杂的叠加式组合体或者挖切式组合体，要两种方法结合起来读图，先用形体分析法想象出组合体的大致整体形状，对于不清楚的局部，用线面分析法分析图线和线框的投影，从而想象出组合体的整体形状。

5.3.3　读图举例

组合体读图，有两种类型的题目，一种是已知组合体的两个视图，求作第三视图，即二补三；一种是已知组合体的三视图，但是每一个视图都是不完整的，要求补画出视图中所缺的图线，即补漏线。这两种题目作图过程都是先要读懂组合体的视图，想象出组合体的形状，再根据想象出的组合体的形状画出组合体的视图或所缺的图线。因此，做这种题目，读图和画图的方法都需要掌握。

1. 已知组合体的两视图，求作第三视图

先读懂组合体已知的两个视图，想象出组合体的形状，再利用三等投影规律画出组合体的第三个视图。

【例 5-1】 如图 5-17(a)所示，已知组合体的主视图和俯视图，求作组合体的左视图。

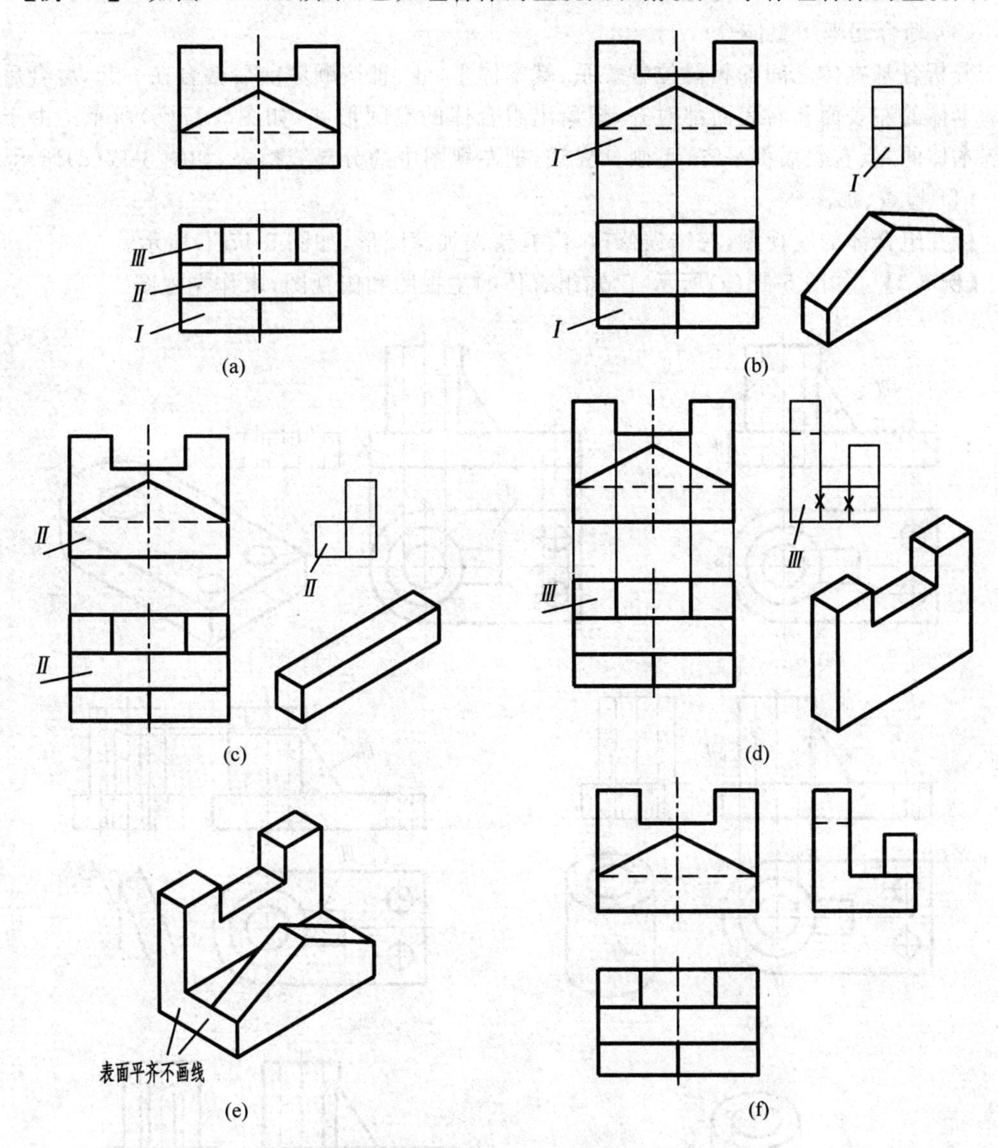

图 5-17　组合体的读图例题(一)

解　(1) 抓特征分线框

分析如图 5-17(a)所示的组合体的主视图和俯视图，把俯视图按线框分为三个部分，即把组合体分为三个基本体：Ⅰ、Ⅱ和Ⅲ。

(2) 对投影想形体

如图 5-17(b)所示，根据三等投影规律，找出基本体Ⅰ的两个视图，其形状特征视图是主视图，基本体Ⅰ是一个五棱柱，根据三等投影规律，画出其左视图。

如图 5-17(c)所示，根据三等投影规律，找出基本体Ⅱ的两个视图，其形状特征视图是主视图，基本体Ⅱ是一个长方体，根据三等投影规律，画出其左视图。

如图 5-17(d)所示，根据三等投影规律，找出基本体Ⅲ的两个视图，其形状特征视图是主视图，基本体Ⅲ是一个八棱柱，根据三等投影规律，画出其左视图。

(3) 综合起来想整体

分析各基本体之间的相对位置关系，基本体Ⅰ、Ⅱ、Ⅲ按顺序前后叠合在一起，叠合后三个基本体的左表面和右表面都对齐，想象出组合体的空间形状，如图 5-17(e)所示。由于三个基本体的左、右表面都平齐，不画分界线，把左视图中的分界线擦去，如图 5-17(d)所示。

(4) 检查、加深

检查组合体的三视图，有错误修改，没有错误加深图形，如图 5-17(f)所示。

【例 5-2】 如图 5-18(a)所示，已知组合体的主视图和俯视图，求作左视图。

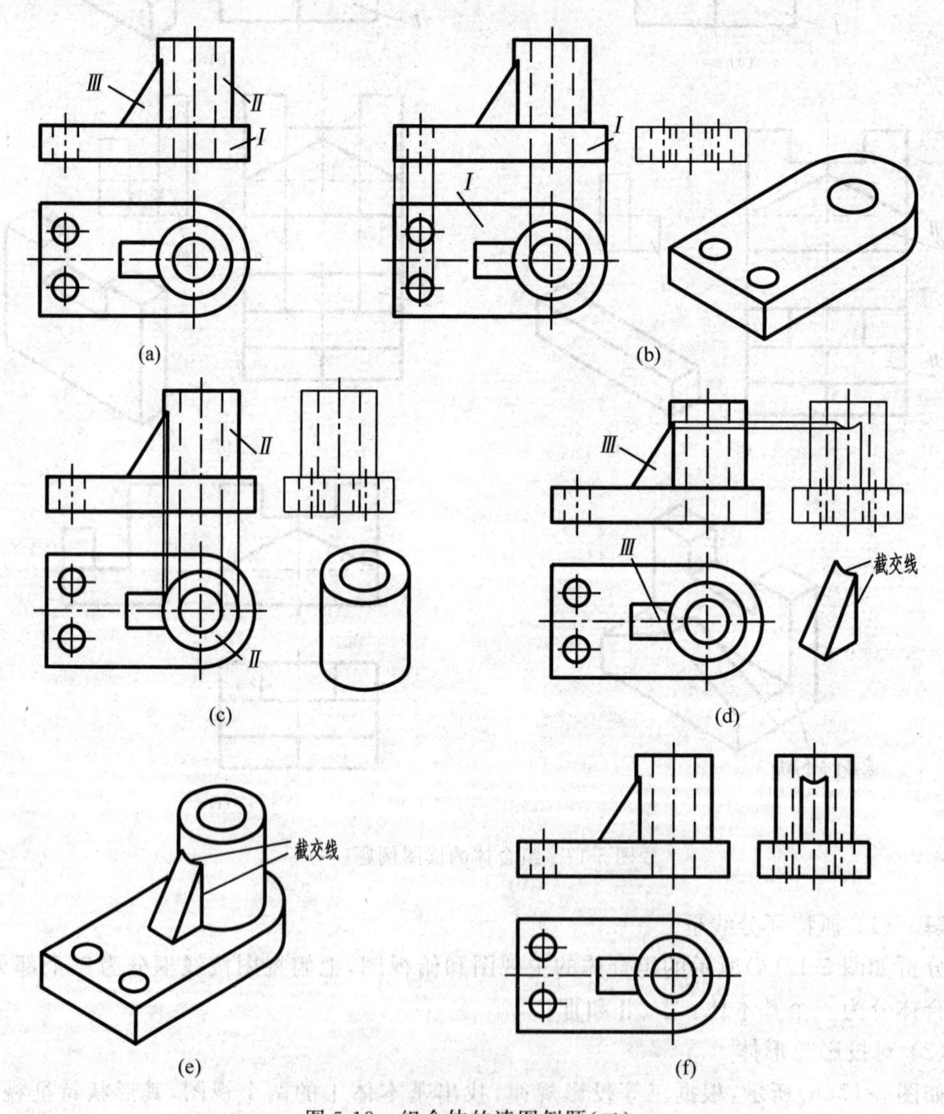

图 5-18　组合体的读图例题(二)

解　(1) 抓特征分线框

分析如图 5-18(a)所示的组合体的主视图和俯视图，把主视图按线框分为三个部分，即把组合体分为三个基本体：底板Ⅰ、圆筒Ⅱ和肋板Ⅲ。

(2) 对投影想形体

如图 5-18(b)所示，根据三等投影规律，找出底板Ⅰ的俯视图，其形状特征视图是俯视图，想出底板的形状，画出其左视图。

如图 5-18(c)所示，根据三等投影规律，找出圆筒Ⅱ的俯视图，其形状特征视图是俯视图，想出圆筒的形状，画出其左视图，注意圆筒挖的孔和底板挖孔的直径相等，成为一个孔。

如图 5-18(d)所示，根据三等投影规律，找出肋板Ⅲ的俯视图，其形状特征视图是主视图，肋板是一个三棱柱，画出其左视图。

(3) 综合起来想整体

分析各基本体之间的相对位置关系，底板和圆筒、肋板叠合，圆筒的轴线和底板上大孔的轴线重合，肋板和圆筒相交产生截交线，如图 5-18(e)所示，肋板的前、后端面和一个棱面与圆柱面相交，想象出组合体的形状。

(4) 线面分析攻难点

由于肋板的前、后端面和一个棱面与圆柱面相交产生截交线，使用线面分析法求出截交线的投影，如图 5-18(d)所示。

(5) 检查、加深

检查组合体的三视图，有错误修改，没有错误加深图形，如图 5-18(f)所示。

【例 5-3】　如图 5-19(a)所示，已知组合体的俯视图和左视图，求作主视图。

解　如图 5-19(a)所示的组合体是一个挖切式组合体。

(1) 使用形体分析法

如图 5-19(b)所示，分析组合体挖切前的形状是一个长方体，画出其主视图。如图 5-19(c)所示，长方体被三个截平面 P、Q 和 R 截切形成组合体。

(2) 使用线面分析法

如图 5-19(c)所示，使用线面分析法分析三个截平面截切长方体的截交线。由于俯视图和左视图已知，截交线的水平投影和侧面投影已知。

截平面 P 是铅垂面，其水平投影积聚在 p 上，根据三等投影规律，找出其侧面投影 p''(四边形)，如图 5-19(c)所示，确定截交线上四个点的两面投影 $1''$、$2''$、$3''$、$4''$和 1、2、3、4，求出它们的正面投影 $1'$、$2'$、$3'$、$4'$之后连线。截平面 Q 也是铅垂面且和 P 左右对称，用同样的方法求出其截交线的正面投影，如图 5-19(d)所示。

截平面 R 是侧垂面，其侧面投影积聚在 r''上，根据三等投影规律，找出其水平投影 r(四边形)，如图 5-19(e)所示，确定截交线上四个点的水平和侧面投影，求出各点的正面投影并连线。

(3) 综合起来想整体

根据组合体被三个截平面截切后的截交线的形状，想象出组合体的形状。

(4) 检查、加深

检查组合体的三视图，擦去作图线，加深图形，如图 5-19(f)所示。

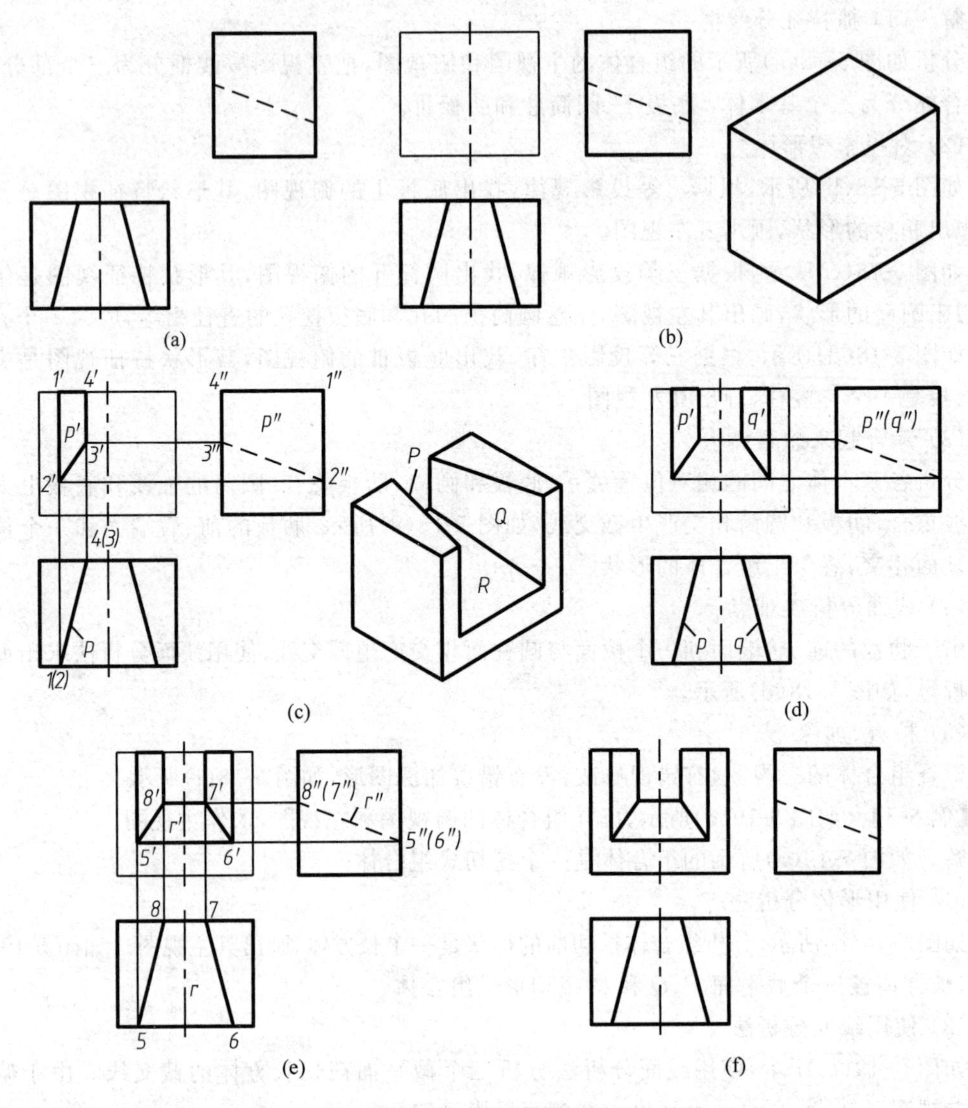

图 5-19　组合体的读图例题(三)

2. 补画组合体三视图中所缺图线

已知组合体的视图,但是每个视图都是不完整的,先读懂不完整的组合体的视图,想象出组合体的形状,再利用三等关系补画出组合体视图中所缺的图线。

由于组合体的视图不完整,读视图时,想象出的组合体的形状不是唯一的,可能有几种形状,只要想象出来的组合体的视图和已知视图的投影能够对应,想象出的组合体就是正确的,因此,这种题目的答案可能不是唯一的。

【例 5-4】 如图 5-20(a)所示,已知组合体的三视图,补画三视图中所缺图线。

解　(1) 抓特征分线框

分析组合体的三视图,把俯视图按线框分为三个部分:Ⅰ、Ⅱ和Ⅲ。

(2) 对投影想形体

如图 5-20(b)所示,根据三等投影规律,先找出基本体Ⅱ的三视图,根据宽相等可知基

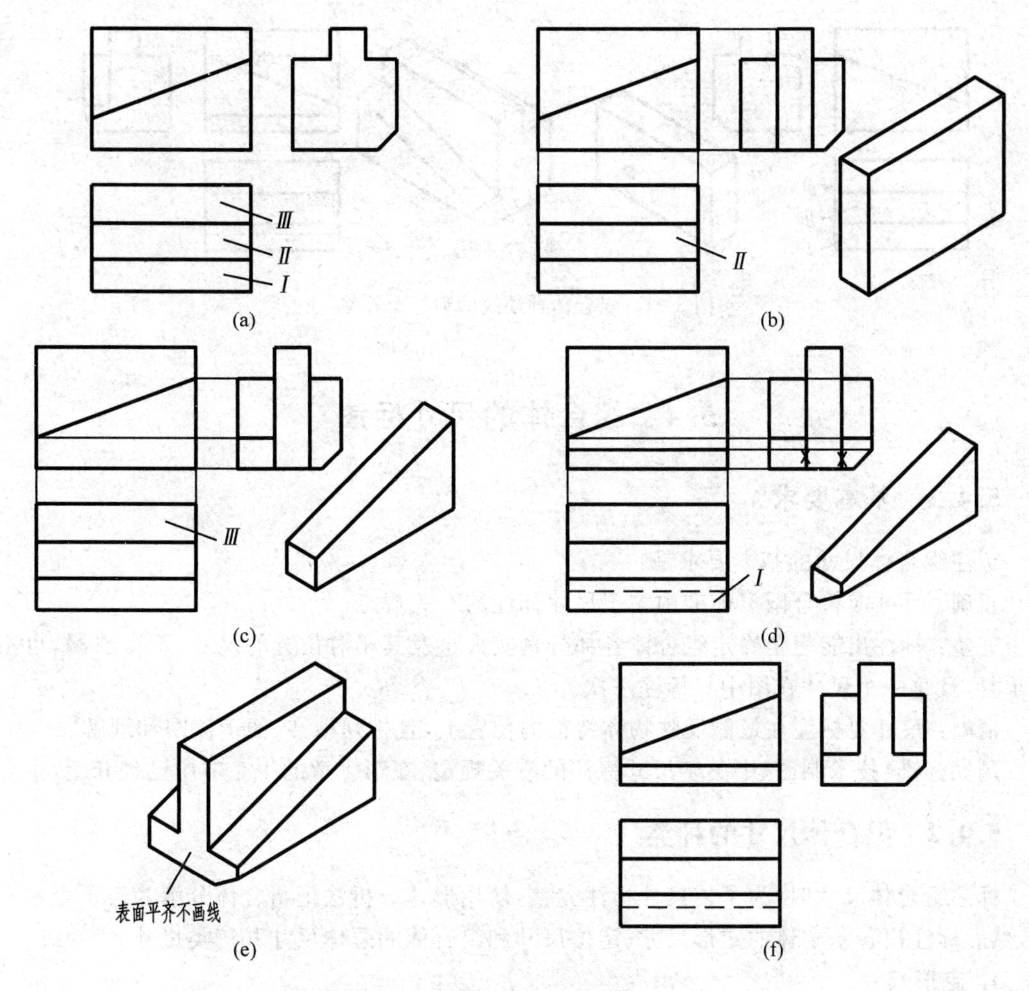

图 5-20　补画组合体视图中所缺的线

本体Ⅱ是中间最高的，因此主视图对应矩形框，基本体Ⅱ是一个长方体，补画出其缺少的图线。

如图 5-20(c)所示，根据三等投影规律，找出基本体Ⅲ的三个视图，基本体Ⅲ是一个四棱柱，补画出其缺少的图线。

如图 5-20(d)所示，根据三等投影规律，找出基本体Ⅰ的三视图，基本体Ⅰ是一个和Ⅲ一样的四棱柱，但是基本体Ⅰ被侧垂面截切，补画出其缺少的图线。

(3) 综合起来想整体

分析各基本体之间的相对位置关系，如图 5-20(e)所示，想象出组合体的形状，由于三个基本体左右表面平齐不画线，擦去分界线。

(4) 检查、加深

检查组合体的三视图，有错误修改，没有错误加深图形，如图 5-20(f)所示。

上述例题，也可以把基本体Ⅲ想象成是一个小的长方体，如图 5-21 所示，组合体的三视图也发生了改变。

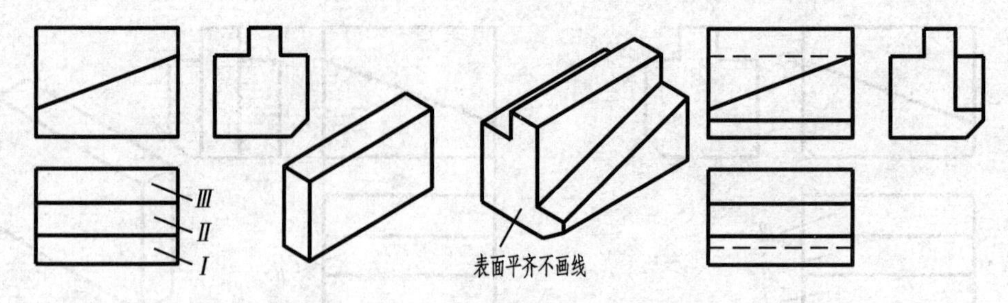

图 5-21　组合体补缺线的另一个答案

5.4　组合体的尺寸标注

5.4.1　基本要求

标注组合体尺寸的基本要求是：

正确：尺寸应符合国家标准中关于尺寸标注的有关规定。

完整：标注出能完全确定组合体各部分真实大小及其相对位置的尺寸，不得遗漏，也不能重复，且每一个尺寸在图中只标注一次。

清晰：尺寸要标注在最能反映物体特征的位置上，且排列整齐、便于读图和理解。

国家标准《技术制图》中关于尺寸标注的有关规定，在第 1 章的 1.1 节中已经介绍。

5.4.2　组合体尺寸的种类

标注组合体尺寸时，为了使尺寸标注完整，使用形体分析法把组合体分解为若干个基本体，然后标注出各基本体的定形尺寸、定位尺寸和组合体的总体尺寸共三类尺寸。

1. 定形尺寸

定形尺寸就是确定组合体中各基本体的形状和大小的尺寸。如图 5-22(a)中底板的长度、宽度、高度尺寸，圆角半径，底板上圆孔的直径尺寸都是定形尺寸。

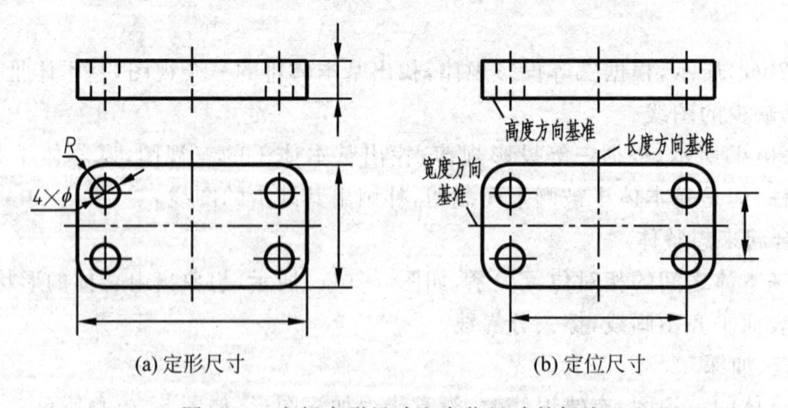

(a) 定形尺寸　　(b) 定位尺寸

图 5-22　底板定形尺寸和定位尺寸的标注

常见基本体定形尺寸的标注、切割体的尺寸标注以及相贯体的尺寸标注分别在第 3 章的 3.2、3.3 和 3.4 节中已经介绍。

2. 定位尺寸

定位尺寸就是确定组合体中各基本体之间的相对位置的尺寸。

要标注定位尺寸,必须先确定尺寸基准。尺寸基准就是标注尺寸的起点,定位尺寸都是标注相对于尺寸基准的位置尺寸。由于组合体有长、宽、高三个方向的尺寸,每个方向都要有一个尺寸基准。通常以组合体的底面、端面、对称平面和回转体轴线等作为尺寸基准。

如图 5-22(b)底板定位尺寸的标注,先确定底板的左右对称平面为长度方向的尺寸基准,底板的前后对称平面为宽度方向的尺寸基准,底板的底面为高度方向的尺寸基准。再标注底板上四个圆孔的定位尺寸,需要标注长、宽、高三个方向的定位尺寸,回转体的定位尺寸一般都是确定回转体轴线的位置,由于四个圆孔相对于长度基准和宽度基准都对称,应标注圆孔轴线之间的距离而不是标注圆孔轴线到尺寸基准之间的距离,由于圆孔的底面和高度方向的尺寸基准重合(即相对位置为 0),不需要标注高度方向的定位尺寸。

图 5-23 是一些常见基本体的定位尺寸的标注。从图中可以看到,在标注回转体的定位尺寸时,都是确定回转体的轴线的位置。

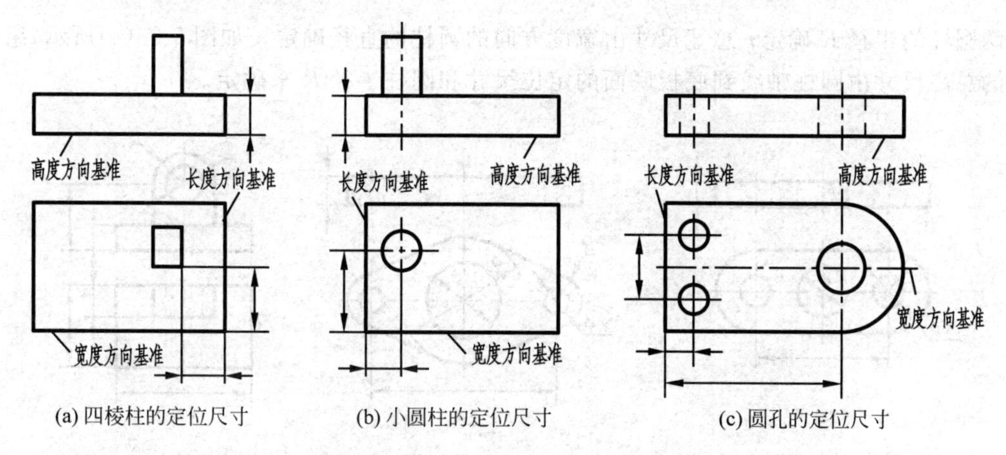

(a) 四棱柱的定位尺寸　(b) 小圆柱的定位尺寸　(c) 圆孔的定位尺寸

图 5-23　常见基本体的定位尺寸的标注

3. 总体尺寸

总体尺寸就是组合体的总长、总宽和总高尺寸。

如果组合体的定形和定位尺寸已经标注完整,再标注总体尺寸时,可能会出现多余尺寸。有时总体尺寸就是组合体的定形尺寸或定位尺寸,这时不再标注总体尺寸,以免出现多余尺寸,如图 5-24 中,底板的长度和宽度的定形尺寸就是组合体的总长和总宽尺寸。有时总体尺寸不是组合体的定形尺寸或定位尺寸,必须标注总体尺寸,就会出现多余尺寸,要对已经标注的定形和定位尺寸做适当调整,如图 5-24(a)中,已经标注的定形和定位尺寸中没有和总高尺寸重合的尺寸,总高尺寸必须标注,就出现了多余尺寸,这时就要减去一个同方向的定形尺寸(图中减去圆柱的高度尺寸),调整后的正确尺寸标注如图 5-24(b)所示。

当组合体的某一方向具有回转面结构时,一般不以回转体的转向轮廓素线为起点标注总体尺寸。如图 5-25(a)所示,底板长度方向和宽度方向都有半圆柱面,不能以圆柱面的最左和最右素线为起点标注总长尺寸,总长尺寸应由两圆柱轴线之间的定位尺寸和两圆柱的半径 R 确定;也不能以圆柱面的最前和最后素线为起点标注总宽尺寸,总宽尺寸由圆柱的半径 R 确定。如图 5-25(b)所示,底板总长尺寸由长度方向的两圆柱轴线之间的定位尺寸

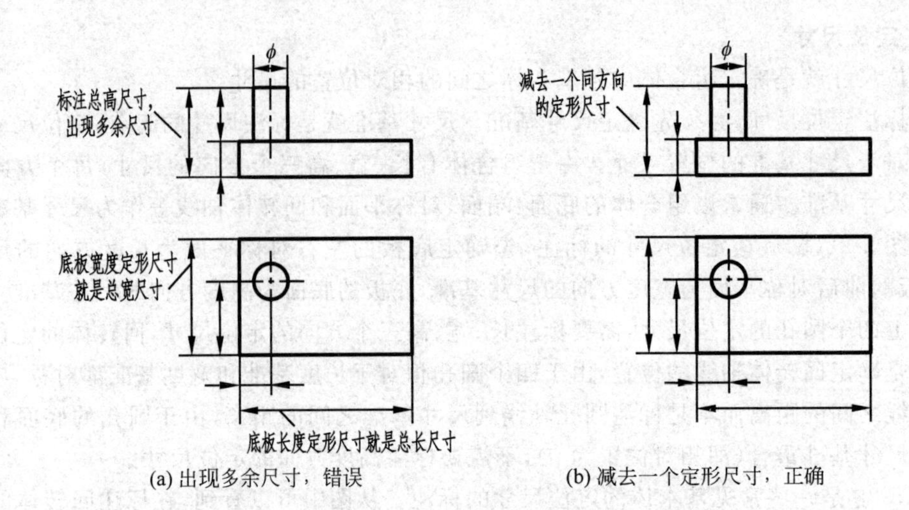

图 5-24 组合体总体尺寸的标注

和两圆柱的半径 R 确定；总宽尺寸由宽度方向的圆柱的直径确定。如图 5-25(c)所示，组合体的总高尺寸由圆柱轴线到底板底面的定位尺寸和圆柱半径 R 来确定。

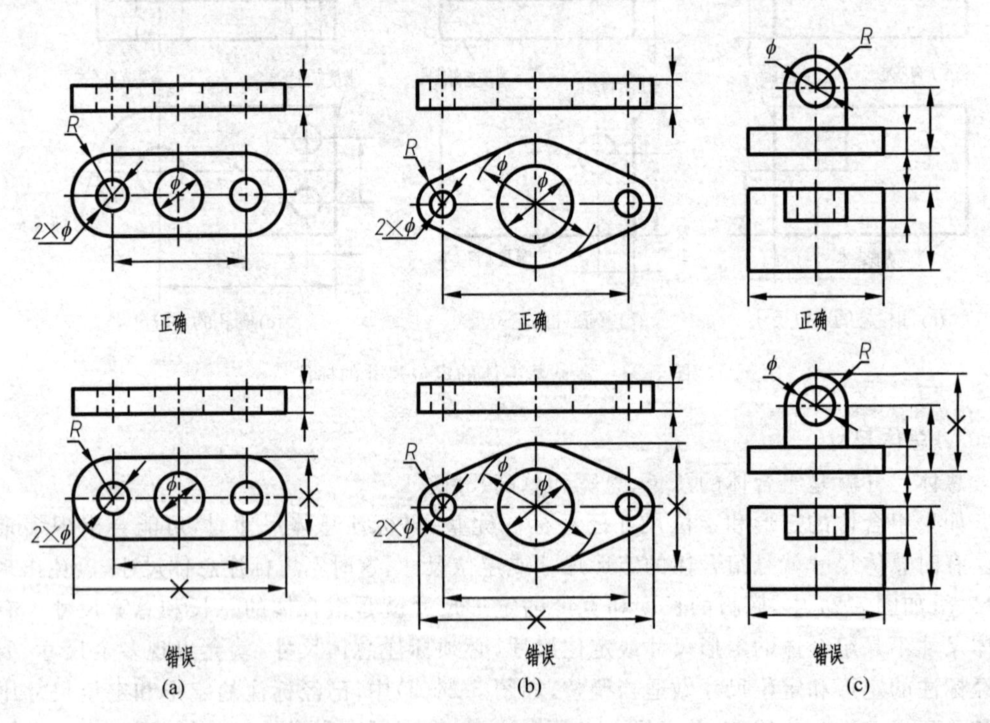

图 5-25 不标注总体尺寸示例

有时为了绘图和读图方便，在一些特殊情况下，习惯上也标注少量重复尺寸，如图 5-26(a)所示，底板的四个圆角的圆心和四个圆孔的圆心重合，因此底板的总长尺寸和总宽尺寸可以由两圆孔轴线之间的定位尺寸和圆角的半径确定，是重复尺寸，但是通常还是如图中所示，标注总长和总宽尺寸。

5.4.3 尺寸标注要清晰

组合体尺寸标注时，除了要求尺寸完整外，还要求尺寸布置要清晰，清晰布置尺寸应注意以下一些要求。

(1) 尺寸应尽量布置在视图之外，以避免尺寸线、尺寸数字与视图的轮廓线相交，如图 5-26 所示，当图线穿过尺寸数字时，图线应断开。

(2) 标注几个直径相等均匀分布的圆孔的直径尺寸时，应统一标注在一个圆孔上并写出圆孔的数量，如图 5-26 中四个圆孔的尺寸标注 $4\times\phi$；标注几个半径相等的圆角时，应统一标注在一个圆角上但不能标注圆角的数量，也不能标注在非圆视图上，只能标注在投影为圆弧的视图上，如图 5-26 中四个圆角的尺寸标注 R。

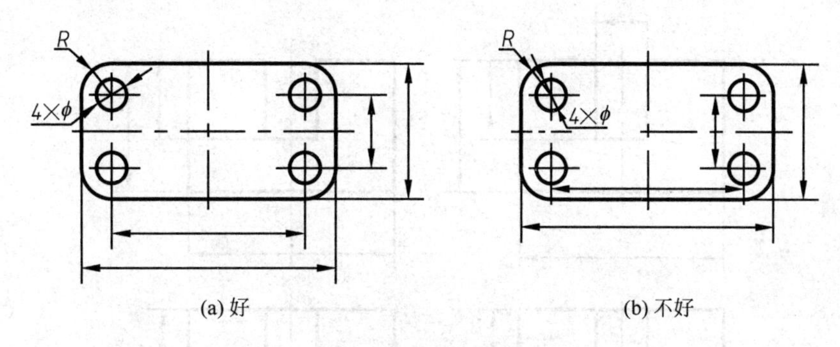

图 5-26 尺寸尽量布置在视图之外

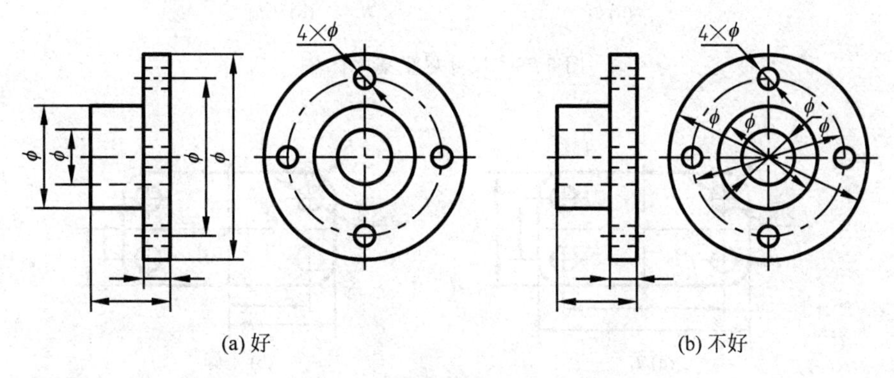

图 5-27 同轴回转体的尺寸标注

(3) 同轴回转体的直径尺寸，一般应标注在非圆视图上，如图 5-27 所示。

(4) 同一方向的几个连续尺寸应尽量标注在同一条尺寸线上，如图 5-28(a)、(b)所示。相互平行的尺寸，应将小尺寸标注在里面(靠近视图)，大尺寸标注在外面，避免尺寸线和尺寸界线相交，如图 5-28(a)(c)所示。

(5) 同一个基本体的尺寸应尽量集中标注在一个视图上，而且应尽量标注在反映形体特征最明显的视图上。如图 5-29 所示，尺寸应尽量集中标注在反映形体特征明显的主视图上。

(6) 对称图形的尺寸不能只标注一半，也不能分成两个尺寸标注，如图 5-30 所示。

(7) 尺寸应尽量避免标注在虚线上。

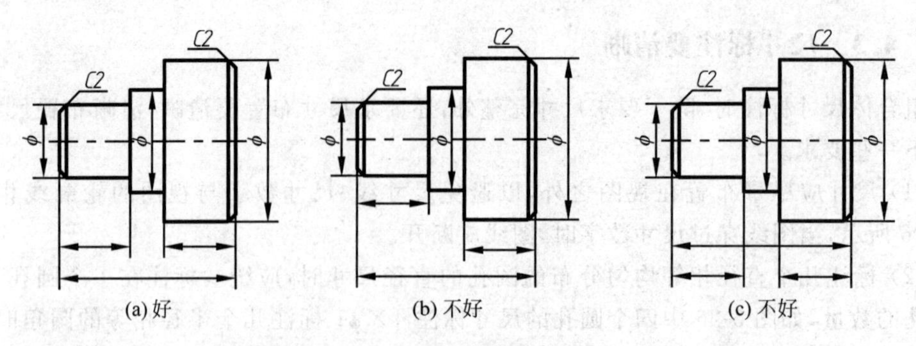

图 5-28　尺寸标注应排列整齐

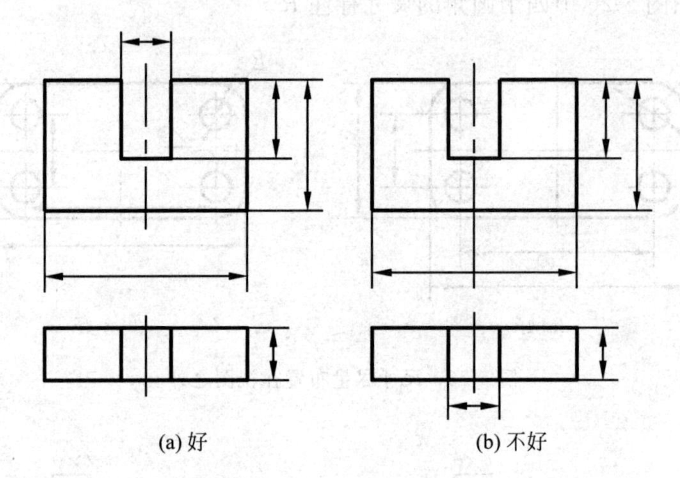

图 5-29　尺寸尽量集中标注

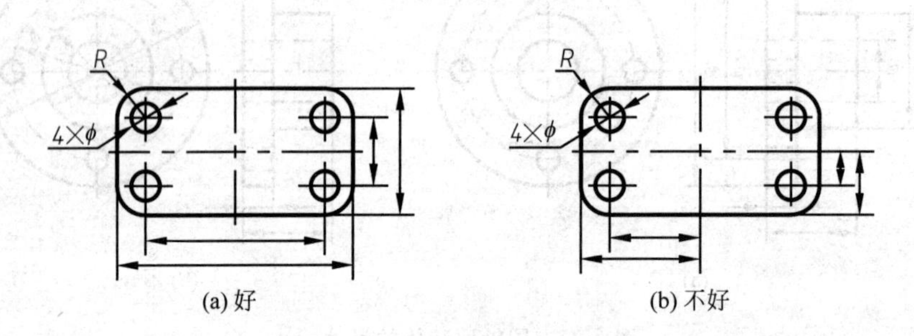

图 5-30　对称图形的尺寸标注

5.4.4　组合体尺寸标注的方法和步骤

组合体尺寸标注的基本方法是形体分析法，使用形体分析法将组合体分成若干个基本体的组合，标注出每个基本体的真实大小尺寸（定形尺寸）和各基本体之间相对位置尺寸（定位尺寸），最后通过分析标注出总体尺寸并适当调整。

下面以图 5-31 所示的轴承座为例，介绍组合体尺寸标注的方法和步骤。

1. 形体分析

在组合体的画图中，已经对轴承座进行过形体分析。

2. 确定尺寸基准

确定轴承座三个方向的尺寸基准如图 5-31(b)所示，轴承座的左右对称平面为长度方向尺寸基准，底板的后端面为宽度方向的尺寸基准，底板的底面为高度方向的尺寸基准。

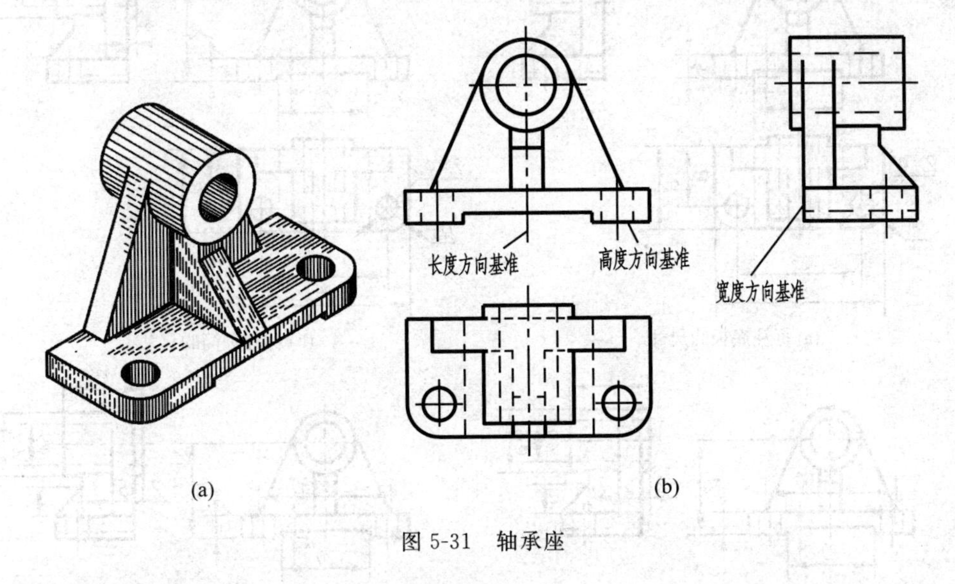

图 5-31　轴承座

3. 逐个标注各基本体的定形尺寸和定位尺寸

逐个基本体进行分析，标注各基本体的定形尺寸和定位尺寸，先标注各基本体的定形尺寸，再标注定位尺寸。

标注底板的尺寸，如图 5-32(a)所示，底板的定形尺寸：底板长度 38、宽度 18、高度 5、底板下部切槽长度 20 和高度 2、底板上圆角 $R5$、底板上圆孔 $\phi5$。底板的定位尺寸：尺寸 28、尺寸 13。

标注圆筒的尺寸，如图 5-32(b)所示，圆筒的定形尺寸：$\phi9$、$\phi14$ 和 18。圆筒的定位尺寸：尺寸 2，尺寸 21。

标注支撑板的尺寸，如图 5-32(c)所示。

标注肋板的尺寸，如图 5-32(c)所示。

4. 标注总体尺寸

如图 5-32(d)所示，轴承座的总长尺寸 38 和底板的长度定形尺寸重合，不需要标注。轴承座的总宽尺寸 20 要标注，这时出现了重复尺寸，要对已经标注的定形和定位尺寸进行调整，减去同方向的底板的定形尺寸 18。轴承座的高度方向有回转面，总高尺寸由圆筒高度方向的定位尺寸 21 和定形尺寸 $\phi14$ 确定。

【例 5-5】 标注如图 5-33 所示组合体的尺寸。

解　(1) 形体分析

图 5-33 所示的组合体为切割体，其原形为一个长方体，先被切去一个直角三棱柱，再切去　个小四棱柱，最后挖去一个圆柱孔。

(2) 确定尺寸基准

如图 5-33 所示，由于组合体左右对称，确定组合体的左右对称平面为长度方向的尺寸基准，长方体的后表面为宽度方向的尺寸基准，长方体的底面为高度方向的尺寸基准。

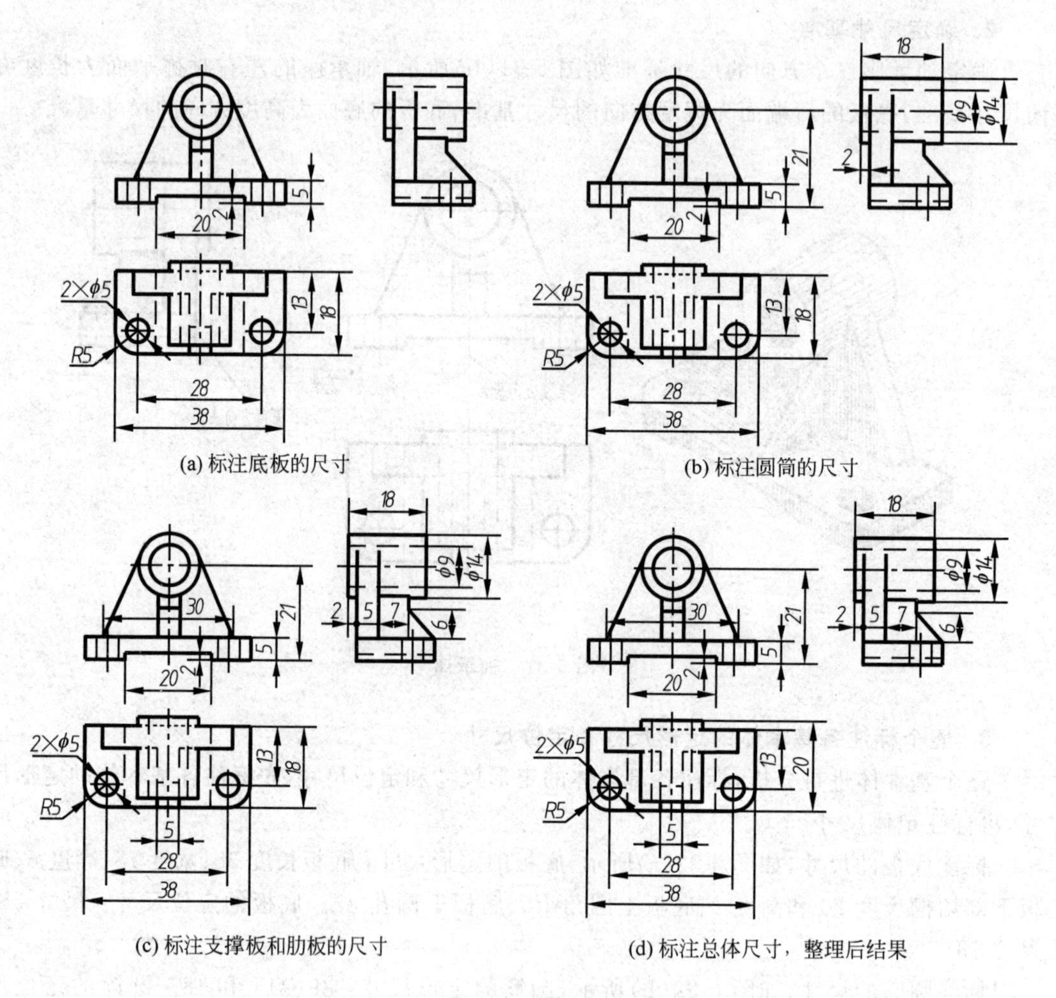

(a) 标注底板的尺寸　　(b) 标注圆筒的尺寸

(c) 标注支撑板和肋板的尺寸　　(d) 标注总体尺寸，整理后结果

图 5-32　轴承座的尺寸标注

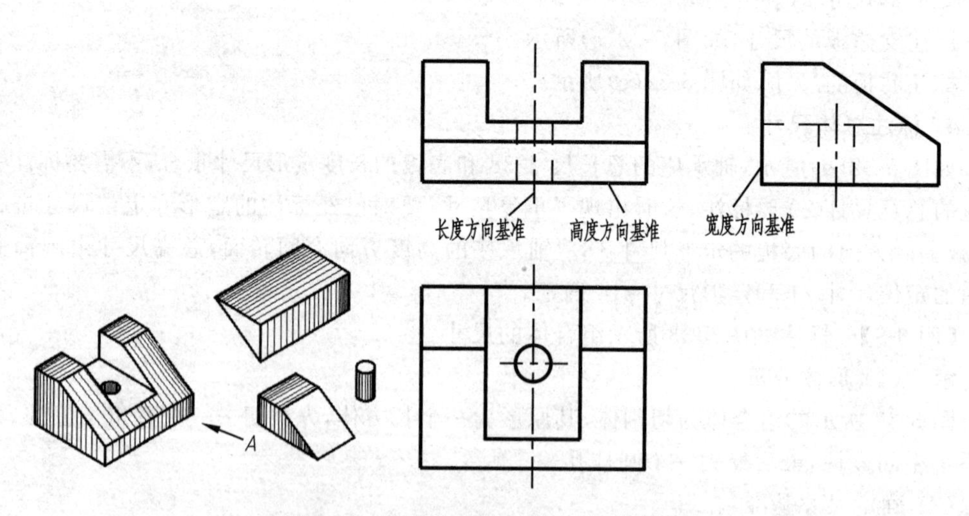

图 5-33　切割式组合体的尺寸标注例题

(3) 标注尺寸

先标注切割前基本体的定形和定位尺寸，再按切割顺序逐一标注各切割体的尺寸。

标注切割前长方体的尺寸，如图 5-34(a)所示；标注切割的三棱柱的尺寸，如图 5-34(b)所示；标注切割的四棱柱的尺寸，如图 5-34(c)所示；标注挖去的圆柱孔的尺寸，如图 5-34(d)所示。

(4) 标注总体尺寸

如图 5-34(d)所示，组合体的总长、总宽、总高尺寸与长方体的长度、宽度、高度定形尺寸重合，不标注。

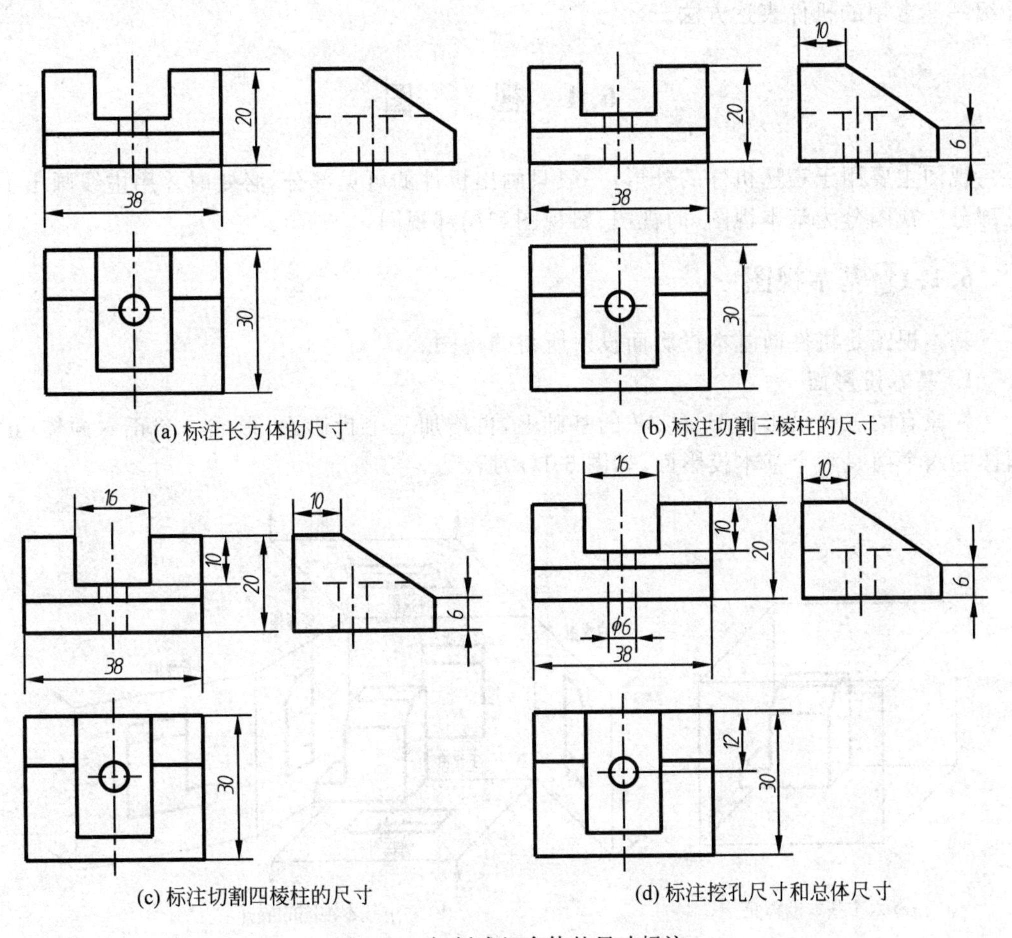

(a) 标注长方体的尺寸　　(b) 标注切割三棱柱的尺寸

(c) 标注切割四棱柱的尺寸　　(d) 标注挖孔尺寸和总体尺寸

图 5-34　切割式组合体的尺寸标注

第6章　机件的表达方法

在实际生产中，机件的形状和结构是多种多样的，要想把机件的内、外形状和结构表达得正确、完整、清晰，只用前面所讲的三视图难以满足表达要求。因此，为了满足生产用图的需要，国家标准《技术制图》规定了视图、剖视图、断面图及简化画法等表达方法。本章主要介绍一些常用的机件表达方法。

6.1　视　　图

视图主要用于表达机件的外形，一般只画出机件的可见部分，必要时才用虚线画出不可见部分。视图分为基本视图、向视图、斜视图和局部视图。

6.1.1　基本视图

基本视图是机件向基本投影面投射所得的视图。

1. 基本投影面

在原有的三个投影面 V、H、W 的基础上，再增加三个投影面，形成一个正六面体，正六面体的六个面是六个基本投影面，如图 6-1(a)所示。

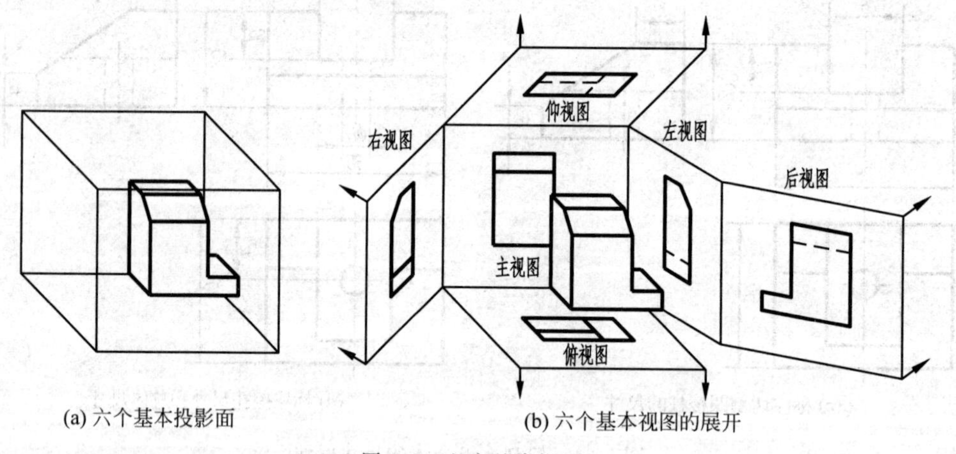

(a) 六个基本投影面　　(b) 六个基本视图的展开

图 6-1　六个基本视图

2. 基本视图的形成

将机件放在六个基本投影面之中，按观察者→形体→投影面的关系，从形体的前、后、左、右、上、下六个方向分别向基本投影面进行投影，得到六个基本视图，如图 6-1(b)所示。其名称分别如下：

主视图——从前向后投影所得的视图；

后视图——从后向前投影所得的视图；

左视图——从左向右投影所得的视图；

右视图——从右向左投影所得的视图；

俯视图——从上向下投影所得的视图；

仰视图——从下向上投影所得的视图。

为了使六个基本视图画在一张二维的图纸上，将六个基本投影面连同其投影按图 6-1(b)所示展开，即主视图保持不动，其他各视图按箭头所指方向展开到与主视图在同一平面上。

展开后的六个基本视图如图 6-2 所示，六个基本视图之间仍保持“长对正、高平齐、宽相等”的三等规律。即主视图、俯视图、后视图、仰视图“长对正”；主视图、左视图、后视图、右视图“高平齐”；俯视图、左视图、仰视图、右视图“宽相等”。

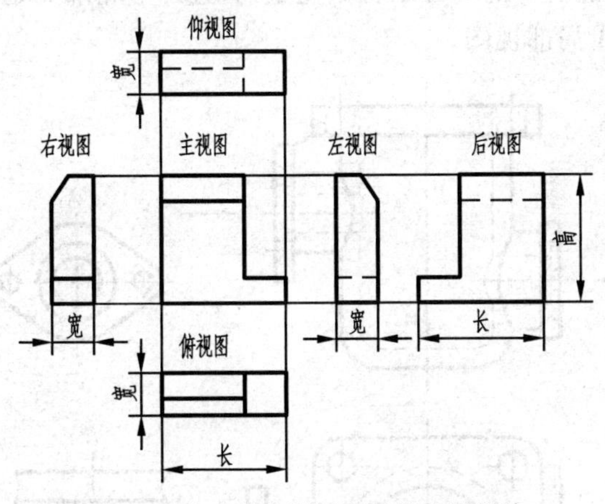

图 6-2　六个基本视图配置及投影规律

6.1.2　向视图

向视图是可以自由配置的基本视图。

六个基本视图按图 6-2 所示位置配置时，不需标注视图的名称。但考虑到六个基本视图布置在同一张图纸上时图纸幅面的限制，往往把一些视图的位置作适当的调整。像这种自由配置的视图就叫向视图。

向视图必须标注，在向视图的上方标注大写字母，在相应的视图附近用箭头指明投影方向，并标注相同的字母，如图 6-3 所示。

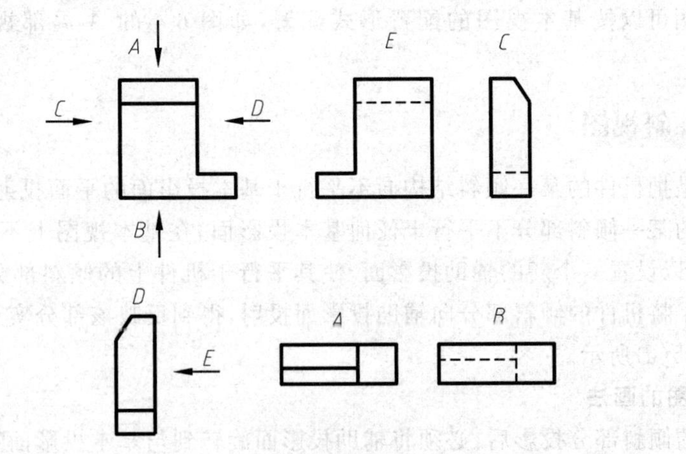

图 6-3　向视图及其标注

6.1.3 局部视图

如果机件的主要形状已经在基本视图上表达清楚，只有某些局部形状未表达清楚，这时，只将机件的某一局部向基本投影面进行投射，所得的视图称为局部视图。如图 6-4 所示。

1. 局部视图的画法

局部视图的断裂处用波浪线表示，如图 6-4 的 *B* 局部视图。

当局部视图所表示的机件的局部结构是完整的，且外形轮廓又是封闭的，则波浪线可以省略不画，如图 6-4 的 *A* 局部视图。

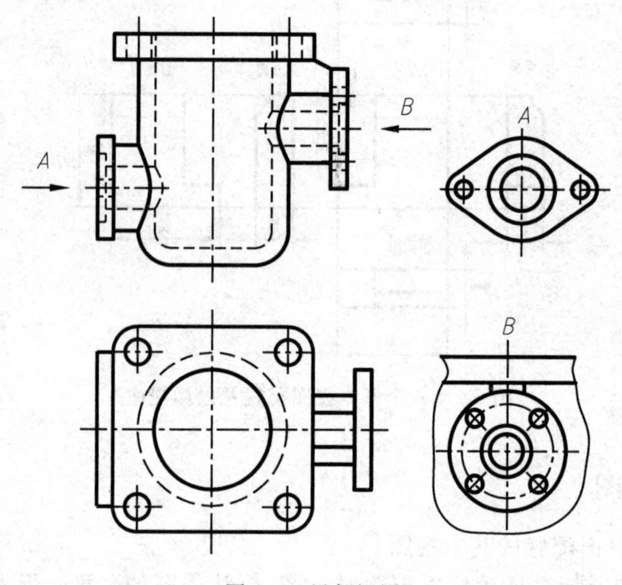

图 6-4 局部视图

2. 局部视图的配置和标注

局部视图的标注与向视图的规定一样，即在局部视图的上方标注大写字母，在相应的视图附近用带有相同大写字母的箭头指明局部视图的投影方向，如图 6-4 所示。

局部视图可以按基本视图的配置形式配置，如图 6-4 的 *A* 局部视图，这时可以省略标注。

6.1.4 斜视图

斜视图是把机件的某一倾斜结构向不平行于基本投影面的平面投射所得到的视图。

当机件的某一倾斜部分不平行于任何基本投影面，在基本视图上不能反映该倾斜部分的实形时，可以设置一个新的辅助投影面，使其平行于机件上的倾斜部分，并且垂直于一个基本投影面。将机件的倾斜部分向辅助投影面投射，得到反映该部分实形的视图，称其为斜视图，如图 6-5(a)所示。

1. 斜视图的画法

当机件的倾斜部分投影后，必须将辅助投影面旋转到与基本投影面重合，使斜视图与其

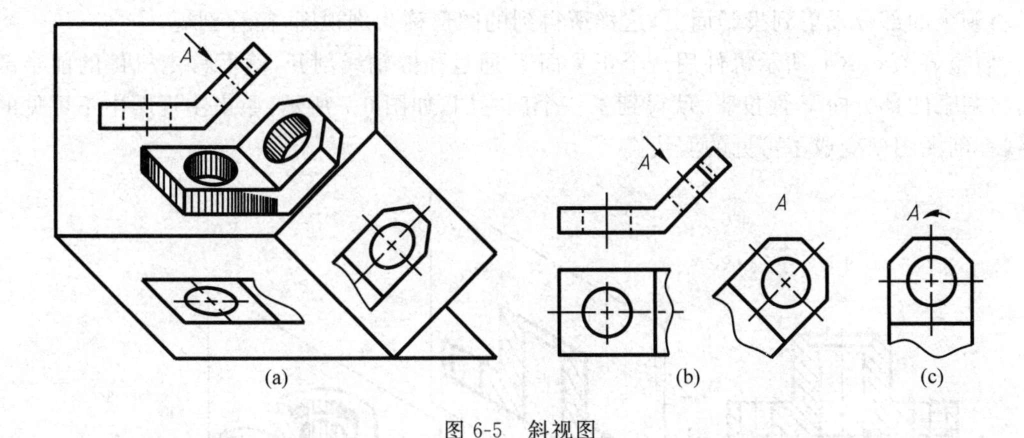

(a) (b) (c)

图6-5 斜视图

他基本视图画在同一张图纸上。

斜视图只表达机件倾斜部分的实形,其余部分不必画出,可以用波浪线表示其断裂边界。

2. 斜视图的配置及标注

斜视图通常按向视图的配置形式配置并标注,即在斜视图的上方标注大写字母,在相应的视图附近用箭头指明投影方向,并标注相同的字母,如图6-5(b)所示。

必要时,允许将斜视图旋转配置并标注,如图6-5(c)所示。表示斜视图名称的大写字母应靠近旋转符号的箭头端。

6.2 剖视图

当机件的内部结构比较复杂时,由于内部的各种轮廓线都用虚线表示,会使视图上实线和虚线纵横交错,层次不清,不便于画图,也不便于读图和标注尺寸,如图6-6(a)所示。因此,国家标准规定对于内部结构比较复杂的机件,采用剖视图的形式来表达。

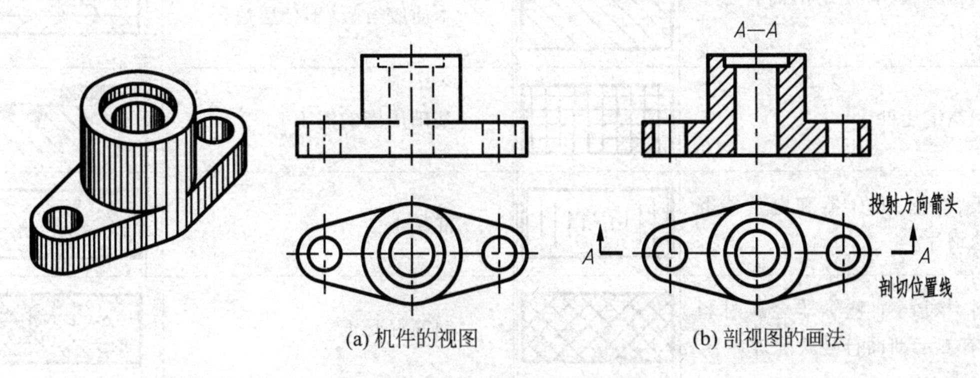

(a) 机件的视图　(b) 剖视图的画法

图6-6 机件的视图和剖视图

6.2.1 剖视图的概念

1. 剖视图的形成

假想用一个剖切平面在机件的适当部位剖切开,然后移走观察者和剖切平面之间的部分，将剩余的部分投射到投影面上，这样所得到的图形称为剖视图，简称剖视。

假想将图 6-6(a)所示机件用一个正平面 P 通过孔的轴线剖开，然后移走机件的前半部分，将剩余的部分向 V 面投影，就得到了一个剖视图，如图 6-7 所示，原来主视图中不可见的虚线在剖视图中变成了可见的实线。

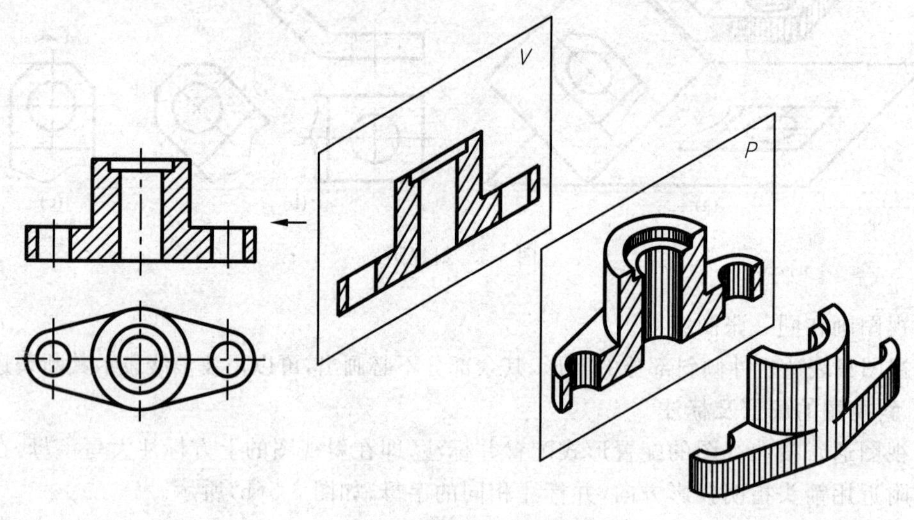

图 6-7　剖视图的形成

2. 剖面线

剖切平面与机件接触到的部分为剖面区域，也称断面。国家制图标准规定，在剖面区域上应按照机件的材料画出相应的剖面符号，常用剖面符号见表 6-1。

表 6-1　常用剖面符号

材料名称	图例	材料名称	图例
金属材料(已有规定剖面符号者除外)		木质胶合板(不分层数)	
线圈绕组元件		基础周围的泥土	
转子、电枢、变压器和电抗器等的迭钢片		混凝土	
塑料、橡胶、油毡等非金属材料(已有规定剖面符号者除外)		钢筋混凝土	
型砂、填砂、砂轮、粉末冶金、陶瓷刀片、硬质合金刀片等		砖	
玻璃及供观察用的其他透明材料		格网(筛网、过滤网等)	

续表

材料名称		图例	材料名称	图例
木材	纵断面		液体	
	横断面			

在机械制图中，当未指明机件的材料时，剖视图中的剖面符号一律画成通用剖面线，即画成间隔相等、方向相同且与水平方向成 45°的平行细实线。在同一机件的各个剖面区域，剖面线方向、间隔均应一致，如图 6-7 所示。当剖面区域的主要轮廓线与水平成 45°时，可以将剖面线画成与水平成 30°或 60°角，其倾斜方向应与其他剖视图上的剖面线的倾斜方向一致，如图 6-8 所示。

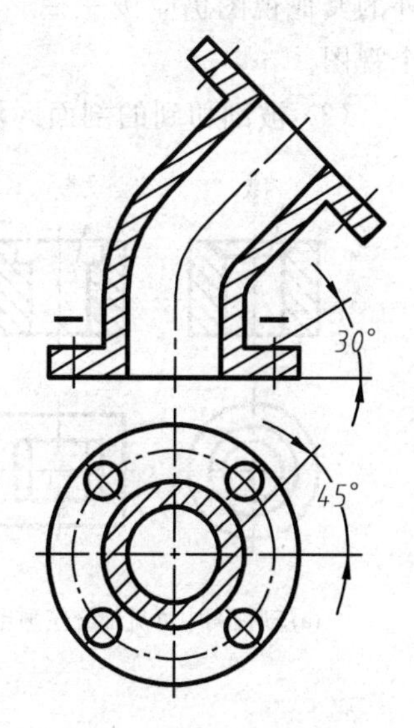

图 6-8　剖面线画法

3. 剖视图的画法

图 6-6(b)所示剖视图为机件剖切后投射所得的图形，以此为例，说明剖视图的画法及要求。

1）确定剖切平面及其位置

为了能够表达机件内部结构的实形，剖切平面一般应平行于剖视图所投射的投影面；剖切位置应通过机件内部孔、槽的轴线或机件的对称面。

2）画出剖切符号并标注

剖切符号是表示剖切平面的起、止和转折位置及投射方向的符号，由剖切位置线和投射方向箭头组成，如图 6-6(b)所示。

剖切位置线用来指明剖切平面的起、止和转折位置，用长约 5mm 的粗实线绘制，剖切位置线在图中不应与其他图线相交。表示投射方向的箭头画在剖切位置线的起、止两端且与剖切位置线垂直。剖切符号采用大写字母进行编号，编号字母应注写在剖切符号的起、止和转折处，在相应的剖视图的上方写上剖切符号的编号，作为剖视图的名称，如 *A*—*A*，*B*—*B* 等。

下列情况可以省略标注：

当剖视图按基本投影关系配置，可省略投射方向箭头。

当单一剖切平面通过机件的对称平面或基本对称平面，且剖视图按基本投影关系配置时，可以不标注。如图 6-9 所示。

3）画剖视图

在机件被剖切的位置，假想移去观察者和剖切平面之间的部分，将剩余的部分向投影面投射。画剖视图时要想清楚机件剖切后哪部分移走了，哪部分剩下了，剩余部分与剖面区域的形状是什么样，剖视图除了应画出断面的轮廓线外，还应画出沿投射方向看到的可见轮廓线。

4）画剖面线

在剖面区域画上剖面线，未指明形体的材料时，剖视图中的剖面线一律画成通用剖面线。

5）标注视图的名称

在剖视图的上方标注剖切符号的编号，作为剖视图的名称，如图 6-6(b)中的 $A—A$。

4. 画剖视图时应注意的几个问题

(1) 剖视图只是表达机件内部结构的方法，剖切和移去一部分是假想的，因此除剖视图外的其他视图仍应按完整形状画出。如图 6-9 中机件的俯视图应画完整的机件，不能画半个视图。

(2) 被剖切到的剖面区域应画剖面线，同一个机件的剖面线方向和间隔应完全一致。

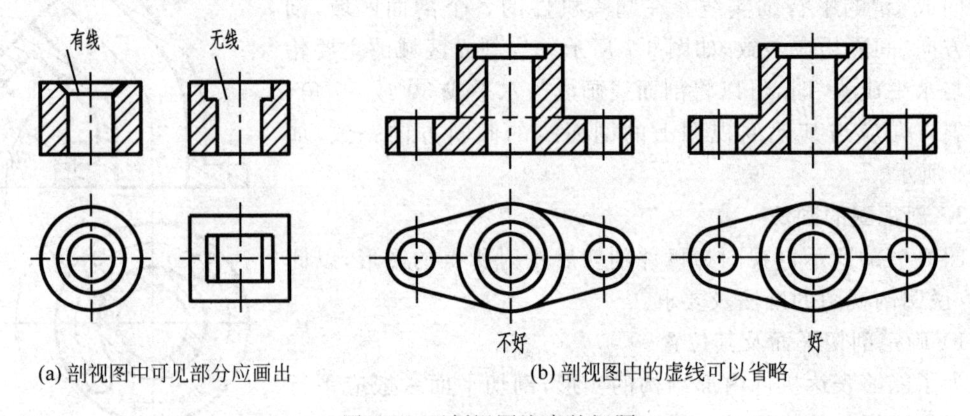

(a) 剖视图中可见部分应画出　　(b) 剖视图中的虚线可以省略

图 6-9　画剖视图注意的问题

(3) 剖切平面剖切机件之后剩余部分的可见轮廓线应全部画出，不能遗漏，也不能多画线。如图 6-9(a)所示。

(4) 对于剖切平面后的不可见部分，若在其他视图中已经表达清楚，则虚线可以省略，即一般情况下剖视图中不画虚线，如图 6-9(b)所示。但是，没有表达清楚的结构，允许在剖视图或其他视图中画少量虚线，如图 6-10 所示。

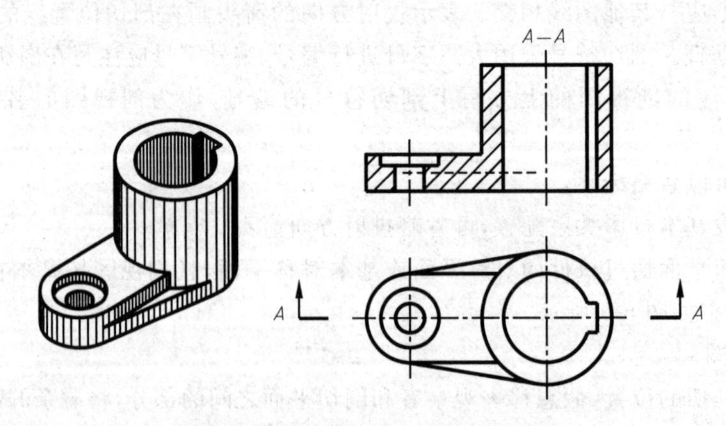

图 6-10　剖视图中允许画少量虚线

6.2.2　剖视图的种类

剖视图分为全剖视图、半剖视图和局部剖视图。

1. 全剖视图

用剖切平面完全地剖开机件所得到的剖视图称为全剖视图。

全剖视图适用于外部形状简单、内部结构复杂的机件。前面所举的剖视图的例子都是采用全剖视图。

2. 半剖视图

当机件具有对称平面时,向垂直于对称平面的投影面上投射所得的图形,可以以对称中心线为界,一半画机件的外形视图,一半画成剖视图表达内部结构,这样得到的剖视图称为半剖视图。如图 6-11 和图 6-12 所示。

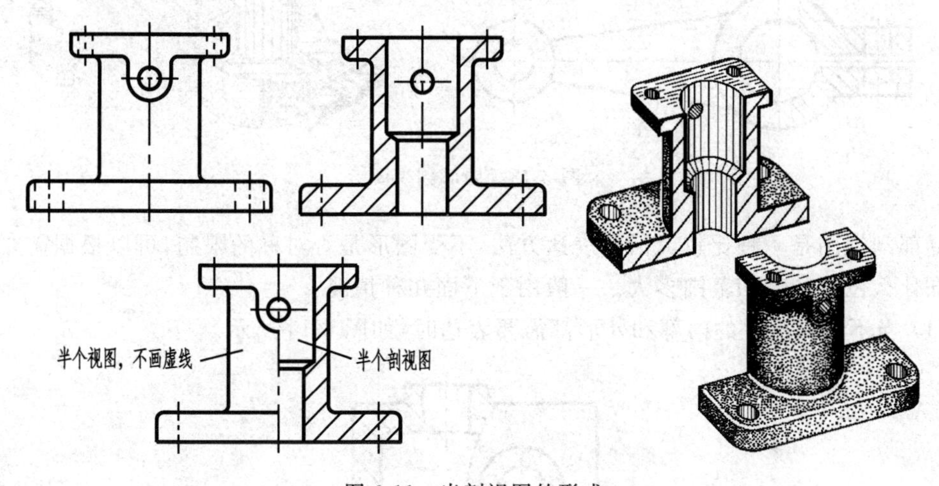

图 6-11　半剖视图的形成

如图 6-11 所示的机件,内部结构和外部形状都需要表达。该机件左右对称,这时可以以机件的左右对称中心线为界,一半画视图表达外部小凸台的位置和大小,另一半画剖视图表达内部结构。

半剖视图适用于内、外结构形状都要表达的对称机件。当机件的形状接近于对称,且不对称部分已另有图形表达清楚时,也适用半剖视图。

半剖视图的标注规则和全剖视图相同。

画半剖视图时要注意的几个问题:

(1) 半剖视图应以机件的对称中心线作为剖视图和视图的分界线,即半个剖视图和半个视图的分界线是细点画线。

(2) 在半个剖视图中已经表达清楚的内部结构,在半个视图中不画表示该结构的虚线。如图 6-11 所示。

(3) 通常情况下,当对称中心线为竖直线时,将半个剖视图画在中心线的右方;当对称中心线为水平线时,将半个剖视图画在中心线的下方。如图 6-12 所示。

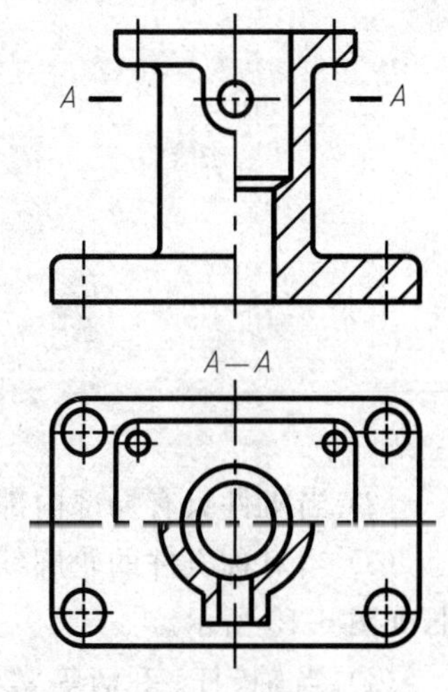

图 6-12　半剖视图

3. 局部剖视图

用剖切平面局部的剖开机件所得到的剖视图称为局部剖视图。如图 6-13 所示机件的内部结构和外形都需要表达,但又不是对称形体,可以画局部剖视图。

局部剖视图中机件的剖开部分和未剖开部分之间的分界线为波浪线或双折线。如图 6-13 中剖视图和视图之间的分界线是波浪线。

当单一剖切平面的剖切位置明确时,局部剖视图不需要标注。

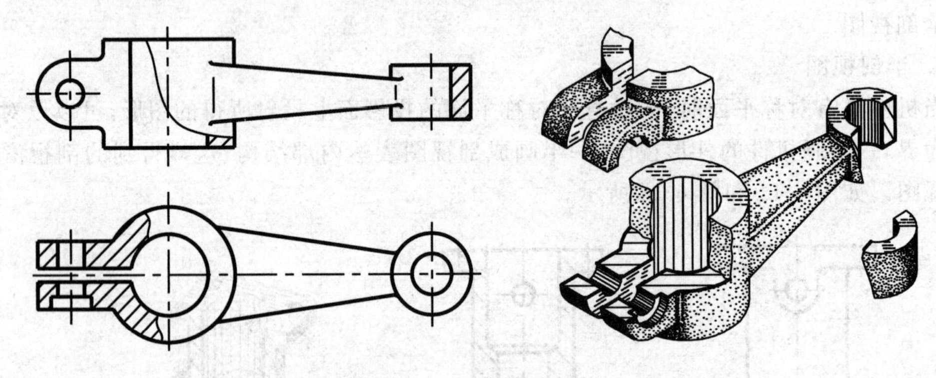

图 6-13　局部剖视图

局部剖视图是一种比较灵活的表达方法,不受图形是否对称的限制,可以根据需要来确定剖在什么位置和剖切范围多大。一般用于下面几种情况:

(1) 当不对称机件的内部和外形都需要表达时,如图 6-14 所示。

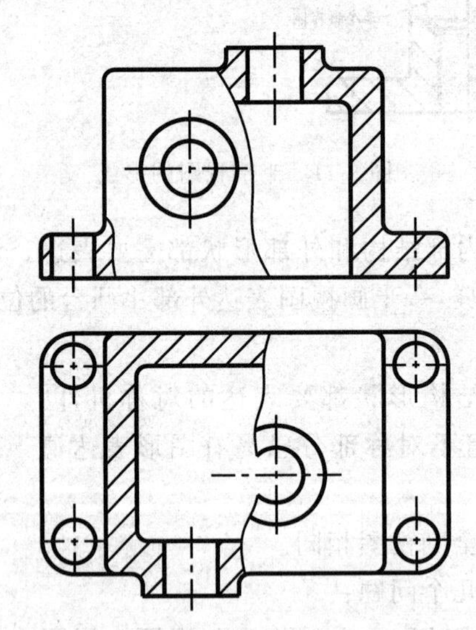

图 6-14　不对称机件画局部剖视图

(2) 当机件只有局部内部结构需要剖切,而又不宜采用全剖视图时,如图 6-13 所示。

(3) 当对称机件的轮廓线与对称中心线重合时,不能用半剖视图,而应采用局部剖视图,如图 6-15 所示。

(4) 当轴、杆、手柄等实心杆件上有孔、槽等结构时,应采用局部剖视图,如图 6-16 所示。

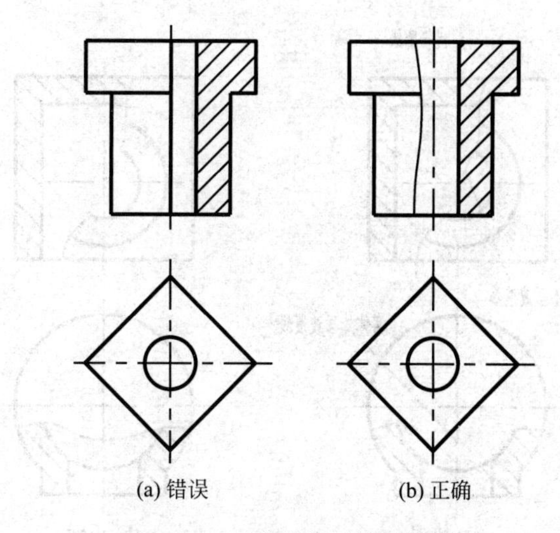

图 6-15　对称机件画局部剖视图

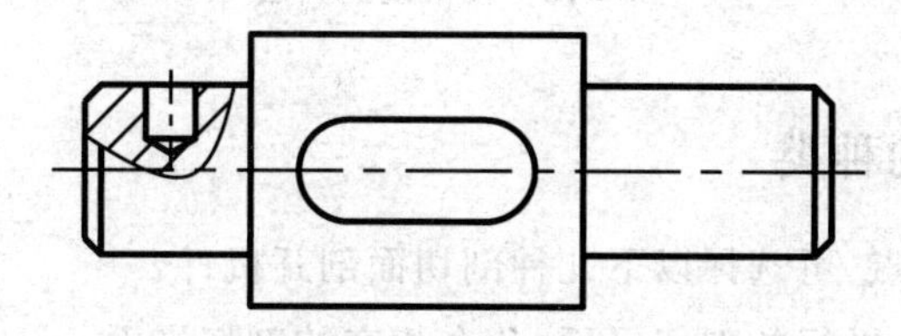

图 6-16　实心杆件画局部剖视图

画局部剖视图要注意以下几个问题：

(1) 局部剖视图用波浪线或双折线分界，同一图样上一般采用同一种线型。波浪线和双折线不应和图样上其他图线重合，如图 6-17 所示。当被剖切结构为回转体时，允许将该结构的轴线作为局部剖视与视图的分界，如图 6-13 所示主视图右端的小圆柱体。

(2) 剖视与视图分界的波浪线，只能画在机件的实体部分，不能画入孔、槽等空腔处，也不能超出视图的轮廓线，如图 6-18 所示。

(3) 在同一个视图上，采用局部剖视图数量不宜过多，以免使图形支离破碎，影响图形清晰。

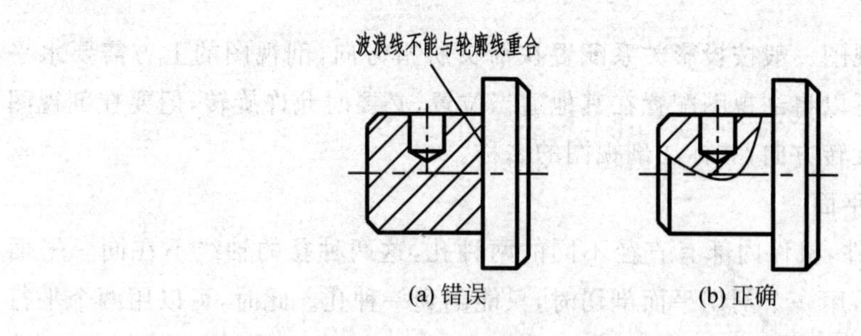

图 6-17　波浪线不能与其他图形重合

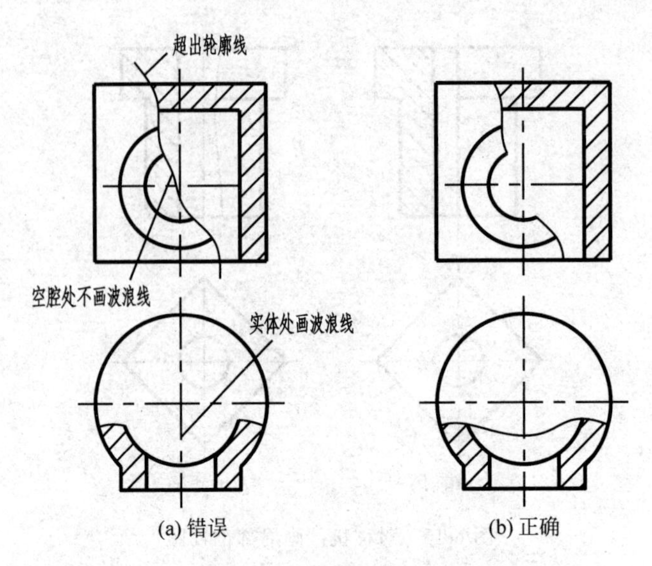

图 6-18　波浪线的画法

6.2.3　剖切面的种类

根据机件的结构特点，可选择以下几种剖切面剖开机件：

单一剖切平面、几个平行的剖切平面、几个相交的剖切平面。

1. 单一剖切平面

(1) 用一个平行于某一基本投影面的剖切平面剖切机件。

前面介绍的各种剖视图都是用平行于某一基本投影面的单一剖切平面剖切机件的。

(2) 用一个不平行于任何基本投影面的剖切平面剖切机件。

如图 6-19 所示，机件上倾斜部分的内部结构需要表达，如果用一个平行于基本投影面的剖切平面剖切，其在基本投影面上的投影不能反应实形，此时可以用一个平行于倾斜部分主要平面，且垂直于某一基本投影面的平面剖切，再投射到与剖切平面平行的投影面上，就可以得到该倾斜部分的内部结构的实形，如图 6-19 中的 *A—A* 剖视图，这种剖切方法称为斜剖视。

用斜剖视得到的剖视图一般按投影关系配置在箭头所指方向，剖视图的上方需要水平注写剖视图的名称。也可以将剖视图配置在其他适当位置，必要时允许旋转，但要在剖视图的上方用旋转符号指明旋转方向，并标注剖视图的名称。

2. 几个平行的剖切平面

如图 6-20 所示的机件，机件内部有直径不同的两种孔，这两种孔的轴线不在同一平面上，但是都需要剖开表达，用一个剖切平面剖切时，只能剖到一种孔。此时，可以用两个平行的剖切平面分别将机件剖开，再向基本投影面投射，得到的剖视图称为阶梯剖视图。

阶梯剖视图需要标注，在剖切平面的起、止和转折处均应标注剖切位置线和相同的大写字母，并在剖切平面的起、止处标注表示投射方向的箭头，若剖视图按投影关系配置，箭头可以省略。在剖视图的上方用相同字母标注图名，如图 6-20 所示。

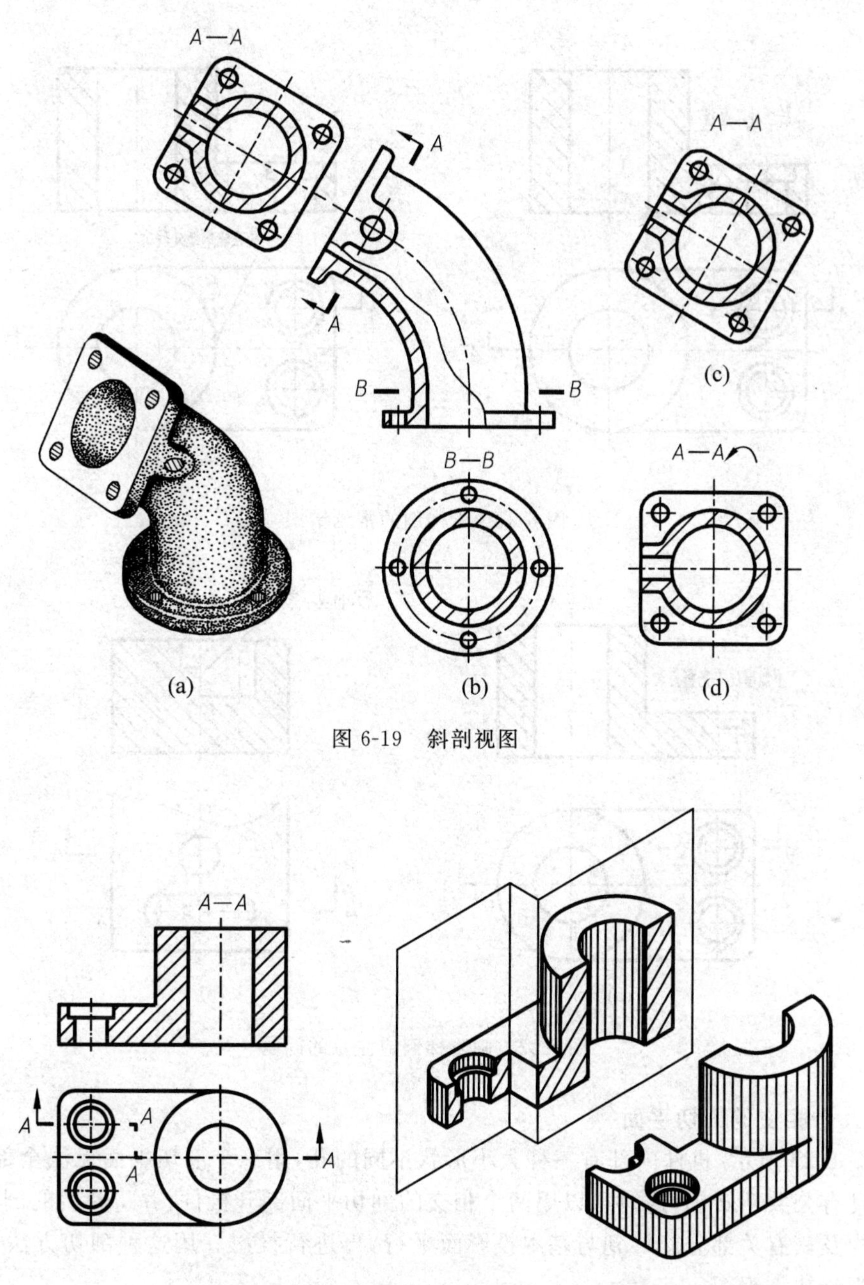

图 6-19　斜剖视图

图 6-20　几个平行的剖切平面剖切——阶梯剖

画阶梯剖视图时应注意以下几个问题：

(1) 在剖视图上不画两个剖切平面转折处的投影，如图 6-21(a)所示的主视图。

(2) 剖切符号的转折处应避开图上的轮廓线，如图 6-21(b)所示俯视图上的标注。

(3) 选择剖切平面的位置，不能使剖视图上出现不完整要素，如图 6-22(a)所示。

(4) 如果机件的两个要素在图形上具有公共对称中心线或轴线时，可以以对称中心线或轴线为界各画一半，如图 6-21(b)所示。

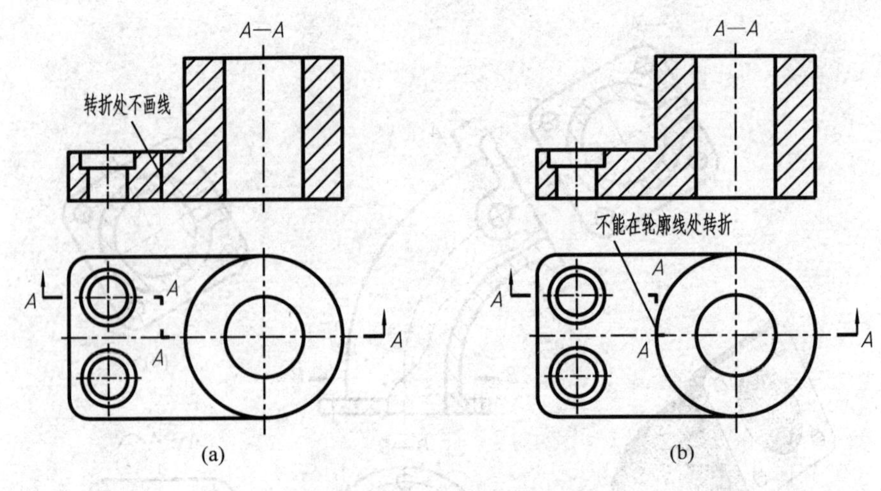

图 6-21　阶梯剖的常见错误

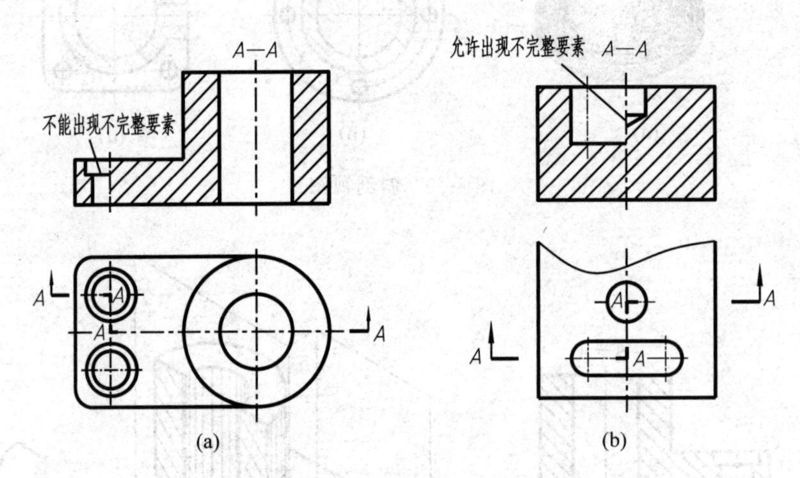

图 6-22　画阶梯剖应注意的问题

3. 几个相交的剖切平面

如图 6-23 所示，机件内部有三种大小形状不同的孔，用一个剖切平面无法全部剖切到，而机件具有公共回转轴，这时可以用两个相交的剖切平面剖开机件，并将倾斜的剖切平面剖开的结构及其有关部分旋转到与基本投影面平行，再进行投影。用这种剖切方法得到的剖视图称为旋转剖视图。

旋转剖视图需要标注，在剖切平面的起、止和转折处均应标注剖切位置线和相同的大写字母，并在剖切平面的起、止处标注表示投射方向的箭头，在剖视图的上方用相同字母标注图名。如图 6-23 所示。

画旋转剖视图时应注意以下几个问题：

(1) 几个相交的剖切平面的交线必须垂直于基本投影面。

(2) 画旋转剖视图时，剖切之后旋转倾斜部分与基本投影面平行，再向基本投影面投影得到旋转剖视图。

(3) 倾斜的剖切平面旋转时，在剖切平面后的其他结构，一般仍按原来位置投影。如

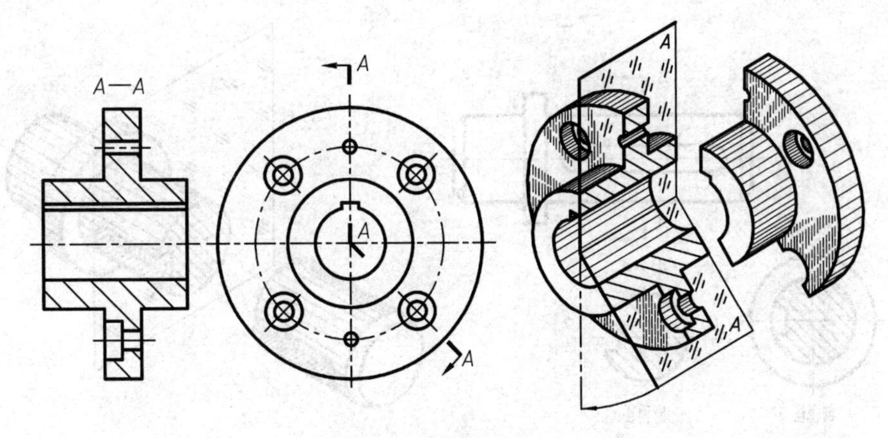

图 6-23　旋转剖视图

图 6-24(a)所示机件中的油孔。

(4) 当剖切后产生不完整要素时,应将此部分按不剖绘制,如图 6-24(b)所示。

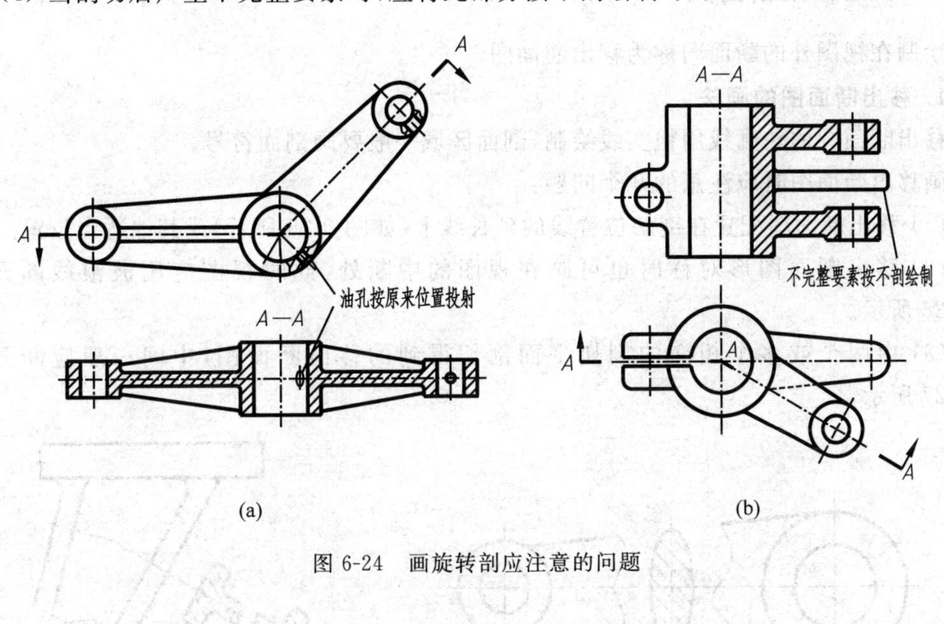

图 6-24　画旋转剖应注意的问题

6.3　断　面　图

6.3.1　断面图的概念

如图 6-25 所示,假想用剖切平面剖开机件,只画剖切平面与机件接触部分的图形,称为断面图。

图 6-25 同时也表明了断面图与剖视图的区别。剖视图是体的投影,断面图是面的投影。

断面图根据其配置的位置可以分为移出断面图和重合断面图。

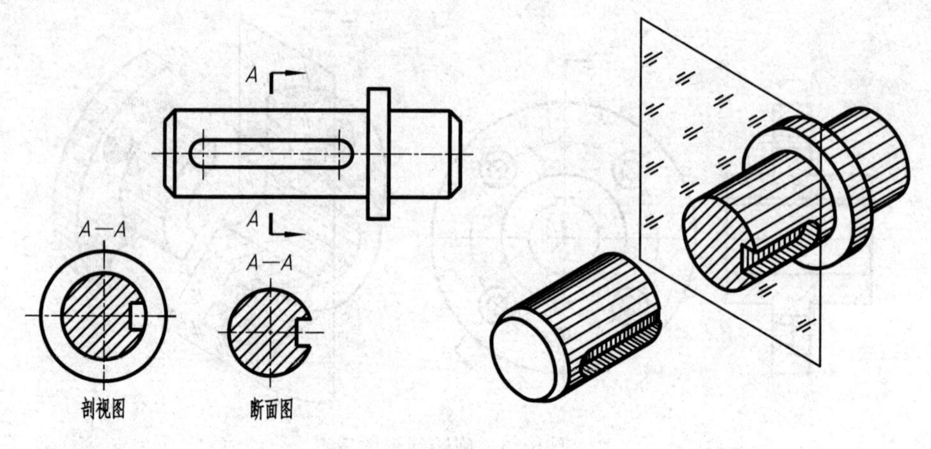

图 6-25　断面图

6.3.2　移出断面图

绘制在视图外的断面图称为移出断面图。

1. 移出断面图的画法

移出断面图的轮廓线用粗实线绘制，剖面区域一般要画剖面符号。

画移出断面图时应注意的几个问题：

(1) 移出断面图配置在剖切位置线的延长线上(如图 6-25 所示)或其他适当位置。

(2) 移出断面图形对称时也可画在视图的中断处，此时视图应用波浪线断开，如图 6-26 所示。

(3) 由两个或多个相交的剖切平面剖切得到的移出断面图，中间一般应断开，如图 6-27 所示。

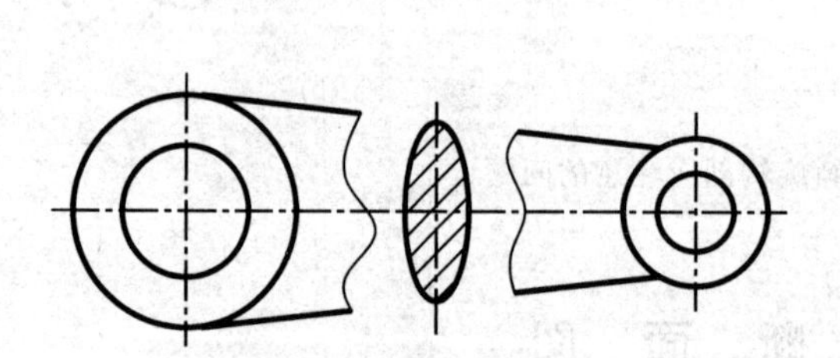

图 6-26　配置在视图中断处的移出断面

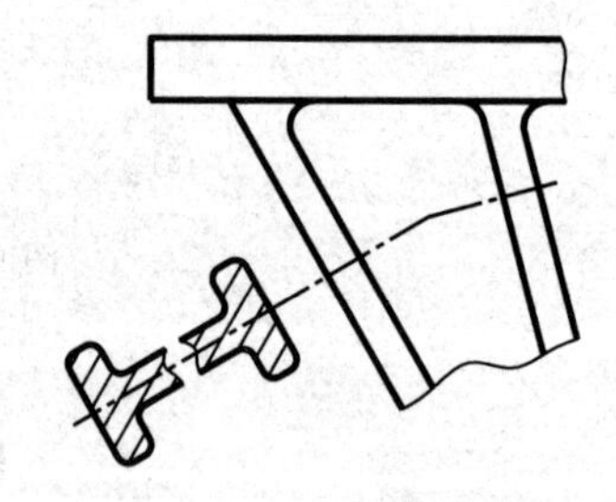

图 6-27　断开的移出断面图

(4) 当剖切平面通过回转面形成的孔或凹坑的轴线时，这些结构按剖视图要求绘制，如图 6-28(a)所示。

(5) 当剖切平面通过非圆孔，会导致完全分离的剖面区域时，则这些结构应按剖视图要求绘制。如图 6-28(b)所示。

2. 移出断面图的标注

移出断面图的标注与剖视图一样，完整标注要画出剖切位置线、投射方向和字母，如图 6-25 所示。

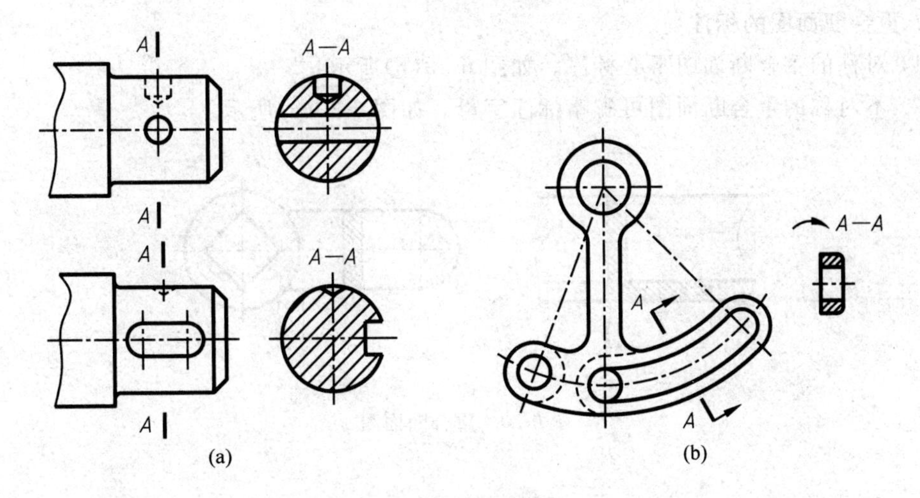

图 6-28　按剖视图要求绘制的移出断面图

移出断面图的省略标注：

(1) 配置在剖切面延长线上的不对称移出断面不必标注字母。如图 6-29 中左边的断面图，可以省略字母标注。

(2) 不配置在剖切面延长线上的对称移出断面，以及按投影关系配置的移出断面，一般不必标注箭头。如图 6-28(a)所示的断面图。

(3) 配置在剖切位置线延长线上的对称移出断面，可省略标注。如图 6-27 所示的断面图和图 6-29 中右边的断面图。

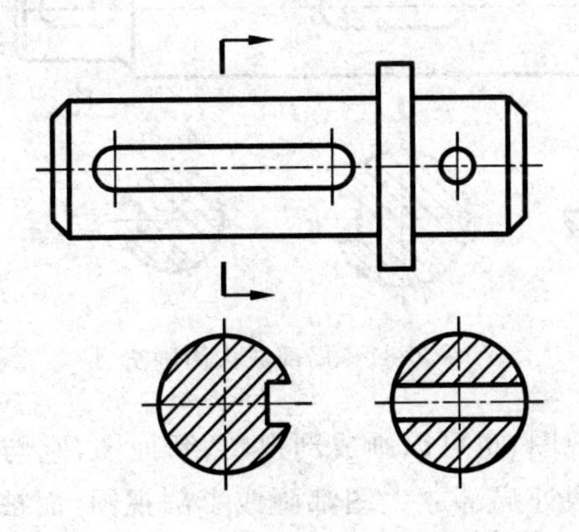

图 6-29　断面图的省略标注

6.3.3　重合断面图

绘制在视图内的断面图称为重合断面图。

1. 重合断面图的画法

重合断面图的轮廓线用细实线绘制。当视图中的轮廓线与重合断面的图形重叠时，视图中的轮廓线仍应连续画出，不可间断，如图 6-30(a)所示。

2. 重合断面图的标注

(1) 对称的重合断面图不必标注。如图 6-30(b)所示。

(2) 不对称的重合断面图可省略标注字母。如图 6-30(a)所示。

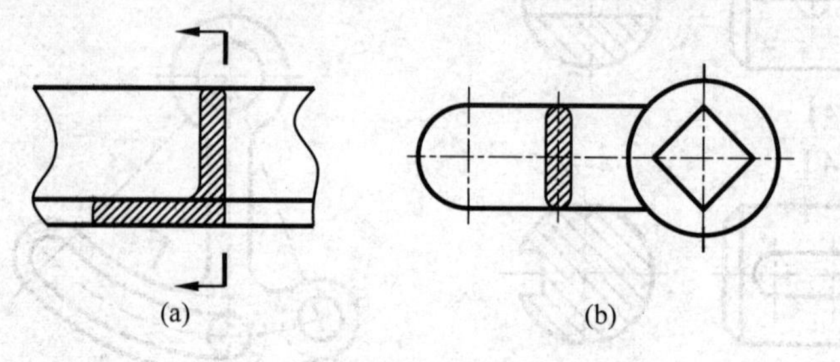

图 6-30 重合断面图

6.4 规定画法和简化画法

6.4.1 局部放大图

将机件的部分结构,用大于原图所采用的比例画出的图形,称为局部放大图,如图 6-31 所示。

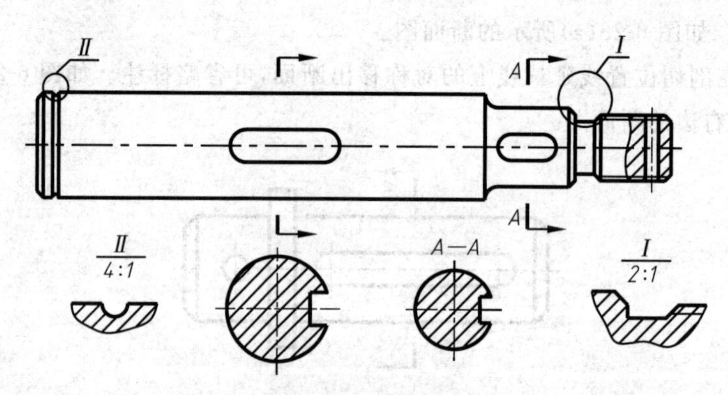

图 6-31 局部放大图画法

局部放大图可以画成视图,也可以画成剖视图、断面图,它与被放大部分的表达方法无关,如图 6-31 中的Ⅰ和Ⅱ两处局部放大图都画成了剖视图,而被放大部分是视图。局部放大图应尽量配置在被放大部位的附近。

绘制局部放大图时,用细实线圈出被放大的部位,当同一个机件上有几个被放大的部位时,应用罗马数字依次标明被放大的部位,并在局部放大图的上方标注出相应的罗马数字和所采用的比例。当机件上的被放大部位仅一个时,在局部放大图的上方只需注明所采用的比例,如图 6-32(a)所示。

同一个机件上不同部位的局部放大图,当图形相同或对称时,只需画出一个。如图 6-32(b)所示。

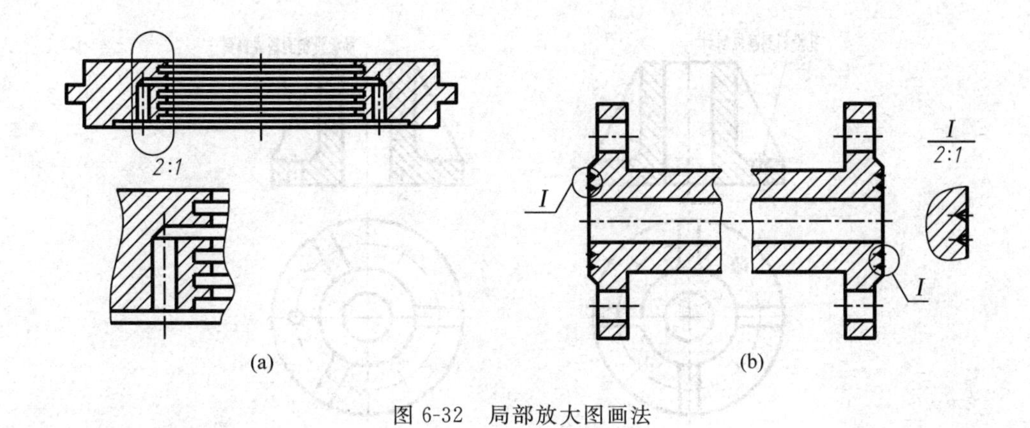

(a)　　(b)

图 6-32　局部放大图画法

6.4.2　规定画法和简化画法

1. 机件上的肋、轮辐及薄壁等的画法

对于机件上的肋、轮辐及薄壁等，如按纵向剖切（剖切平面通过肋板厚度的对称平面或轮辐的轴线），这些结构都不画剖面线，而是用粗实线将其与邻接部分分开。但当剖切平面垂直肋板厚度的对称平面或轮辐的轴线剖切时，肋和轮辐要画上剖面线，如图 6-33 所示。

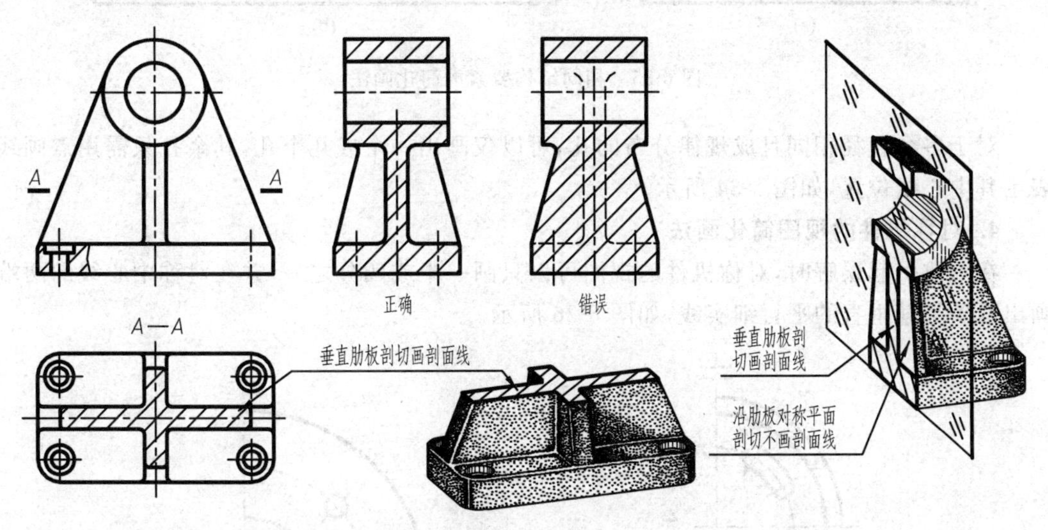

图 6-33　肋板的剖切画法

2. 机件上均匀分布的孔、肋板、轮辐等的画法

当剖切平面没有剖切到回转体机件上均匀分布的孔、肋板、轮辐等结构时，可将这些结构旋转到剖切平面上画出，不需要加任何标注，如图 6-34 所示。

3. 相同结构要素的简化画法

当机件上具有若干个相同的结构要素（如孔、槽等），并按一定规律分布时，只需画出一个或几个完整的结构要素，其余的可用细实线连接（不对称的结构要素），如图 6-35(a)所示，或用细点画线画出它们的中心位置（对称的结构要素），如图 6-35(b)所示，但图中必须注明结构要素的总数。

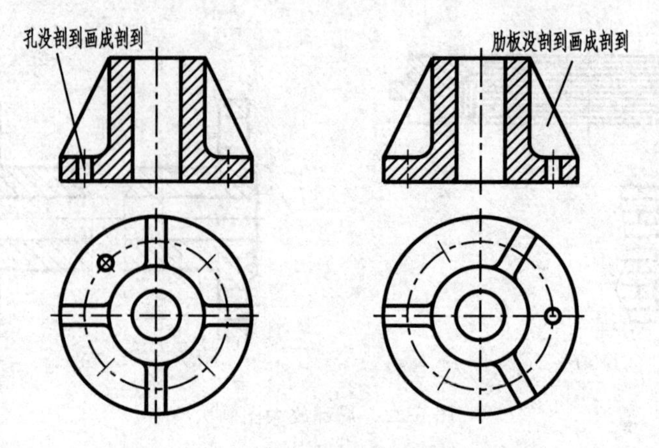

图 6-34　均匀分布的孔和肋板的画法

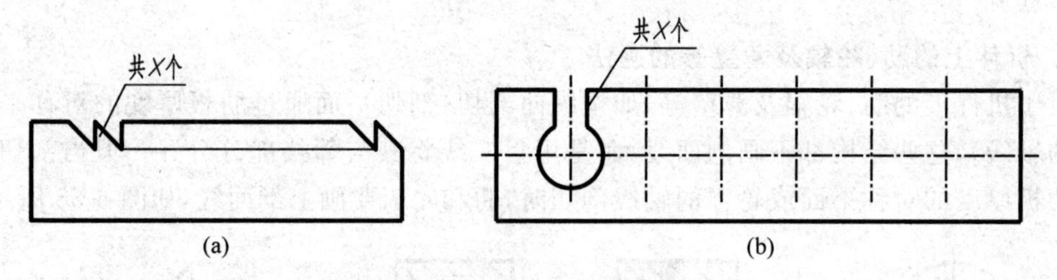

图 6-35　相同结构要素的简化画法

对于多个直径相同且成规律分布的孔，可以仅画出一个或几个孔，其余孔只需用点画线表示其中心线位置，如图 6-34 所示。

4. 对称机件的视图简化画法

在不致引起误解时，对称机件的视图可以只画一半或四分之一，并在对称中心线的两端画出两条与其垂直的平行细实线，如图 6-36 所示。

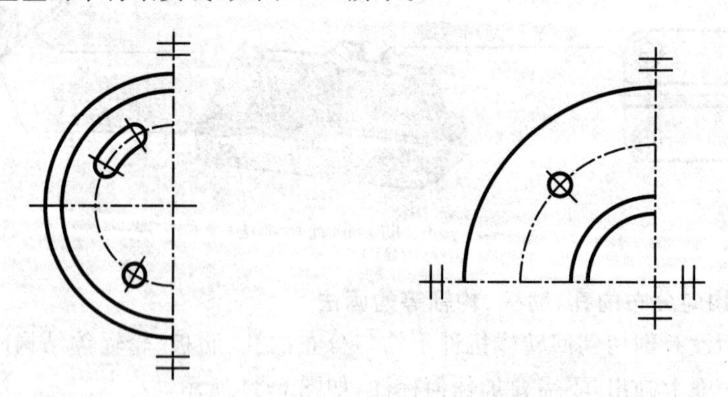

图 6-36　对称机件的视图简化画法

5. 断裂画法

较长的机件(如轴、杆类等)沿长度方向的形状相同或按一定规律变化时，可以将机件断开后缩短绘制，但尺寸标注时要标注机件的实际长度。机件的断裂边界可以用波浪线、双折线或细双点画线绘制，如图 6-37 所示。

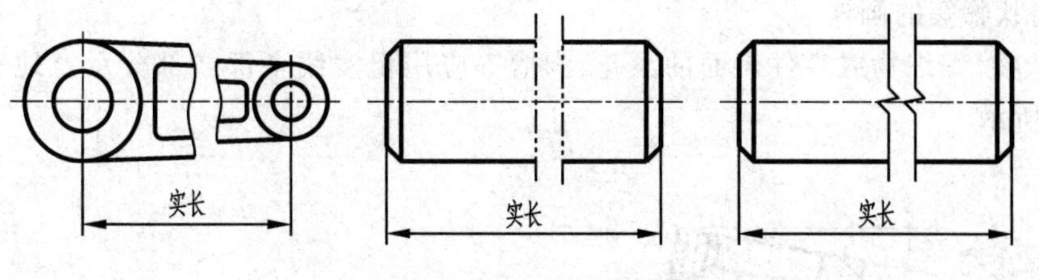

图 6-37　机件的断裂画法

6. 圆柱形法兰盘上均匀分布的孔

圆柱形法兰盘和类似的机件上均匀分布的孔，可按图 6-38 所示的方法表示。

7. 平面画法

当回转体零件上的平面在图形中不能充分表达时，为了避免增加视图、剖视图或断面图，可用细实线绘出对角线表示平面，如图 6-39 所示。

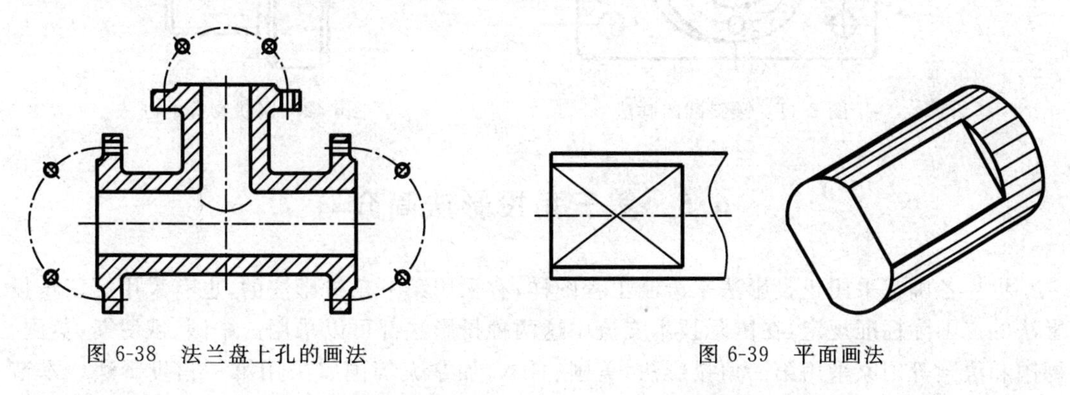

图 6-38　法兰盘上孔的画法

图 6-39　平面画法

8. 省略画法

圆柱体上因钻小孔、铣键槽等出现的交线允许省略，但必须有一个视图已经清楚表示了孔、槽的形状，如图 6-40 所示。

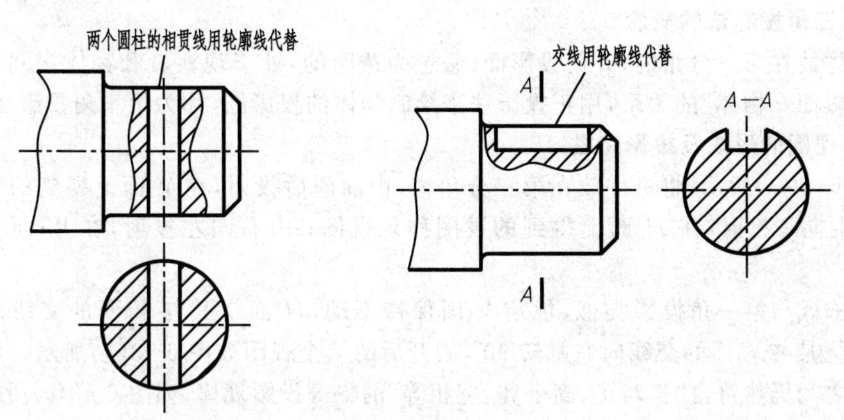

图 6-40　交线的省略画法

9. 倾斜的圆或圆弧的画法

与投影面倾斜的角度小于或等于 30°的圆或圆弧，可用圆或圆弧来代替真实投影的椭圆或椭圆弧，如图 6-41 所示。

10. 网状物等的画法

对网状物、编织物或零件表面的滚花、沟槽等应用粗实线全部或部分示意地表示出来，如图 6-42 所示。

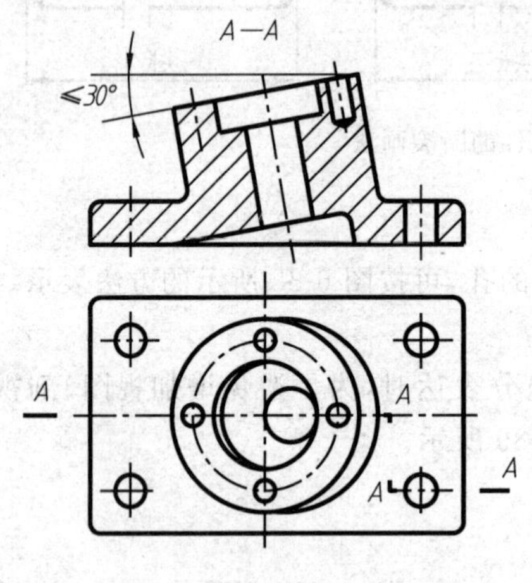

图 6-41 倾斜圆的画法

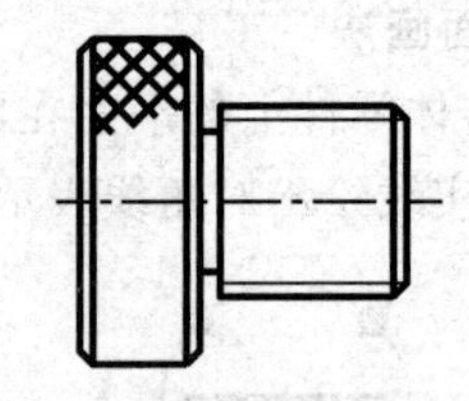
图6-42 网状物等的画法

6.5 第三角投影法简介

世界各国都采用正投影法来绘制工程图样，有采用第一角投影法的，也有采用第三角投影法的。国际标准规定，在国际技术交流中这两种投影法都可以采用。中国、俄罗斯、英国、德国和法国等国家采用第一角投影法，美国、日本、加拿大等国家采用第三角投影法。本节简单介绍一下第三角投影法。

6.5.1 第三角投影法的形成

1. 第三角投影法的概念

将物体放在第三分角内，并使投影面(假想为透明的)处于观察者和物体之间，按照“观察者—投影面—物体”的关系，用正投影法来绘制物体的投影图，称为第三角投影法。

2. 三视图的形成及投影特性

如图 6-43(a)所示，将机件放在第三分角内，由前向后投射，在 V 面上得到的视图称前视图；由上向下投射，在 H 面上得到的视图称顶视图；由右向左投射，在 W 面上得到右视图。

展开方式与第一角投影类似，规定 V 面保持不动，H 面绕其与 V 面的交线向上翻转 90°，W 面绕其与 V 面的交线向右翻转 90°，展开后的三个视图如图 6-43(b)所示。展开后的三个视图之间仍然符合“长对正、高平齐、宽相等”的三等投影规律，如图 6-43(c)所示。

6.5.2 第三角投影法和第一角投影法的比较

1. 第三角投影法和第一角投影法的相同之处

第一角投影法和第三角投影都是采用正投影法投射。基本视图之间保持“长对正、高平

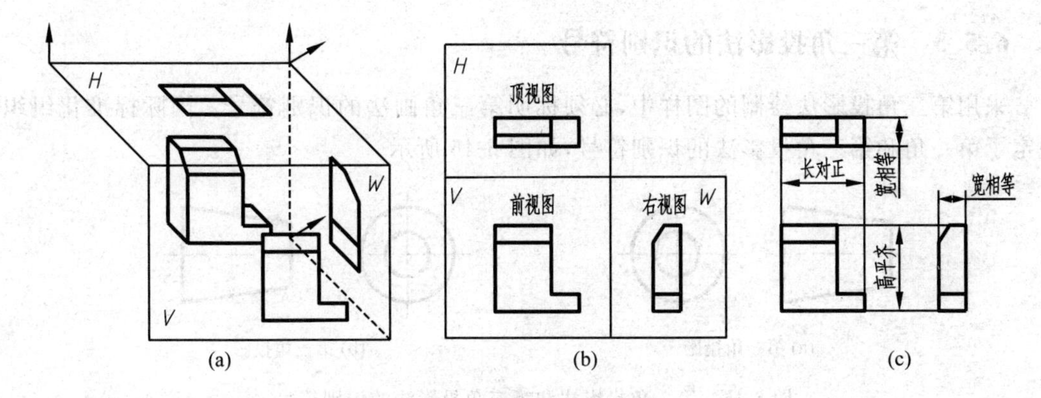

图 6-43　三视图的形成及投影特性

齐、宽相等”的三等投影规律。

2. 第三角投影法和第一角投影法的不同之处

（1）第一角投影法，是把物体放在观察者和投影面之间，按照“观察者—物体—投影面”的关系作正投影；而第三角投影法是把投影面置于观察者和物体之间，按照“观察者—投影面—物体”的关系作正投影。如图 6-44 所示。

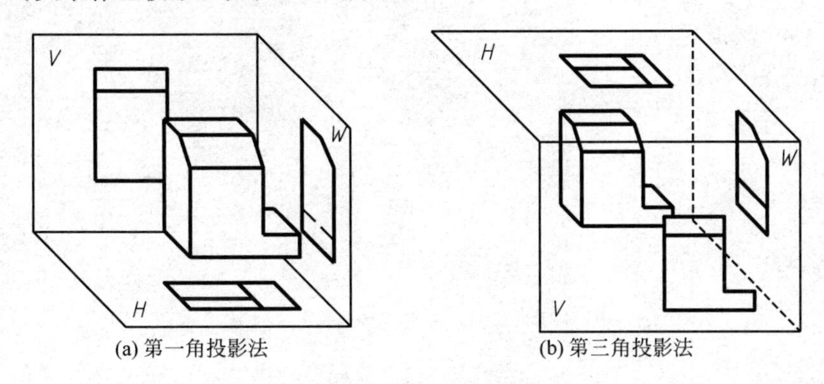

图 6-44　第三角投影法和第一角投影法的区别(一)

（2）视图的名称和配置不同。如图 6-45 所示。

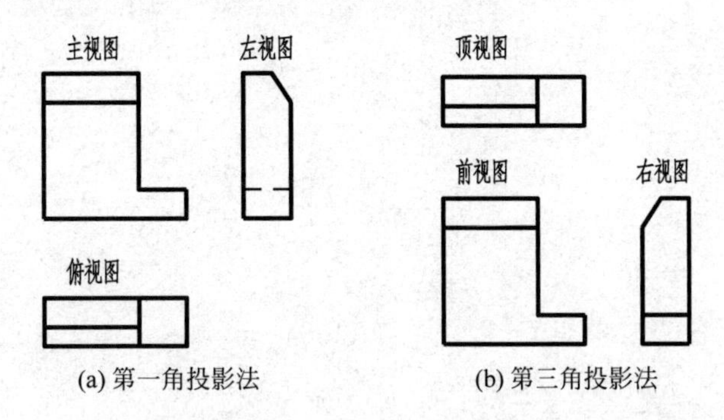

图 6-45　第三角投影法和第一角投影法的区别(二)

6.5.3 第三角投影法的识别符号

采用第三角投影法绘制的图样中，必须标明第三角画法的识别符号。国际标准化组织规定了第一角和第三角投影法的识别符号，如图 6-46 所示。

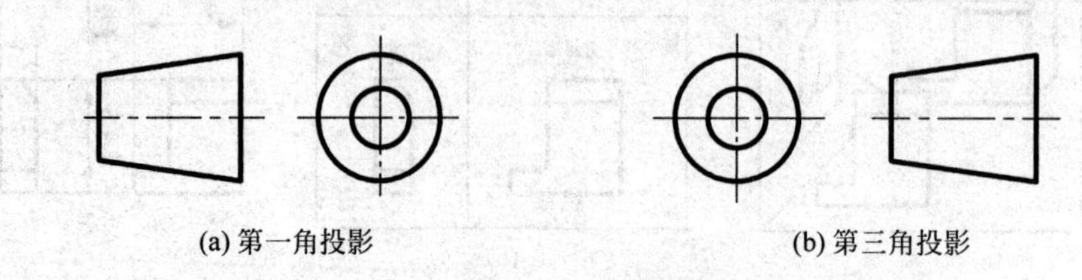

(a) 第一角投影　　(b) 第三角投影

图 6-46　第一角投影法和第三角投影法的识别符号

第7章　螺纹及螺纹紧固件

螺纹是零件上常见的一种结构，用于零件之间的连接或传动。螺纹紧固件是在工业生产中应用广泛的、采用螺纹连接的标准件。

7.1　螺　　纹

7.1.1　螺纹的形成

如图7-1(a)所示，当圆柱面上的动点A绕轴线作匀速圆周运动，同时又沿圆柱面的母线作匀速直线运动时，动点A的运动轨迹为圆柱螺旋线。

如图7-1(b)所示，若A点处为一个平面图形（比如三角形或梯形）作螺旋运动，且该平面与圆柱的轴线保持共面，便形成了螺纹（三角形螺纹或梯形螺纹）。

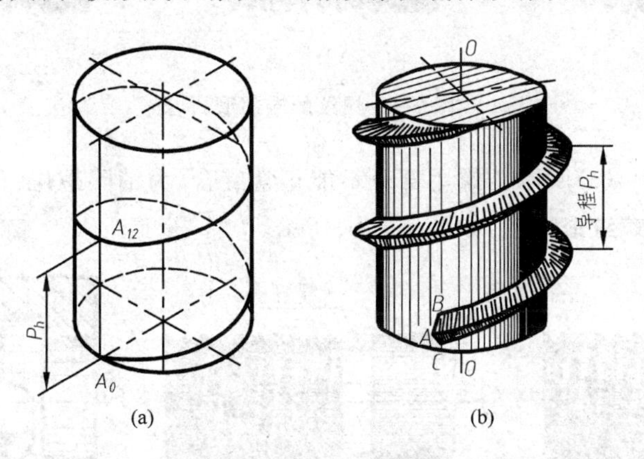

图7-1　螺纹的形成

在圆柱或圆锥外表面上所形成的螺纹称为外螺纹；在圆柱或圆锥内表面上所形成的螺纹称作内螺纹。

螺纹的加工方法多样，如车制、碾压及用丝锥、板牙等工具加工。如图7-2所示是在车床上加工内、外螺纹。

7.1.2　螺纹的结构

1. 螺纹的端部结构

为了便于安装和防止螺纹端部损坏，通常将螺纹的端部做成规定形状，常见型式如图7-3所示。

2. 螺尾和螺纹退刀槽

在车制螺纹的过程中，当车削螺纹的车刀逐渐离开工件时，会形成一段牙底不完整的螺

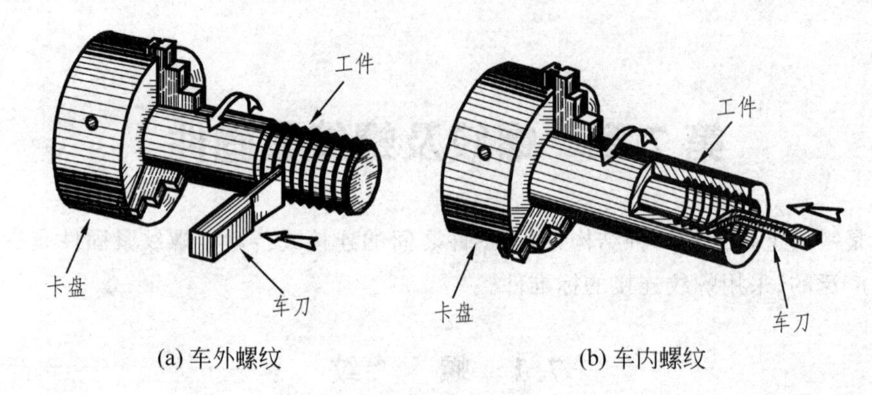

(a) 车外螺纹　(b) 车内螺纹

图 7-2　螺纹的加工方法

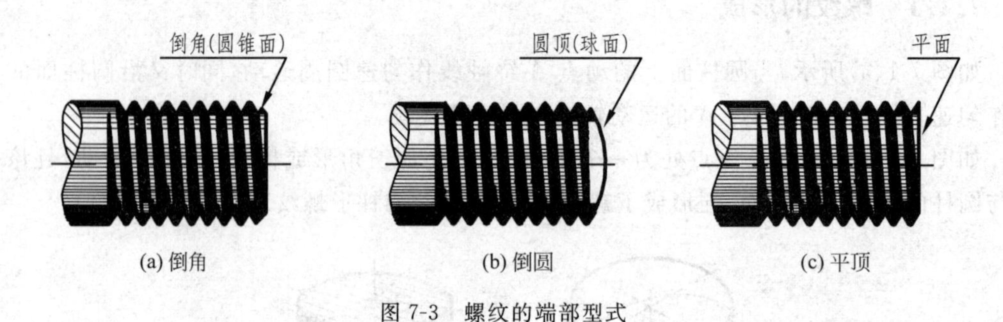

(a) 倒角　(b) 倒圆　(c) 平顶

图 7-3　螺纹的端部型式

纹，称为螺尾，如图 7-4(a)所示。螺尾部分不能正常旋合，为消除螺尾，可在螺纹终止处预先车出一个小槽，称为螺纹退刀槽，如图 7-4(b)所示。

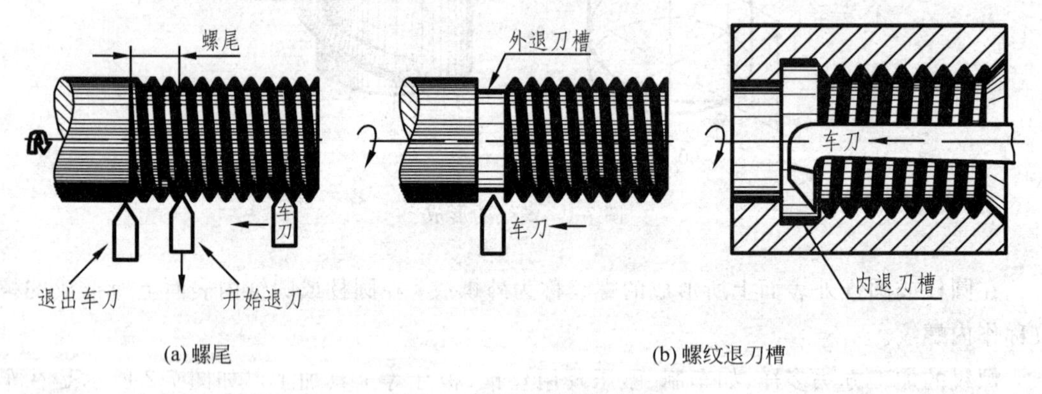

(a) 螺尾　(b) 螺纹退刀槽

图 7-4　螺尾及螺纹退刀槽

7.1.3　螺纹的要素

螺纹由五个要素确定，分别是牙型、公称直径、线数、螺距(导程)和旋向。

1. 牙型

在通过螺纹轴线的断面上，螺纹的轮廓形状称为螺纹的牙型。常见螺纹的牙型如图 7-5 所示。

牙型角为 60°的三角形螺纹称普通螺纹，牙型角为 55°的三角形螺纹称管螺纹，三角形

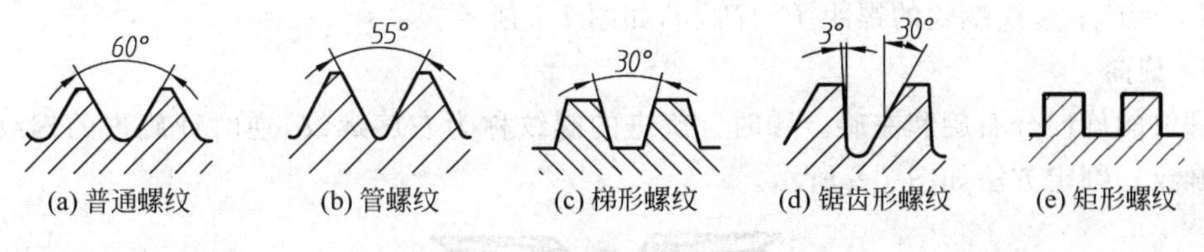

图 7-5　螺纹的牙型

螺纹一般是用来连接零件，称为连接螺纹。梯形螺纹、锯齿形螺纹和矩形螺纹一般用来传递运动和动力，称为传动螺纹。

2. 公称直径

螺纹的直径有大径（d、D）、小径（d_1、D_1）和中径（d_2、D_2），括号内为直径符号。外螺纹符号小写，内螺纹符号大写，如图 7-6 所示。公称直径是代表螺纹尺寸的直径，一般指螺纹的大径。

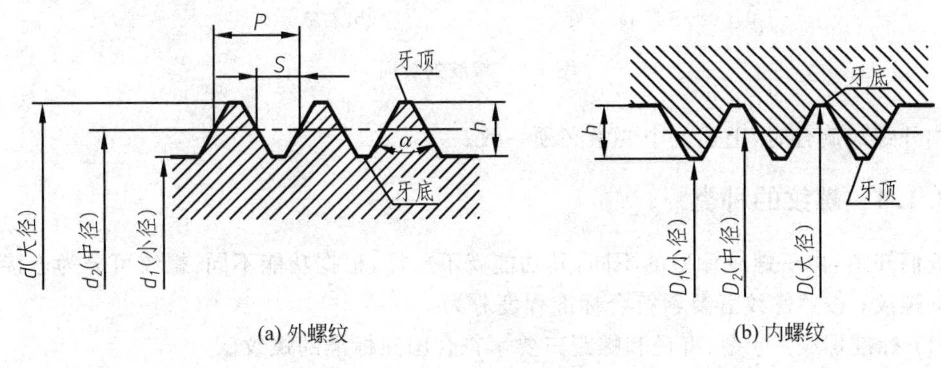

图 7-6　螺纹的直径

3. 线数

螺纹有单线和多线之分。沿一条螺旋线形成的螺纹，称为单线螺纹；两条或两条以上螺旋线沿轴向等距分布所形成的螺纹称为多线螺纹，如图 7-7 所示，螺纹线数通常用 n 表示。

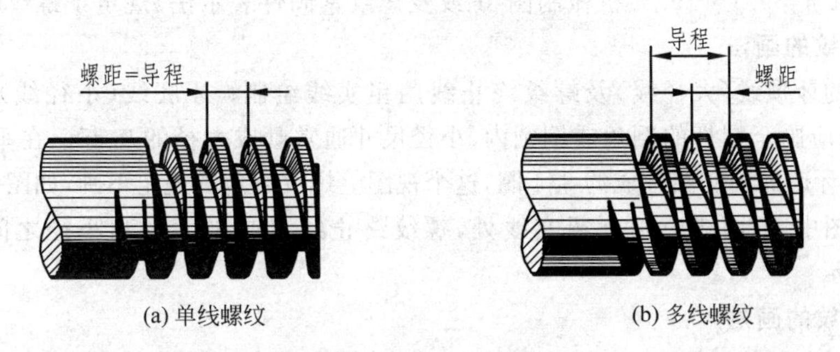

图 7-7　螺纹的线数

4. 螺距和导程

相邻两牙在中径线上对应点间的轴向距离称为螺距，用 P 表示；同一条螺旋线上相邻两牙在中径线上对应点间的轴向距离称为导程，用 P_h 表示。对于单线螺纹，螺距等于导程，即 $P=P_h$；多线螺纹的螺距 $P=P_h/n$，如图 7-7 所示。

5. 旋向

螺纹的旋向分右旋和左旋。顺时针旋进的螺纹称为右旋螺纹，逆时针旋进的螺纹称为左旋螺纹。判定方法如图 7-8 所示。

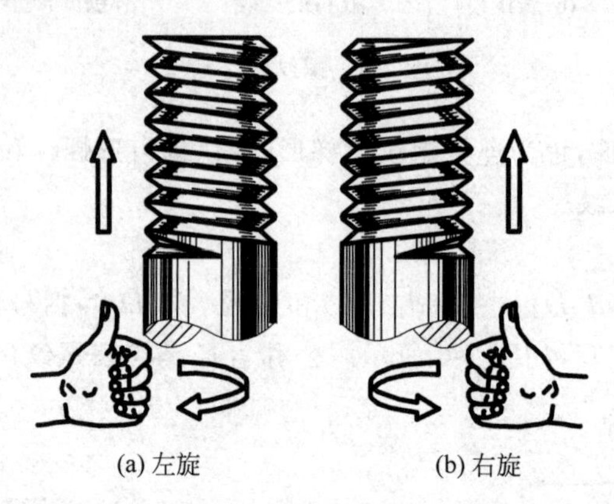

(a) 左旋　　(b) 右旋

图 7-8　螺纹的旋向

内外螺纹旋合时，上述五个要素必须一致。

7.1.4　螺纹的种类

我们知道，由于螺纹牙型的不同，其功能就不一样，根据功能不同，螺纹可分为连接螺纹和传动螺纹；按照螺纹五要素符合标准程度分为：

（1）标准螺纹：牙型、直径和螺距三要素符合国家标准的螺纹。

（2）特殊螺纹：只有牙型符合国家标准的螺纹。

（3）非标准螺纹：牙型不符合国家标准的螺纹，如矩形螺纹。

7.1.5　螺纹的规定画法

螺纹通常用专用刀具在机床或专用设备上制造，画图时无须画出螺纹的真实投影。国家标准 GB/T 4459.1—1995《机械制图 螺纹及螺纹紧固件表示法》规定了螺纹的画法。

1. 外螺纹的画法

外螺纹的牙顶线（大径线）及螺纹终止线用粗实线绘制；牙底线（小径线）用细实线绘制，且细实线应画至螺杆的倒角或倒圆内，小径尺寸通常画成大径的 0.85。在垂直于轴线的视图中，表示牙底的细实圆画成约 3/4 圈，这个视图上螺纹倒角圆规定不画，如图 7-9(a)所示。

在剖视图中，剖面线应画到粗实线处，螺纹终止线只画出大径和小径之间的部分，如图 7-9(b)所示。

2. 内螺纹的画法

内螺纹一般用剖视图表示，牙顶线（小径线）及螺纹终止线用粗实线绘制；牙底线（大径线）用细实线绘制。在垂直于轴线的视图中，表示牙底的细实线圆画成约 3/4 圈，并规定螺纹的倒角圆不画，如图 7-10 所示。

绘制不穿通的螺孔，应分别画出钻孔深度和螺孔深度，钻孔深度比螺孔深度多出约 0.5D(D 为螺纹大径)，不通一端应画成 120°圆锥角（钻头锥角，不需标尺寸），如图 7-11 所示。

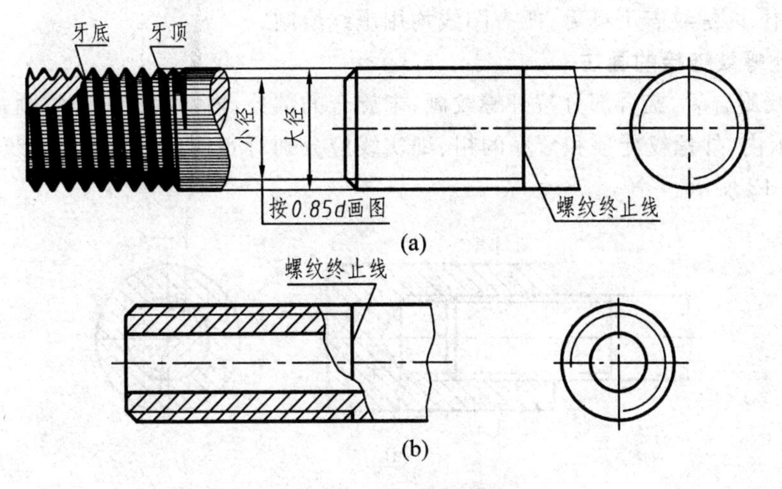

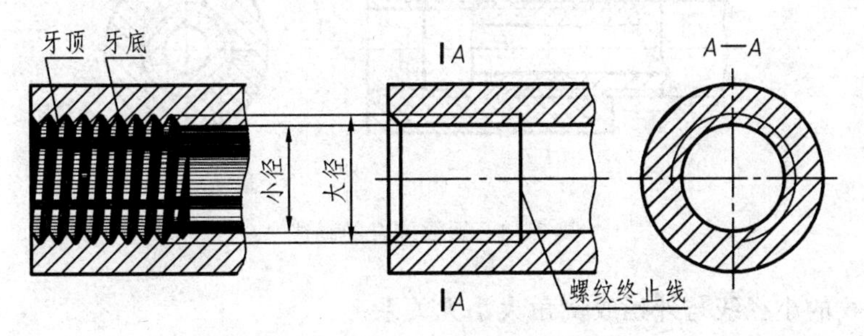

图 7-9　外螺纹的画法

图 7-10　内螺纹的画法

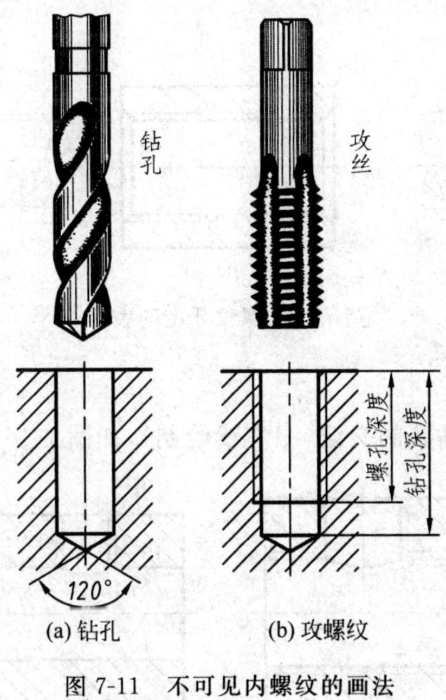

图 7-11　不可见内螺纹的画法

在视图中,内螺纹若不可见,所有图线均用虚线绘制。

3. 内、外螺纹连接的画法

内外螺纹旋合后,旋合部分按外螺纹画,未旋合的部分,内螺纹按内螺纹画,外螺纹按外螺纹画;表示内、外螺纹牙顶和牙底的粗、细实线应分别对齐;剖视图中剖面线应画到粗实线处,如图 7-12 所示。

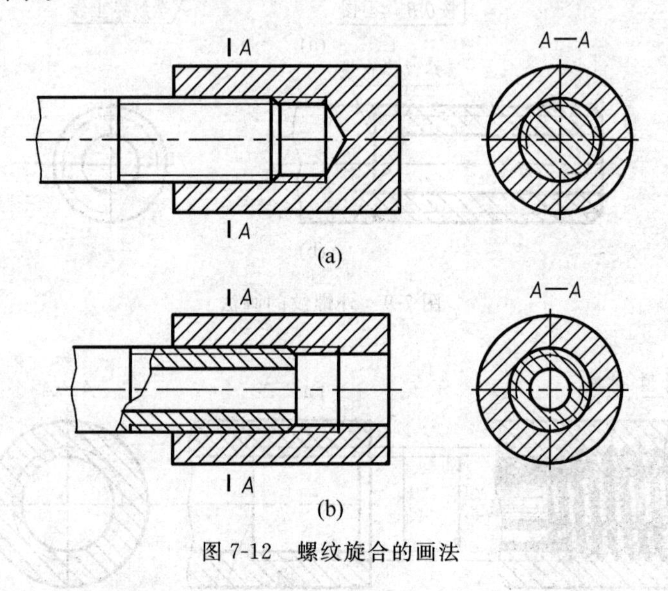

图 7-12 螺纹旋合的画法

注意,螺纹的小径线与外螺纹倒角大小无关系。

4. 螺纹牙型的画法

当需要表示螺纹的牙型时,可按图 7-13 所示的局部剖视图表示,或用局部放大图的形式绘制。

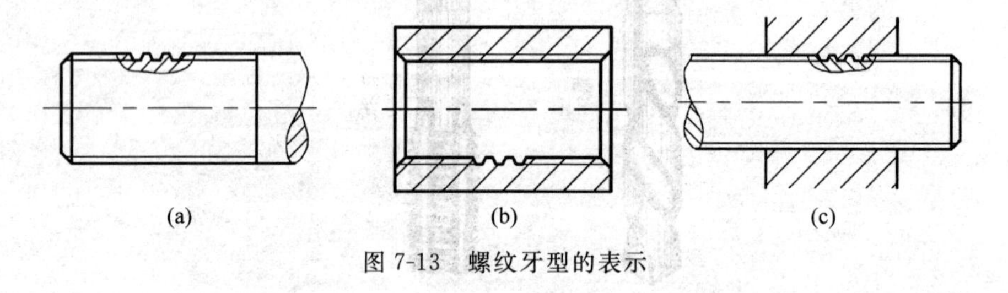

图 7-13 螺纹牙型的表示

5. 螺纹孔相交的画法

螺纹孔相交时,只画出钻孔的交线(粗实线绘制),如图 7-14 所示。

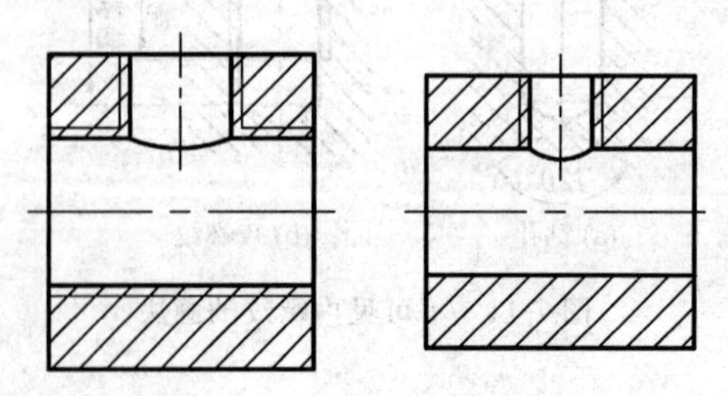

图 7-14 螺纹孔相交的画法

7.1.6 螺纹的标注

前面我们介绍了螺纹的分类，对于标准螺纹来说，每种螺纹都有相应的特征代号，这些螺纹的参数(如公称直径、螺距等)国家标准均已作了规定，设计时可以查阅相关标准。

按规定画法画出的螺纹一般不能表明其牙型、螺距、线数、旋向等要素以及其他有关螺纹精度的参数，为此，国家标准规定用螺纹标记来表示螺纹的设计要求。常用标准螺纹的种类、标记和标注示例见表7-1。

表7-1 常用标准螺纹的种类、标记和标注示例

螺纹种类			外形图	特征代号	标注示例	说明
连接螺纹	普通螺纹	粗牙普通螺纹		M	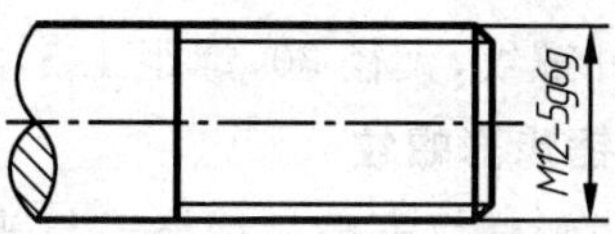 M12-5g6g	粗牙普通外螺纹，大径12，右旋，中径公差带代号5g，顶径公差带代号6g，中等旋合长度
		细牙普通螺纹			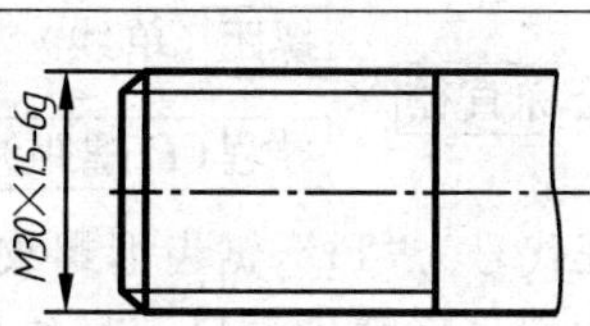 M30×15-6g	细牙普通外螺纹，大径30，螺距1.5，右旋，中径顶径公差带代号均为6g，中等旋合长度
	管螺纹	55°非螺纹密封管螺纹	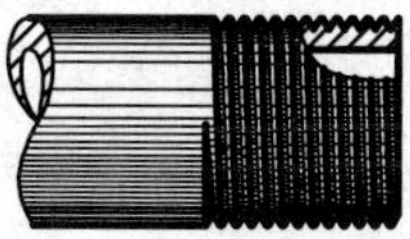	G	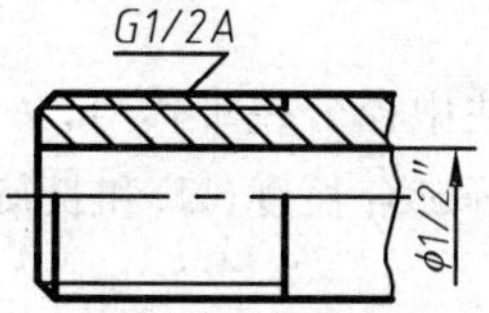 G1/2A φ1/2"	非螺纹密封圆柱管螺纹，尺寸代号1/2，公差等级为A级，右旋
		55°螺纹密封管螺纹		R R_c R_p	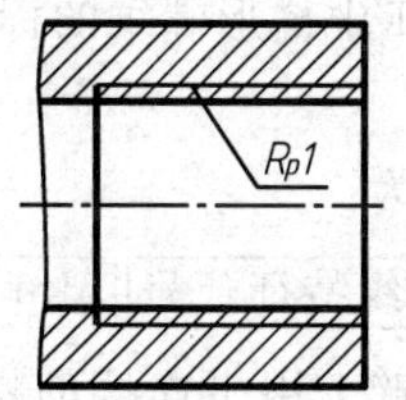 Rp1	用螺纹密封的圆柱管螺纹，尺寸代号为1，右旋。 R——圆锥外螺纹 R_c——圆锥内螺纹
传动螺纹	梯形螺纹			Tr	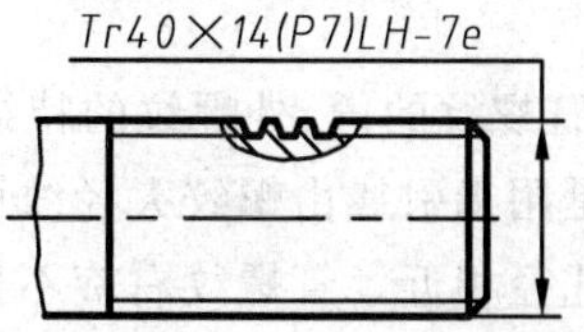 Tr40×14(P7)LH-7e	梯形双线外螺纹，大径40，导程14，螺距7，左旋，中径公差带代号7e，中等旋合长度
	锯齿形螺纹			B	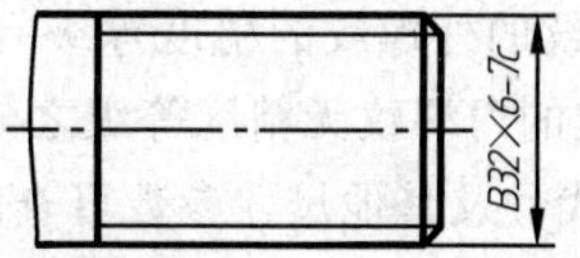 B32×6-7c	锯齿形螺纹，大径32，螺距6，右旋，中径公差带代号7c，中等旋合长度

1. 普通螺纹

根据国家标准的规定，普通螺纹完整标记格式为：

$$\boxed{\text{螺纹特征代号}}\boxed{\text{公称直径}}\times\boxed{\text{螺距}}\boxed{\text{旋向}}-\boxed{\text{公差带代号}}-\boxed{\text{旋合长度}}$$

普通螺纹的特征代号为“M”。

公称直径为螺纹大径，粗牙普通螺纹的螺距可以省略，细牙普通螺纹必须标注螺距。

螺纹旋向为右旋时省略标注，为左旋时注写代号“LH”。

螺纹公差带代号包括中径和顶径公差带代号，当中径公差带代号与顶径公差带代号相同时，只标注一个代号，小写字母代表外螺纹，大写字母代表内螺纹。

螺纹旋合长度分短(S)、中(M)、长(L)三种规格，一般情况下不标注旋合长度，按中等旋合长度确定，必要时标注旋合长度代号“S”或“L”。

完整的标记示例：M30×1.5LH-6g-S。

表示细牙普通外螺纹，大径 30，螺距 1.5，左旋，中径顶径公差带代号均为 6g，短旋合。

2. 梯形螺纹和锯齿形螺纹

梯形螺纹和锯齿形螺纹完整标记格式与普通螺纹基本一致，其标记格式为：

$$\boxed{\text{螺纹特征代号}}\boxed{\text{公称直径}}\times\begin{matrix}\boxed{\text{螺距}}\text{(单线)}\\ \boxed{\text{导程(}P\text{ 螺距)}}\text{(多线)}\end{matrix}\boxed{\text{旋向}}-\boxed{\text{公差带代号}}-\boxed{\text{旋合长度}}$$

梯形螺纹的特征代号为“Tr”，锯齿形螺纹的特征代号为“B”。

单线梯形螺纹和锯齿形螺纹的尺寸规格用“公称直径×螺距”表示，如表 7-1 中锯齿形螺纹的标注。

公差带代号只标注中径公差带代号。

旋合长度只有中等旋合长度(N)和长旋合长度(L)两个规格，同样，如果是中等旋合长度可以省略标注。

完整的标注如表 7-1 中梯形螺纹的标注。

3. 管螺纹

管螺纹的标记格式为：

$$\boxed{\text{螺纹特征代号}}\boxed{\text{尺寸代号}}\boxed{\text{公差等级代号}}-\boxed{\text{旋向}}$$

管螺纹是制作在管壁上用于连接的螺纹，这里我们只介绍 55°非螺纹密封的管螺纹的标注。

55°非螺纹密封管螺纹的内、外螺纹的特征代号都是“G”。

管螺纹的标注是用指引线由螺纹大径线引出。其尺寸代号不是指螺纹大径，而是与带有外螺纹的管子的孔径相近。管螺纹右旋不标注，当为左旋时，在螺纹代号后加注左旋代号“LH”。

55°非密封管螺纹的外螺纹的精度等级有 A 级和 B 级，需在标记中尺寸代号后加注 A 或 B；非密封管螺纹的内螺纹无精度等级之分，其标注形式见表 7-1。

管螺纹的尺寸代号及其他尺寸参数可查阅相关标准。

4. 特殊螺纹

特殊螺纹应在特征代号前加注“特”字，并标出大径和螺距，如图 7-15 所示。

5. 螺纹副的标注

螺纹副指的是相互旋合的内外螺纹，需要时在装配图中标出螺纹副的标记。螺纹副的标记格式与螺纹的标记格式类似，只是公差带代号处要用分数的形式同时注出外螺纹和内螺纹的公差带代号。其中，内螺纹公差带代号（大写）在分子上，外螺纹（小写）的公差带代号在分母处，如图 7-16 所示。

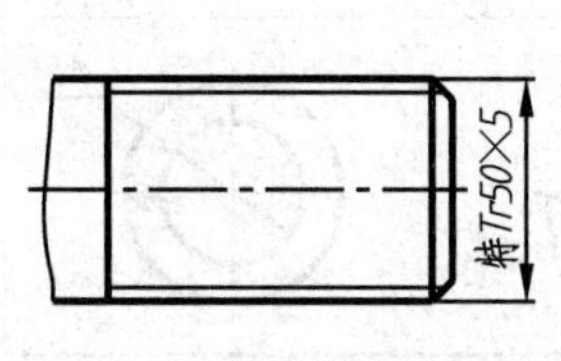

图 7-15　特殊螺纹的标注

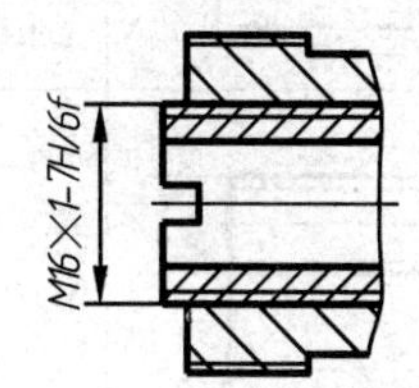

图 7-16　螺纹副的标注

7.2　螺纹紧固件

螺纹紧固件在工业生产和日常生活中有着极其广泛的应用，常用的螺纹紧固件有：螺钉、螺栓、螺柱、螺母、垫圈等。

7.2.1　常用螺纹紧固件的结构和标记

螺纹紧固件的结构、尺寸、技术要求等已标准化，并由有关专业工厂大量生产。设计时无须画出螺纹紧固件的零件图，只要根据螺纹紧固件的标记，就能在相应的标准表中查得有关尺寸。

螺纹紧固件标记方法有完整标记和简化标记两种，一般在设计中采用简化标记法。在简化标记中，标准年代号允许全部或部分省略，其简化标记格式为：

名称　国标编号　规格尺寸

例如，螺栓 GB/T 5782 M12×60。

常用螺纹紧固件的结构和标记示例见表 7-2。

表 7-2　常用螺纹紧固件的结构和标记示例

视　图	标记示例	视　图	标记示例
M10, 50	螺栓 GB/T 5782 M10×50	M12, 35	螺钉 GB/T 71 M12×35
A型, M10, b_m, 45	螺柱 GB/T 897 AM10×45	M12	螺母 GB/T 6170 M12

续表

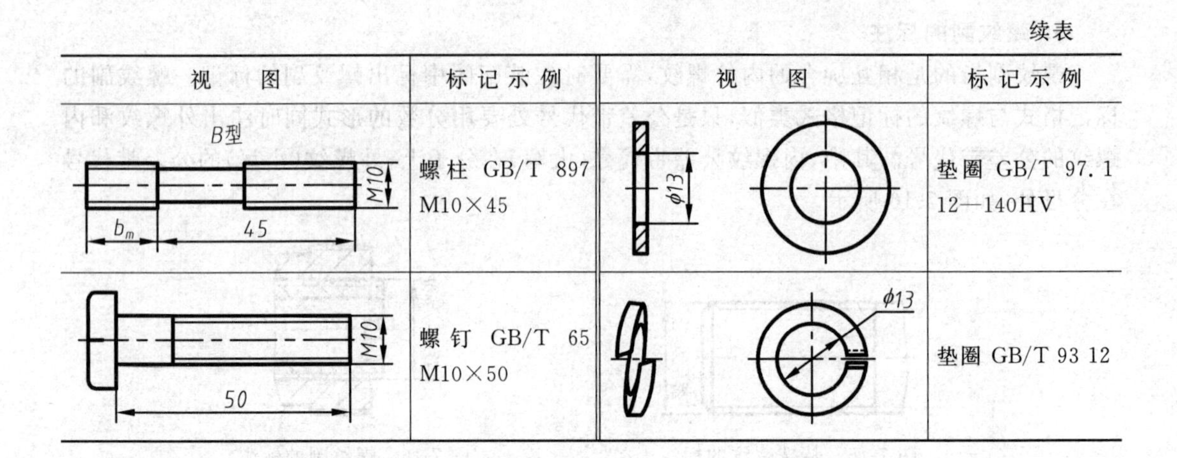

视　图	标记示例	视　图	标记示例
	螺柱 GB/T 897 M10×45		垫圈 GB/T 97.1 12—140HV
	螺钉 GB/T 65 M10×50		垫圈 GB/T 93 12

7.2.2 装配图画法的基本规定

螺纹紧固件连接图属于装配图范畴，所以，应遵守装配图画法的基本规定：

(1) 两零件的接触面只画一条线，不接触面即使间隙再小都要画两条线，必要时可夸大画出。

(2) 在剖视图中，相邻两个零件的剖面线最好方向相反，但在同一张图纸上的同一零件的剖面线必须一致。

(3) 标准件、实心杆件在沿着轴线方向剖切时按不剖绘制，必要时可采用局部剖，表达零件上的孔、槽等结构。但当垂直于轴线剖切时，则按剖视绘制。

7.2.3 装配图中螺纹紧固件的画法

螺纹紧固件都是标准件，根据它们的标记，在有关标准中就可以查到其结构形式和尺寸大小。为了作图方便，画图时一般不按实际尺寸作图，而是采用简化画法。除公称长度需经过计算、查表，选取标准值外，其余各部分尺寸都可按照与螺纹的公称直径（大径）成一定的比例确定，因此，该画法也叫比例画法，表 7-3 所示为常用几个紧固件的简化画法。

表 7-3　常用螺纹紧固件的简化画法

六角头螺母	六角头螺栓
0.8D　2D　由作图决定　D	C0.15d　d　0.85d　2d　l（由设计决定）　0.7d

续表

双头螺柱	垫　　圈
C0.15d　2d　d　b_m　l（由设计决定）	1.1d　2.2d　0.15d　(a) 平垫圈　65°～80°　0.26d　1.6d　(b) 弹簧垫圈

其他一些紧固件的简化画法，在后续的装配画法中会相继介绍。另外在装配图中，零件上的倒角、圆角等一些工艺结构可省略不画。

7.2.4　螺纹紧固件连接的装配图的画法

常用螺纹紧固件连接有螺栓连接、双头螺柱连接、螺钉连接。下面分别介绍它们的画法。

1. 螺栓连接

螺栓连接中，应用最广的是六角头螺栓连接，它是用六角头螺栓、螺母和垫圈来紧固被连接件的，如图 7-17 所示。

平垫圈的作用是防止拧紧螺母时损伤被连接件的表面，使螺母的压力均匀分布到零件表面上；弹簧垫圈是起防松作用。本连接是以平垫圈为例，用来说明螺栓连接的画法。

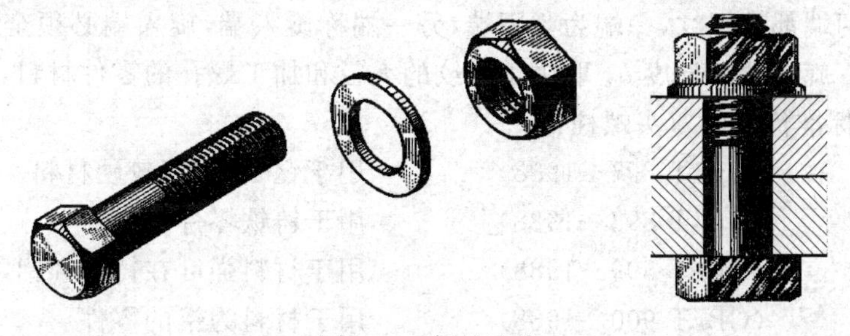

图 7-17　螺栓连接

在画装配图时，首先应根据各紧固件的形式、螺纹大径（d）和被连接零件的厚度（t_1，t_2），按下列步骤确定螺栓的公称长度。

(1) 通过计算，初步确定螺栓的公称长度，参看图 7-18(a)。

$l_{计} \geqslant t_1 + t_2 + 0.15d$（平垫圈厚）$+ 0.8d$（螺母厚）$+ 0.3d$（螺栓末端伸出长度）

(2) 根据公称长度的计算值，在螺栓标准的公称长度系列值中，选用与计算值靠近的标准长度。

如图 7-18(a)所示，给出了简化画法中各部分需要确定的尺寸及画法。图 7-18(b)是螺栓连接的三视图。

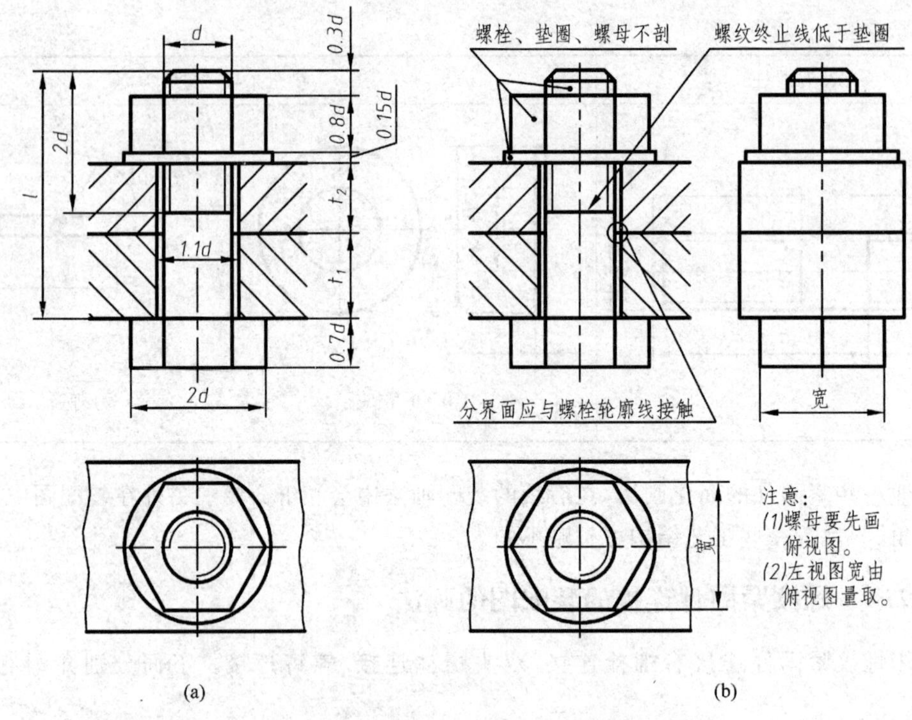

图 7-18　螺栓连接装配图的简化画法

2. 双头螺柱连接

双头螺柱连接是用双头螺柱、垫圈、螺母来紧固被连接零件的，如图 7-19(a)所示。双头螺柱连接用于被连接零件之一太厚或由于结构上的限制不宜用螺栓连接的场合。

被连接零件中的一个加工成螺孔，其余零件加工成通孔。

双头螺柱两端都有螺纹，一端为紧固端，另一端称旋入端，旋入端必须全部旋入被连接零件的螺孔中。旋入端的长度 b_m 取决于螺纹的大径和加工螺孔的零件材料，国家标准根据 b_m 规定了四种标准代号的双头螺柱：

$b_m=1d$　(GB/T 897—1988)　用于钢、青铜等较硬材料

$b_m=1.25d$　(GB/T 898—1988)　用于铸铁零件

$b_m=1.5d$　(GB/T 899—1988)　用于材料强度在铸铁和铝之间

$b_m=2d$　(GB/T 900—1988)　用于材料为铝的零件

画双头螺柱连接装配图，也要首先初步计算双头螺柱的公称长度。双头螺柱的公称长度是不包括旋入端 b_m 部分的长度：

$$l_{计} \geqslant t_1+0.15d+0.8d+0.3d$$

然后，在双头螺柱标准表中的公称长度系列中选取计算值靠近的标准长度。装配图的近似画法如图 7-19(b)所示。

3. 螺钉连接

螺钉按功能，分为连接螺钉和紧定螺钉，下面简要介绍它们的画法。

螺钉连接不用螺母，一般用于受力不大而又不需经常拆卸的地方。与双头螺柱连接类似，被连接零件中的一个零件做成螺孔，其他零件做成通孔，如图 7-20 所示。螺孔的尺寸与双头螺柱一样，也是由螺孔直径和零件的材料确定。

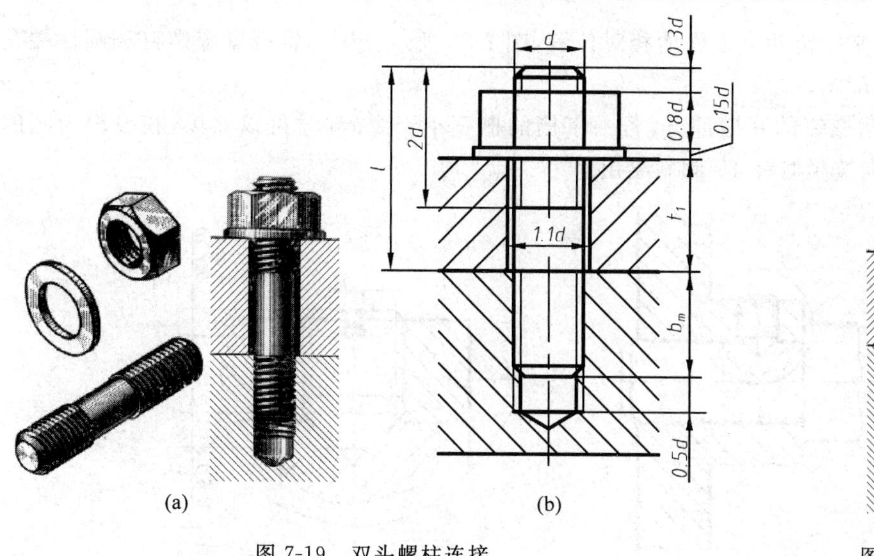

图 7-19　双头螺柱连接

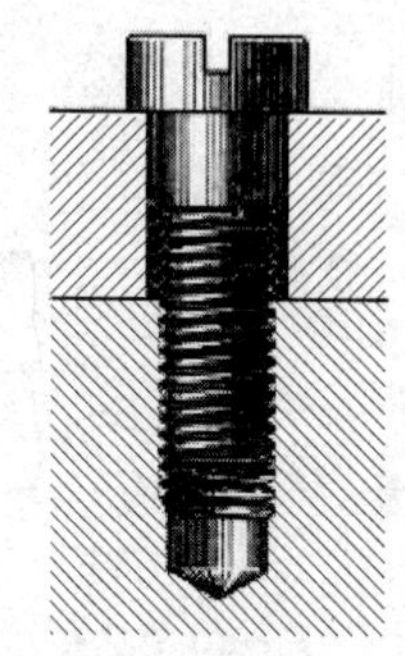

图 7-20　螺钉连接

画螺钉连接装配图时，也需先初步计算出螺钉的长度，然后，再取标准值。

$$l_{计} \geqslant t_1 + b_m$$

因为在标准表中所取的公称长度一般比计算长度大，螺钉旋入的位置由螺钉端部接触到被连接件为止，所以，螺钉旋入螺孔$\geqslant b_m$。

螺钉端部形状多样，如图 7-21 所示，分别是一字槽圆柱头螺钉和一字槽沉头螺钉连接的装配图的简化画法，螺孔末端的光孔也可省略如图所示画法。

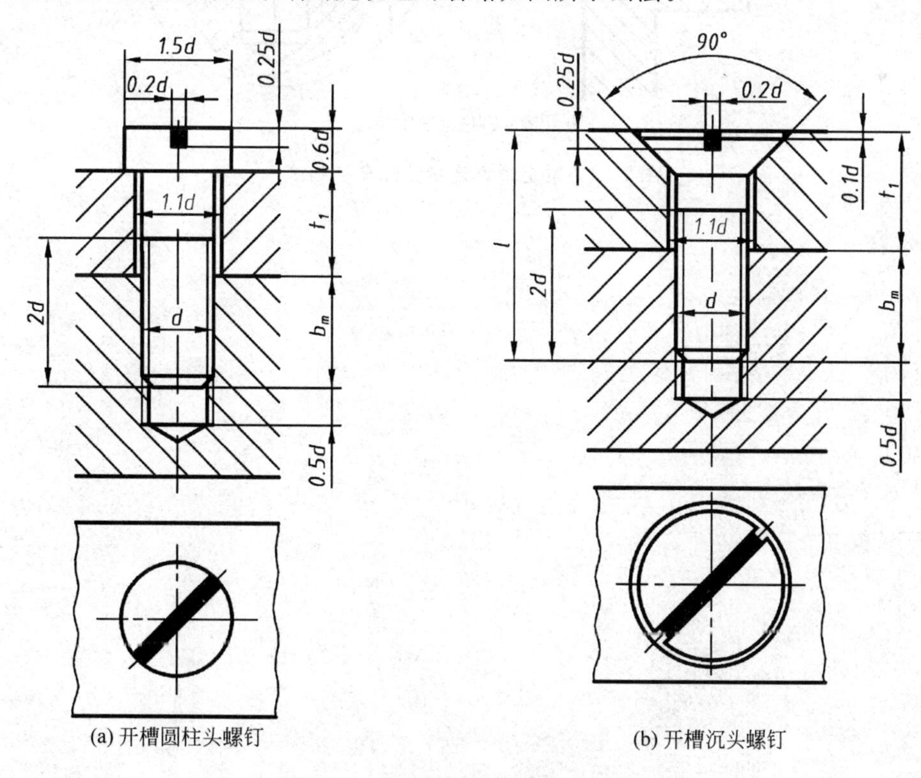

(a) 开槽圆柱头螺钉　　(b) 开槽沉头螺钉

图 7-21　常见螺钉连接装配图的画法

紧定螺钉用来固定两个零件的相对位置，图 7-22 所示分别是锥端紧定螺钉和圆柱端紧定螺钉连接的装配图。

注意，一字槽螺钉的开槽部分，若一字槽的槽宽小于 2mm 时可以涂黑，在投影为圆的视图上，槽的方向按顺时针 45°倾斜绘出。

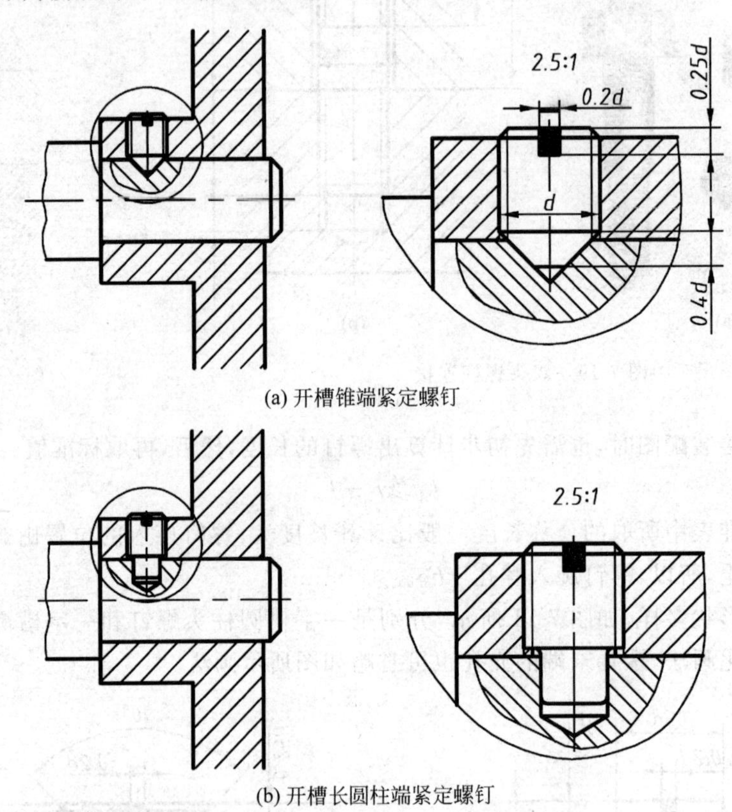

(a) 开槽锥端紧定螺钉

(b) 开槽长圆柱端紧定螺钉

图 7-22　紧定螺钉连接装配图的画法

第8章　标准件和常用件

标准件和常用件都是工业设备中广泛使用的零件。与螺纹紧固件一样，标准件是国家标准对其结构、尺寸、技术要求等作了统一规定的。一方面是为了便于专业化生产，提高生产效率；另一方面，在设计中选用标准件，不必画出其零件图，只需在装配图中写出这些标准件的标记，据以采购。本章介绍的标准件有键、销和滚动轴承。常用件是只有部分结构标准化了，其余结构根据需要设计，如齿轮、弹簧等。

8.1　键

键通常用于连接轴和装在轴上的转动件(如齿轮、带轮等)，起传递扭矩的作用，如图8-1所示。键连接具有结构简单、紧凑、可靠、装拆方便和成本低廉等优点。

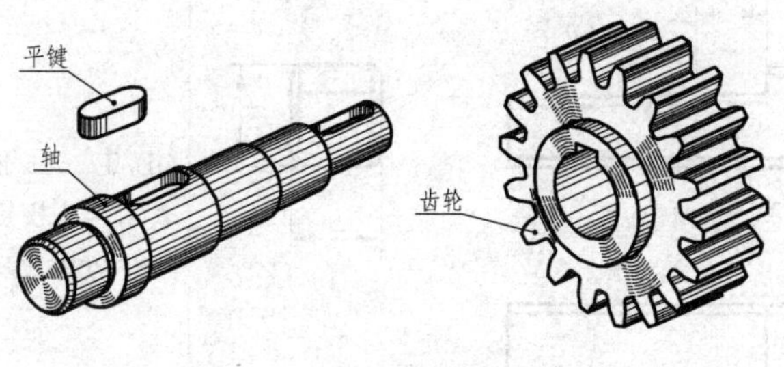

图8-1　键连接

8.1.1　键的型式和标记

键是标准件，常用的键有普通平键、半圆键和钩头楔键，如图8-2所示。其中，以普通平键最为常见。

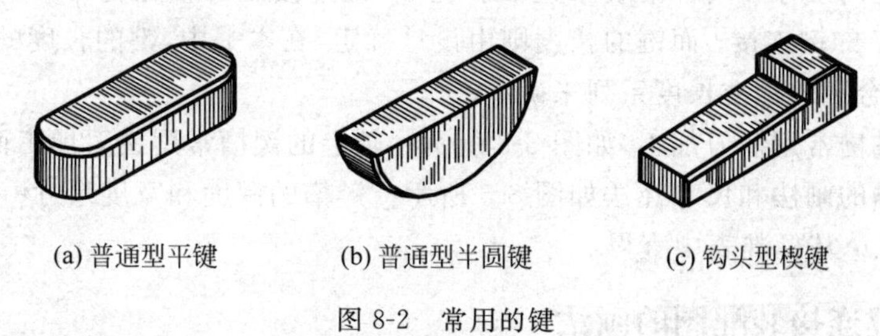

(a) 普通型平键　(b) 普通型半圆键　(c) 钩头型楔键

图8-2　常用的键

在机械设计中，键要根据受力情况和轴的大小，经过计算按标准选取。不需要单独画出其图形，但要正确标记，键的完整标记格式为：

标准编号	名称	规格尺寸(宽×高×长)

常用键的型式及规定标记见表8-1。

表 8-1　键的型式和规定标记

名称	图　例	标 记 示 例
普通平键	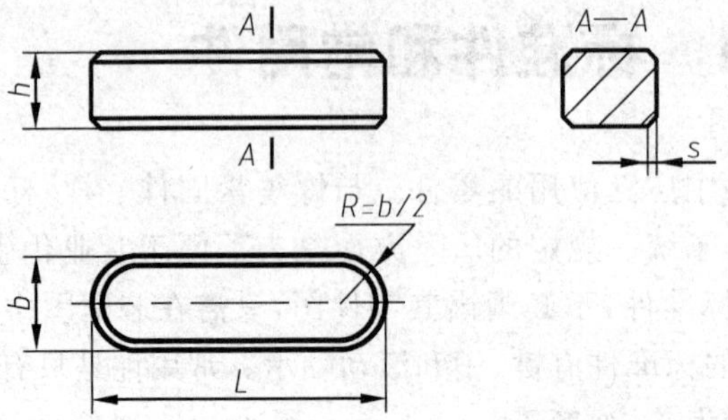 A—A　A　h　s　R=b/2　b　L	GB/T 1069 键 16×10×100 表示 A 型普通平键,键宽 b=16mm,键厚 h=10mm,键长 L=100mm 注:A 型省略不注,B 型和 C 型必须在标记中的名称后加注 B 或 C
半圆键	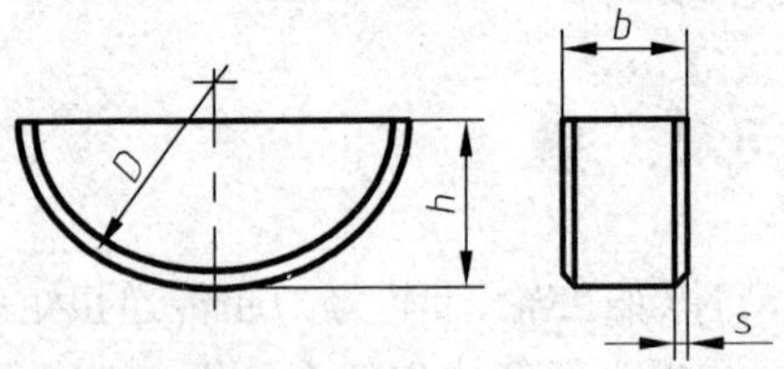 D　h　b　s	GB/T 1099.1 键 6×10×25 表示半圆键,键宽 b=6mm,键高 h=10mm,直径 D=25mm
钩头楔键	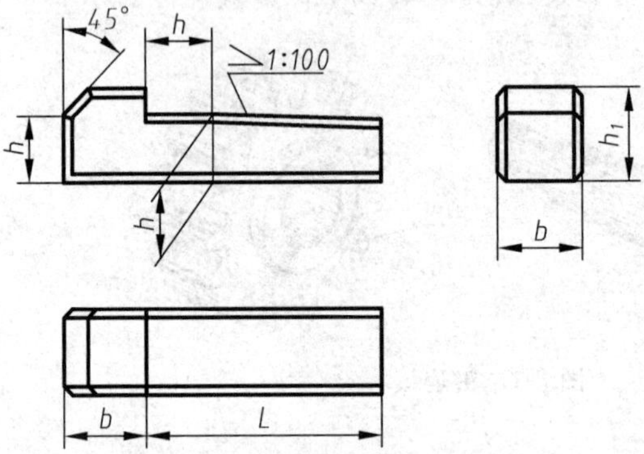 45°　h　1:100　h_1　b　L	GB/T 1565 键 8×50 表示钩头楔键,键宽 b=8mm,键长 L=50mm

8.1.2　键的选取及键槽尺寸的标注

键可按轴径的尺寸查阅标准表来选取。比如,键连接处的轴径为 ϕ25,查表得知,需要用宽为 8,厚为 7 的键连接;而键的长度则由设计确定,在本书中,键的长度的选取可按小于轮毂长度,并符合键的标准长度系列来确定。

轮毂上的键槽常用插刀加工,如图 8-3 所示。轴上的键槽常用铣刀加工而成,见图 8-4。轴及轮毂上键槽的画法和尺寸注法如图 8-5 所示。键槽的深度和宽度尺寸一般标注在断面图上,图中 b、t_1、t_2 从标准表中查得。

8.1.3　键连接装配图的画法

普通平键用于轴、孔连接时,侧面是工作面,键的侧面与键槽的侧面接触,画一条线;键的底面和轴上键槽的底面也接触,键的顶面与轮毂中键槽的底面应有间隙,是非工作面,应画两条线,如图 8-6 所示。

半圆键的连接情况及画图要求与普通平键类似,只是左视图的剖切位置,须选择键的最底部,如图 8-7(a)所示。图 8-7(b)所示的是有轴端挡圈固定的装置。

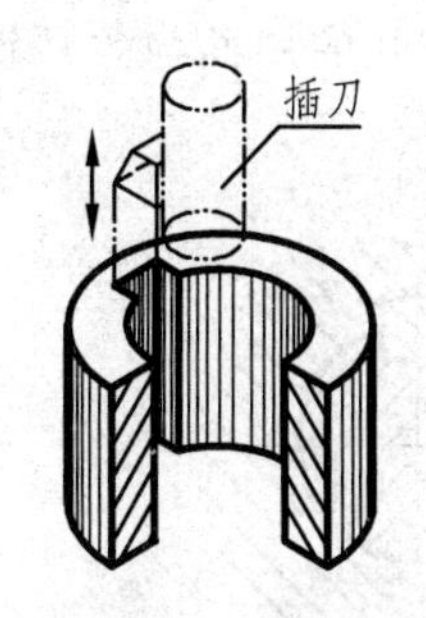

图 8-3　轮毂上键槽的加工

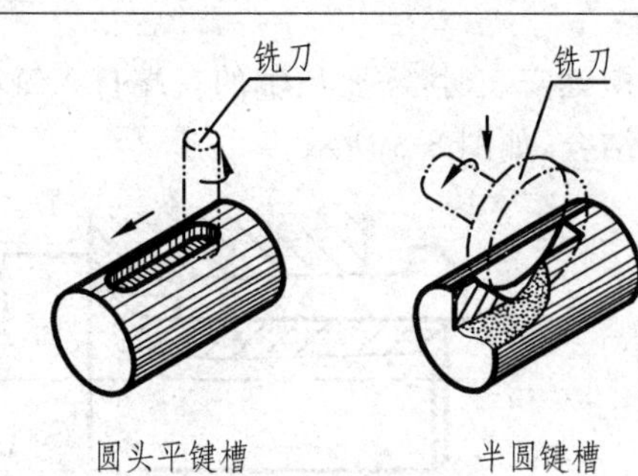

图 8-4　轴上键槽的加工

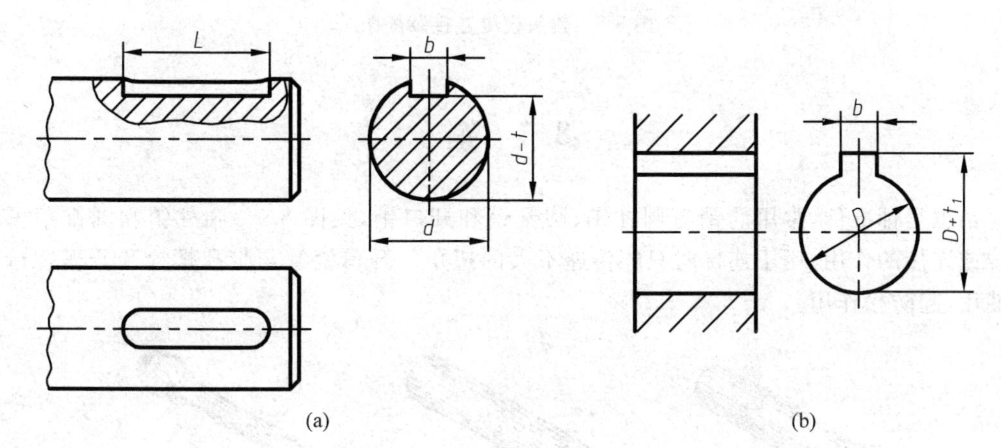

图 8-5　键槽的尺寸标注

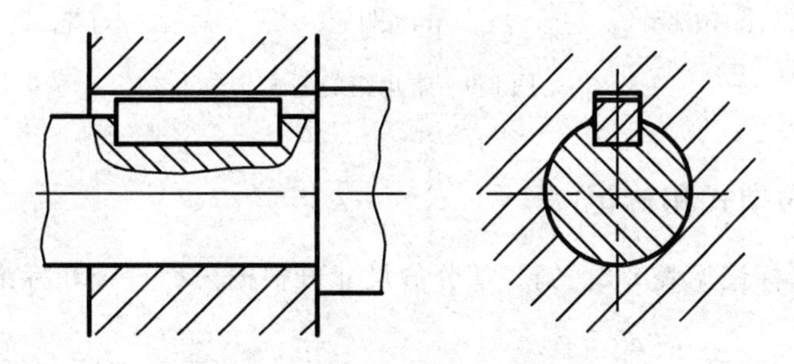

图 8-6　普通平键连接装配图

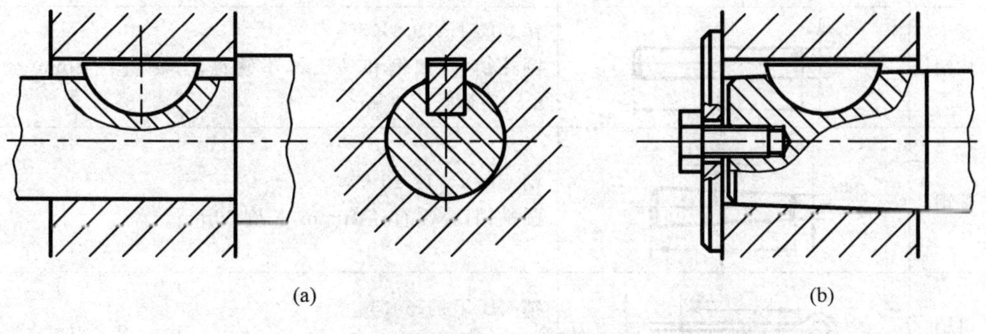

图 8-7　半圆键连接装配图

钩头楔键安装时,需要从轴的一端打入键槽,其顶部 1∶100 的斜面与轮毂键槽的斜面必须紧密结合,如图 8-8 所示。

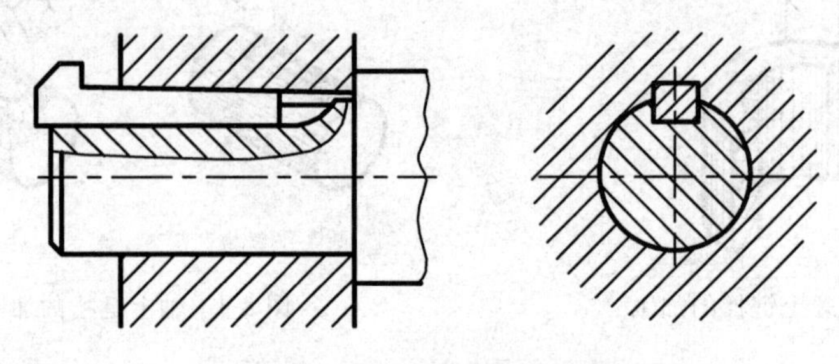

图 8-8 钩头楔键连接装配图

8.2 销

销也是标准件,常用的销有圆柱销、圆锥销和开口销,见图 8-9。圆柱销和圆锥销可起定位或连接的作用,用于连接时只能传递不大的扭矩。开口销常与带孔螺栓和开槽螺母配合使用,起防松作用。

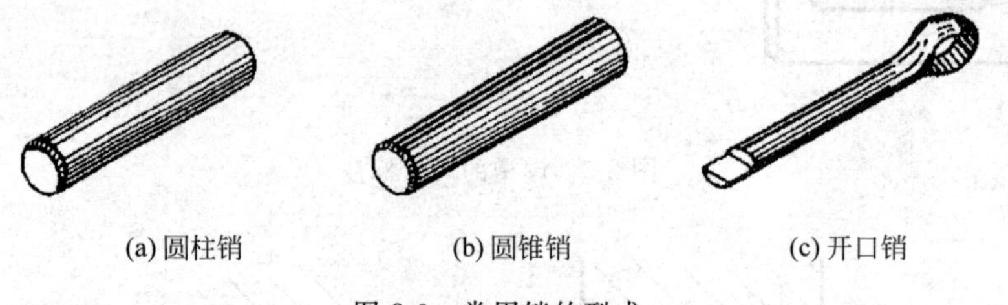

图 8-9 常用销的型式

8.2.1 销的型式和标记

销的型式及其标记见表 8-2。销各部分的尺寸可根据公称直径和标准编号从有关标准中查得。

表 8-2 常用销的型式与标记示例

名称	图 例	标 记 示 例
圆柱销	d, L	销 GB/T 119 8×30 圆柱销,淬硬钢和马氏体不锈钢,公称直径 8mm,公差 m6,公称长度 30mm
圆锥销	1:50, d, L	销 GB/T 117 10×60 圆锥销,小端直径 10mm,长度 60mm
开口销	L, d	销 GB/T 91 5×50 开口销,公称直径 5mm,长度 50mm

圆柱销靠过渡配合固定在被连接件的销孔中，圆柱销经过多次装拆会由于磨损而影响定位精度。圆锥销有 1∶50 的锥度，比圆柱销定位可靠，多次装拆不会影响其定位质量。

8.2.2 销连接装配图的画法

销连接装配图的画法如图 8-10 所示。

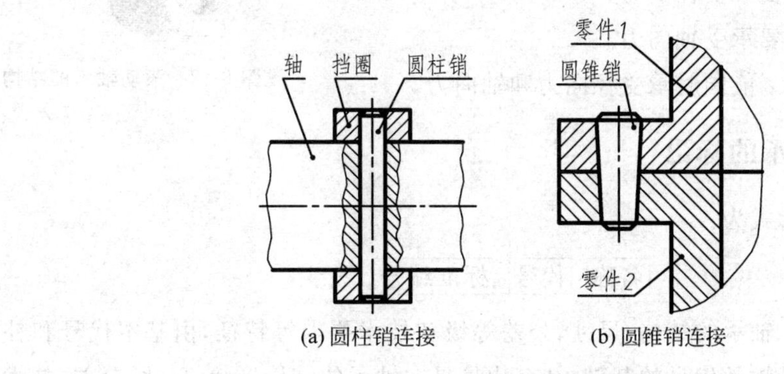

(a) 圆柱销连接　(b) 圆锥销连接

图 8-10　销连接装配图

另外，圆柱销和圆锥销的装配要求较高，一般两个被连接件的销孔在装配时一起加工，其加工方法如图 8-11(a)、(b)所示。在标注零件图上销孔的尺寸时，应注明与另一零件配作，如图 8-11(c)所示。

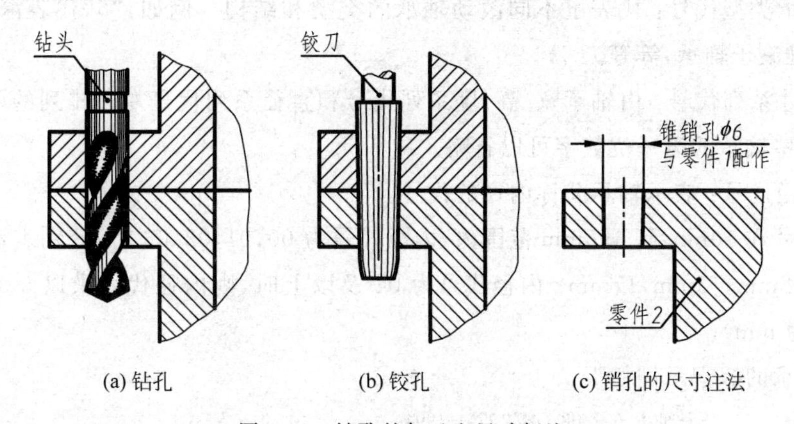

(a) 钻孔　(b) 铰孔　(c) 销孔的尺寸注法

图 8-11　销孔的加工和尺寸标注

8.3 滚动轴承

轴承分滑动轴承和滚动轴承，其作用是支撑转动轴。滚动轴承摩擦阻力小，结构紧凑，转动灵活，维修方便，在机械设备中得到广泛应用。

8.3.1 滚动轴承的结构和分类

滚动轴承是一种标准组件，一般由内圈、外圈、滚动体和保持架组成，如图 8-12 所示。

通常外圈装在机座的内孔内，固定不动；内圈套在转动轴上，随轴转动；若干滚动体在内、外圈之间，由保持架将它们彼此隔开，防止相互摩擦与碰撞。滚动体的形状有球形、圆柱形、圆锥形等。

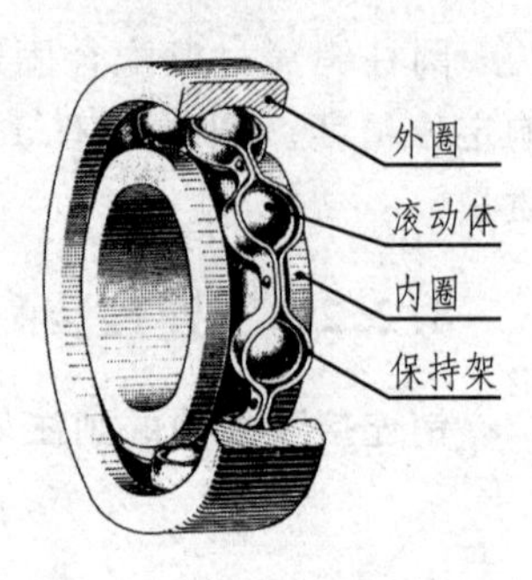

图 8-12　滚动轴承的结构

滚动轴承按其受力方向分三类：

(1) 向心轴承：主要承受径向力。

(2) 推力轴承：主要承受轴向力。

(3) 向心推力轴承：能同时承受径向力和轴向力。

8.3.2　滚动轴承的标记

滚动轴承的标记形式为：

名称 代号 标准编号

轴承的代号表达了轴承的结构、尺寸、公差等级和技术要求等特征，由基本代号和补充代号组成。基本代号是轴承代号的基础，补充代号是在轴承的结构形状、尺寸、公差、技术性能等发生改变时，在基本代号前后添加的前置、后置代号。所以，一般轴承标记中的代号都是指基本代号。

基本代号由 5 位数字组成，包括轴承类型代号、尺寸系列代号、内径代号三部分内容。

(1) 轴承类型代号：代表了不同滚动轴承的类型和结构。例如，“6”代表深沟球轴承，“3”代表圆锥滚子轴承，等等。

(2) 尺寸系列代号：由轴承宽(高)度系列代号和直径系列代号左右排列的两位数字组成，其中，一些轴承的第一位数字可以省略。

(3) 内径代号：表示轴承公称内径的代号。

内径尺寸在 10mm 到 495mm 范围内，内径代号为 00，01，02，03 时，分别表示轴承内径 d=10mm，12mm，15mm，17mm；内径代号为 04 及以上时，则内径代号乘以 5 为轴承内径大小(单位为 mm)。

滚动轴承的标记示例如下：

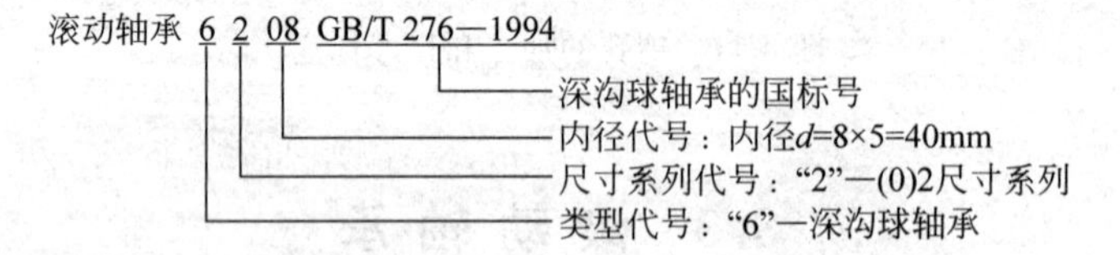

8.3.3　滚动轴承的画法

在装配图中，滚动轴承通常采用简化画法和规定画法绘制。简化画法包括通用画法和特征画法两种，但在同一张图样中只能采用一种画法。

一般画图前，根据轴承代号从相关标准中查取有关参数，按照规定画图。图 8-13 是轴承的通用画法，表 8-3 所列为常用的三种轴承的规定画法和特征画法。

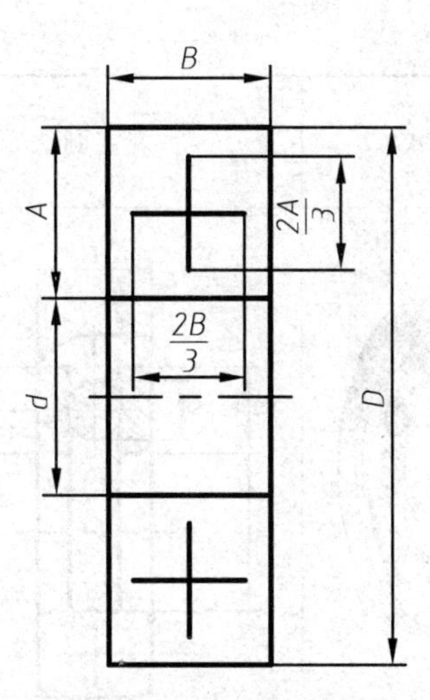

图 8-13　轴承的通用画法

表 8-3　常用滚动轴承的规定画法和特征画法

轴承类型、标准编号及代号	结构形式	规定画法	特征画法
深沟球轴承 GB/T 276—1994 60000 型	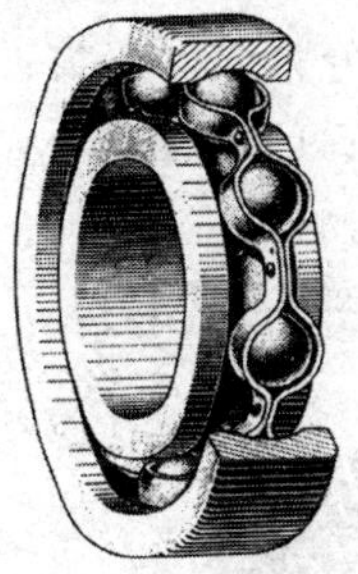	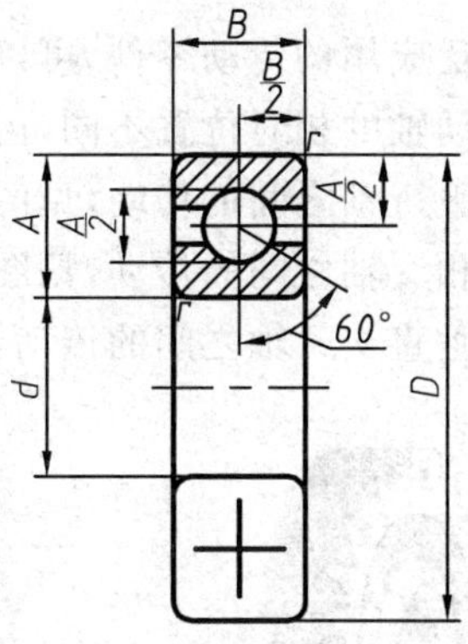	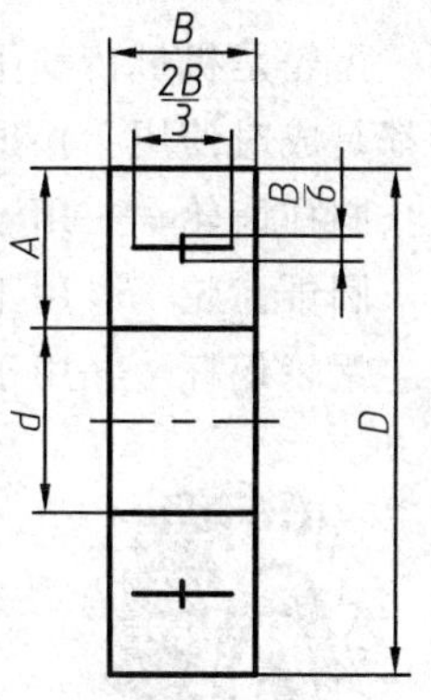
圆锥滚子轴承 GB/T 297—1994 30000 型	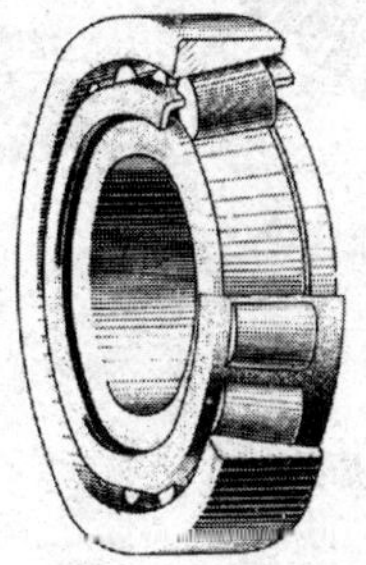	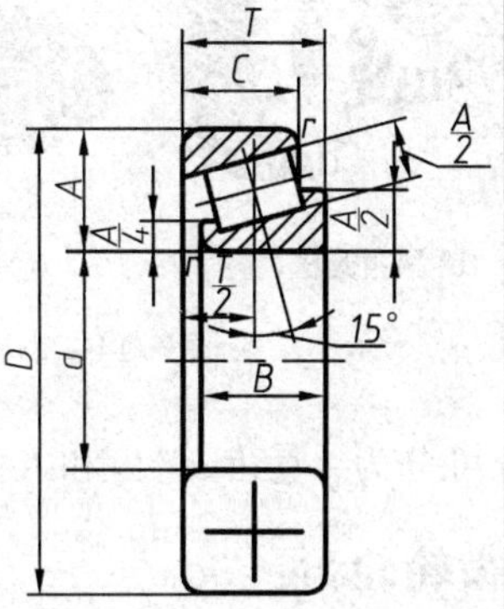	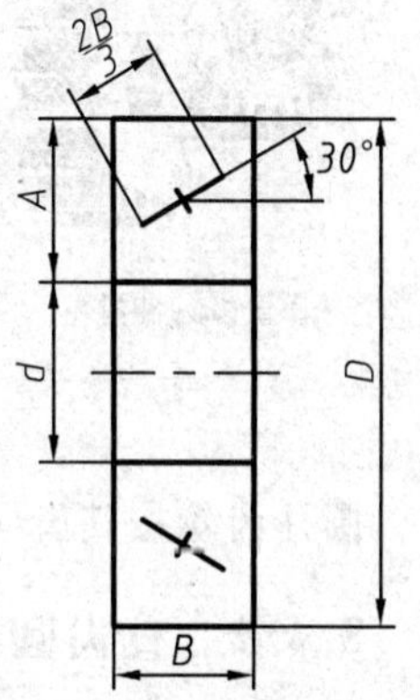

续表

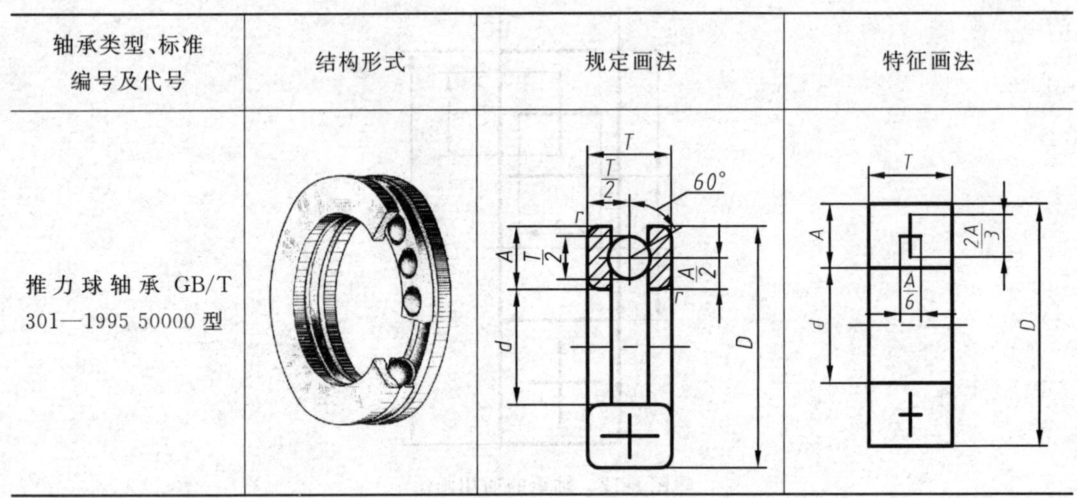

轴承类型、标准编号及代号	结构形式	规定画法	特征画法
推力球轴承 GB/T 301—1995 50000 型			

8.4 齿　　轮

8.4.1 齿轮的作用和分类

齿轮是机械传动中广泛应用的传动零件，可以用来传递动力，改变运动速度和方向。齿轮都是成对使用。根据传动轴的相对位置不同，齿轮分为以下三类：

圆柱齿轮——用于两平行轴之间的传动，见图 8-14(a)、(b)。

圆锥齿轮——用于两相交轴之间的传动，见图 8-14(c)。

蜗轮蜗杆——用于两垂直交叉轴之间的传动，见图 8-14(d)。

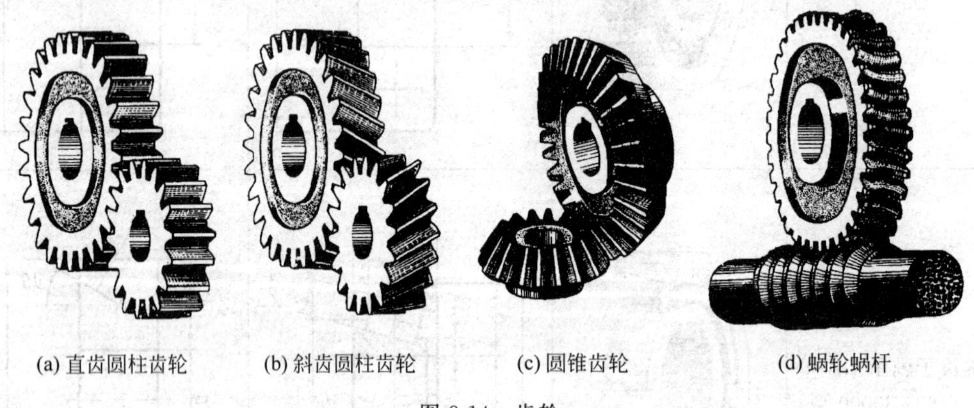

(a) 直齿圆柱齿轮　(b) 斜齿圆柱齿轮　(c) 圆锥齿轮　(d) 蜗轮蜗杆

图 8-14　齿轮

圆柱齿轮按其齿向分可分为：直齿、斜齿和人字齿轮，这里主要介绍直齿圆柱齿轮。

8.4.2 直齿圆柱齿轮轮齿

1. 齿轮各部分的名称

标准直齿圆柱齿轮各部分的名称及代号，如图 8-15 所示。

(1) 齿顶圆(直径 d_a)：通过轮齿顶部的圆。

(2) 齿根圆(直径 d_f)：通过轮齿根部的圆。

(3) 分度圆(直径 d)：作为计算齿轮各部分尺寸的基准圆，在这个圆上，齿厚(e)和齿槽(s)的弧长相等。

(4) 齿距(p)：分度圆上相邻两齿对应点之间的弧长。

(5) 齿顶高(h_a)：齿顶圆和分度圆之间的径向距离。

(6) 齿根高(h_f)：齿根圆和分度圆之间的径向距离。

(7) 齿高(h)：齿顶圆和齿根圆之间的径向距离，$h=h_a+h_f$。

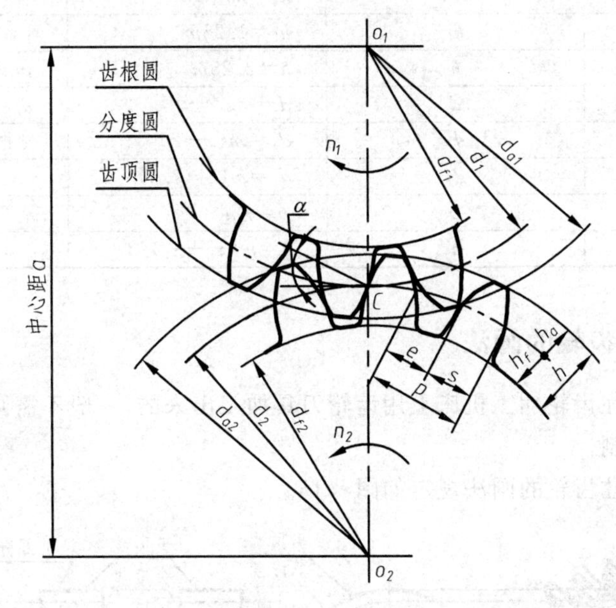

图 8-15　直齿圆柱齿轮各部分名称

2. 齿轮各部分的参数

(1) 齿数(z)：齿轮上轮齿的个数。一般地，主动轮齿数用 z_1 表示，从动轮齿数用 z_2 表示。

(2) 模数(m)：由于，分度圆的周长 $=\pi d=pz$，所以，$d=\dfrac{p}{\pi}z$，令 $\dfrac{p}{\pi}=m$，则 $d=mz$，称 m 为齿轮的模数。

模数是设计和制造齿轮的基本参数，制造齿轮时根据模数来选择刀具。为了设计和制造方便，减少齿轮成形刀具的规格，模数已经标准化，我国规定的标准模数值见表 8-4。

表 8-4　齿轮模数系列(GB/T 1357—1987)

第一系列	0.1　0.12　0.15　0.2　0.25　0.3　0.4　0.5　0.6　0.8　1　1.25　1.5　2　2.5　3　4　5　6　8　10　12　16　20　25　32　40　50
第二系列	1.75　2.25　2.75　(3.25)　3.5　(3.75)　4.5　5.5　(6.5)　7　9　(11)　14　18　22　28　(30)　36　45

(3) 齿形角(α)：齿廓曲线的公法线与两分度圆的内公切线所夹锐角。我国一般采用20°的齿形角。

3. 直齿圆柱齿轮各部分的计算公式

设计齿轮时，先确定模数和齿数，其他各部分尺寸均可根据模数和齿数计算得到。标准直齿圆柱齿轮各部分的计算公式见表8-5。

表8-5　标准直齿圆柱齿轮的计算公式

名　　称	代　号	计 算 公 式	备　　注
齿顶高	h_a	$h_a=m$	
齿根高	h_f	$h_f=1.25m$	
齿高	h	$h=2.25m$	m 取标准值
分度圆直径	d	$d=mz$	$\alpha=20°$
齿顶圆直径	d_a	$d_a=m(z+2)$	z 根据设计需要确定
齿根圆直径	d_f	$d_f=m(z-2.5)$	
齿距	p	$p=\pi m$	
中心距	a	$a=m(z_1+z_2)/2$	

8.4.3　圆柱齿轮的画法

齿轮的轮齿是在齿轮加工机床上用齿轮刀具加工出来的，一般不需画出它的真实投影，而是按规定画法绘制。

国家标准对圆柱齿轮的画法规定如图8-16。

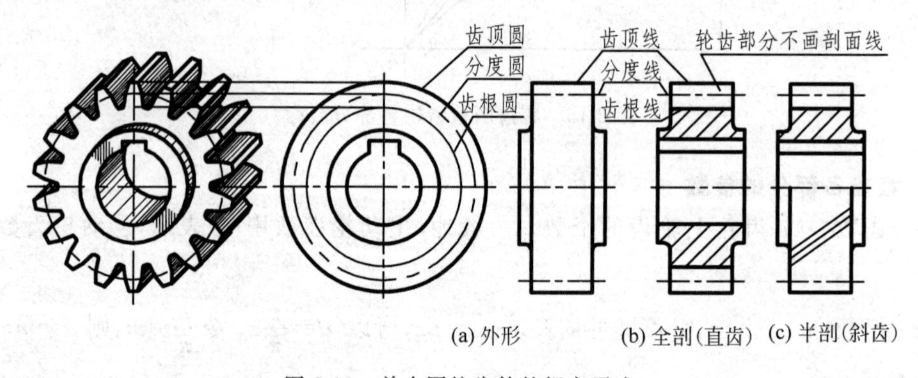

图8-16　单个圆柱齿轮的规定画法

1. 单个圆柱齿轮的画法

(1) 在视图中，齿顶圆和齿顶线用粗实线表示；分度圆和分度线用点画线表示；齿根圆和齿根线用细实线表示，也可省略不画。

(2) 在剖视图中，当剖切面通过齿轮的轴线时，轮齿一律按不剖处理，齿根线用粗实线绘制。

(3) 对于斜齿或人字齿轮，还需要在外形图上画出三条平行的细实线，用以表示齿向和倾角。

2. 两个圆柱齿轮啮合的画法

装配准确的标准圆柱齿轮啮合时，两个分度圆处于相切的位置，此时的分度圆称为节圆。圆柱齿轮啮合的画法如图 8-17 所示，具体规定如下：

(1) 在垂直于圆柱齿轮轴线的投影面的视图中，两节圆相切。在啮合区内的齿顶圆均用粗实线绘制(图 8-17(a))，也可不画(图 8-17(b))。齿根圆用细实线绘制，也可省略。

(2) 在平行于圆柱齿轮轴线的投影面的视图中，啮合区内的齿顶线不画，节线用粗实线绘制，如图 8-17(c)所示；当画成剖视图时，在啮合区内将一个齿轮的轮齿用粗实线绘制，另一个齿轮的轮齿被遮挡的部分用虚线绘制；两齿轮的节线重合，用一条点画线表示，如图 8-17(a)所示，左边是啮合区域的放大图。

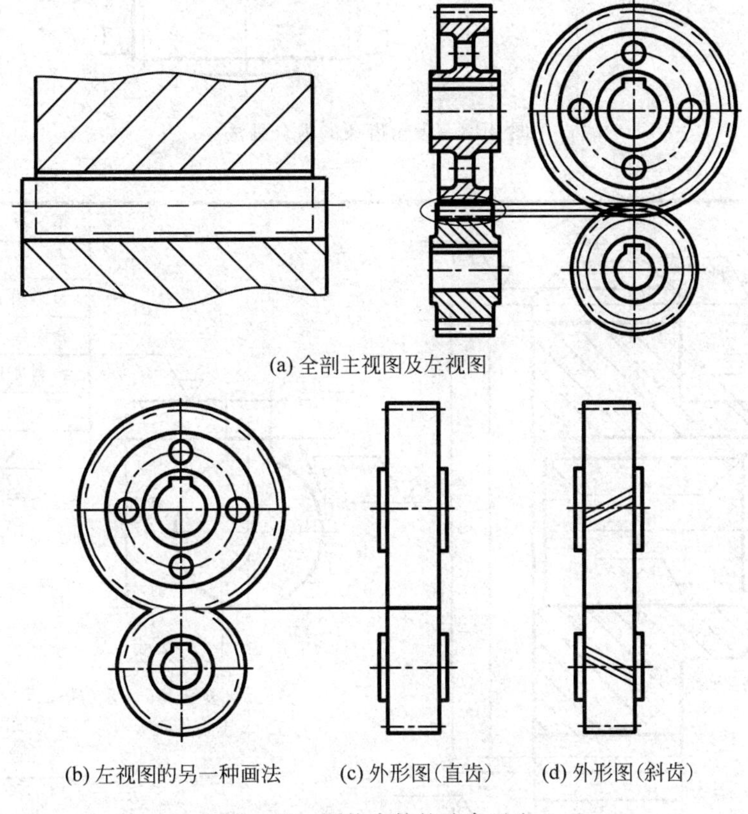

(a) 全剖主视图及左视图

(b) 左视图的另一种画法　　(c) 外形图(直齿)　　(d) 外形图(斜齿)

图 8-17　圆柱齿轮的啮合画法

3. 齿轮和齿条啮合的画法

当齿轮的直径无限大时，齿轮变成了齿条。齿轮齿条啮合时，齿轮的旋转运动带动齿条作直线运动。

齿轮齿条的啮合的画法与两圆柱齿轮啮合的画法基本相同，只是齿轮的节圆和齿条的节线相切，如图 8-18 所示，被遮挡的齿顶线可以省略。

图 8-19 是圆柱齿轮的零件图，在零件图上不仅要表示出齿轮的形状、尺寸和技术要求，而且要列出制造齿轮所需要的参数。

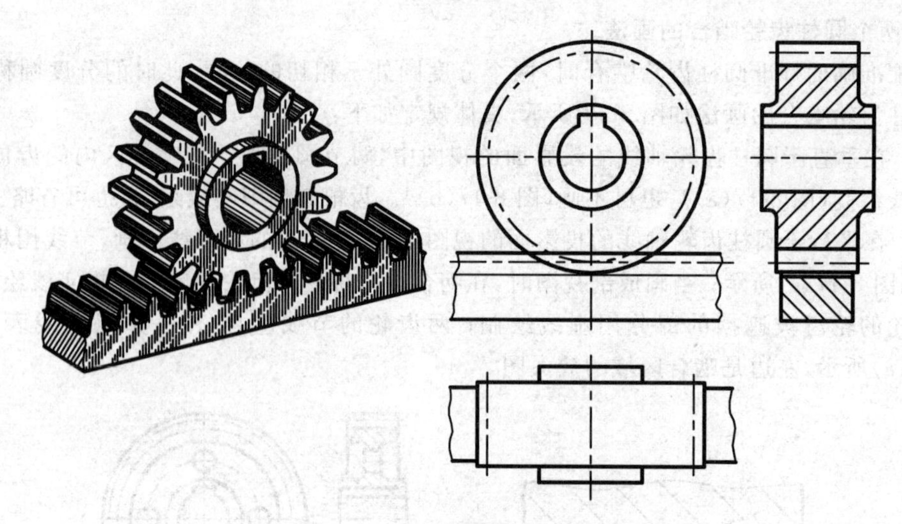

图 8-18　齿轮齿条的啮合画法

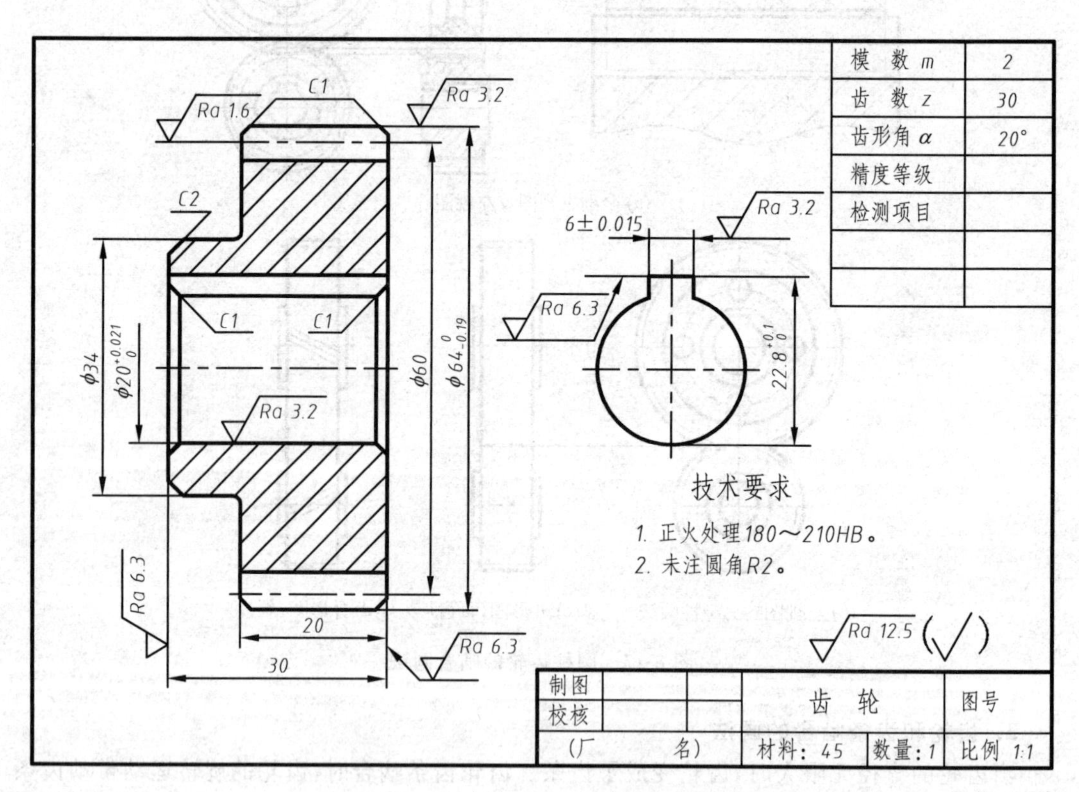

图 8-19　直齿圆柱齿轮的零件图

8.5　弹　　簧

弹簧是机器中常用的零件，其作用有减震、夹紧、储能和测力等。弹簧的种类很多，常用的有螺旋压缩(拉伸)弹簧、扭力弹簧和涡卷弹簧等，如图 8-20 所示。本书仅介绍圆柱螺旋压缩弹簧的有关参数和画法。

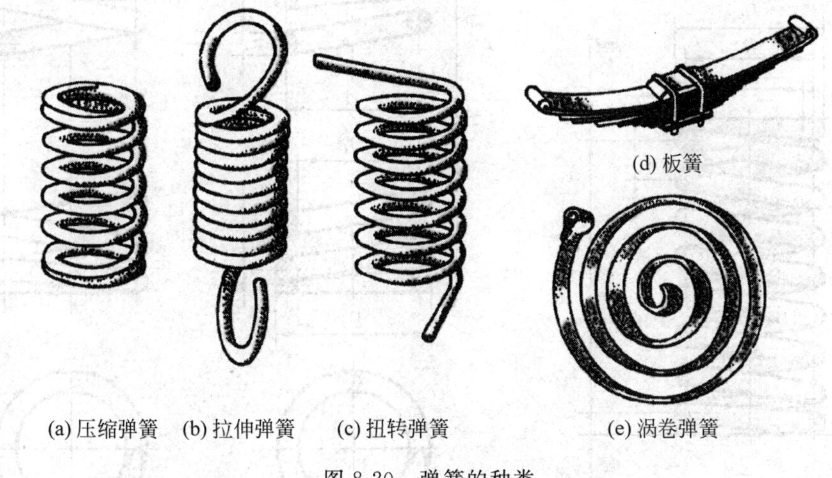

(a) 压缩弹簧　(b) 拉伸弹簧　(c) 扭转弹簧　(d) 板簧　(e) 涡卷弹簧

图 8-20　弹簧的种类

8.5.1　圆柱螺旋压缩弹簧各部分的名称及尺寸关系

弹簧各部分的名称和尺寸关系如图 8-21(a)所示。

(1) 簧丝直径 d：制作弹簧的原材料直径。

(2) 弹簧中径 D：弹簧外径和内径的平均值，按标准选取。

(3) 弹簧内径 D_1：弹簧的最小直径，$D_1=D-d$。

(4) 弹簧外径 D_2：弹簧的最大直径，$D_2=D+d$。

(5) 弹簧节距 t：相邻两个有效圈在中径线上的轴向距离。

(6) 有效圈数 n、支撑圈数 n_0、总圈数 n_1：为了使压缩弹簧工作平稳，端面受力均匀，制造时需将弹簧两端部并紧磨平或锻平，这些并紧磨平或锻平的圈称为支撑圈，其余的圈称为有效圈($n_1=n+n_0$)。支撑圈数一般有 1.5 圈、2 圈和 2.5 圈之分。

(7) 自由高度 H_0：弹簧不受外力时的高度，$H_0=nt+(n_0-0.5)d$。

(8) 展开长度 L：制造弹簧所用原材料长度，$L\approx n_1\sqrt{(\pi D)^2+t^2}$。

8.5.2　圆柱螺旋压缩弹簧的规定画法

圆柱螺旋压缩弹簧真实投影复杂，为了便于画图，国家标准(GB/T 4459.4—2003)对弹簧的画法作了规定，如图 8-21(b)所示。

1. 单个弹簧的画图规定

(1) 在平行于弹簧轴线的视图上，各圈轮廓画成直线。

(2) 不论弹簧的支撑圈多少，均可按支撑圈 2.5 圈绘制。

(3) 有效圈数在 4 圈以上的螺旋弹簧，中间部分可以省略，用通过中径的细点画线连起来。中间部分省略后，其长度可以适当缩短画出。

(4) 左旋弹簧和右旋弹簧均可画成右旋，但左旋弹簧需在标记中注明。

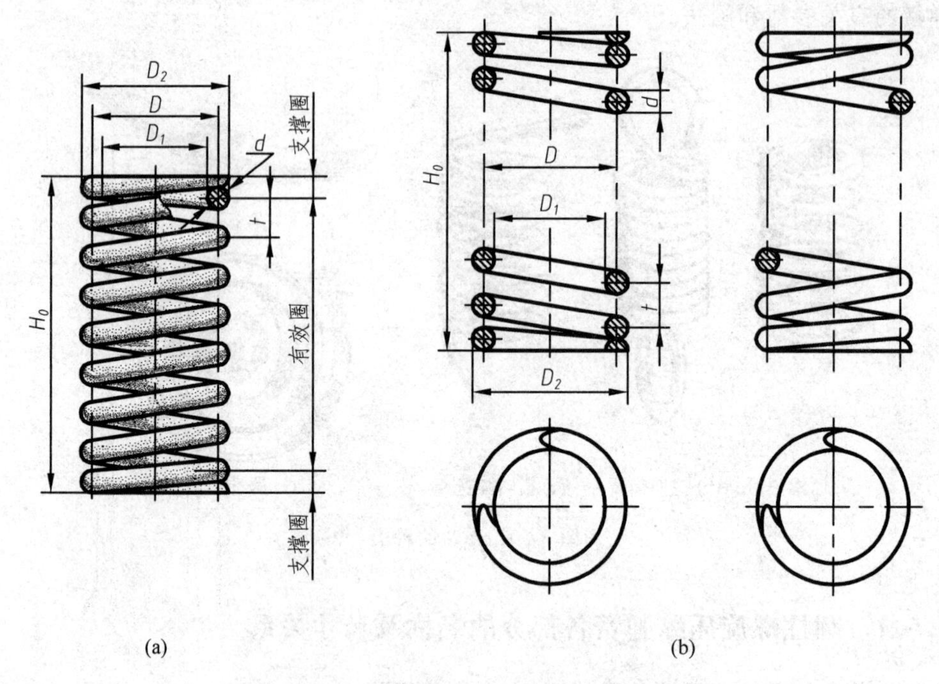

图 8-21　圆柱螺旋弹簧各部分的代号和画法

2. 单个弹簧的画图步骤

图 8-22 是圆柱螺旋压缩弹簧的画图步骤。

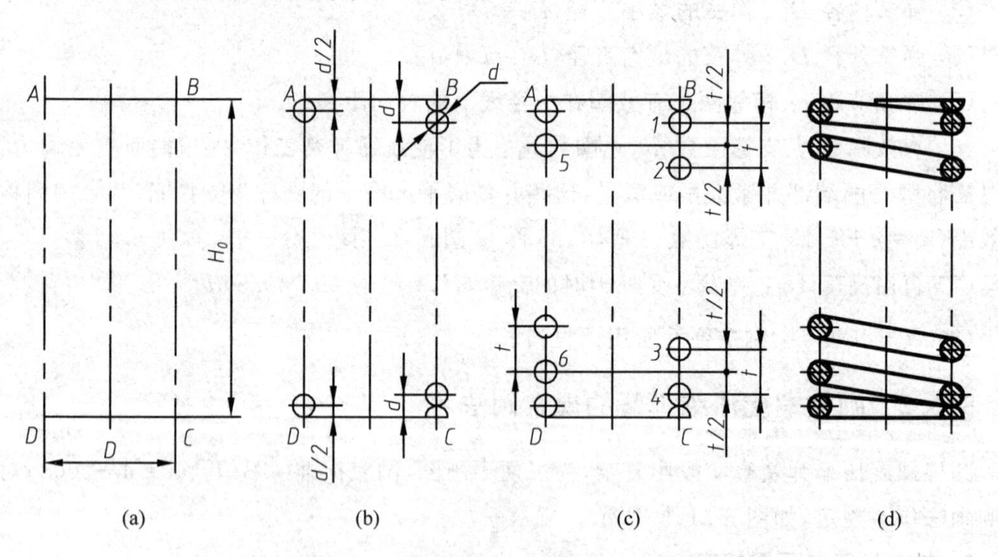

图 8-22　圆柱螺旋弹簧各部分的画图步骤

(1) 根据中径 D 和自由高度 H_0 画出中径线和两端线，如图 8-22(a)所示。

(2) 根据簧丝直径 d 画出支撑圈部分，如图 8-22(b)所示。

(3) 根据节距画出部分有效圈的簧丝断面，如图 8-22(c)所示。

(4) 按右旋方向作相应圈的公切线，并画出剖面符号，整理、加深，如图 8-22(d)所示。

3. 弹簧在装配图中的画法

在装配图中，被弹簧遮挡的结构一般按不可见对待，可见部分画至弹簧的外轮廓线处，或画至省略部分簧丝断面的中心线处，如图 8-23(a)所示。

在图上，当簧丝直径≤ϕ2mm 时，簧丝断面可涂黑，如图 8-23(c)所示。也可画成示意图，如图 8-23(b)、(d)所示。

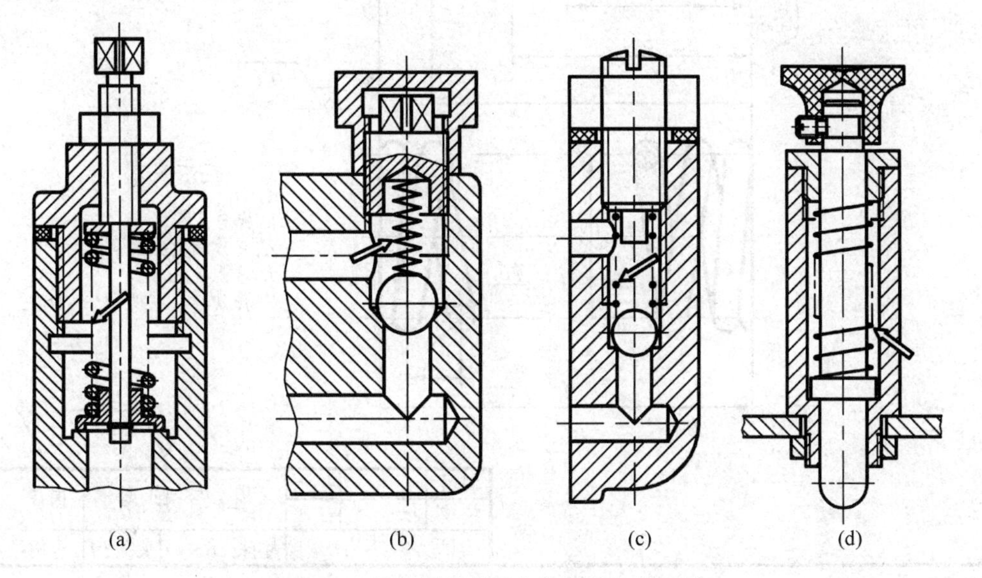

图 8-23　圆柱螺旋弹簧在装配图中的画法

8.5.3　圆柱螺旋压缩弹簧的标记

国家标准 GB/T 2089—2009 规定了圆柱螺旋压缩弹簧的标记由类型代号、规格、精度等级、旋向代号和标准代号组成，规定如下：

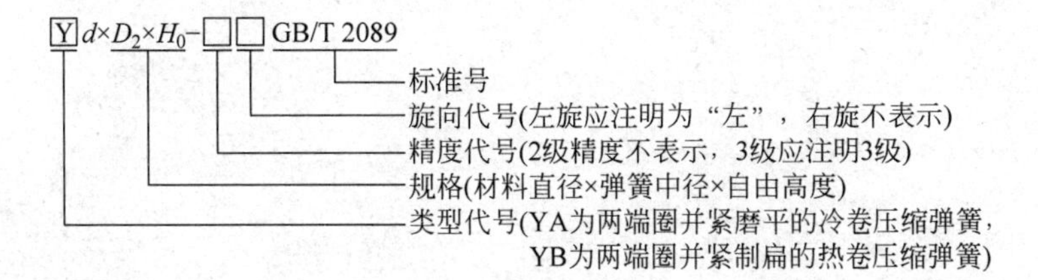

标记示例 1：YA 1.2×8×40 左 GB/T 2089。

YA 型弹簧，材料直径 1.2mm，弹簧中径为 8mm，自由高度 40mm，精度等级为 2 级，左旋旋向，两端并紧磨平的冷卷压缩弹簧。

8.5.4　圆柱螺旋压缩弹簧的零件图

制造弹簧时，需要画出零件图。圆柱螺旋压缩弹簧的零件图示例如图 8-24 所示。

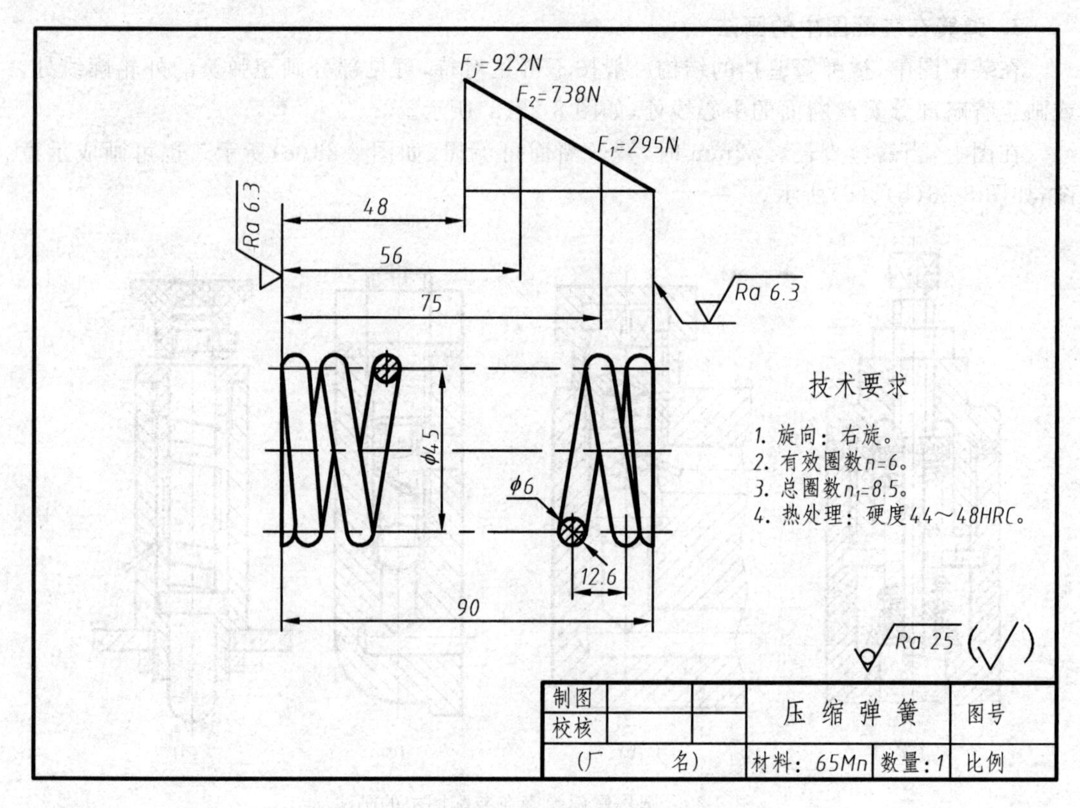

图 8-24 圆柱螺旋压缩弹簧零件图

第9章 零 件 图

零件是组成机器或部件的最小单元，表达零件的结构、大小、技术要求及有关信息的图样，称为零件图。零件图是生产过程中，加工制造和检验零件的基本技术文件。

9.1 零件图的内容

图 9-1 所示为螺母零件图。一张完整的零件图应包括以下内容。

(1) 一组图形：表达零件的内外结构形状的图形。

(2) 完整的尺寸：制造零件所需要的全部尺寸。

(3) 技术要求：说明零件在加工和检验时应达到的技术指标，如尺寸公差、形位公差、表面粗糙度、热处理、表面处理以及其他要求。

(4) 标题栏：包括零件的名称、材料、数量、比例、图号以及有关责任人的签字等内容。

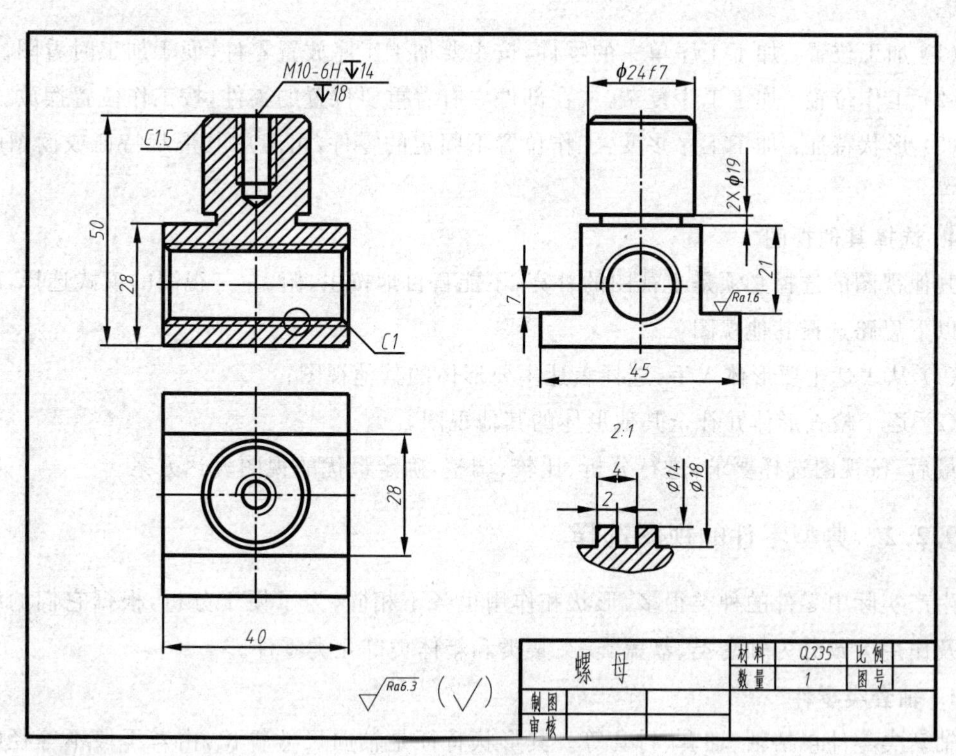

图 9-1 螺母零件图

9.2　零件图的视图选择

绘制零件图时首先要考虑看图方便，并根据零件的结构特点，选用适当的视图、剖视、断面等表达方法，在完整、清晰地表示零件形状的前提下，力求制图简便。选择视图时必须将零件的外部形状和内部结构结合起来考虑，首先选好主视图，然后选配其他视图。

9.2.1　视图选择的步骤

1. 全面了解零件

了解零件的使用功能和要求、加工方法、安装位置等。该部分内容可以从零件的有关技术资料中获取。

2. 对零件进行形体分析和结构分析

形体分析我们比较熟悉，就是分析零件是由哪些基本体组成，各基本体之间的关系怎样等。结构分析主要是从零件的构型、加工、装配等方面考虑其形状。

3. 选择主视图

主视图是反映零件信息量最多的一个视图，应首先考虑。主视图的选择应从以下几方面考虑。

(1) 加工位置：加工工序单一的零件，按主要加工工序放置零件，便于加工时看图。

(2) 工作位置：加工工序复杂，或在部件中有着重要位置的零件，按工作位置摆放。

(3) 形状特征：加工工序多变，工作位置不固定的零件，可考虑其形状特征或读图的习惯位置。

4. 选择其他视图

其他视图的选择必须是主视图的补充，不能盲目地按主、俯、左三视图的模式选择，应该按照以下思路选择其他视图：

(1) 从表达主要形体入手，选择表达主要形体的其他视图；

(2) 逐个检查形体并补全其他形体的其他视图。

最后，按视图选择要求，进行分析、比较、调整，确定最优的视图表达方案。

9.2.2　典型零件的视图选择

生产实际中零件的种类很多，形状和作用也各不相同，为了便于分析，根据它们的结构形状及作用大致分为轴套类、盘盖类、叉架类和箱体类等几类零件。

1. 轴套类零件

轴套类零件包括轴、轴套、衬套等。其形状特征是轴向尺寸较长，由若干段不等径的同轴回转体构成，通常在零件上有键槽、销孔、退刀槽等结构。

这类零件加工时轴线一般是水平放置，为了便于加工时看图，主视图选择加工位置。对零件上的孔、槽等结构，可采用局部放大、断面图、局部剖视等方法表达。图 9-2 所示的轴中，主视图轴线水平放置，用断面图表示轴上键槽形状和尺寸。

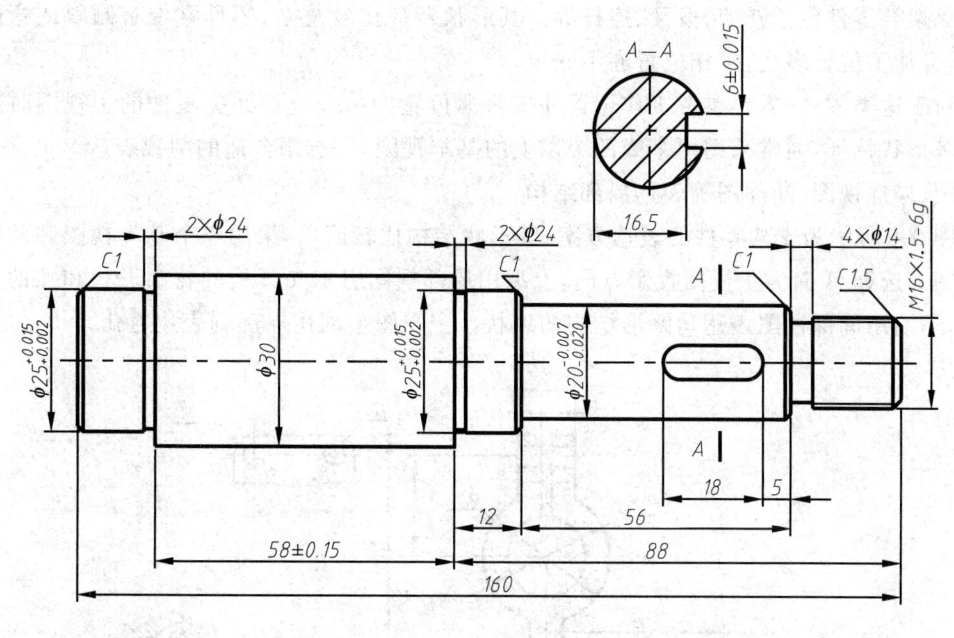

图 9-2　轴

2. 盘盖类零件

盘盖类零件包括端盖、轮盘、带轮、齿轮等。其形状特征是主体部分一般由回转体构成，呈盘状。沿圆周均匀分布有肋、孔、槽等结构。

与轴类零件一样，盘盖类零件加工时也是轴线水平放置。在选择视图时，一般将非圆视图作为主视图，并根据需要可画成剖视图。用左视或右视图完整表达零件的外形和槽、孔等结构的分布情况。如图 9-3 所示的轮盘零件图中，采用了主、左两个视图。

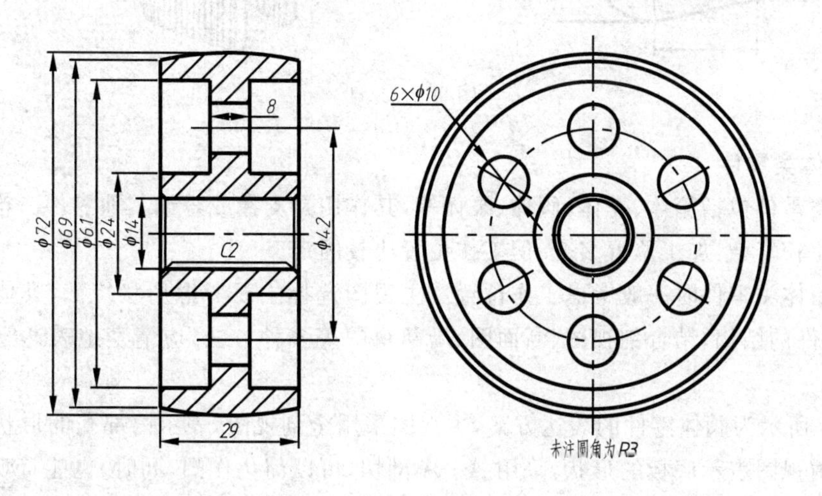

图 9-3　轮盘

3. 叉架类零件

叉架类零件包括托架、拨叉、连杆等。其形状特征比较复杂，零件常带有倾斜或弯曲状结构，且加工位置多变，工作位置亦不固定。

对于这类零件，需要参考工作位置并按习惯位置摆放。选择此类零件的主视图时主要考虑其形状特征，通常采用两个或两个以上的基本视图，并选用合适的剖视表达。也常采用斜视图、局部视图、断面图等表达局部结构。

图 9-4 所示为支架零件的表达方案，其形状结构比较简单，采用一个基本视图和两个局部视图。选择 A 向为主视图投影方向，上端用局部视图表示夹紧板的轮廓形状和孔的分布情况，下端用局部视图表达马蹄形结构的形状。主视图上部用局部剖表达通孔。

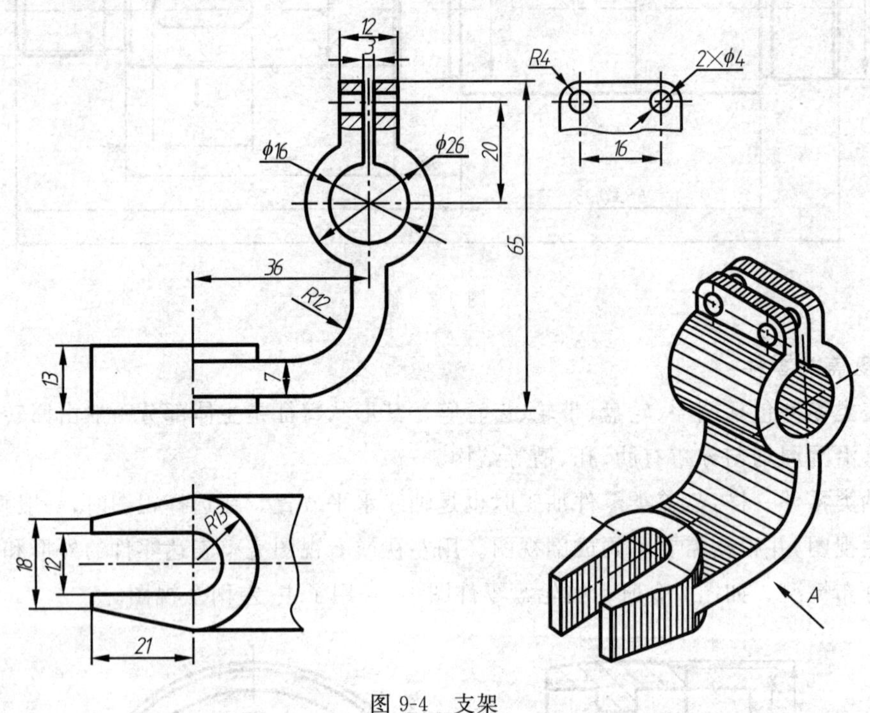

图 9-4　支架

4. 箱体类零件

箱体类零件包括箱体、壳体、阀体、泵体等，其作用是支撑或容纳其他零件。箱体类零件结构形状比较复杂，加工位置多变，但工作位置比较固定。

摆放箱体类零件时一般考虑工作位置。主视图选择主要考虑形状特征，其他视图的选择，根据零件的结构，结合剖视图、断面图、局部视图等多种方法，应清楚地表达零件的内外结构形状。

图 9-5 所示为阀体零件的表达方案，主视图采用全剖视图，表示内部孔的形状大小和相对位置。俯视图表示底板的形状，采用 A—A 剖切，可以简化作图，同时，也能直观地反映出该部分的内外形状。左视图主要表现上部为回转结构。这样，三个基本视图，加上适当的表达方法和尺寸标注，就能清楚地把阀体的内外结构表达清楚。

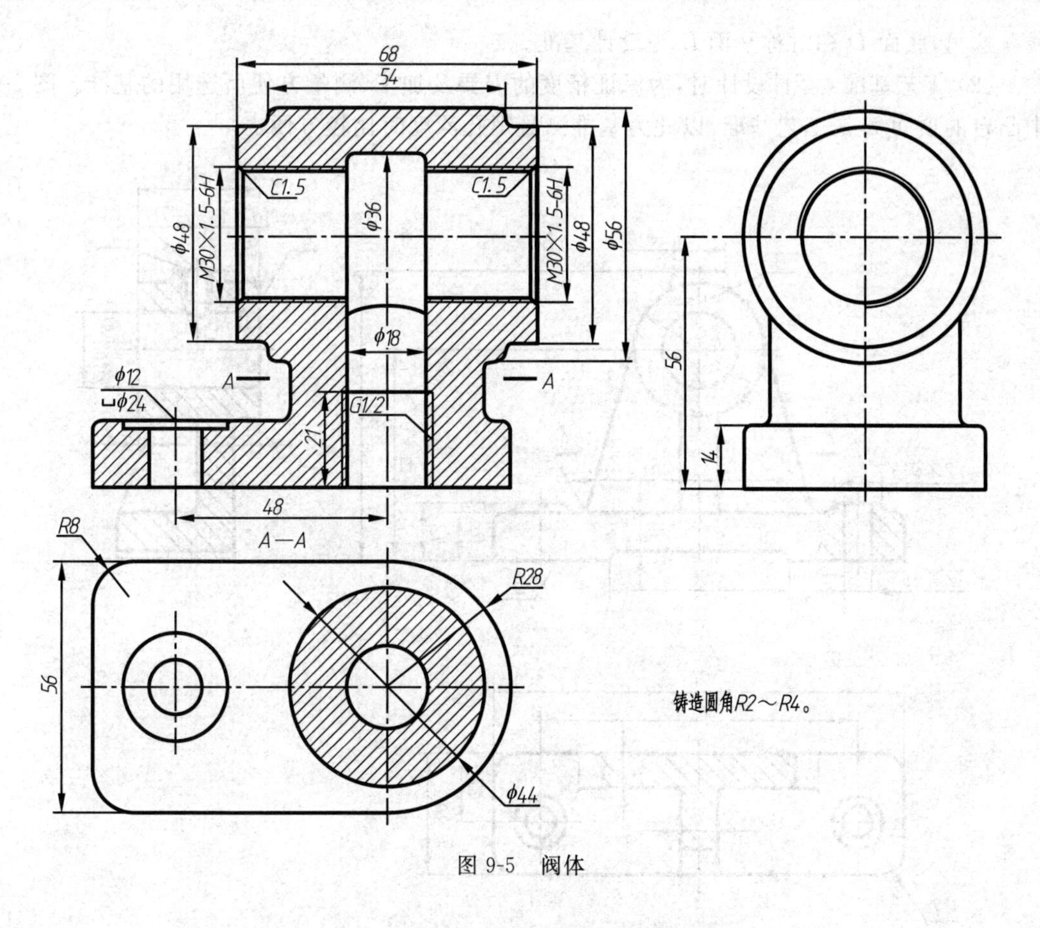

图 9-5 阀体

9.3 零件尺寸的合理标注

尺寸是加工和检验零件的依据，因此，零件图上所标注的尺寸除满足正确、完整、清晰的要求外，还应尽量满足合理性要求。

尺寸标注合理就是指标注的尺寸既能满足设计要求，又便于加工和测量。要做到合理标注尺寸，应对零件的设计思想、加工工艺及工作特点进行全面了解，还应具备相应的机械设计与制造方面的知识。

9.3.1 合理标注尺寸的要点

1. 正确选择尺寸基准

尺寸基准是加工和测量零件时确定尺寸位置的点、线或面。标注零件尺寸时先分别确定长、宽、高三个方向的尺寸基准，然后从尺寸基准出发，确定零件结构之间的相对位置尺寸。根据其作用不同，尺寸基准可分为设计基准和工艺基准。

(1) 设计基准：零件设计时，为保证功能需要，确定零件的结构形状和相对位置所选用的基准。如图 9-6 中，确定支架轴孔的中心高度的尺寸 40±0.02，是以安装底面 D 为基准标注的。由于支架支撑一般是成对使用的，这个尺寸要尽量达到两个支架中心孔在高度方向的共轴线；同样，长度方向以对称平面 B 为基准标注的尺寸 65，尽量保证长度方向共轴线。这里,底面 D 和对称平面 B 为设计基准。

(2) 工艺基准:零件设计时,为保证精度的需要及加工、测量方便所选用的基准。图 9-6 中凸台的顶面 E 是工艺基准,以此为基准测量螺孔深度时比较方便。

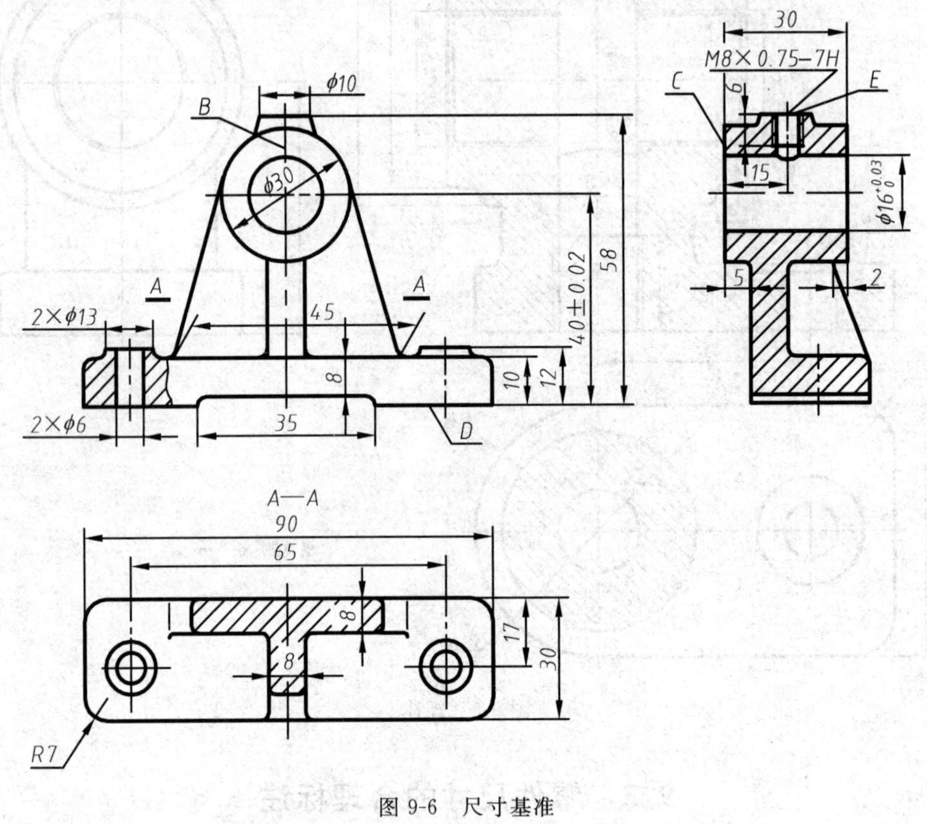

图 9-6 尺寸基准

2. 重要尺寸直接注出

对于影响产品性能、精度等重要的尺寸需要直接标注,如配合尺寸,装配过程中确定零件位置的尺寸和相邻零件之间有关联的尺寸等。

如图 9-7(a)所示的轴心定位尺寸 a 是重要尺寸,必须直接注出。另外,为装配方便,底板上两安装孔的中心距 l 也应直接注出。若按照图 9-7(b)的注法,轴心高度由 $b+c$ 决定,安装孔的中心距也通过间接换算得出,就满足不了设计要求和装配要求了。

3. 避免形成封闭尺寸链

图 9-7(b)中高度方向的尺寸构成了一个封闭尺寸链,即 $a=b+c$。若尺寸 a 的误差一定,则尺寸 b 和 c 的误差必须控制得较小,这样就增加了加工难度,因此,应避免出现封闭尺寸链。将不重要的尺寸 c 去掉,便解决了这个问题。

4. 标注的尺寸要便于加工、便于测量

标注尺寸应尽量符合加工工序。图 9-8 为一根阶梯轴在车床上的加工过程,图 9-8(c)是符合加工工序所标注的尺寸。

便于测量指的是测量时方便操作,便于读数。图 9-9 所示,为一零件内孔的长度尺寸标注情况,其中,图 9-9(a)所标注的尺寸便于测量。

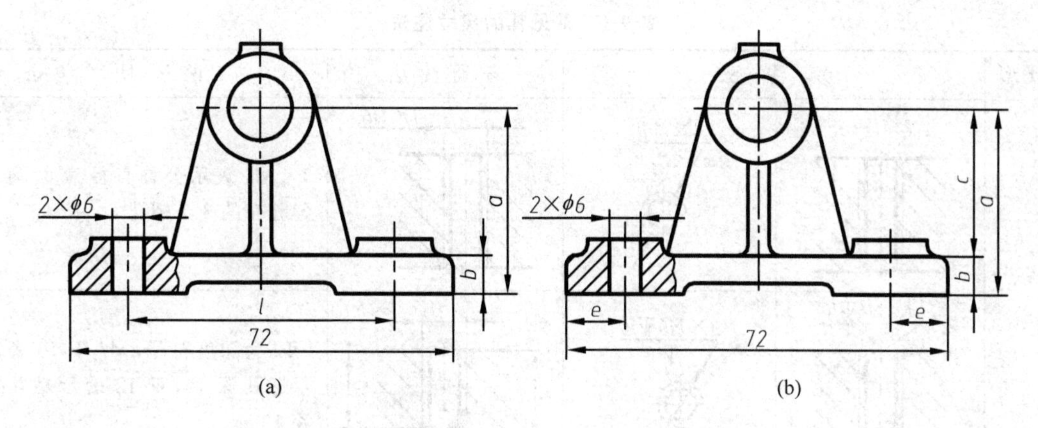

图 9-7　重要尺寸直接注出

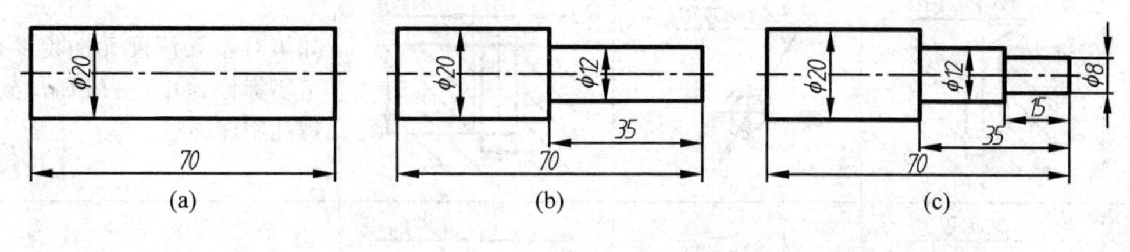

图 9-8　轴的加工工序

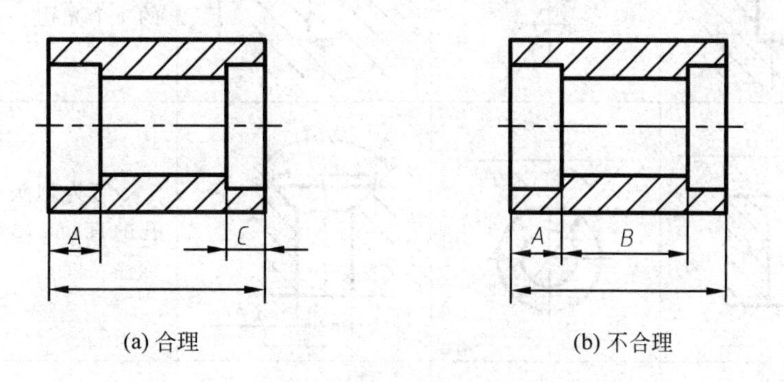

(a) 合理　　(b) 不合理

图 9-9　标注尺寸要便于测量

5. 标注的尺寸要便于读图

同一加工工序所需尺寸，应尽量集中标注在一个视图上，而且该视图反映所加工结构比较明显，如图 9-4 所示的支架零件图中，马蹄形结构的尺寸集中在俯视局部视图上标注。

另外，同一方向的尺寸要排列整齐，如图 9-9(a)中，A、C 两个尺寸属于同方向的平行尺寸，其尺寸线画在同一条线上，既便于读图，又整齐美观。

9.3.2　零件上常见孔的尺寸注法

零件上的各种孔比较常见，孔的尺寸标注除了普通标注方法之外，还有旁注法。旁注法标注尺寸，比较集中、节省空间，尤其对于小孔结构，更显其优越性。表 9-1 为常见孔的尺寸标注方法。

表 9-1　常见孔的尺寸注法

类型	旁注法		普通注法	说明
螺孔	3×M6	3×M6	3×M6	3×M6 表示公称直径为 6,均匀分布的 3 个螺孔
	3×M6↧10 ↧12	3×M6↧10 ↧12	3×M6 12 10	“↧”为深度符号,M6 ↧ 10 表示螺孔深 10,↧ 12 表示钻孔深 12
	3×M6↧10	3×M6↧10	3×M6 10	如果对钻孔深度无一定要求,可不标注深度,一般加工到比螺孔稍深即可
光孔	4×ϕ4↧10	4×ϕ4↧10	4×ϕ4 10	4×ϕ4 表示直径为 4,均匀分布的 4 个光孔
沉孔	6×ϕ7 ⌵ϕ13×90°	6×ϕ7 ⌵ϕ13×90°	90° ϕ13 6×ϕ7	“⌵”为埋头孔的符号,锥形孔的直径 ϕ13 和锥角 90°均需标注
	4×ϕ6.4 ⌴ϕ12↧4.5	4×ϕ6.4 ⌴ϕ12↧4.5	ϕ12 4.5 4×ϕ6.4	“⌴”为沉孔及锪平的符号
	4×ϕ9 ⌴ϕ20	4×ϕ9 ⌴ϕ20	⌴ϕ20 4×ϕ9	锪平孔的深度不需标注,一般锪平到不出现毛坯面为止

9.4 零件常见的工艺结构

零件的结构形状主要根据零件的功用而定的，但在设计零件结构形状的实际过程中，除考虑其功用外，还应考虑加工制造过程中的工艺要求。下面就介绍一些常见的遵照制造工艺要求的工艺结构。

9.4.1 铸造结构

铸件的铸造过程是，先用木材或容易成形的材料，按照零件的形状和尺寸做成模型，然后将其置于填有型砂的砂箱中，夯实型砂后，把模型从中取出形成空腔，再用熔化的铁水浇注。待铁水冷却后，即可得到铸件毛坯，如图9-10(a)所示。

考虑铸造的工艺要求，铸件应具有下面几项工艺结构。

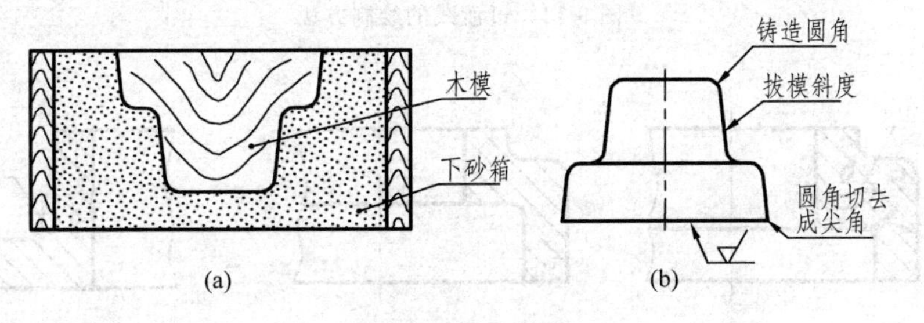

图9-10 铸造零件

1. 拔模斜度

为了便于从砂型中取出模型，在模型设计时，将模型沿出模方向做出1∶20的拔模斜度。因此，铸件表面会有这样的斜度，如图9-10(b)所示。绘制零件图时，拔模斜度一般不绘出，必要时可在技术要求中说明。

2. 铸造圆角

为了防止浇铸时转角处型砂脱落，同时还避免铸件冷却时在转角处因应力集中而产生的裂纹，把铸件表面的转角做成圆角。在绘制零件图时，一般需在图样中画出铸造圆角。铸造圆角半径约为2～5mm，视图中一般不标注，而是集中写在技术要求中。

带有铸造圆角的零件表面的交线(相贯线、截交线)叫做过渡线，由于过渡线不明显，规定在零件图中用细实线绘制。过渡线只画到理论交点处，不与零件轮廓线相交，如图9-11。

3. 壁厚均匀

铸件冷却时，若壁厚不均匀，冷却速度就不同，就会导致壁厚处产生缩孔，如图9-12(a)所示。所以，在设计铸件时，尽量使其壁厚均匀，如图9-12(b)、(c)所示。

9.4.2 机加工常见工艺结构

零件的加工面是指零件上需要使用机床或其他工具切削加工的表面，即用去除材料的方法获得的表面。由于受加工工艺的限制，加工表面有如下工艺要求。

1. 倒角

为了便于装配和操作安全，把轴端或孔口处加工成较浅的锥面，即为倒角结构，如

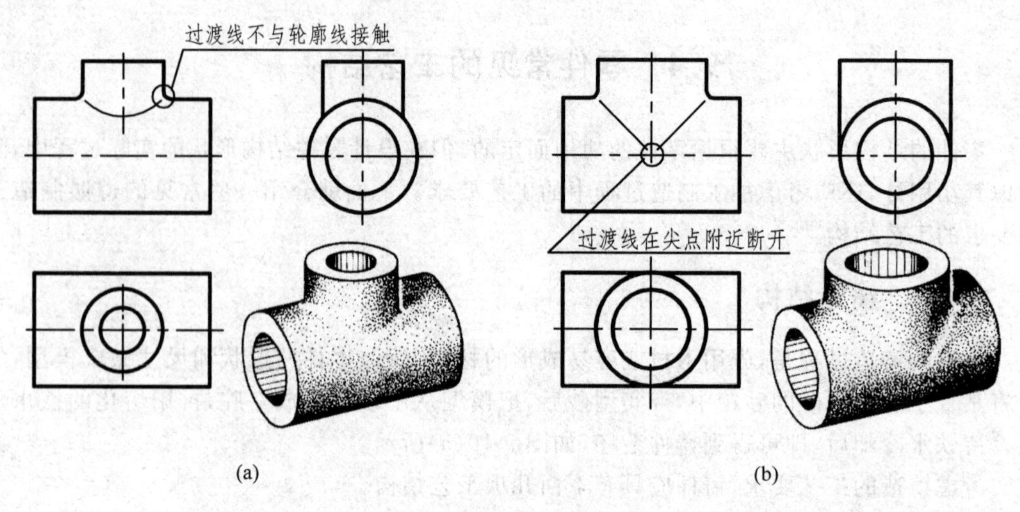

图 9-11 过渡线的绘制方法

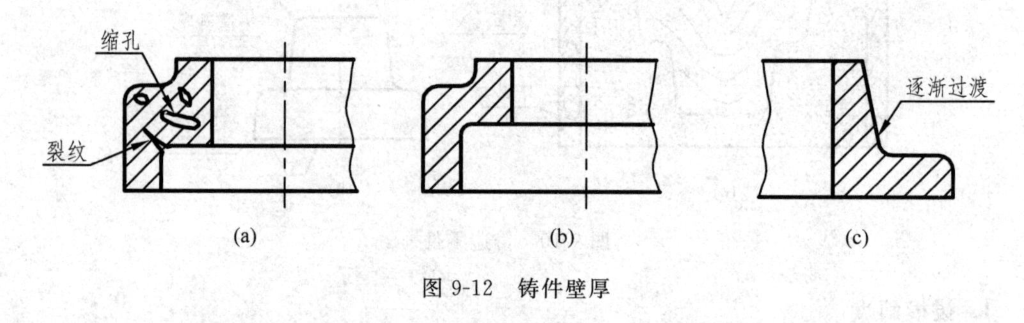

图 9-12 铸件壁厚

图 9-13 所示。倒角一般为 45°,有时也用 30°或 60°。

45°倒角用符号 C 表示,锥面的高度表示倒角的大小,30°或 60°倒角的标注与普通尺寸标注相同,如图 9-13 所示。

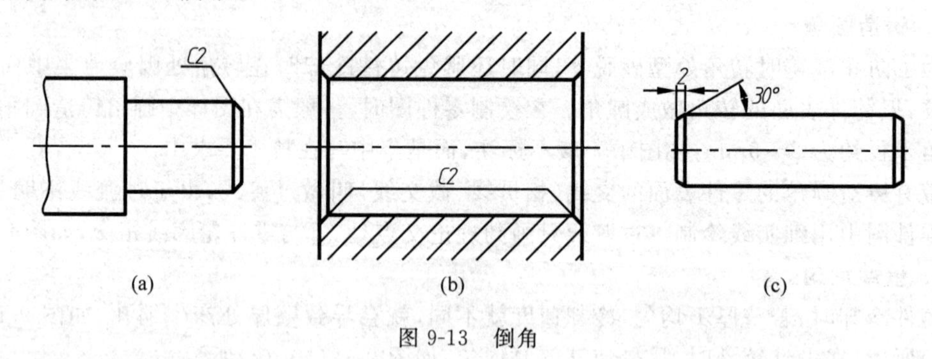

图 9-13 倒角

2. 退刀槽和砂轮越程槽

在加工螺纹时,为了保证螺纹末端的完整性,同时便于退刀,常在待加工面的端部,先加工出退刀槽。为便于选择刀具,在标注退刀槽尺寸时,应将槽宽尺寸直接标注出来,退刀槽的结构及尺寸标法如图 9-14(a)所示。

对于需用砂轮磨削的表面,常在被加工面的轴肩处预先加工出砂轮越程槽。砂轮越程槽的结构常用局部放大图表示,如图 9-14(b)所示。

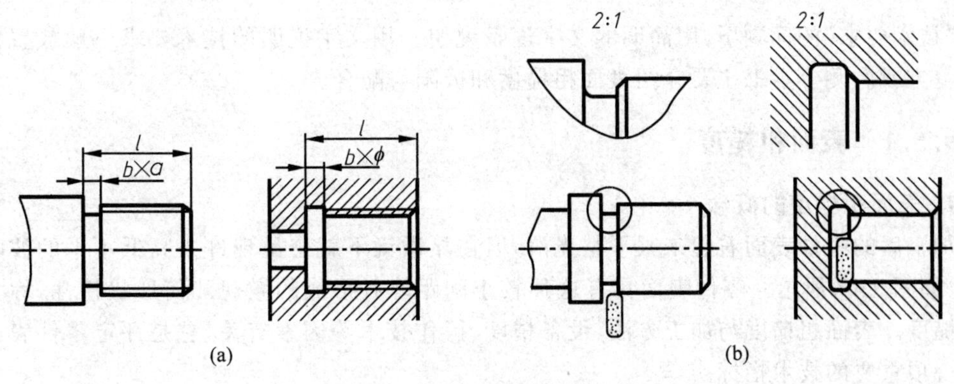

图 9-14　退刀槽和砂轮越程槽

3. 钻孔端面

为防止钻孔倾斜或因受力不均折断钻头，通常使钻孔端面与轴线垂直，如图 9-15 所示。

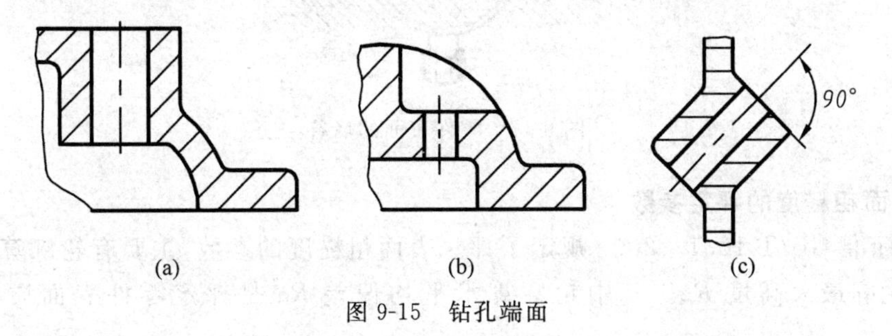

图 9-15　钻孔端面

4. 减少加工面

凡是接触面都要加工，为减少加工面，使相邻两个零件接触良好，常把零件的接触面做成凸台、凹坑等，如图 9-16 所示。

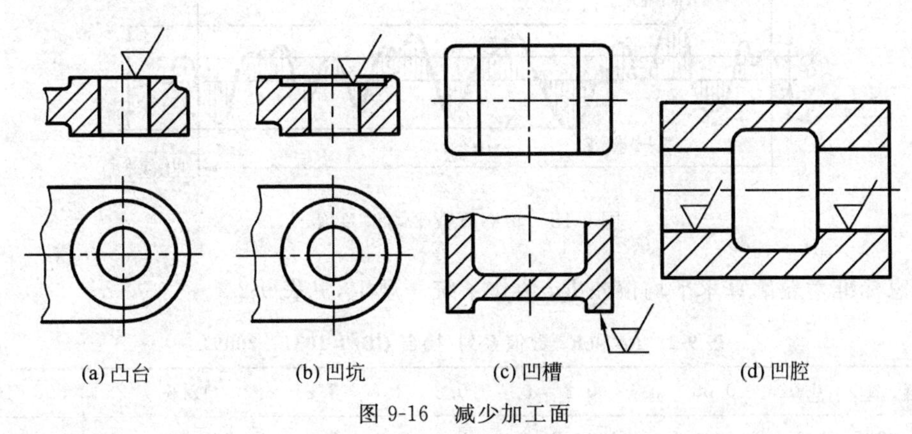

图 9-16　减少加工面

9.5　零件的技术要求

零件的技术要求包括表面粗糙度、尺寸公差、形位公差、表面涂镀、热处理和表面处理等。技术要求在图样中的表示方法有两种，一种是用规定的符号、代号标注在视图中，一种是在“技术要求”的标题下，用简明的文字逐条说明。用文字说明的技术要求一般放置在标题栏上方或左侧。本书主要介绍表面粗糙度和极限与配合。

9.5.1　表面粗糙度

1. 表面粗糙度的概念

加工后的零件表面看起来很平整光滑，但在显微镜下就会呈现许多高低不平的波峰与波谷，如图 9-17 所示。零件表面具有这种较小间距峰谷形成的微观几何形状特性，称为表面粗糙度。表面粗糙度与加工方法、设备精度、操作技术等因素有关，它是评定零件表面质量的一项重要的技术指标。

图 9-17　零件表面的峰谷

2. 表面粗糙度的评定参数

国家标准 GB/T 1031—2009 规定了评定表面粗糙度的参数，主要有轮廓算术平均偏差 *Ra* 和轮廓最大高度 *Rz*。其中轮廓算术平均偏差 *Ra* 是评定零件表面质量的主要参数。

(1) 轮廓算术平均偏差 *Ra*：在一个取样长度 *lr* 范围内，曲线 *Z*(*X*)纵坐标绝对值的算术平均值，如图 9-18 所示。

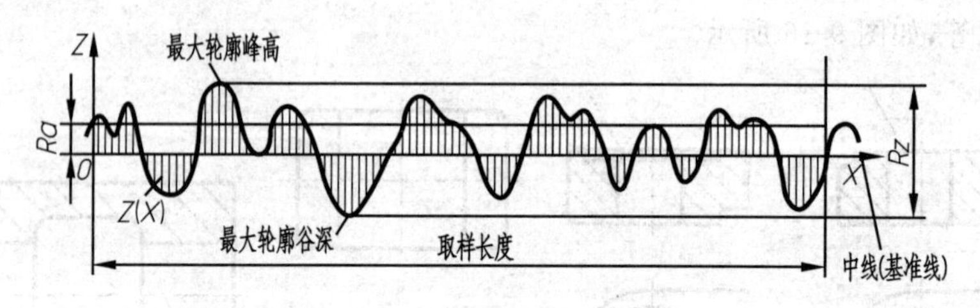

图 9-18　轮廓算数平均偏差 *Ra*

国家标准对轮廓算术平均偏差 *Ra* 值作了统一规定，见表 9-2。

表 9-2　*Ra* 和 *Rz* 数值系列(摘自 GB/T 1031—2009)　　μm

Ra	0.012	0.025	0.05	0.1	0.2	0.4	0.8	1.6	3.2	6.3	12.5	25	50	100		
Rz	0.025	0.05	0.1	0.2	0.4	0.8	1.6	3.2	6.3	12.5	25	50	100	200	400	800

(2) 轮廓最大高度 *Rz*：在一个取样长度范围内，最大轮廓峰值和最低轮廓谷值之间的距离，见图 9-18。*Rz* 的系列值见表 9-2。

3. 表面粗糙度的符号及代号

国家标准有关表面结构中规定了表面粗糙度的符号、代号及其在图样上的标注方法。

1）表面粗糙度符号

表面粗糙度符号的画法及其意义见表 9-3。

表 9-3 表面粗糙度符号及其意义

符号	含义
h=字体高度 $H_1≈1.4h$ H_2(最小值)$≈2H_1$	基本图形符号； 表示未指定工艺方法的表面，仅用于简化代号的标注，一般不单独使用
	扩展图形符号； 表示用去除材料的方法获得的表面，仅当其含义是"被加工表面"时方可单独使用
	扩展图形符号； 表示用不去除材料的方法获得的表面，也可用于表示保留上一道工序形成的表面
	完整图形符号； 在上述三种图形符号长边加一条横线，用于标注表面粗糙度的补充要求
	带有补充注释的图形符号； 表示某个视图上构成封闭轮廓的各表面具有相同的粗糙度要求

2）表面粗糙度代号

表面粗糙度代号由图形符号、参数代号（如 Ra、Rz）及参数值组成，如图 9-19 所示。其中 a 处标注参数代号和参数值，在参数代号与参数值之间有一空格，如 Ra 3.2。表面粗糙度的代号及其含义见表 9-4。

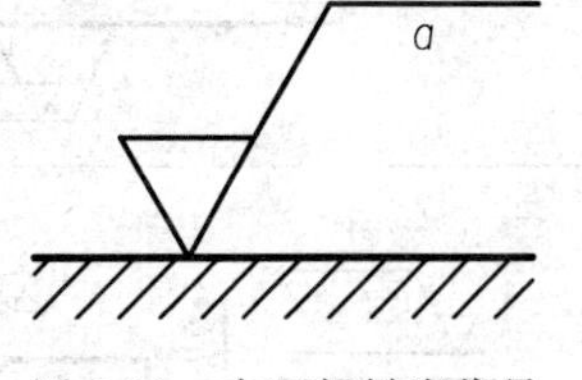

图 9-19 表面粗糙度代号

必要时应标注补充要求，比如取样长度、加工方法、表面纹理及方向、加工余量等，需要时请参阅相应的国家标准。

表 9-4 表面粗糙度代号及其含义

代号示例(旧标准)	代号示例(新标准)	含义
3.2	Ra 3.2	表示不去除材料，单向上限值，Ra 的上限值为 3.2μm
3.2	Ra 3.2	表示去除材料，单向上限值，Ra 的上限值为 3.2μm

续表

代号示例(旧标准)	代号示例(新标准)	含　义
1.6max	Ra max 1.6	表示去除材料,单向上限值,*Ra* 的最大值为 1.6μm
3.2 1.6	U Ra 3.2 L Ra 1.6	表示去除材料,双向极限值,上限值: *Ra* 为 3.2μm,下限值: *Ra* 为 1.6μm
Rz 3.2	Rz 3.2	表示去除材料,单向上限值,*Rz* 的上限值为 3.2μm

4. 表面粗糙度在图样中的标注

国家标准规定了表面粗糙度的标注方法,见表 9-5。

表 9-5　表面粗糙度在图样中的标注

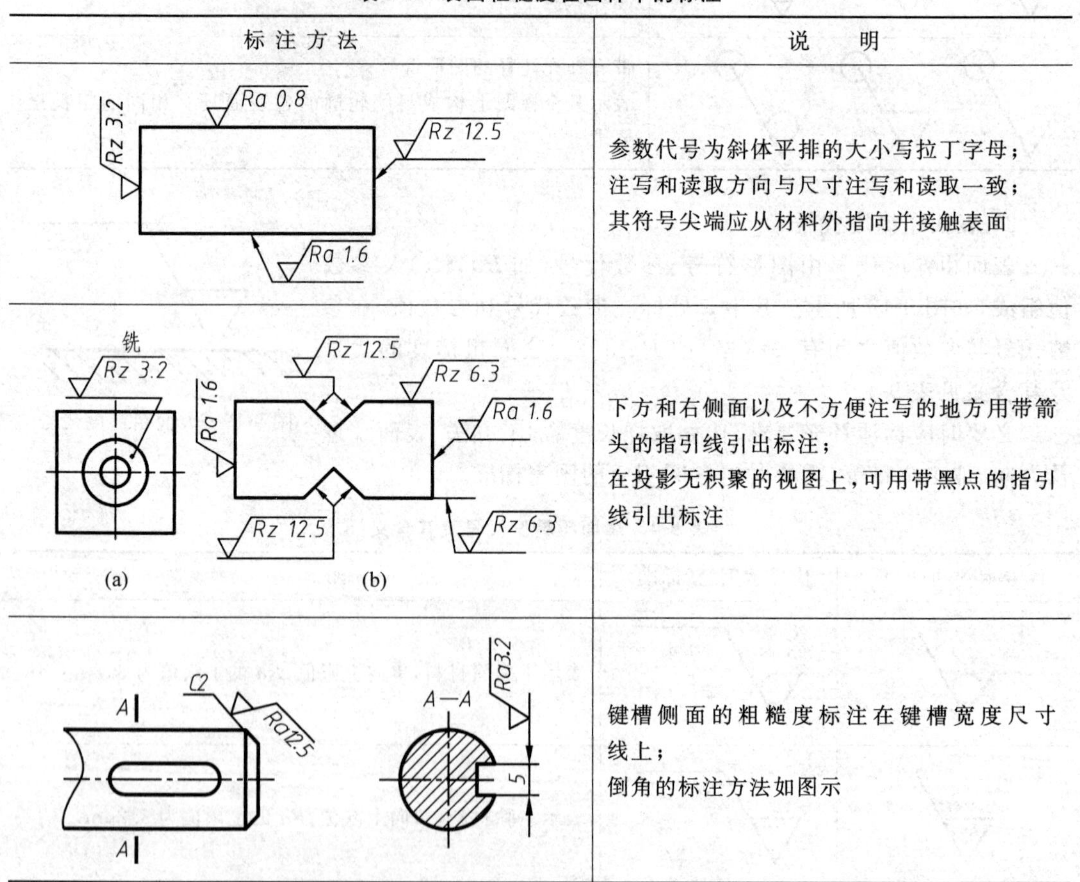

标注方法	说　明
	参数代号为斜体平排的大小写拉丁字母; 注写和读取方向与尺寸注写和读取一致; 其符号尖端应从材料外指向并接触表面
	下方和右侧面以及不方便注写的地方用带箭头的指引线引出标注; 在投影无积聚的视图上,可用带黑点的指引线引出标注
	键槽侧面的粗糙度标注在键槽宽度尺寸线上; 倒角的标注方法如图示

续表

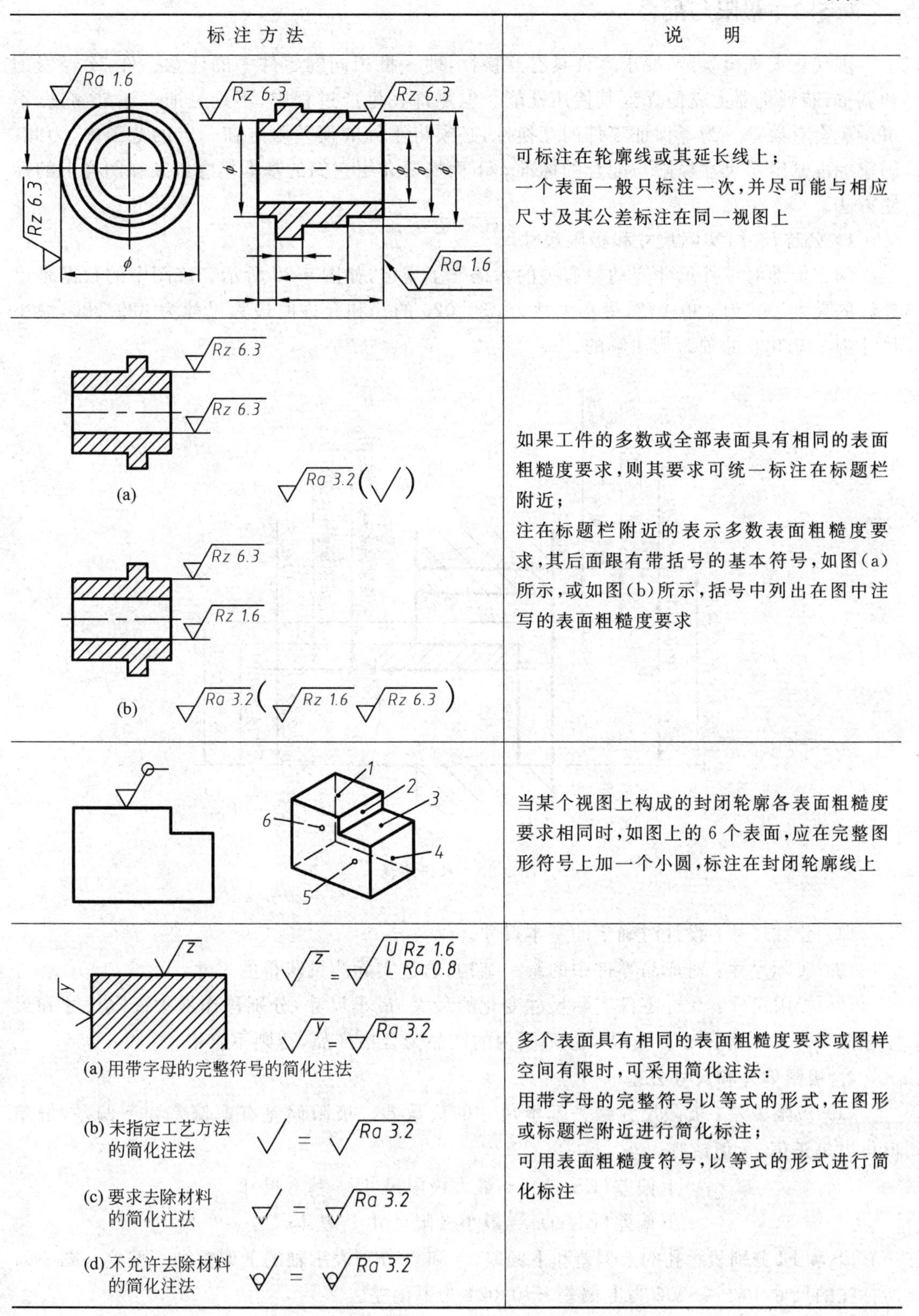

标注方法	说　明
Ra 1.6　Rz 6.3　Rz 6.3　Rz 6.3　Ra 1.6	可标注在轮廓线或其延长线上； 一个表面一般只标注一次，并尽可能与相应尺寸及其公差标注在同一视图上
(a) Rz 6.3　Rz 6.3　Ra 3.2 (√) (b) Rz 6.3　Rz 1.6　Ra 3.2 (Rz 1.6　Rz 6.3)	如果工件的多数或全部表面具有相同的表面粗糙度要求，则其要求可统一标注在标题栏附近； 注在标题栏附近的表示多数表面粗糙度要求，其后面跟有带括号的基本符号，如图(a)所示，或如图(b)所示，括号中列出在图中注写的表面粗糙度要求
1　2　3　4　5　6	当某个视图上构成的封闭轮廓各表面粗糙度要求相同时，如图上的 6 个表面，应在完整图形符号上加一个小圆，标注在封闭轮廓线上
z　y　z = U Rz 1.6 L Ra 0.8　y = Ra 3.2 (a) 用带字母的完整符号的简化注法 (b) 未指定工艺方法的简化注法　√ = Ra 3.2 (c) 要求去除材料的简化注法　√ = Ra 3.2 (d) 不允许去除材料的简化注法　√ = Ra 3.2	多个表面具有相同的表面粗糙度要求或图样空间有限时，可采用简化注法： 用带字母的完整符号以等式的形式，在图形或标题栏附近进行简化标注； 可用表面粗糙度符号，以等式的形式进行简化标注

9.5.2　极限与配合

现代化大规模生产，要求零件具有互换性，即一批相同的零件中的任意一件，不经修配和调整，装到机器上就能保证其使用性能。但零件在生产过程中，不论是加工还是测量，不可避免会有误差。为了保证零件的互换性，必须将零件的误差限定在一定的范围内，为此，国家标准制定了尺寸极限与配合的标准。下面摘要介绍它们的基本概念以及在图样上的标注方法。

1. 公称尺寸、实际尺寸和极限尺寸

国家标准对零件尺寸变动量有关的术语作了规定，如图 9-20 所示。该图中的数据是以允许的最大尺寸为 ϕ30.072，最小尺寸为 ϕ30.020 的孔和允许的最大尺寸为 ϕ29.980，最小尺寸为 ϕ29.928 的轴为例注解的。

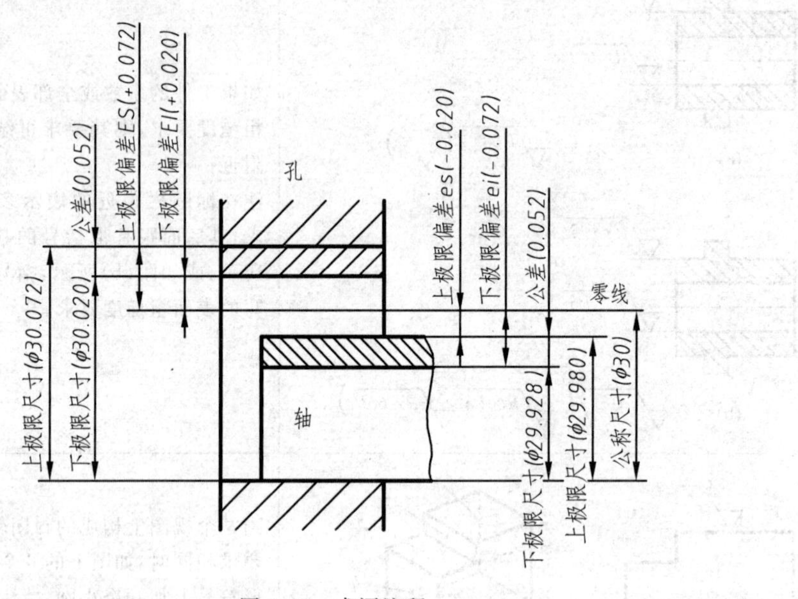

图 9-20　术语注释

(1) 公称尺寸：设计时确定的基本尺寸。

(2) 实际尺寸：对成品零件中的某一结构，通过实际测量获得的尺寸。

(3) 极限尺寸：允许零件实际尺寸变化的最大、最小尺寸，分别称作最大极限尺寸和最小极限尺寸。实际尺寸在极限尺寸范围内的产品为合格产品，否则不合格。

2. 极限偏差和尺寸公差

(1) 极限偏差：极限尺寸减去基本尺寸的代数差。极限偏差有上偏差和下偏差，偏差值可以是正值、负值或零。

上偏差(ES/es) = 最大极限尺寸 − 基本尺寸

下偏差(EI/ei) = 最小极限尺寸 − 基本尺寸

ES 和 EI 分别表示孔的上偏差和下偏差，es 和 ei 分别表示轴的上偏差和下偏差。图 9-21 所标注的尺寸中，−0.006 为上偏差，−0.024 为下偏差。

实际尺寸减去基本尺寸所得的代数差称为实际偏差。

(2) 尺寸公差(简称公差)：允许尺寸的变动量。

公差＝最大极限尺寸－最小极限尺寸＝上偏差－下偏差

尺寸公差总是一个正数，图 9-21 示例中的公差为 0.018。

3. 公差带

尺寸公差带，简称公差带。图 9-22 为图 9-21 示例中尺寸的公差带图。表示基本尺寸的一条线叫做零线，由代表上、下偏差位置的两条线所围成的区域叫做公差带。公差带反映了公差大小及其相对于零线的距离。

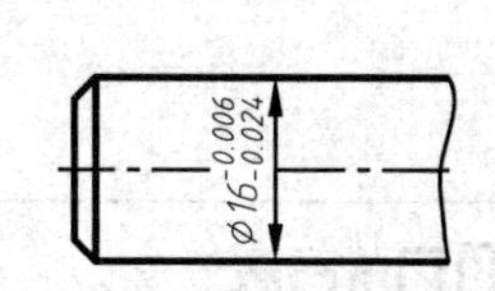

图 9-21　轴的尺寸公差

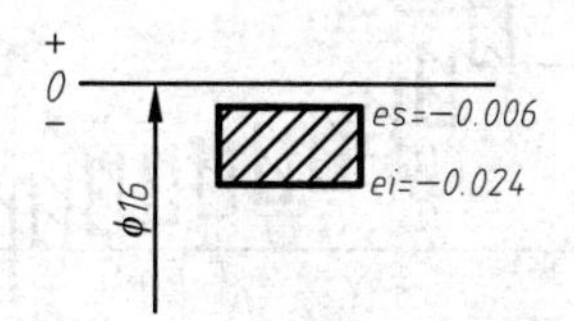

图 9-22　轴的公差带图

4. 标准公差和基本偏差

为了便于生产，并满足不同使用要求，国家标准《极限与配合》规定：标准公差确定公差带的大小，基本偏差确定公差带的位置。

1) 标准公差

国家标准《极限与配合》中所规定的公差称为标准公差。标准公差符号用“IT”表示，标准公差分 20 个等级，分别用 IT01，IT0，IT1，IT2，…，IT18 表示。数字越小公差等级越高，常用的公差等级在 IT5～IT12 之间。表 9-6 列出了标准公差为 IT1～IT18 的标准公差数值。

表 9-6　标准公差数值(GB/T 1800.1—2009)

基本尺寸 /mm		标准公差等级																	
		/μm											/mm						
大于	至	IT1	IT2	IT3	IT4	IT5	IT6	IT7	IT8	IT9	IT10	IT11	IT12	IT13	IT14	IT15	IT16	IT17	IT18
—	3	0.8	1.2	2	3	4	6	10	14	25	40	60	0.10	0.14	0.25	0.40	0.60	1.0	1.4
3	6	1	1.5	2.5	4	5	8	12	18	30	48	75	0.12	0.18	0.30	0.48	0.75	1.2	1.8
6	10	1	1.5	2.5	4	6	9	15	22	36	58	90	0.15	0.22	0.36	0.58	0.90	1.5	2.2
10	18	1.2	2	3	5	8	11	18	27	43	70	110	0.18	0.27	0.43	0.70	1.10	1.8	2.7
18	30	1.5	2.5	4	6	9	13	21	33	52	84	130	0.21	0.33	0.52	0.84	1.30	2.1	3.3
30	50	1.5	2.5	4	7	11	16	25	39	62	100	160	0.25	0.39	0.62	1.00	1.60	2.5	3.9
50	80	2	3	5	8	13	19	30	46	74	120	190	0.30	0.46	0.74	1.20	1.90	3.0	4.6
80	120	2.5	4	6	10	15	22	35	54	87	140	220	0.35	0.54	0.87	1.40	2.20	3.5	5.4
120	180	3.5	5	8	12	18	25	40	63	100	160	250	0.40	0.63	1.00	1.60	2.50	4.0	6.3
180	250	4.5	7	10	14	20	29	46	72	115	185	290	0.46	0.72	1.15	1.85	2.90	4.6	7.2
250	315	6	8	12	16	23	32	52	81	130	210	320	0.52	0.81	1.30	2.10	3.2	5.2	8.1
315	400	7	9	13	18	25	35	57	89	140	230	360	0.57	0.89	1.40	2.30	3.60	5.7	8.9
400	500	8	10	15	20	27	40	63	97	155	250	400	0.63	0.97	1.55	2.5	4.00	6.3	9.7

2) 基本偏差

公差带图中，将靠近零线的那个极限偏差称作基本偏差。它确定公差带相对于零线的位置。基本偏差可以是上偏差或下偏差，国家标准给出了基本偏差系列，图 9-23 分别是孔和轴的基本偏差系列图。公差带在零线上方时,基本偏差为下偏差;公差带在零线下方时,基本偏差为上偏差。

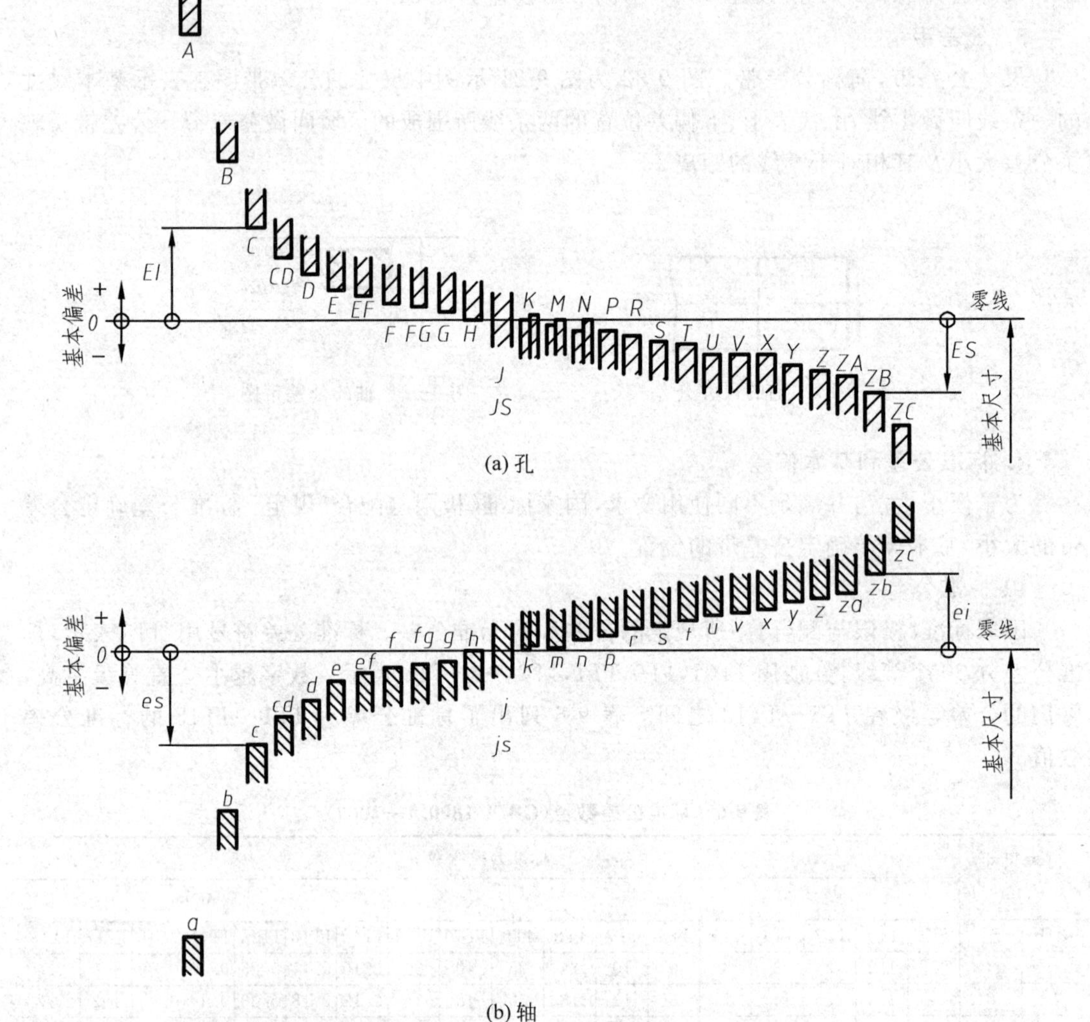

(a) 孔

(b) 轴

图 9-23　基本偏差系列图

孔、轴各有 28 个基本偏差,其代号用拉丁字母表示,大写为孔,小写为轴。

从图 9-23 可以看出,对孔来说,从 A 到 H 基本偏差为下偏差,K 至 ZC 基本偏差为上偏差;对于轴,从 a 到 h 基本偏差为上偏差,k 至 zc 基本偏差为下偏差。J/JS(j/js)没有基本偏差,标准公差对称分布于零线的两侧。

3) 公差带代号

公差带代号由基本偏差代号和表示标准公差等级代号的数字组成,用来代表尺寸加工的精度,例如,H7、g6。

由基本尺寸和公差带代号,在本书附录的有关标准表中就可以查出其上下偏差值。

例如,ϕ30H7　查表知上偏差为+0.021,下偏差为 0;

ϕ50f6　查表知上偏差为−0.025,下偏差为−0.041。

5. 配合

基本尺寸相同、相互结合的孔与轴公差带之间的关系称为配合。

1) 配合种类

按照孔和轴之间配合的松紧要求不同，国家标准规定，配合分三种：间隙配合、过盈配合和过渡配合。

(1) 间隙配合：孔与轴装配结果产生间隙(包括间隙为零)的配合，如图 9-24(a)所示。这种配合，孔的公差带在轴的公差带之上。

(2) 过盈配合：孔与轴装配结果产生过盈(包括过盈为零)的配合，如图 9-24(b)所示。这种配合，轴的公差带在孔的公差带之上。

(3) 过渡配合：孔与轴的配合结果可能产生间隙，也可能产生过盈的配合，如图 9-24(c)所示。这种配合，孔与轴的公差带有重叠的部分。

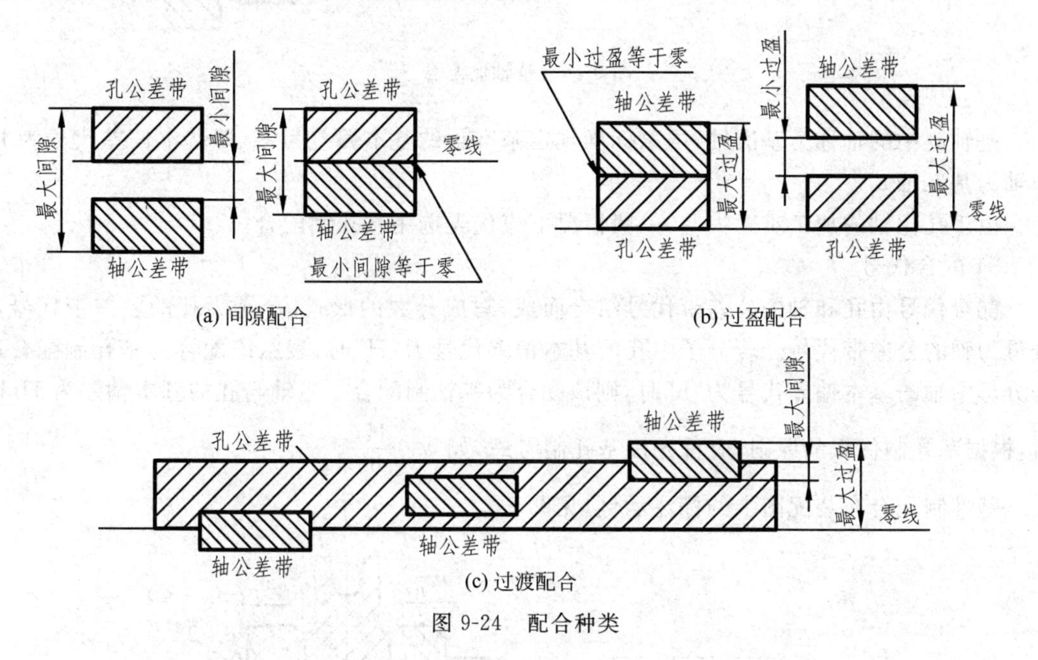

图 9-24　配合种类

2) 配合制度

为了便于零件的设计制造，国家标准规定了基孔制和基轴制两种配合制度。

(1) 基孔制：基本偏差一定的孔的公差带与不同基本偏差的轴的公差带形成各种配合的制度，称为基孔制，如图 9-25 所示。

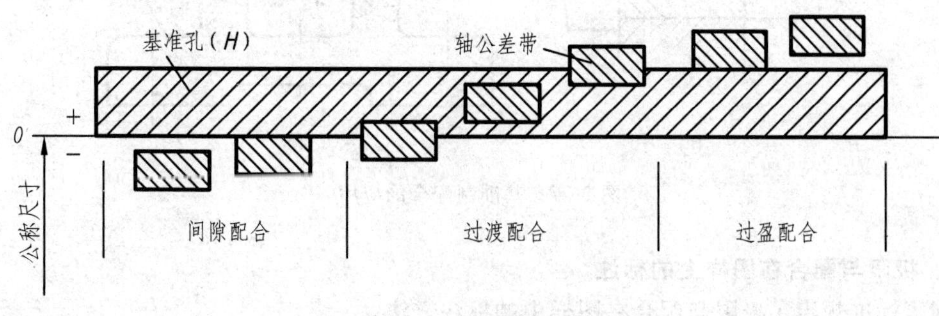

图 9-25　基孔制配合

基孔制中的孔称为基准孔，国家标准规定基准孔的基本偏差为零，即基本偏差代号为H的孔为基准孔。

(2) 基轴制：基本偏差为一定的轴的公差带与不同基本偏差的孔的公差带形成各种配合的制度，称为基轴制，如图9-26所示。

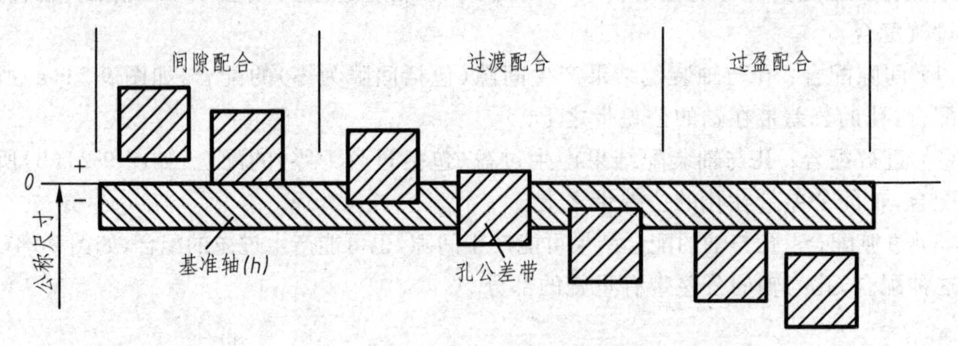

图9-26 基轴制配合

基轴制中的轴称为基准轴，国家标准规定基准轴的基本偏差为零，即基本偏差代号为h的轴为基准轴。

由于孔比轴的加工难度大些，一般情况下应优先选用基孔制配合。

3) 配合代号

配合代号由孔和轴的公差带代号组合而成，写成分数的形式，分子为孔的公差带代号，分母为轴的公差带代号。若分子中孔的基本偏差代号为"H"时，表示该配合为基孔制配合；若分母中轴的基本偏差代号为"h"时，则该配合为基轴制配合。当轴与孔的基本偏差为H/h时，根据基孔制优先的原则，应首先按基孔制考虑，如$\phi 30\frac{H7}{h6}$。

基准制配合在装配图中的标注示例，见图9-27。

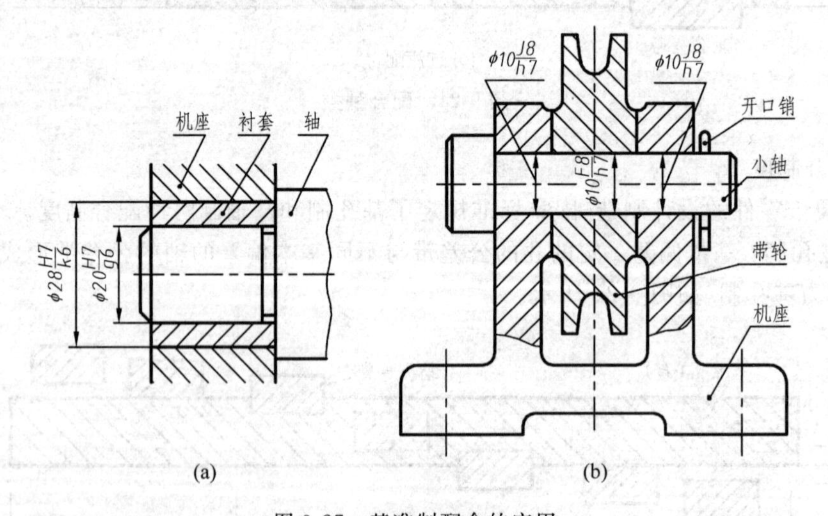

图9-27 基准制配合的应用

6. 极限与配合在图样上的标注

国家标准规定了极限与配合在图样中的标注方法。

1）在零件图上的标注方法

（1）标注公差带代号：在基本尺寸的右边写出公差带代号，如图 9-28(a)所示。

（2）标注极限偏差：在基本尺寸的右边注写出上下偏差的数值，上下偏差的数字字号比基本尺寸的数字字号小一号，下偏差数字与基本尺寸数字底部对齐，如图 9-28(b)所示。

（3）同时标注公差带代号和极限偏差：当同时标注公差带代号和极限偏差数值时，后者需加括号，如图 9-28(c)所示。

当上下偏差绝对值相等时，偏差数字可以只注写一次，字号大小与基本尺寸字号相同，例如 50±0.15。

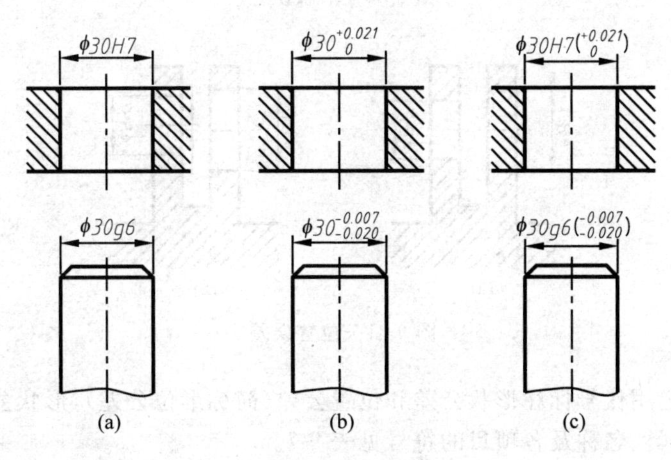

图 9-28　零件图上公差的注法

2）在装配图上的标注方法

（1）一般在装配图中标注形式是：在基本尺寸右边写出配合代号，其中，配合代号的分数线可写成图 9-29(a)或图 9-29(b)的形式。

（2）写出轴与孔的极限偏差，在装配图上标注形式见图 9-29(c)，在尺寸线上方为孔的基本尺寸和极限偏差，尺寸线下方为轴的基本尺寸和极限偏差。

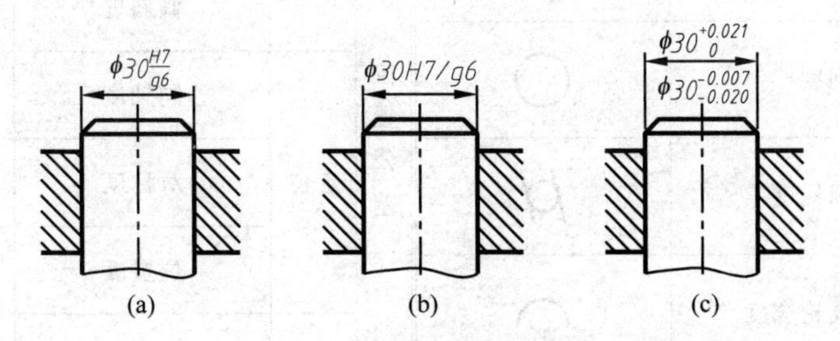

图 9-29　装配图上配合的注法

9.5.3　几何公差简介

几何公差也叫形位公差，是指零件表面的实际形状和实际位置与零件的理想形状和理想位置的误差。零件经加工后，不仅尺寸有误差，同时也会产生几何形状和各结构之间的相对位置的误差。为保证零件精度要求，有时需要限定零件形状和位置误差。

图 9-30(a)所示轴的左视图的理想形状为圆，实际形状如图 9-30(b)所示。图 9-31(a)

所示为零件上左、右孔轴线的理想位置，即左、右孔共轴线。但由于加工过程各种因素的影响，实际位置如图 9-31(b)所示。

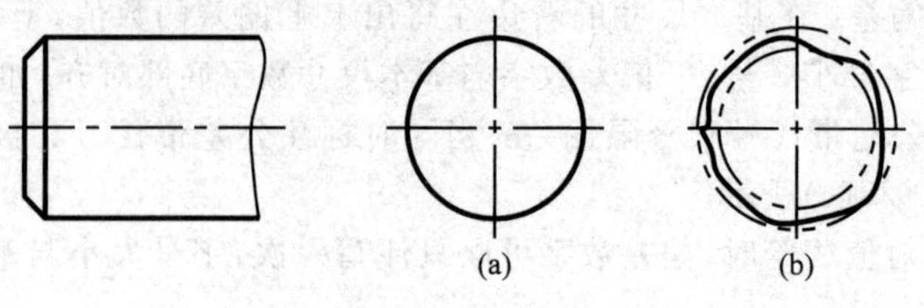

图 9-30　形状误差

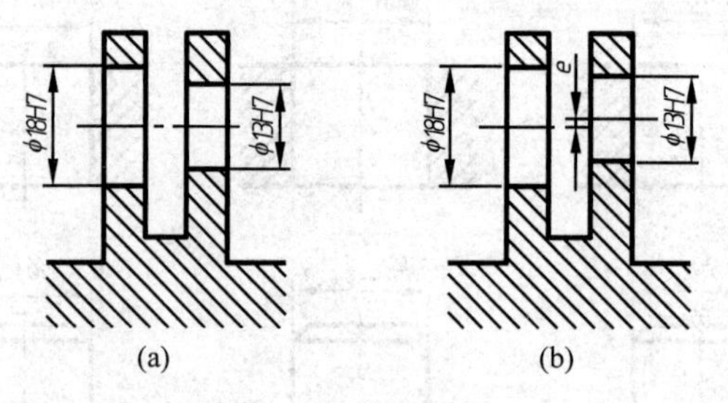

图 9-31　位置误差

国家标准规定用代号标注形状公差和位置公差(简称形位公差)，形状公差有 6 种，位置公差有 8 种，其分类、名称及各项目的符号见表 9-7。

表 9-7　几何公差分类及特征符号

分类	项目	符号	分类		项目	符号
形状公差	直线度	—	位置公差	定向	平行度	//
	平面度	▱			垂直度	⊥
	圆度	○			倾斜度	∠
	圆柱度	⌭		定位	同轴度	◎
	线轮廓度	⌒			对称度	⌯
	面轮廓度	⌓			位置度	⌖
				跳动	圆跳动	↗
					全跳动	⌰

1. 几何公差标注的基本规定

几何公差在图样上的标注示例见图 9-32。

公差框格分两格或多格，一般形状公差分两格，位置公差分三格。从左起第一格内为形位公差符号，第二格为公差数值，第三格为基准代号等。

2. 被测要素的表示法

零件的被测要素有轴线、表面、中心平面、球心等。标注被测要素的方法，是用带箭头的指引线把被测要素和框格连起来，箭头指向被测要素，另一端连接框格宽边中部位置。标注时应注意以下问题。

(1) 被测要素是轴线、中心平面或球心时，指引线的箭头指在该要素的尺寸线处，并与尺寸线对齐，如图 9-33(a)所示。

(2) 被测要素为线或表面等轮廓要素时，指引线的箭头指在该要素的轮廓线或其延长线上，但应与尺寸线明显错开，如图 9-33(b)所示。

(3) 被测要素为无积聚性的平面时，可在面上用小圆点引出指引线，如图 9-33(c)所示。

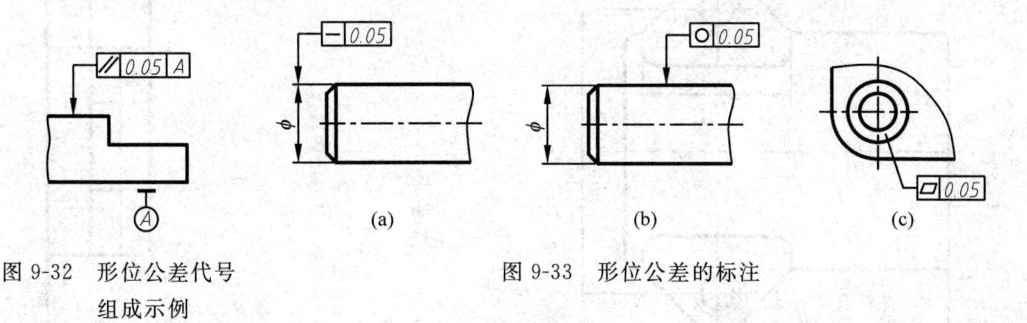

图 9-32　形位公差代号组成示例

图 9-33　形位公差的标注

3. 基准要素的表示法

基准要素是指有方向或位置要求时，作为测量基准的要素。基准要素用基准代号表示，基准符号的画法如图 9-34 所示，圆圈内填写基准的编号，如图中的编号“A”，便组成了基准代号。

标注基准代号时，圆内的字母要水平填写，粗短线靠近基准要素，如图 9-32 所示，h 为字体高度。基准符号中粗短线对基准要素的指向与被测要素中箭头对被测要素的指向相同。

几何公差常见标注示例见图 9-35。

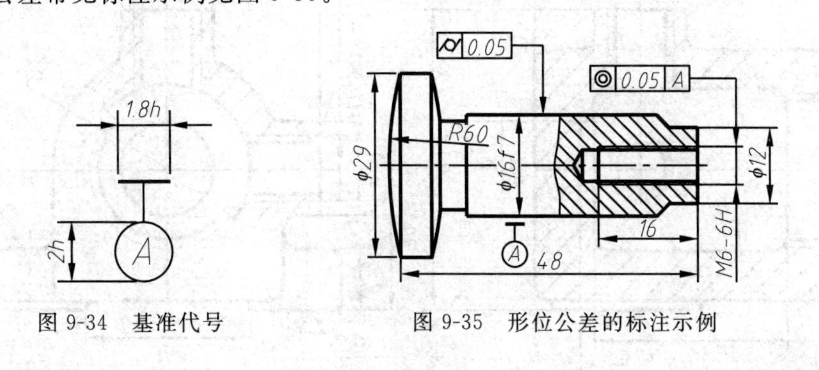

图 9-34　基准代号

图 9-35　形位公差的标注示例

9.6　看零件图

看零件图也叫读零件图，在实际生产中看零件图，就是在了解零件在机器中的作用和装配关系基础上，弄清零件的材料、结构形状、尺寸和技术要求等，评论零件设计上的合理性，必要时提出改进意见，或为零件的加工拟定适当的工艺方案。

现以泵体零件图(图 9-36)为例，说明看零件图的方法与步骤。

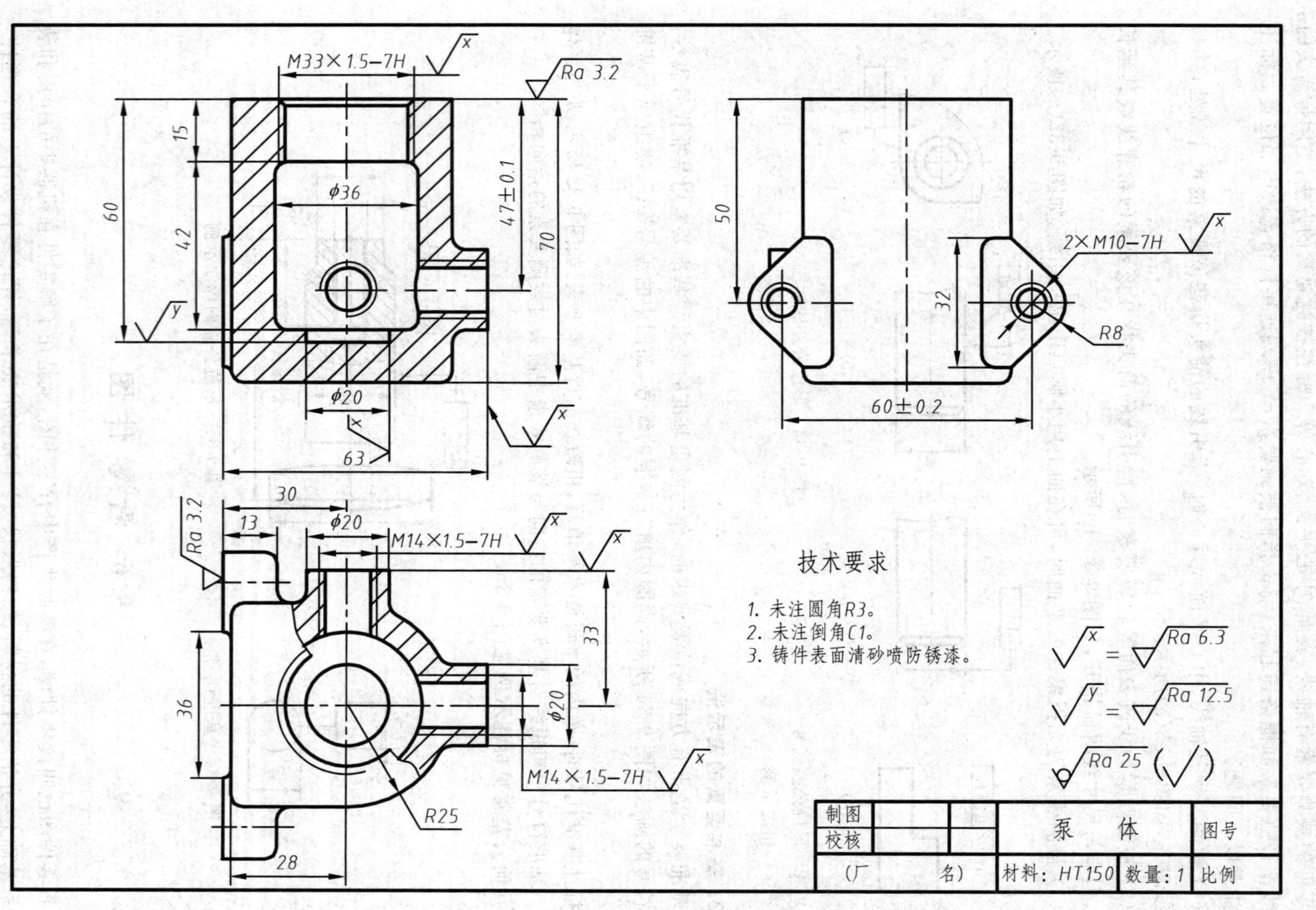
M33×1.5-7H
Ra 3.2
15
60
42
ϕ36
47±0.1
70
ϕ20
63
50
2×M10-7H
32
R8
60±0.2
30
13
ϕ20
Ra 3.2
M14×1.5-7H
33
36
ϕ20
M14×1.5-7H
R25
28
技术要求
1. 未注圆角R3。
2. 未注倒角C1。
3. 铸件表面清砂喷防锈漆。
Ra 6.3
Ra 12.5
Ra 25
制图
校核
（厂　名）
泵　体
图号
材料：HT150
数量：1
比例

图 9-36　泵体零件图

1. 一般了解

从标题栏了解零件的名称、材料、比例等，再通过装配图或其他渠道了解零件的作用及与其他零件的装配关系。

从图 9-36 中可知，零件的名称为泵体，属于箱体类零件。材料是铸铁，其毛坯是铸造件。

2. 看懂零件的结构形状

弄清各视图之间的投影关系及所采用的表达方法。

该泵体采用了三个基本视图，主视图全剖，主要表达内腔的结构形状，同时表达出前后孔的大小和高度方向的位置；俯视图采用的是局部剖，视图部分表现泵体上部的形状和安装板的厚度，剖视部分表达进、出油孔的相对位置及其内、外形状；左视图主要表达安装板的形状和位置。

通过观察与分析，该泵体零件的内外结构应该能够构建起来，如图 9-37 所示。

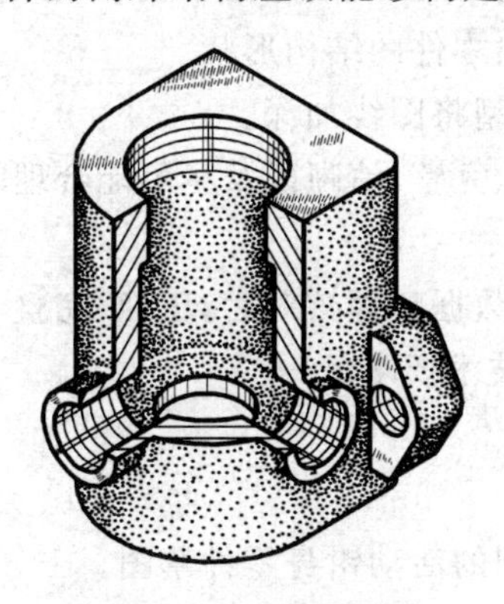

图 9-37　泵体立体图

3. 分析尺寸

找出尺寸基准，根据设计要求了解功能尺寸，再了解非功能尺寸。最后，看看尺寸是否齐全、合理。

从俯视图的尺寸 13 和 30 可以看出，长度方向的尺寸基准为安装板的左端面；从主视图的尺寸 60 和 47±0.1 可知，高度方向基准为上顶面；该泵体前后基本对称，所以宽度方向尺寸基准应是前后对称面。在加工有公差要求的尺寸时必须保证其精度要求。

4. 了解技术要求

看看图样上的表面粗糙度、尺寸公差、形位公差及其他技术要求，分析这些技术要求确定得是否合理。

9.7　零件测绘

零件测绘就是根据实际零件画出它的生产图样。在仿造机器、技术改造、修配机器时，都要进行零件测绘。

9.7.1　零件测绘的步骤

1. 分析零件

了解零件的名称、材料、大小、结构特征及用途等。进行加工工艺分析，为绘制零件图确定表达方案、技术要求和标注尺寸等奠定基础。

2. 确定表达方案

根据零件的结构特征、工作位置、加工工艺等，选择主视图及其他视图，最后确定最优表达方案。

3. 绘制零件草图

零件草图一般为徒手作图，徒手作图不能潦草，也要做到表达完整、线型分明、图面整洁。绘制零件草图的步骤如下。

(1) 在图纸上定出各视图的位置，画出定位轴线、中心线、基准线等。

(2) 以目测比例详细地画出零件的结构形状。

(3) 仔细校核后，按规定线型将图线加深。

(4) 选定尺寸基准，按正确、完整、清晰以及尽可能合理的原则确定尺寸，画出全部的尺寸界线、尺寸线和箭头。

(5) 逐个量注尺寸，将测量数据整理核对后，正确、完整、清晰地标注在图样中。标注各表面的表面粗糙度代号及其他技术要求。

4. 完成全图

填写标题栏，完成草图。

如图 9-38 所示，为徒手绘制的活动钳身零件草图。

9.7.2　常用测量工具及测量方法

1. 常用测量工具及其使用

常用测量工具有钢板直尺、内卡钳、外卡钳、游标卡尺，还有各种专用量具(规)，如螺距规、圆弧规等。这些工具的使用方法见表 9-8。

表 9-8　常用测绘工具及使用

直尺与内卡、外卡的用途	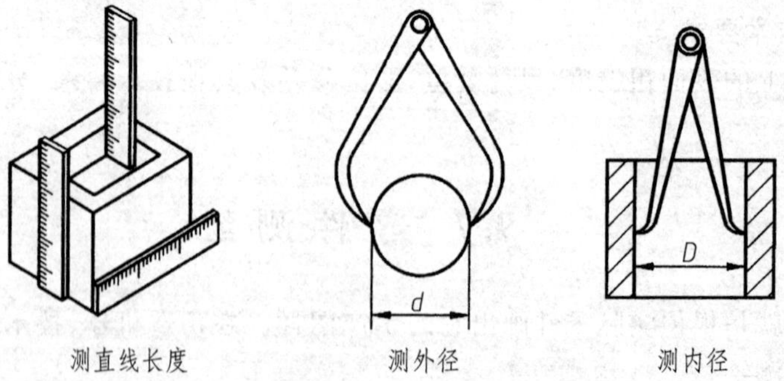 测直线长度	测外径（d）	测内径（D）

续表

<table>
<tr><td>游标卡尺的用途及使用方法</td><td>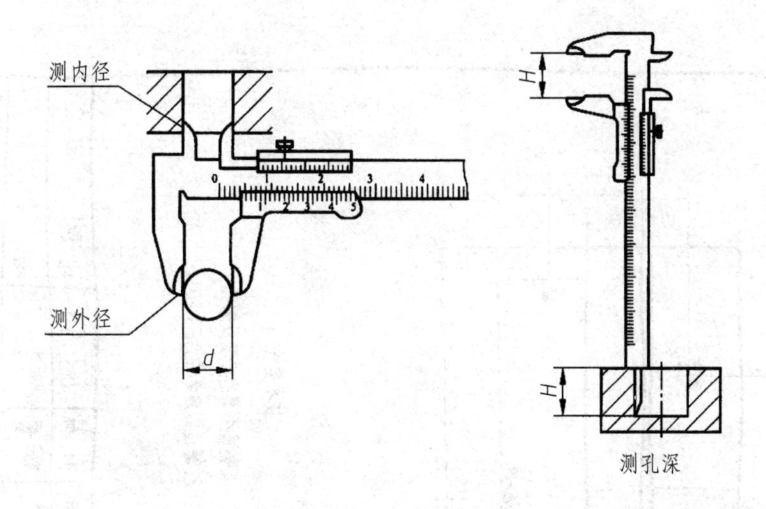
</td></tr>
<tr><td>螺距及圆角的测量方法</td><td>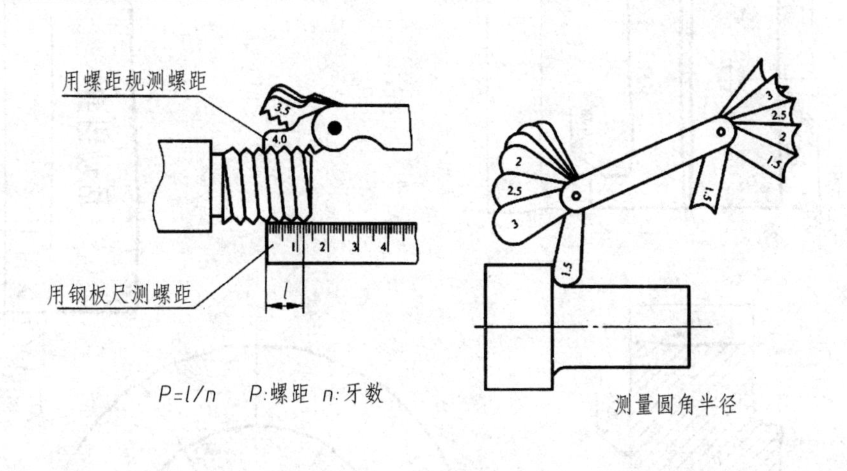
</td></tr>
</table>

2. 测量尺寸时应注意的几个问题

(1) 对测量得到的有关尺寸,应将测量值按标准数列进行圆整,必要时还需对测得的尺寸进行计算、核对。如齿轮的轮齿部分的尺寸,先初步计算,得到近似的分度圆直径、模数后,再取标准模数,重新计算、确定各部分的尺寸。

(2) 对零件上的标准化结构,如螺纹、退刀槽、倒角、键槽等,应根据测量数据从对应的国标中选取标准值。

(3) 对零件中磨损严重的部位,应结合该零件在装配图中的性能要求进行分析,并参考有关技术资料确定。

(4) 对零件中有配合关系的尺寸,配合部位的基本尺寸应一致,并按极限与配合的要求,注出尺寸的公差带代号或极限偏差数值。

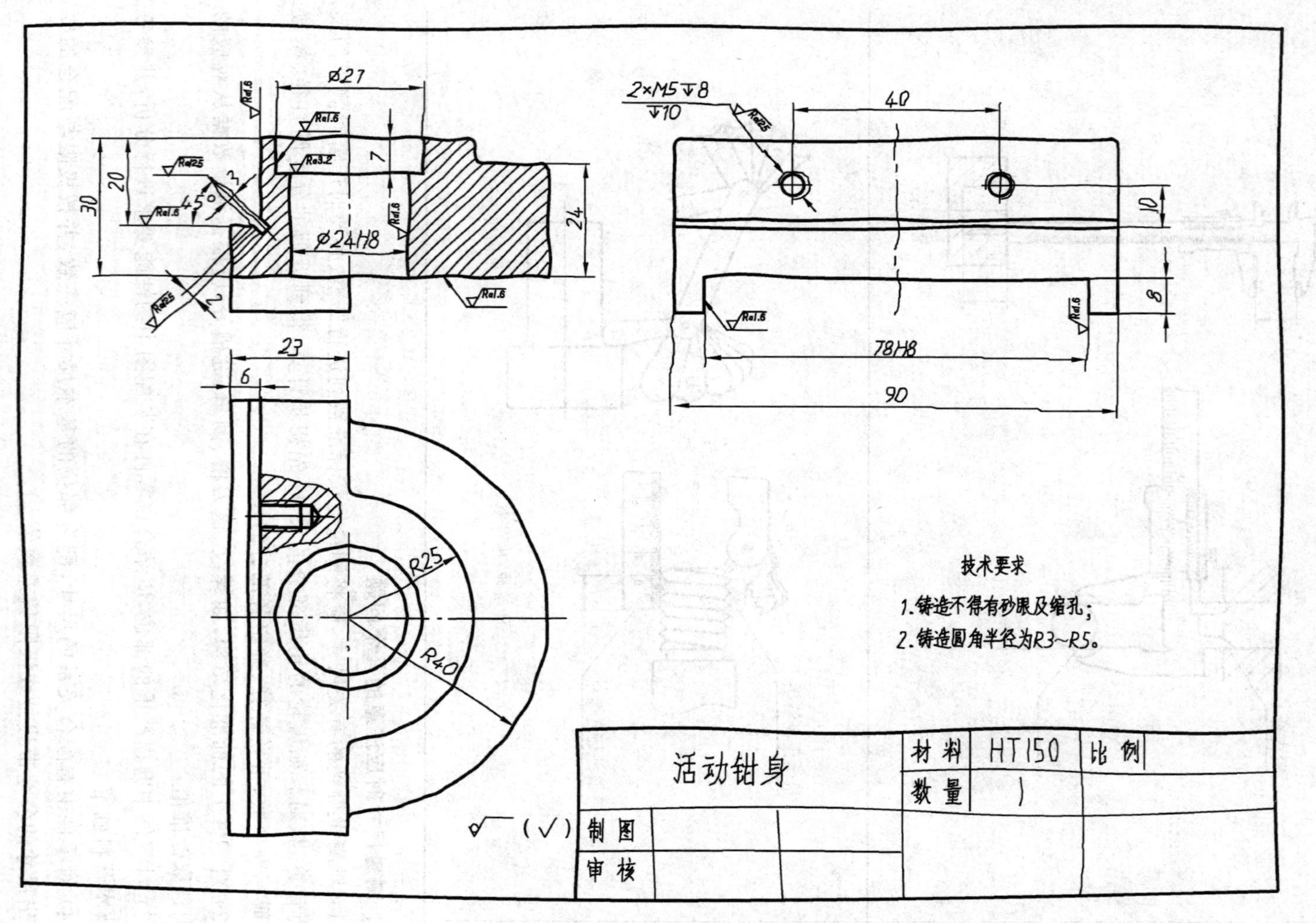

图 9-38　活动钳身零件草图

第10章 装 配 图

装配图是用来表达机器、部件或组件的图样。表达机器中某个部件或组件的装配图，称为部件装配图或组件装配图。表达一台完整机器的装配图，称为总装配图。在产品设计中，一般先画出装配图，然后根据装配图拆画零件图，因此要求在装配图中，充分反映设计的意图，表达出部件或机器的工作原理，性能结构，零件之间的装配关系，以及必要的技术数据。

10.1 装配图的作用和内容

如图 10-1 所示，为油杯轴承的装配图。装配图的内容一般包括以下几方面。

(1) 一组图形：采用各种表达方法，正确、清楚地表达出机器或部件的工作原理与结构，零件之间的装配关系、连接关系、传动关系，主要零件的主要结构形状等。

(2) 必要的尺寸：主要是指与部件或机器有关的性能、规格、装配、安装、外形等方面的尺寸。

(3) 技术要求：提出与部件或机器有关的性能、装配、检验、试验、验收、使用等方面的要求。

(4) 零件的序号和明细栏：说明部件或机器的组成情况，如零件的代号、名称、数量和材料等。序号的另一个作用是将明细栏与图样联系起来，便于看图。

(5) 标题栏：填写图名、图号、设计单位、制图、审核、日期和比例等。

10.2 部件或机器的表达方法

绘制零件图所采用的视图、剖视图、断面图等表达方法，在绘制装配图时，仍可使用。装配图主要表达各零件之间的装配关系、连接方法、相对位置、运动情况和零件的主要结构形状，为此，在绘制装配图时还需采用一些规定画法和特殊表达方法。

10.2.1 装配图上的规定画法

两相邻零件的接触面和配合面只画一条线。不接触表面，应画两条线，若间隙很小时，应夸大表示画出两条线，如图 10-2(a)、(b)所示。

相互邻接的两个或两个以上的金属零件，其剖面线的倾斜方向应当相反，或者方向一致间隔不同以示区分，但同一零件在各视图中的剖面线方向和间隔必须一致。如图 10-2(a)、(c)所示。

在装配图中，对于紧固件以及轴、手柄、连杆、球、钩子、键、销等实心零件，若按纵向剖切，且剖切平面通过其对称平面或与对称平面相平行的平面或轴线时，则这些零件均按不剖绘制，如图 10-2(a)所示。如需特别表明这些零件上的局部结构，如凹槽、键槽、销孔等结构，则可用局部剖视表示，如图 10-3 所示。

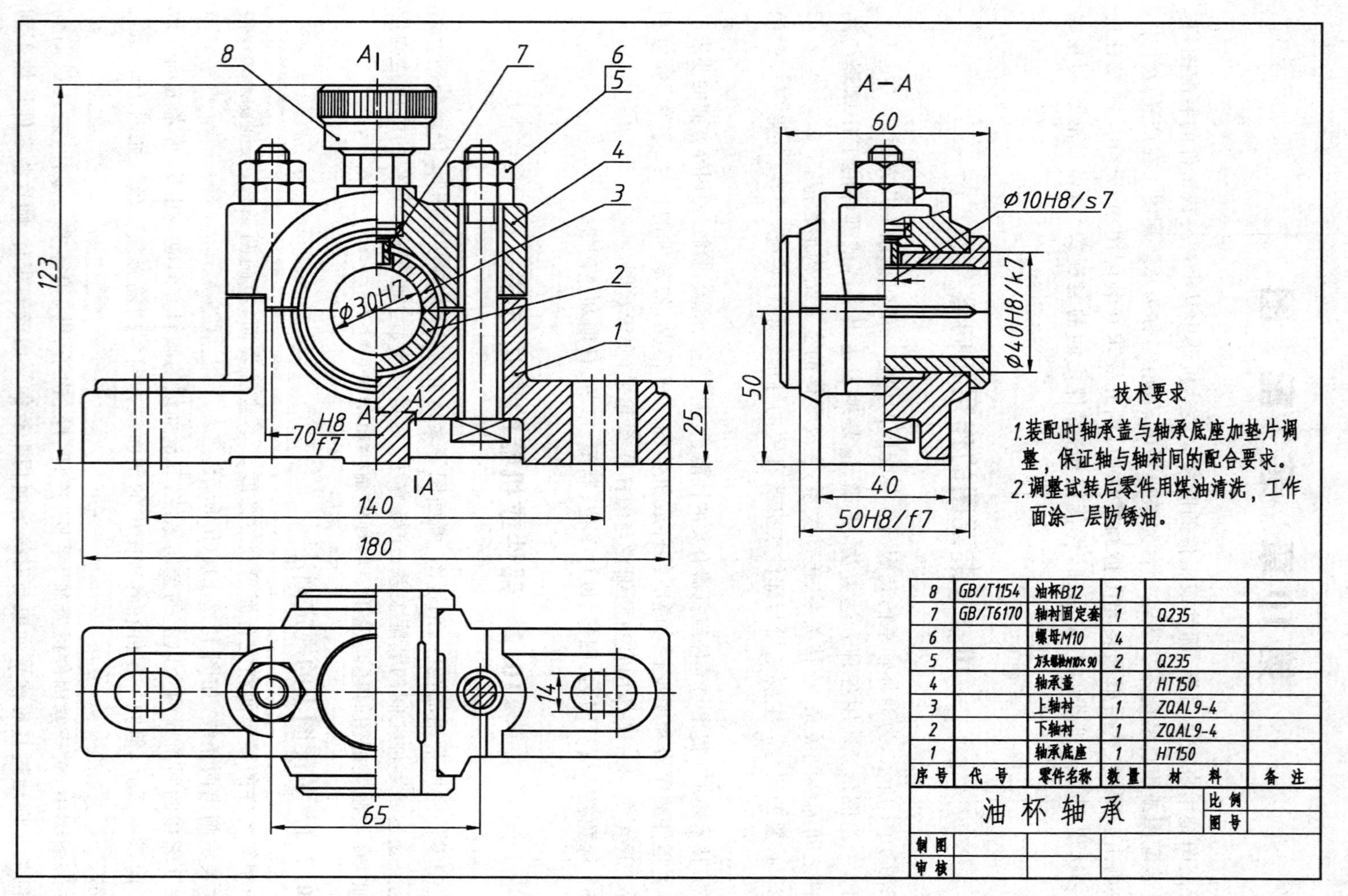

序号	代号	零件名称	数量	材料	备注
8	GB/T1154	油杯B12	1		
7	GB/T6170	轴衬固定套	1	Q235	
6		螺母M10	4		
5		方头螺栓M10×90	2	Q235	
4		轴承盖	1	HT150	
3		上轴衬	1	ZQAL9-4	
2		下轴衬	1	ZQAL9-4	
1		轴承底座	1	HT150	

图 10-1 油杯轴承

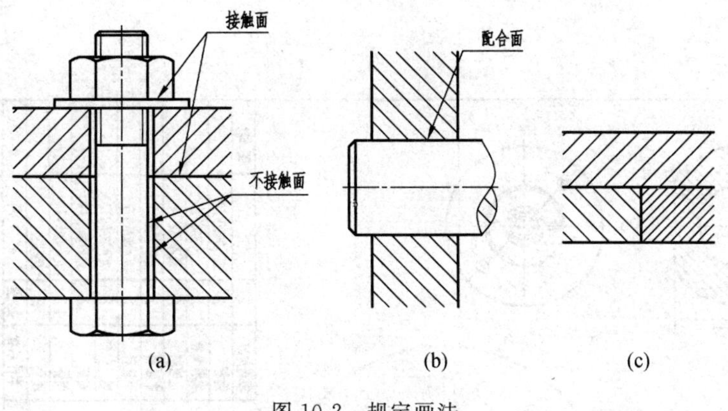

图 10-2　规定画法

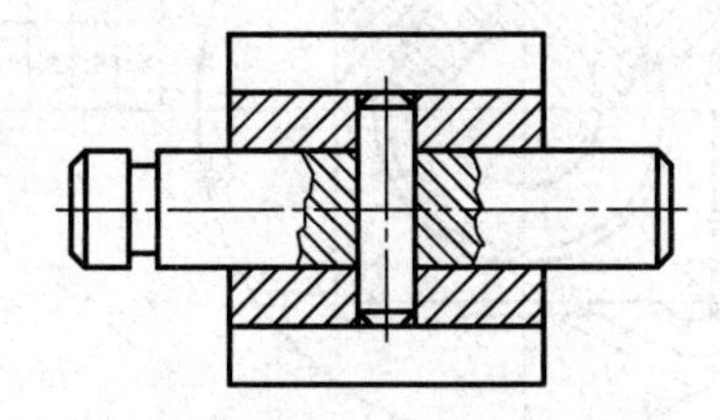

图 10-3　用局部剖视表示零件的结构

10.2.2　部件的特殊表达方法

1. 沿零件的结合面剖切和拆卸画法

在装配图中可假想沿某些零件的结合面剖切或假想将某些零件拆卸后绘制，需要说明时可加标注“拆去××等”。

(1) 沿零件的结合面剖切。如图 10-1 油杯轴承的俯视图是假想用剖切平面沿轴承盖和轴承底座的空隙及上下轴衬的接触面剖切。由于剖切平面垂直于螺栓轴线，故在螺栓被切断处画上剖面线。

(2) 拆卸画法。有时为了在某个视图上把装配关系或某个零件的形状表达清楚，或为了简化图形，可将某些零件在该视图上拆去不画。如图 10-4 球阀的左视图，是拆去件 10、11、12 后画出的。

2. 假想画法

为表达部件或零件与相邻的其他辅助零件、部件的关系，可用双点画线画出这些辅助零件、部件的轮廓线，如图 10-5 所示，与车床尾架相邻的车床导轨就是用双点画线画出的。

对于运动的零件，当需要表明其运动范围或运动的极限位置时，也用双点画线表示，如图 10-5 中的手柄，在一个极限位置处画出该零件，又在另一个极限位置处用双点画线画出其外形轮廓。

3. 移出画法

在装配图中，当某零件的结构形状需要表示而又未能表示清楚时，可单独画出该零件的一个视图或几个视图，并在该视图的上方注出零件的序号和投影方向，如图 10-4 球阀中的“件 12*A*”视图。

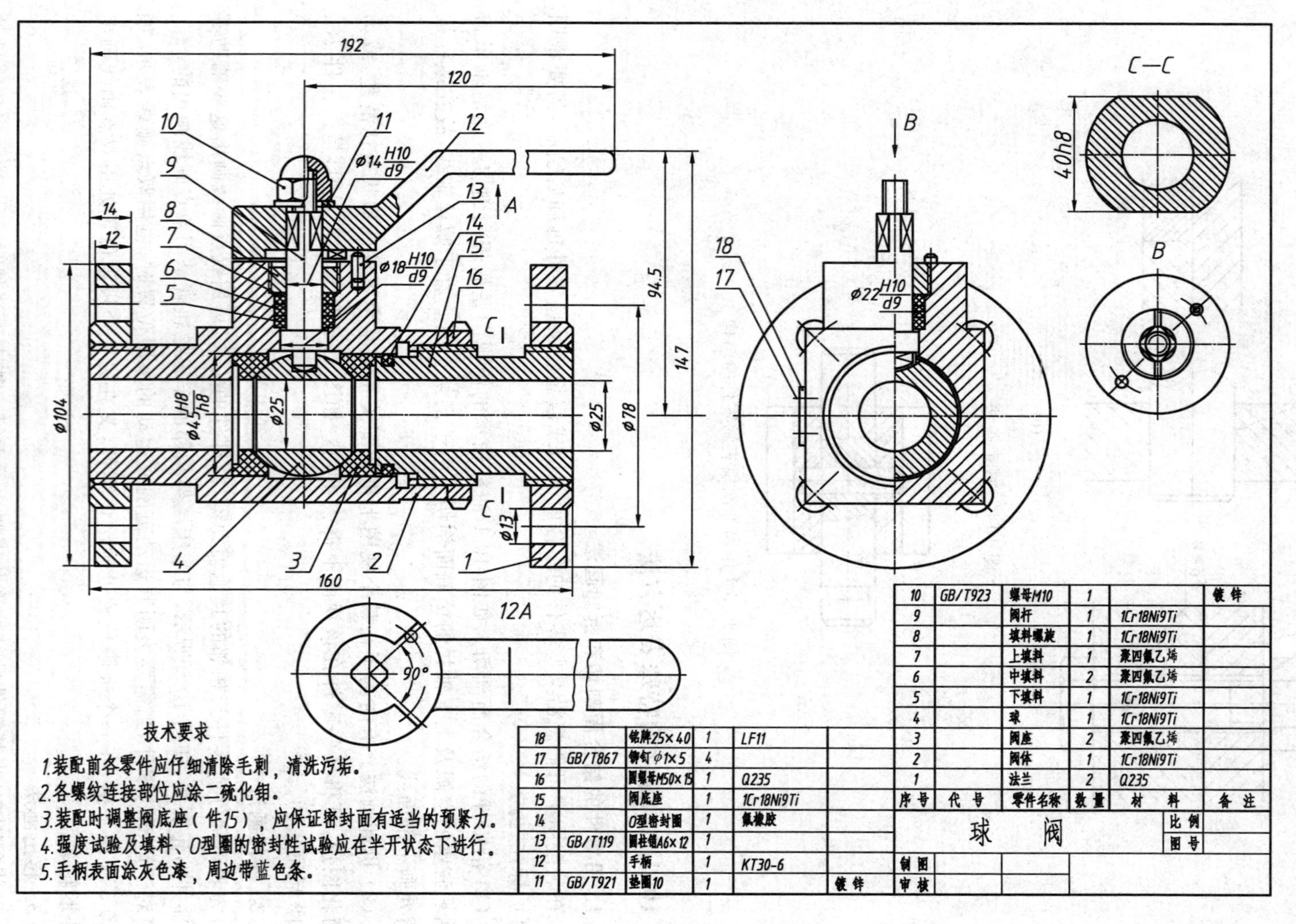
C—C
B
40h8
192
120
94.5
147
14
12
ø104
ø45 H8/h8
ø25
ø78
ø13
160
ø14 H10/d9
ø18 H10/d9
ø22 H10/d9
A
12A
90°
技术要求
1.装配前各零件应仔细清除毛刺，清洗污垢。
2.各螺纹连接部位应涂二硫化钼。
3.装配时调整阀底座（件15），应保证密封面有适当的预紧力。
4.强度试验及填料、O型圈的密封性试验应在半开状态下进行。
5.手柄表面涂灰色漆，周边带蓝色条。
18 铭牌25×40 1 LF11
17 GB/T867 铆钉ø1×5 4
16 圆螺母M50×15 1 Q235
15 阀底座 1 1Cr18Ni9Ti
14 O型密封圈 1 氟橡胶
13 GB/T119 圆柱销A6×12 1
12 手柄 1 KT30-6
11 GB/T921 垫圈10 1 镀锌
10 GB/T923 螺母M10 1 镀锌
9 阀杆 1 1Cr18Ni9Ti
8 填料螺旋 1 1Cr18Ni9Ti
7 上填料 1 聚四氟乙烯
6 中填料 2 聚四氟乙烯
5 下填料 1 1Cr18Ni9Ti
4 球 1 1Cr18Ni9Ti
3 阀座 2 聚四氟乙烯
2 阀体 1 1Cr18Ni9Ti
1 法兰 2 Q235
序号 代号 零件名称 数量 材料 备注
球阀
比例
图号
制图
审核

图 10-4 球阀

4. 简化画法

在装配图中，零件的工艺结构如小圆角、倒角、退刀槽等可省略不画。

对于装配图中若干相同的零件组如螺栓连接等，可仅详细地画出一组或几组，其余只需用点画线表示装配位置，如图 10-6 所示。

装配图中的滚动轴承可以一半画成剖视图，另一半用粗实线十字表示，如图 10-6 所示。

当剖切平面通过的某个部件为标准化产品或该部件已由其他图形表示清楚时，可按不剖绘制，如图 10-1 中的油杯。

5. 夸大画法

在装配图中，对薄片零件、细丝弹簧或较小间隙等，允许适当夸大画出，如图 10-6 的垫片。

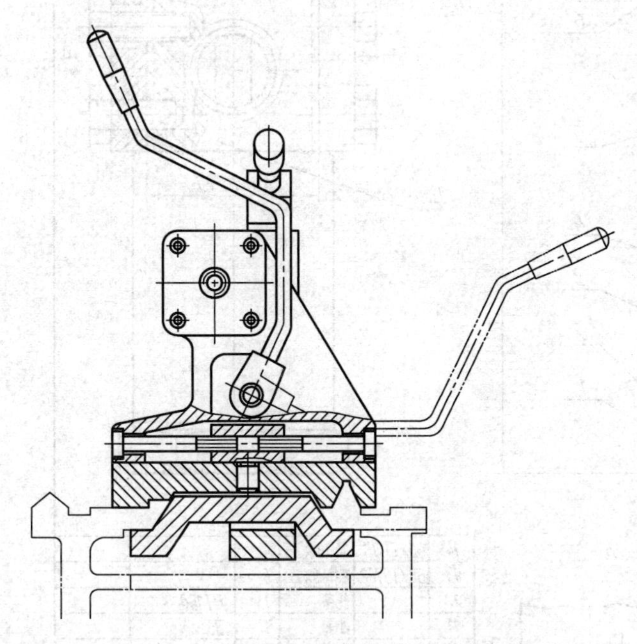

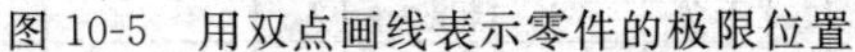

图 10-5　用双点画线表示零件的极限位置

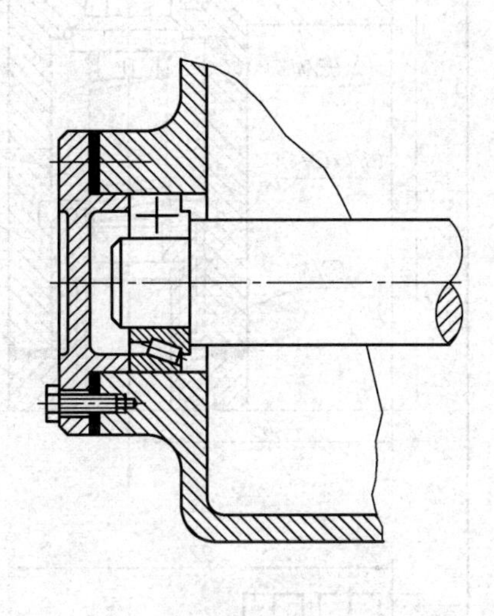

图 10-6　轴端装配的画法

10.2.3　部件的表达分析

画装配图时，首先要分析部件的工作情况和装配结构特征，然后选择一组图形，把部件的工作原理、装配关系和零件的主要结构形状表达清楚。

(1) 主视图的选择。选择主视图的原则是：尽量符合部件的工作位置和能表达主要装配干线或较多的装配关系，及部件的工作原理。

(2) 其他视图的选择。在选择主视图时，还应选用适当的其他视图及相应的表达方法，来补充主视图中未能表达清楚的有关工作原理、装配关系和主要零件的结构形状等内容。选择每个视图或每种表达方法，都应有明确的目的性。整个表达方案应力求简练、清晰、正确。要考虑合理地布置视图位置，使图样清晰并有利于图幅的充分利用。

下面以图 10-7 所示的手压阀装配图为例说明其视图方案的选择。

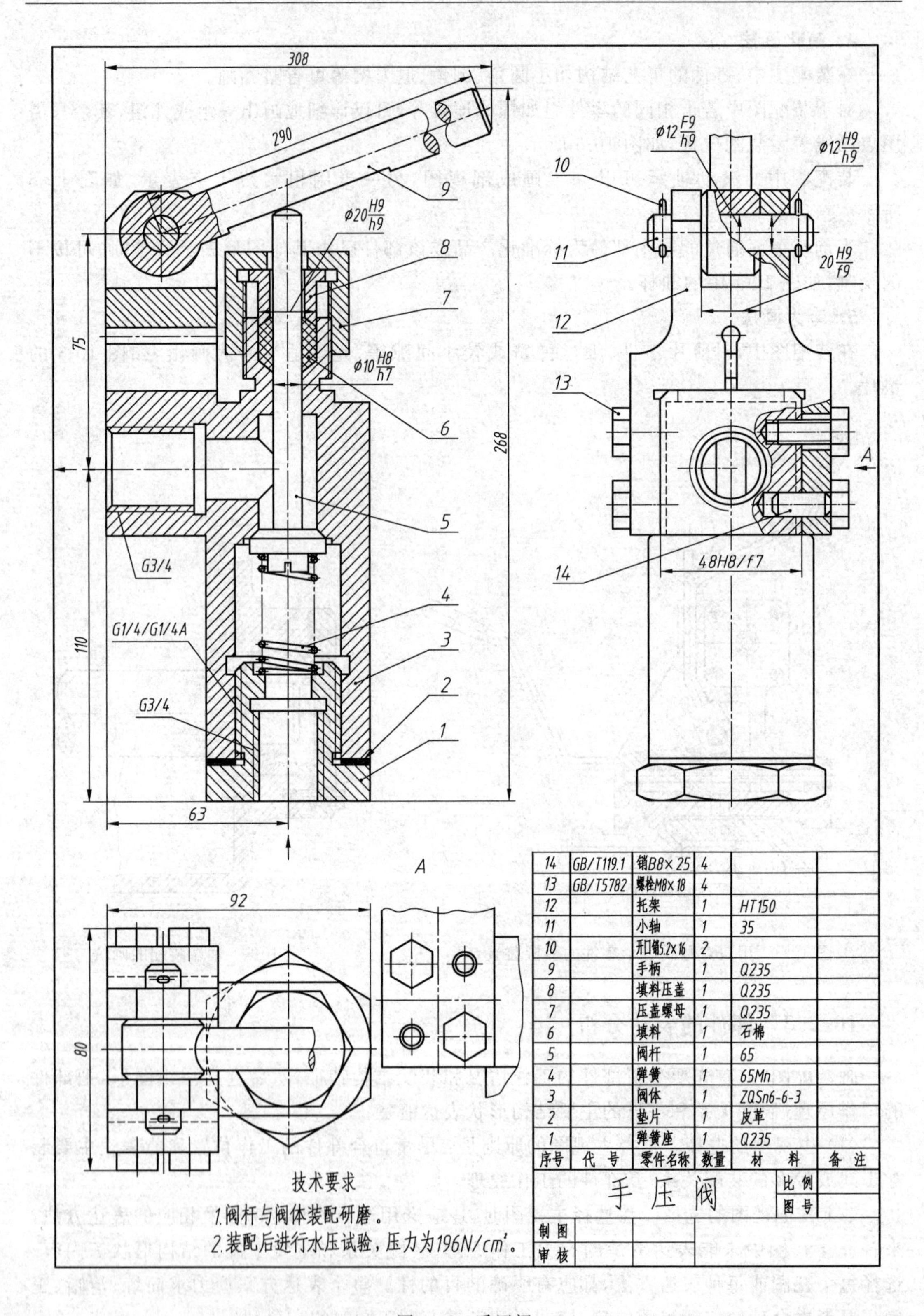
308
290
9
Φ20 H9/h9
8
7
75
Φ10 H8/h7
6
268
5
G3/4
4
G1/4/G1/4A
110
3
2
G3/4
1
63
Φ12 F9/h9
Φ12 H9/h9
10
11
20 H9/f9
12
13
A
14
48H8/f7
A
92
80
14 GB/T119.1 销B8×25 4
13 GB/T5782 螺栓M8×18 4
12 托架 1 HT150
11 小轴 1 35
10 开口销5.2×16 2
9 手柄 1 Q235
8 填料压盖 1 Q235
7 压盖螺母 1 Q235
6 填料 1 石棉
5 阀杆 1 65
4 弹簧 1 65Mn
3 阀体 1 ZQSn6-6-3
2 垫片 1 皮革
1 弹簧座 1 Q235
序号 代 号 零件名称 数量 材 料 备 注
手压阀
比例
图号
制图
审核
技术要求
1.阀杆与阀体装配研磨。
2.装配后进行水压试验，压力为196N/cm²。

图 10-7 手压阀

手压阀是安装在管道上，用以控制液体流量的装置。

手压阀的主视图是按工作位置绘制的，主视图取全剖视以表示沿零件5阀杆轴线的主要装配干线。在这条装配线上，表示了压盖螺母(件7)、填料(件6)、阀体(件3)上的阀座孔与阀杆上的阀瓣、弹簧(件4)、弹簧座(件1)等零件的结构形状和它们的装配关系。

选取左视图。左视图取局部剖视以表示阀体与托架(件12)的形状、连接和定位关系。它们是用四个螺钉和销钉连接定位的。并选用A向视图表示螺钉、销钉的位置。同时在左视图上也用局部剖视表达了手柄是由小轴(件11)、开口销(件10)连接的。

选择俯视图是为了表达阀体的主体形状。选定这样的表达方案，即可将手压阀的装配关系和主要零件的结构形状表达清楚。

10.3 零件结构的装配工艺

零件结构除了考虑设计要求外，还必须考虑装配工艺要求，否则会使装拆困难，甚至达不到设计要求。这里介绍一些常见的装配结构。

10.3.1 接触面的合理结构

两零件应避免在同一方向上有两对表面同时接触，如表10-1所示。

表10-1 接触面合理结构

结构合理	结构不合理	
	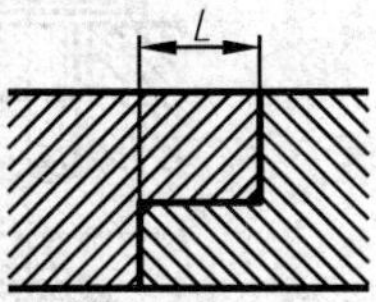 L	由于尺寸L的加工误差，不能保证两对平面同时接触
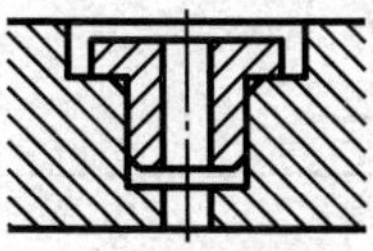	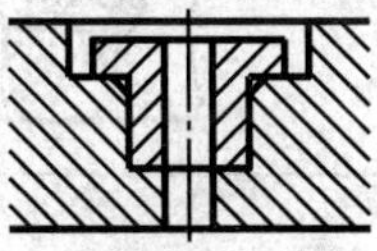	在轴向，不能有两对水平端面同时接触
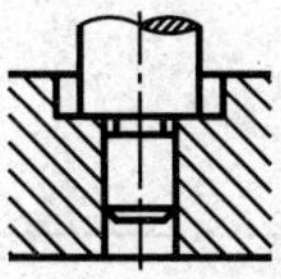	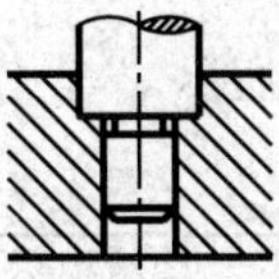	在径向，不能有两对圆柱面同时接触

10.3.2 接触面转折处的合理结构

两配合零件接触面的转折处，要求零件上的孔具有倒角或圆角，而轴肩处具有退刀槽或圆角，装配时才能保证接触良好，如表10-2所示。

表 10-2　接触面转折处的结构

结构合理		结构不合理
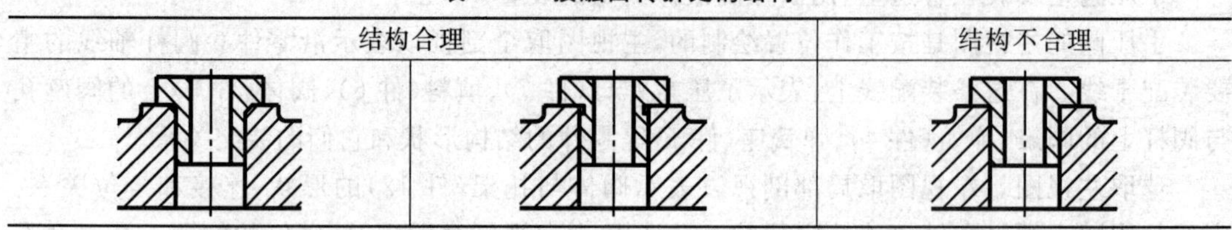		

10.3.3　螺纹防松装置

由于机器的振动,有些紧固件常会逐渐松动,为避免松动而常采用的各种防松锁紧装置如表 10-3 所示。

表 10-3　锁紧装置

双螺母锁紧	弹簧垫圈锁紧
止推垫圈锁紧	开口销锁紧

10.3.4　便于装拆的合理结构

要考虑装拆有足够的空间和装配的可能性,如表 10-4 所示。

表 10-4　装拆合理结构

结构合理	结构不合理
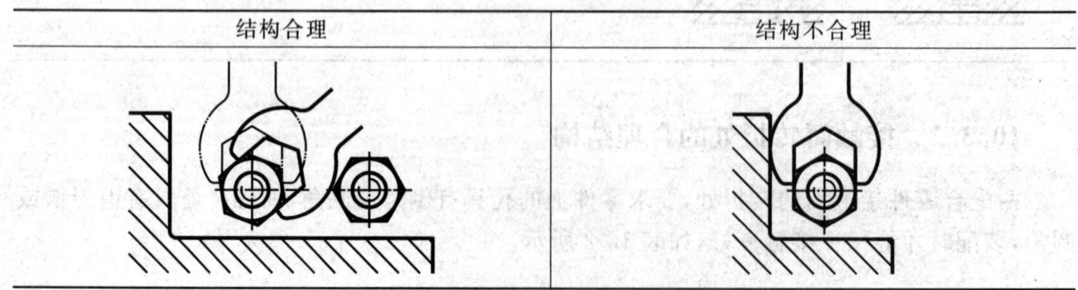	

续表

结构合理	结构不合理
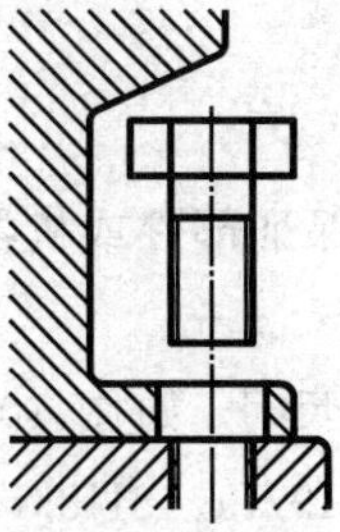	
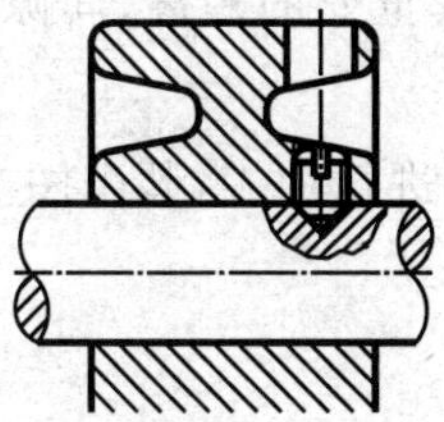	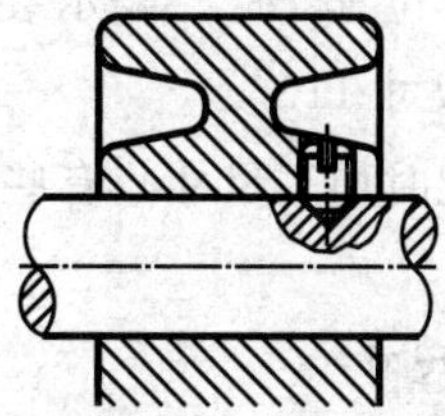

10.3.5　密封装置

为了防止机器内部的液体或气体向外渗漏和防止外面的灰尘等杂物侵入机器内部，常使用密封装置，如表 10-5 所示。

表 10-5　密封装置

填料箱密封	矩形橡胶圈密封	O 型橡胶圈密封

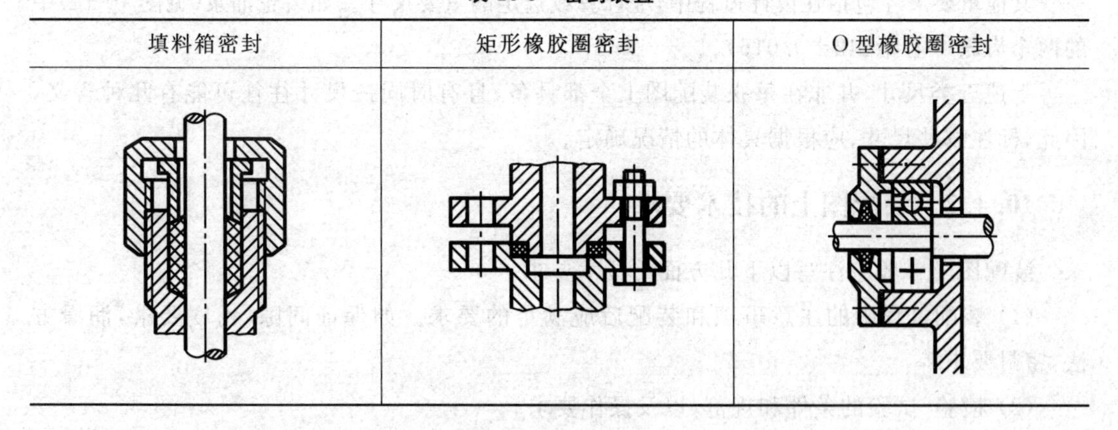

10.4　装配图的尺寸标注和技术要求

10.4.1　装配图上的尺寸标注

由于装配图与零件图的作用不同，所以在装配图上并不需要注出全部结构尺寸，一般只需标注以下几类尺寸。

1. 规格尺寸

规格尺寸表示部件或机器的规格和工作性能的尺寸，是设计部件或机器的依据，如图 10-1 中油杯轴承的轴孔直径 ϕ30H7。

2. 装配尺寸

装配尺寸表示零件间的装配关系和重要的相对位置，以保证部件或机器的工作精度和性能要求，一般有以下几种。

(1) 配合尺寸。表示零件间有配合要求的一些重要尺寸，如图 10-7 手压阀中的 ϕ20H9/h9、ϕ10H8/h7、ϕ12F9/h9、ϕ12H9/h9、ϕ20H9/h9、20H9/f9、48H8/f7 是表示装配关系的配合尺寸。

(2) 相对位置尺寸。表示装配时需要保证的零件间较重要的距离、间隙等，如图 10-7 手压阀中的尺寸 110。

(3) 装配时加工尺寸。有些零件要装配在一起后才能进行加工，装配图上要标注装配时加工尺寸。

3. 外形尺寸

外形尺寸表示该部件或机器的总长、总宽和总高，以便于装箱运输和安装时掌握其总体大小，如图 10-7 手压阀中的外形尺寸为 308(长)，80(宽)，268(高)。

4. 安装尺寸

将部件或机器安装到其他部件、机器或地基上所需要的尺寸叫做安装尺寸，如图 10-1 所示的油杯轴承中的两个安装孔的尺寸 14、140、25。

5. 其他重要尺寸

其他重要尺寸包括在设计过程中，经计算或选定的重要尺寸。如齿轮油泵(见图 10-14)中的两个齿轮中心距(42±0.016)。

上述五类尺寸，并非在每张装配图上全都具备，且有时同一尺寸往往可能有几种含义，因此，标注哪些尺寸，应根据具体的情况确定。

10.4.2 装配图上的技术要求

装配图上一般应注写以下几方面的技术要求。

(1) 装配过程中的注意事项和装配后应满足的要求。如保证间隙，精度要求，润滑方法，密封要求等。

(2) 检验、试验的条件和规范，以及操作要求。

(3) 部件或机器的性能规格参数(非尺寸形式的)以及运输使用时的注意事项和涂饰要求等。

装配图上的技术要求一般用文字注写在图纸下方空白处，也可以另编写技术文件，附于图纸。

10.5　装配图中零、部件序号和明细栏

为了便于图样管理、生产准备、进行装配和看懂装配图，必须对其组成部分（零件或部件）进行编号（序号或代号），并且在标题栏的上方编制相应的明细栏或另附明细表。

10.5.1　零、部件序号

序号是装配图中对各零件或部件按一定顺序的编号。代号是按照零件或部件在整个产品中的隶属关系编制的号码。读者在学习期间一般使用序号即可。

编号时应遵守以下各项国标的规定：

（1）相同的零件、部件用一个序号，一般只标注一次。

（2）指引线（细实线）应从所指零件的可见轮廓内引出，并在末端画一个圆点，如图 10-8 所示。若所指部分（很薄的零件或涂黑的剖面）内不宜画圆点时，可在指引线的末端画出箭头，并指向该部分的轮廓，如图 10-8(d)所示。

（3）序号写在横线（细实线）上方或圆（细实线）内，如图 10-8 所示。序号字高比图中尺寸数字高度大 1 号或 2 号。序号也可直接写在指引线附近，如图 10-8(c)所示，其字高则比尺寸数字大 2 号。同一装配图中，编号的形式应一致。

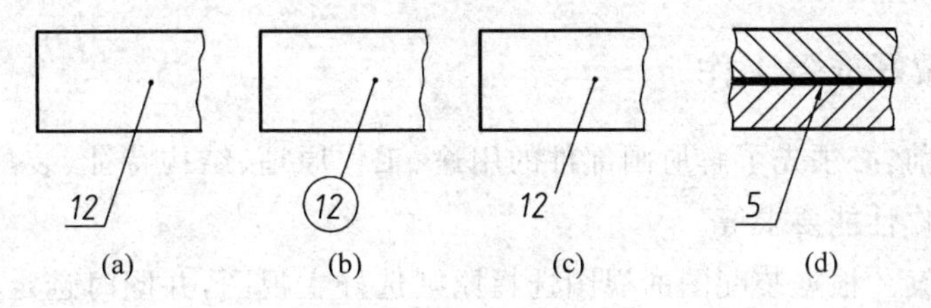

图 10-8　序号的形式

（4）各指引线不允许相交。当通过有剖面线的区域时，指引线不应与剖面线平行。必要时指引线可画成折线，但只可曲折一次。

（5）一组紧固件或装配关系清楚的零件组可采用公共指引线，如图 10-9 所示。

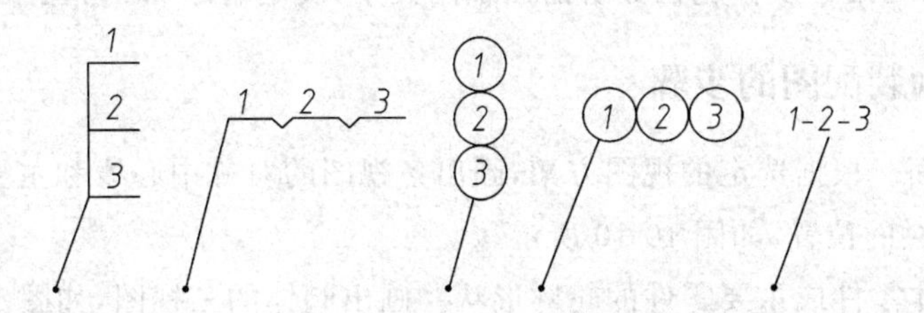

图 10-9　组件序号的画法

（6）编写序号时要排列整齐。规定按水平或垂直方向排列在一条直线上，并按顺时针或逆时针方向顺序排列，如图 10-1 所示。

10.5.2　明细栏

明细栏是机器或部件中全部零件、部件的详细目录，是组织生产的重要资料。其内容一般有序号、代号、名称、数量、材料以及备注等项目。应注意明细栏中的序号必须与图中所注的序号一致。

在装配图中，明细栏一般直接画在标题栏上方，明细栏左边外框线为粗实线，内格线和顶格线画细实线，按自下而上的顺序填写，如图 10-1 所示。当由下而上延伸位置不够时，可紧靠在标题栏的左边再由下向上延续，如图 10-4 所示。

特殊情况下，明细栏不画在图上时，可作为装配图的续页按 A4 幅面单独给出。

备注项内，可填写有关的工艺说明，如发蓝、渗碳等；也可注明该零件、部件的来源，如外购件、借用件等；对齿轮一类的零件，还可注明必要的参数，如模数、齿数等。

明细栏的各部分参考尺寸与格式见图 1-5。

10.6　画装配图的方法和步骤

以图 10-7 手压阀为例，阐述画装配图的方法和步骤。

10.6.1　做好准备工作

画装配图之前，必须先了解所画部件的用途、工作原理、结构特征、装配关系、主要零件的装配工艺和工作性能要求等。

确定表达方案。根据装配图的视图选择原则选好主视图，并同时选定其他视图和表达方法。经过分析比较，确定出合理的表达方案。如图 10-7 手压阀主视图取全剖视图，清楚表达了阀的工作原理和主要装配干线，左视图取局部剖视图表达螺钉的连接关系，俯视图和 *A* 向局部视图表达外形。

确定比例和图幅。根据部件(手压阀)的大小，视图数量，决定用 1∶2 的比例，全面考虑图形、尺寸、编号、明细栏及标题栏等所需面积的大小，决定选用 A3 号图纸。

10.6.2　画装配图的步骤

(1) 布置图面。根据选定的视图方案，画出各视图的对称中心线和主要基准线，同时画出标题栏和明细栏的位置，如图 10-10 所示。

(2) 画出主体零件或重要零件的轮廓形状。画出阀体的三视图，如图 10-11 所示。

(3) 画出其他零件。按照装配关系，逐个画出装配干线上零件的轮廓形状，如图 10-12 所示。画图时，要注意零件间的位置关系和遮挡的虚实关系。

(4) 完成各个视图的底稿。画出各个视图的细节，如图 10-13 所示。

(5) 完成全图。画好剖面线，标注尺寸，编零件序号，填写标题栏、明细表及技术要求等，经过检查、修改，最后描深。如图 10-7 所示手压阀。

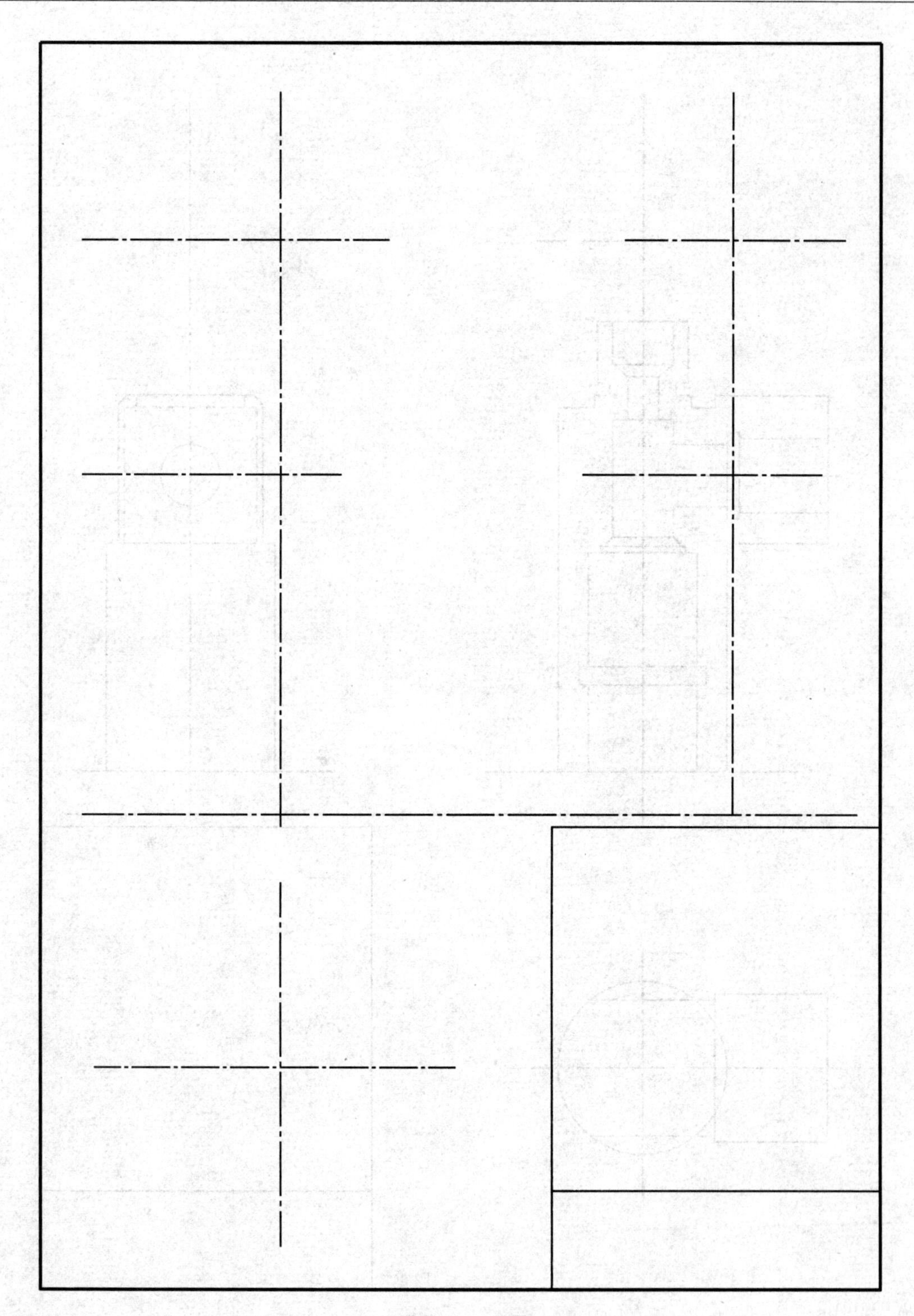

图 10-10　布图

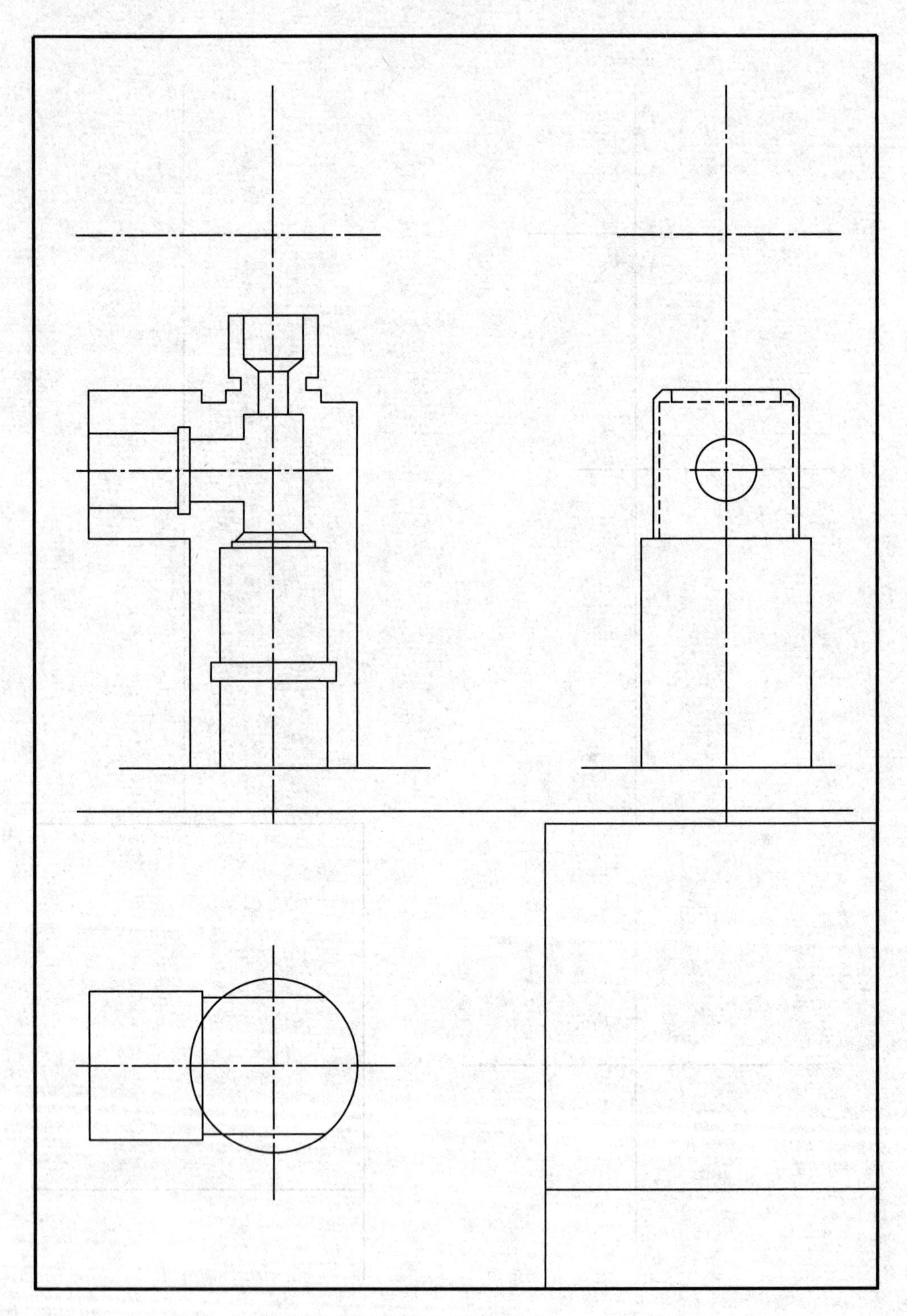

图 10-11　阀体三视图

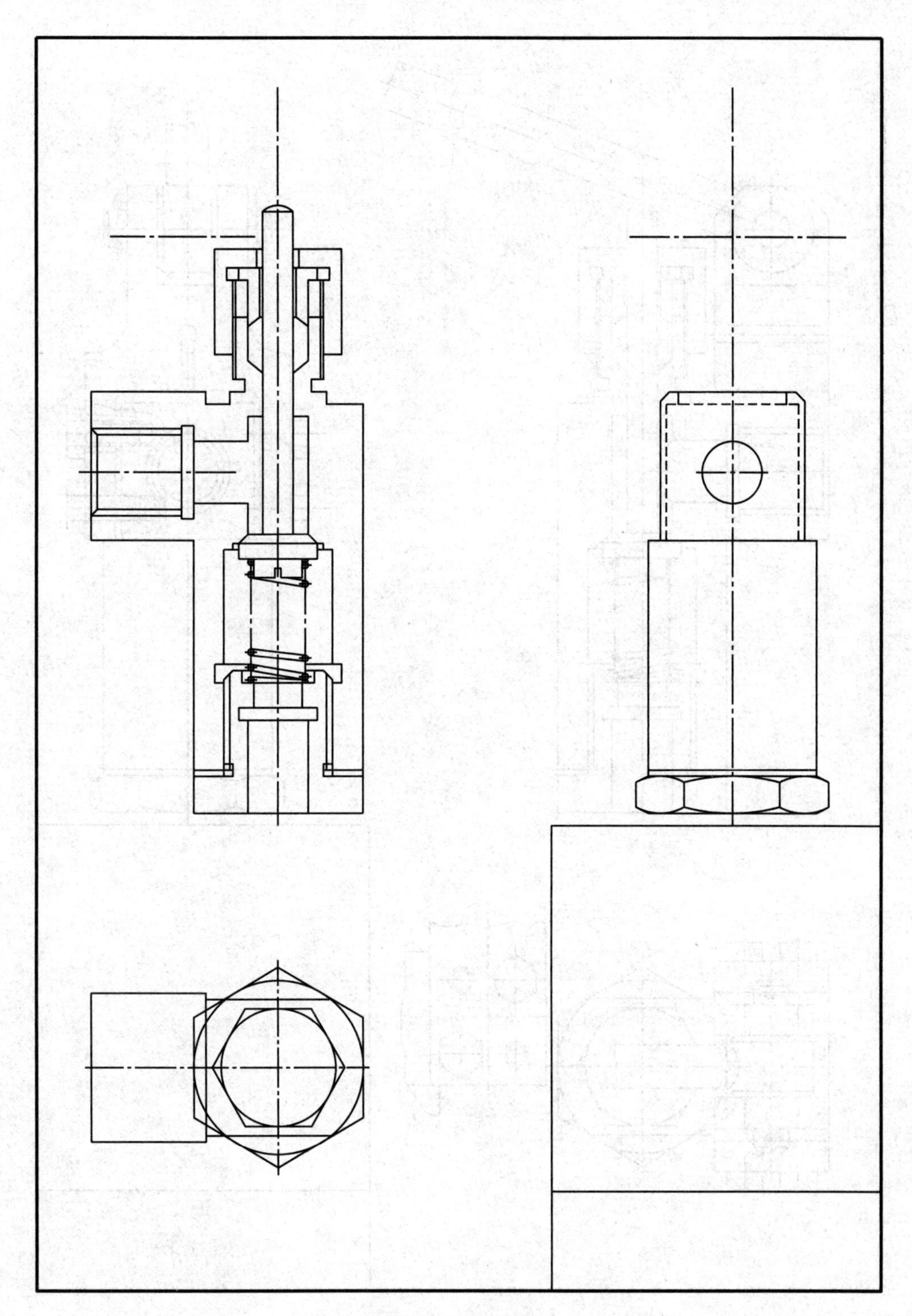

图 10-12　画其他零件

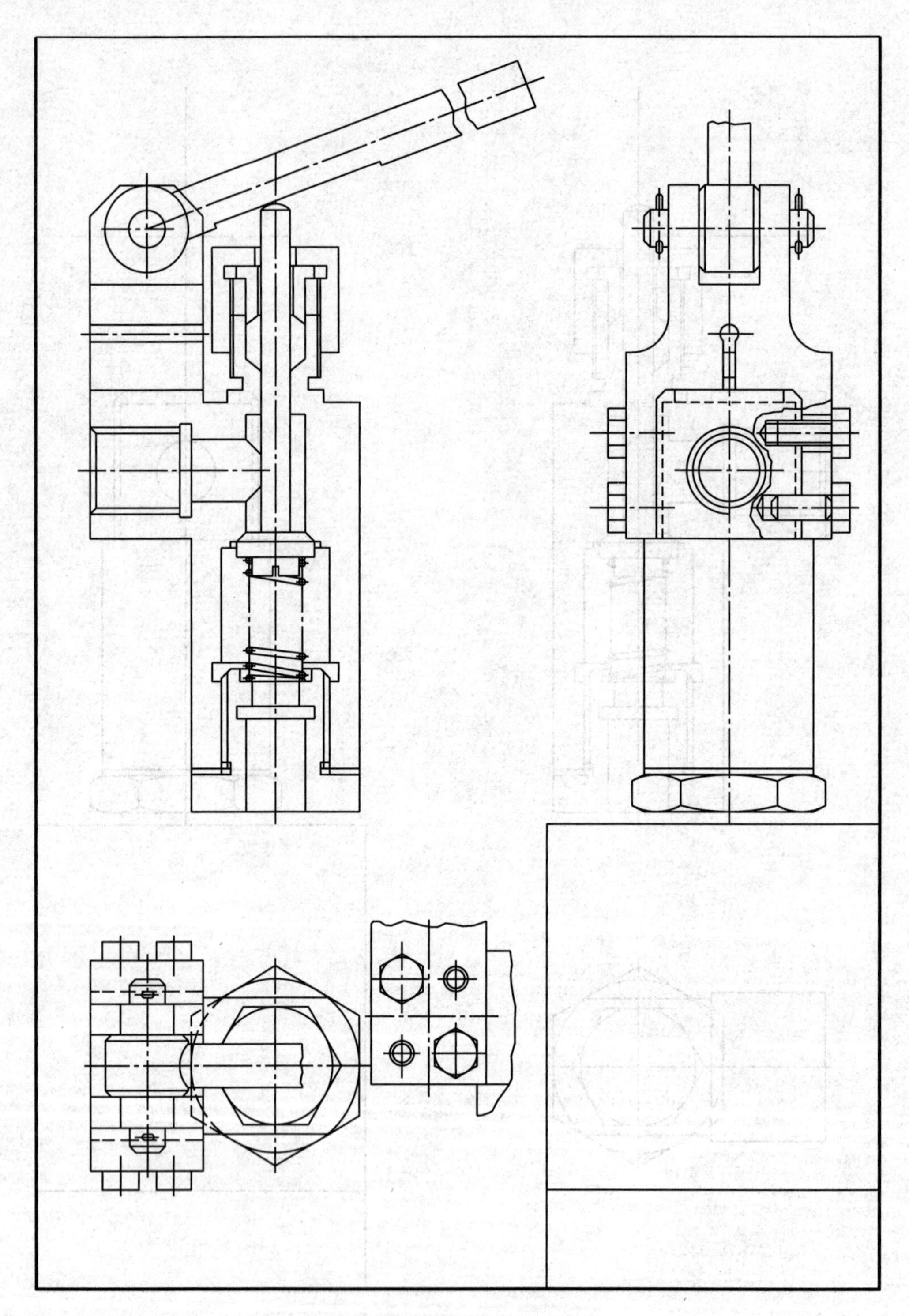

图 10-13　完成各视图的底稿

10.7　读装配图和拆画零件图

在设计、制造、检验、使用、维修及技术交流中，经常要遇到读装配图的问题。因此，熟练地读懂装配图，是工程技术人员必备的能力。

10.7.1　读装配图的方法和步骤

现以图 10-14 所示的齿轮油泵为例，说明读装配图的方法和步骤。

1. 概括了解

读装配图时，首先看标题栏，了解机器或部件的名称，从明细表中了解零件的名称、数量、材料等。其次大致浏览一下装配图采用了哪些表达方法，各视图配置及其相互间的投影关系、尺寸注法、技术要求等内容。再参考、查阅有关资料及其使用说明书，从中了解机器或部件的性能、作用和工作原理。

从图 10-14 所示的装配图中可知，齿轮油泵由 17 种零件装配而成。并采用了两个视图表达，其中主视图为全剖视图，主要表达了齿轮油泵中各个零件间的装配关系。左视图是采用沿左端盖 1 和泵体 6 结合面 *B*—*B* 的位置剖切后移去了垫片 5 的半剖视图。主要表达了该油泵齿轮的啮合情况、吸油和压油的工作原理，以及油泵的外形情况。

2. 分析装配关系和工作原理

从主视图入手，根据各装配干线，对照零件在各个视图中的投影，分析各零件间的配合性质、连接方法及相互关系。再进一步分析各零件的功用与运动状态，了解其工作原理。通常先从主动件开始按照连接关系分析传动路线，也可以从被动件反序进行分析，从而弄清部件的装配关系和工作原理。

齿轮油泵是机器中用于输送润滑油的一个部件。其工作原理如图 10-15 所示。当主动轮按逆时针方向旋转时，带动从动轮按顺时针旋转。啮合区内右边的压力降低而产生局部真空，油池中的油在大气压力的作用下，由进油孔进入油泵的吸油口(低压区)，随着齿轮的传动，齿轮中的油不断沿箭头方向被带至左边的压油口(高压区)把油压出，送至机器中需要润滑的部位。图 10-14 中主视图较完整地表达了零件间的装配关系：泵体 6 是齿轮油泵中的主要零件之一，它的内腔正好容纳一对齿轮；左端盖 1 和右端盖 7 支承齿轮轴 2 和传动齿轮轴 3 的旋转运动；两端盖与泵体先由销 4 定位后，再由螺钉 15 连成整体；垫片 5 、密封圈 8 、填料压盖 9 、压紧螺母 10 ，都是为了防止油泵漏油所采用的密封装置。

3. 分析零件

分析零件的主要目的是弄清楚组成部分的所有零件的类型、作用及其主要的结构形状。一般先从主要零件着手，然后是其他零件。

分析零件的主要方法是将零件的有关视图从装配图中分离出来，再用看零件图的方法弄懂零件的结构形状。具体步骤如下。

(1) 看零件的序号和明细表，不同序号代表不同的零件。

(2) 看剖面线的方向和间隔，相邻两零件剖面线的方向、间隔不同，则不是同一个零件。

(3) 对剖视图中未画剖面线的部分，区分是实心杆件或零件的孔槽，其方法是按装配图对实心件和紧固件的规定画法来判断。

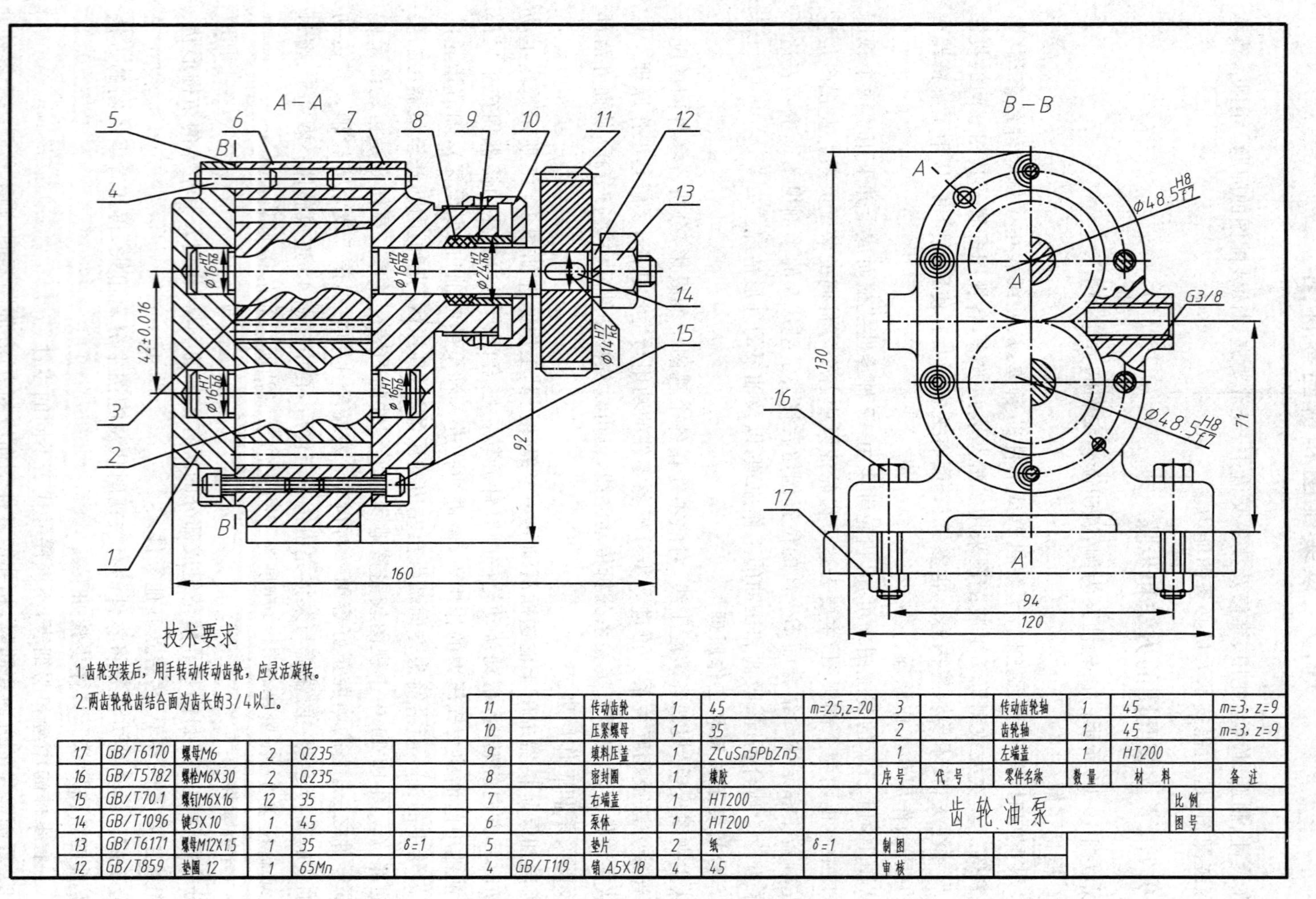

图 10-14　齿轮油泵装配图

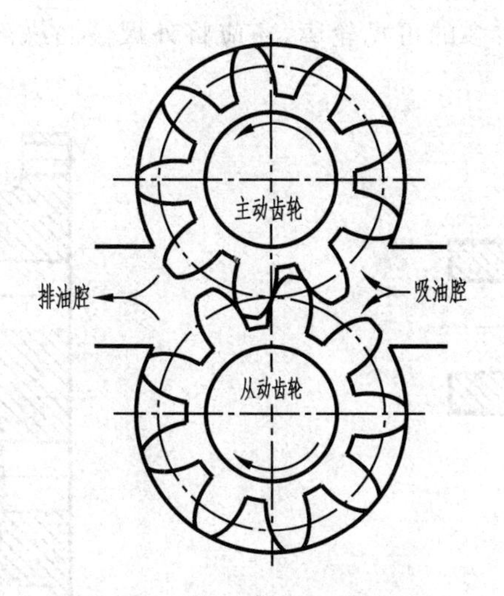

图 10-15 齿轮油泵工作原理图

4. 综合归纳,想象装配体的总体形状

在看懂每个零件的结构形状以及装配关系和了解了每条装配干线之后,还要对全部尺寸和技术要求进行分析研究,并系统地对部件的组成、用途、工作原理、装拆顺序进行总结,加深对部件设计意图的理解,从而对部件有一个完整的概念。

10.7.2 由装配图拆画零件图

根据装配图拆画零件图的过程,简称拆图。由装配图拆画零件图是产品设计过程中的一项重要环节,应在读懂装配图的基础上进行。下面以图 10-14 齿轮油泵的右端盖为例,说明拆画零件图的方法和步骤。

1. 确定视图表达方案

由装配图拆画零件图,其视图表达不应机械地从装配图上照抄,应对所拆零件的作用及结构形状做全面的分析,根据零件图的表达方法,重新选择表达方案。对零件在装配图中未表达清楚的结构,应根据零件在部件中的作用进行补充。对装配图上省略的工艺结构,例如倒角、倒圆、退刀槽等,都应在零件图上详细画出。

现以拆画右端盖(序号 7)的零件图为例进行分析。由主视图可见:右端盖上部有传动齿轮轴 3 穿过,下部有齿轮轴 2 轴颈的支承孔,在右部的凸缘的外圆柱面上有外螺纹,用压紧螺母 10 通过填料压盖 9 将密封圈 8 压紧在轴的四周。由左视图可见:右端盖的外形为长圆形,沿周围分布有六个螺钉沉孔和两个圆柱销孔。

首先,从主视图上区分出右端盖的视图轮廓。由于在装配图的主视图上,右端盖的一部分可见投影被其他零件所遮,因而它是一幅不完整的图形,如图 10-16 所示。

其次,在装配图中并没有完整地表达出右端盖的形状,尤其在装配图的左视图中,其螺栓、销孔、轴孔都被泵体挡住而不能完整地表达出来。因此这些缺少的结构,可以通过对装配整体的理解和工作情况,进行补充表达和设计,补充表达后的右端盖零件图如图 10-17 所示。

最后,画出完整的零件图。这样的盘盖类零件一般可用两个视图表达,从装配图的主视图中拆画右端盖的图形,显示了右端盖各部分的结构,仍可作为零件图的主视图,再加左视图。为了使左视图能显示较多的可见轮廓，还应将外螺纹凸缘部分向左布置。图 10-18 所示为右端盖的完整零件图。

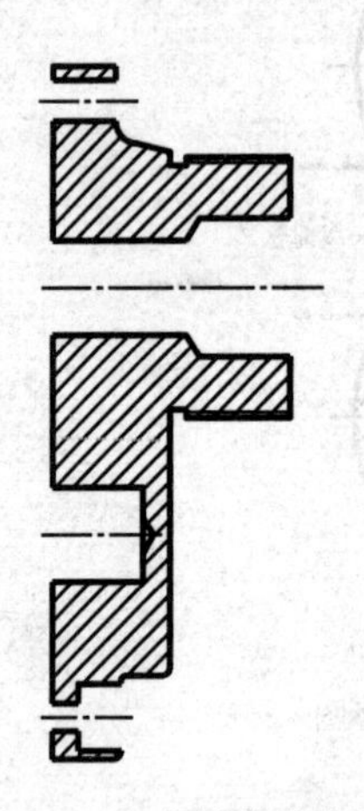

图 10-16　右端盖分离图

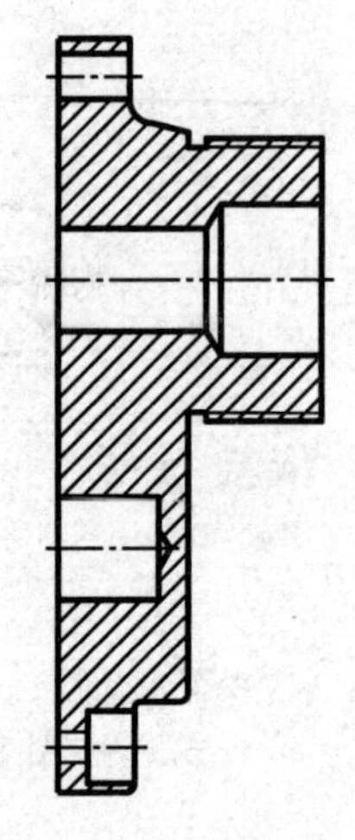

图 10-17　右端盖补全图

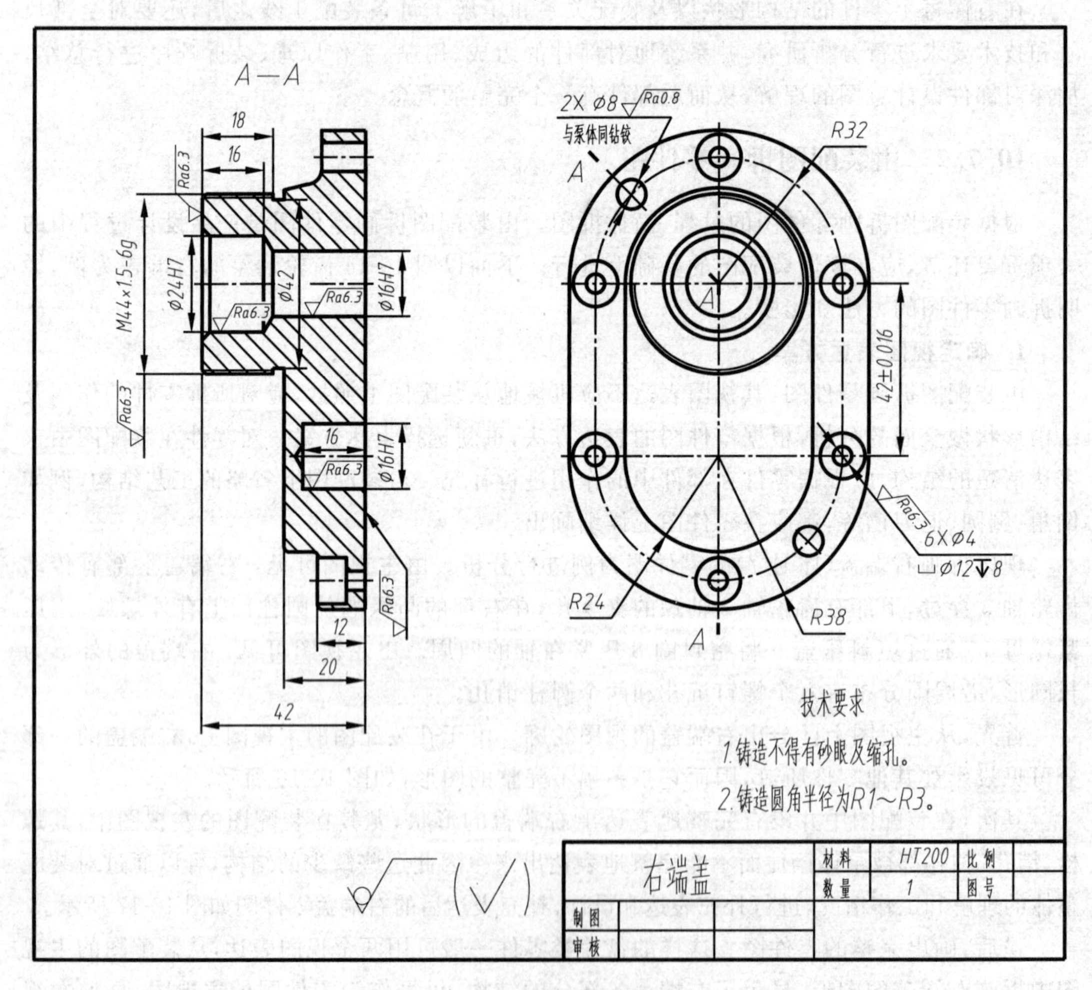

图 10-18　右端盖

装配体中的轴套类零件，根据装配体的工作位置不同，在装配图中可能有各种位置。如图 10-4 中的零件 9 阀杆的轴线是垂直位置，但是在画阀杆的零件图时，应以轴线水平放置为画主视图的方向，以便符合其加工位置，方便看图。

2. 零件的尺寸标注

装配图中已经标注的尺寸，零件图中应直接标注。零件上的标准结构或与标准件连接配合的尺寸，例如螺纹尺寸、键槽、销孔直径等，应从有关标准中查出。需要计算确定的尺寸应计算后标出。零件图上其余的尺寸应从装配图上直接量取。测量尺寸时，应注意装配图的比例。

3. 技术要求和填写标题栏

零件上的技术要求是根据零件的作用与装配要求确定的。可参考有关资料和相近产品图样注写。标题栏应填写零件的名称、材料、数量、图号等。

第11章 房屋建筑图简介

房屋建筑图与机械图一样，都是按正投影原理绘制的。但由于建筑物的形状、大小、结构及材料与机器、部件有很大的差别，所以在表达方法上也有所区别。本单元主要介绍房屋建筑图与机械图的区别，房屋建筑图的表达方法和图示特点，以及房屋建筑图的绘制。

11.1 房屋建筑图的分类及图示特点

11.1.1 房屋建筑施工图的分类

房屋是根据一套完整反映建筑物整体及细部结构的建筑施工图进行施工建造的。一套完整的房屋建筑图分为建筑施工图、结构施工图和设备施工图三大类。

1. 建筑施工图

简称"建施"，反映房屋的内外形状、大小、布局、建筑节点的构造和所用材料等情况，包括总平面图、平面图、立面图、剖面图和建筑构造详图。

2. 结构施工图

简称"结施"，反映房屋的承重构件的布置，构件的形状、大小、材料及其构造等情况，包括基础图、结构平面布置图和结构构件详图等。

3. 设备施工图

简称"设施"，反映各种设备、管道和线路的布置、走向、安装要求等情况，包括给水排水、采暖通风与空调、电气照明等设备的平面布置图、系统图和详图等。

11.1.2 房屋建筑图与机械图的区别

房屋建筑图和机械图都是采用正投影法绘制出来的工程图样，但是由于房屋建筑与机械设备有很大的差别，所以这两种图样的表达方法不完全相同，本节主要介绍房屋建筑图与机械图的不同之处。

1. 图线

机械图中使用两种线宽，而房屋建筑图中使用三种线宽，见表11-1。

图线宽度 d 的推荐系列与机械图相同，即：0.13，0.18，0.25，0.35，0.5，0.7，1.0，1.4，2.0mm。粗线、中粗线、细线的线宽比率为4∶2∶1。同一图样中，同类图线的宽度应一致。

2. 比例

由于房屋建筑的形体较大，所以房屋建筑图一般都用缩小的比例绘制。

房屋建筑图中，比例宜注写在图名的右侧，比例的字号一般比图名的字号小1号或2号，如图11-1所示。

表 11-1 房屋建筑图中常用图线

名称		线型	线宽	用途
实线	粗	————	d	1. 平、剖面图中被剖切的主要建筑构造(包括构配件)的轮廓线 2. 建筑立面图或室内立面图的外轮廓线 3. 建筑构造详图中被剖切的主要部分的轮廓线 4. 建筑构配件详图中的外轮廓线 5. 平、立、剖面图的剖切符号 6. 图名下横线
	中	————	$0.5d$	1. 平、剖面图中被剖切的次要建筑构造(包括构配件)的轮廓线 2. 平、立、剖面图中建筑构配件的轮廓线 3. 建筑构造详图及建筑构配件详图中一般轮廓线
	细	————	$0.25d$	小于 $0.5d$ 的图形线、尺寸线、尺寸界线、图例线、索引符号、标高符号、详图材料做法引出线等
虚线	粗	— — — —	d	新建建筑物、构筑物的不可见轮廓线
	中	- - - - - -	$0.5d$	1. 建筑构造及建筑构配件不可见的轮廓线 2. 平面图中的起重机(吊车)轮廓线 3. 拟扩建的建筑物轮廓线
	细	— — — —	$0.25d$	图例线,小于 $0.5d$ 的不可见轮廓线
单点长画线	粗	—·—·—	d	起重机(吊车)轨道线
	中	—·—·—	$0.5d$	土方填挖区的零点线
	细	—·—·—	$0.25d$	中心线、对称线、定位轴线
双点长画线	粗	—··—··—	d	地下开采区塌落界线
	中	—··—··—	$0.5d$	见有关制图标准
	细	—··—··—	$0.25d$	假想轮廓线
双折线		—\/—	$0.25d$	不需画全的断开界线
波浪线		～～～	$0.25d$	不需画全的断开界线,构造层次的断开界线

平面图 1:50 ② 1:20

图 11-1 比例的标注

绘图所用的比例,应根据图样的用途与绘制对象的复杂程度适当选用。表 11-2 中列出了国家标准对建筑施工图选取比例的要求,选用时应优先选表中的常用比例,特殊情况下也可选可用比例。

表 11-2 房屋建筑图常用比例

图名		常用比例	可用比例
建筑施工图	建筑平面图 建筑立面图 建筑剖面图	1∶50、1∶100	1∶150、1∶200、1∶300
	建筑详图	1∶5、1∶10、1∶20、1∶50	1∶1、1∶2、1∶15、1∶25、1∶30

续表

图名		常用比例	可用比例
结构施工图	结构平面图 基础平面图	1∶50、1∶100、1∶150、1∶200	1∶60
	圈梁平面图 总图中管沟 地下设施	1∶200、1∶500	1∶300
	结构详图	1∶10、1∶20	1∶4、1∶5、1∶25

3. 尺寸标注

尺寸标注是绘制工程图样的一项重要内容，应严格遵守国家标准的有关规定，现行的房屋建筑施工图的尺寸注法依据是《房屋建筑制图统一标准》(GB/T 50001—2001)。房屋建筑施工图的尺寸标注与机械图要求基本相同，不同之处有以下几点。

1）尺寸界线

建筑图中标注尺寸时，尺寸界线应离开图样轮廓线不小于2mm，如图11-2所示。

2）尺寸线终端

建筑图中标注线性尺寸时，尺寸线终端为45°中粗斜短线，其倾斜方向与尺寸界线成顺时针45°角，长度宜为2～3mm，如图11-3所示。

建筑图中标注半径、直径、角度和弧长尺寸时，尺寸线终端为箭头，与机械图相同，如图11-2所示。

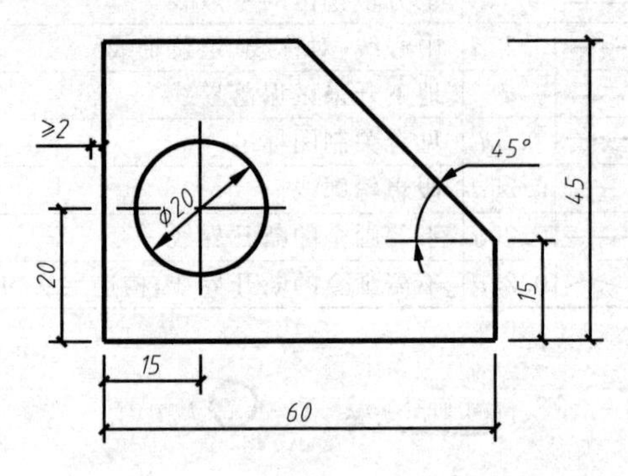

图11-2　建筑图中尺寸标注

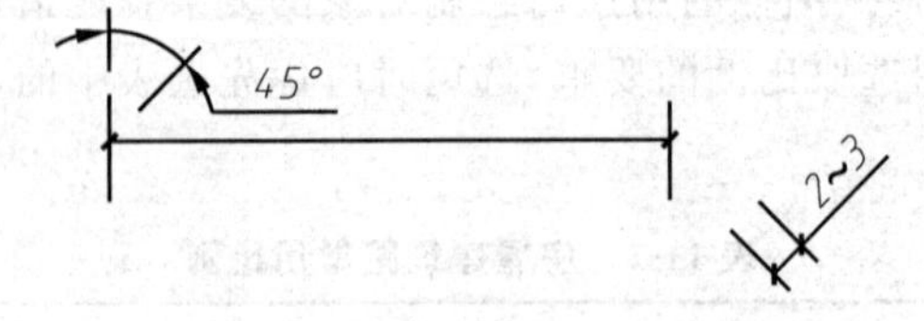

图11-3　中粗斜短线的画法

3）尺寸的标注与布置

建筑图中尺寸标注要求方便施工，尺寸标注不像机械图对尺寸精度的要求高，一般如图11-4所示注写尺寸。

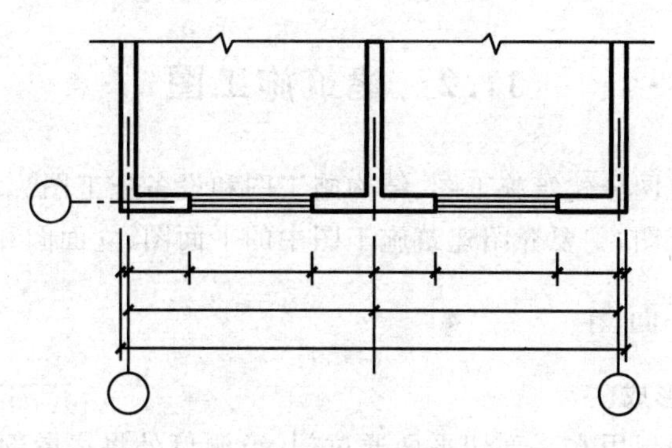

图 11-4　建筑图中尺寸标注与布置

4. 图样的名称与配置

房屋建筑图中六个基本视图的名称是正立面图、平面图、左侧立面图、右侧立面图、背立面图和底面图，与机械图中六个基本视图名称对应如表 11-3 所示。

表 11-3　房屋建筑图与机械图的图样名称对照

房屋建筑图	机械图
正立面图	主视图
平面图	俯视图全剖视图
左侧立面图	左视图
右侧立面图	右视图
背立面图	后视图
底面图	仰视图
剖面图	侧视图全剖视图
断面图	断面图

房屋建筑图中六个基本视图的配置，可按《房屋建筑制图统一标准》规定来进行配置，如图 11-5 所示。

每个视图一般均应标注图名。图名宜标注在视图的下方或一侧，并在图名下用粗实线绘制一条横线，其长度应以图名所占长度为准，如图 11-5 所示。

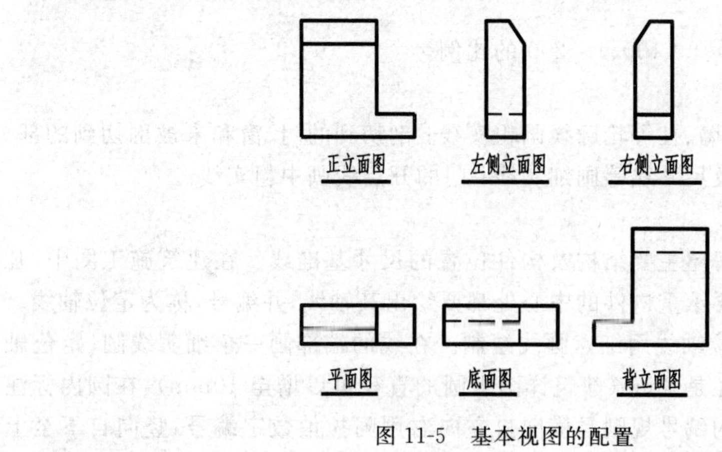

图 11-5　基本视图的配置

11.2 建筑施工图

我们知道房屋建筑图分建筑施工图、结构施工图和设备施工图。本章我们以图 11-6 所示的房屋介绍建筑施工图，主要介绍建筑施工图中的平面图、立面图和剖面图。

11.2.1 建筑平面图

1. 建筑平面图的形成

如图 11-7 所示，假想用水平剖切平面通过门、窗洞口处将房屋剖开，移去上部，将剖切平面以下的部分向下投射而得到的水平剖面图，称为建筑平面图，简称平面图。平面图反映房屋的墙、柱以及房间的平面布局、形状、大小、材料、门窗类型、位置等。

一般情况下，多层房屋应分别画出每一层的平面图，并在图的下方注明相应的图名，如底层平面图(或一层平面图)、二层平面图等。当房屋的中间各层的布局及尺寸完全相同时，相同的楼层可以用一个平面图表示，称为标准层平面图；有不一样的楼层时，则该楼层的平面图单独画出。

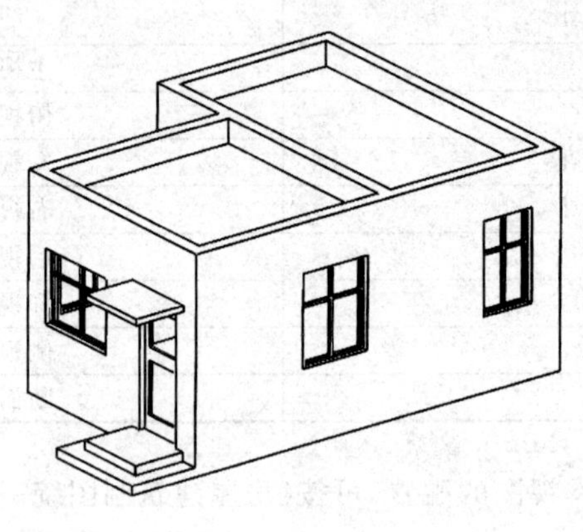

图 11-6 房屋

2. 建筑平面图的图示特点

1）比例

建筑平面图常用 1∶50、1∶100、1∶200 的比例。

2）图线

平面图中，被剖切到的墙、柱等轮廓线画粗实线；剖切到的门、窗和未被剖切到的部分，如室外台阶、散水、楼梯以及尺寸线等画细实线；门的开启线画中粗实线。

3）定位轴线

定位轴线是用来确定房屋主要结构及构件位置的尺寸基准线。在建筑施工图中，凡承重的墙、柱、梁和屋架等主要承重构件的中心处都要绘出其轴线，并编号，称为定位轴线。

如图 11-7(b)所示，定位轴线用细点画线绘制。在线的端部画一个细实线圆(定位轴线的延长线过圆心)，圆的直径是 8mm(建筑详图中圆的直径可以增至 10mm)，在圆内标注定位轴线的编号。定位轴线的编号规则是横向自左向右用阿拉伯数字编号，竖向自下至上用大写拉丁字母编号，字母 I、O、Z 不能用作轴线编号，以免与数字 1、0、2 混淆。

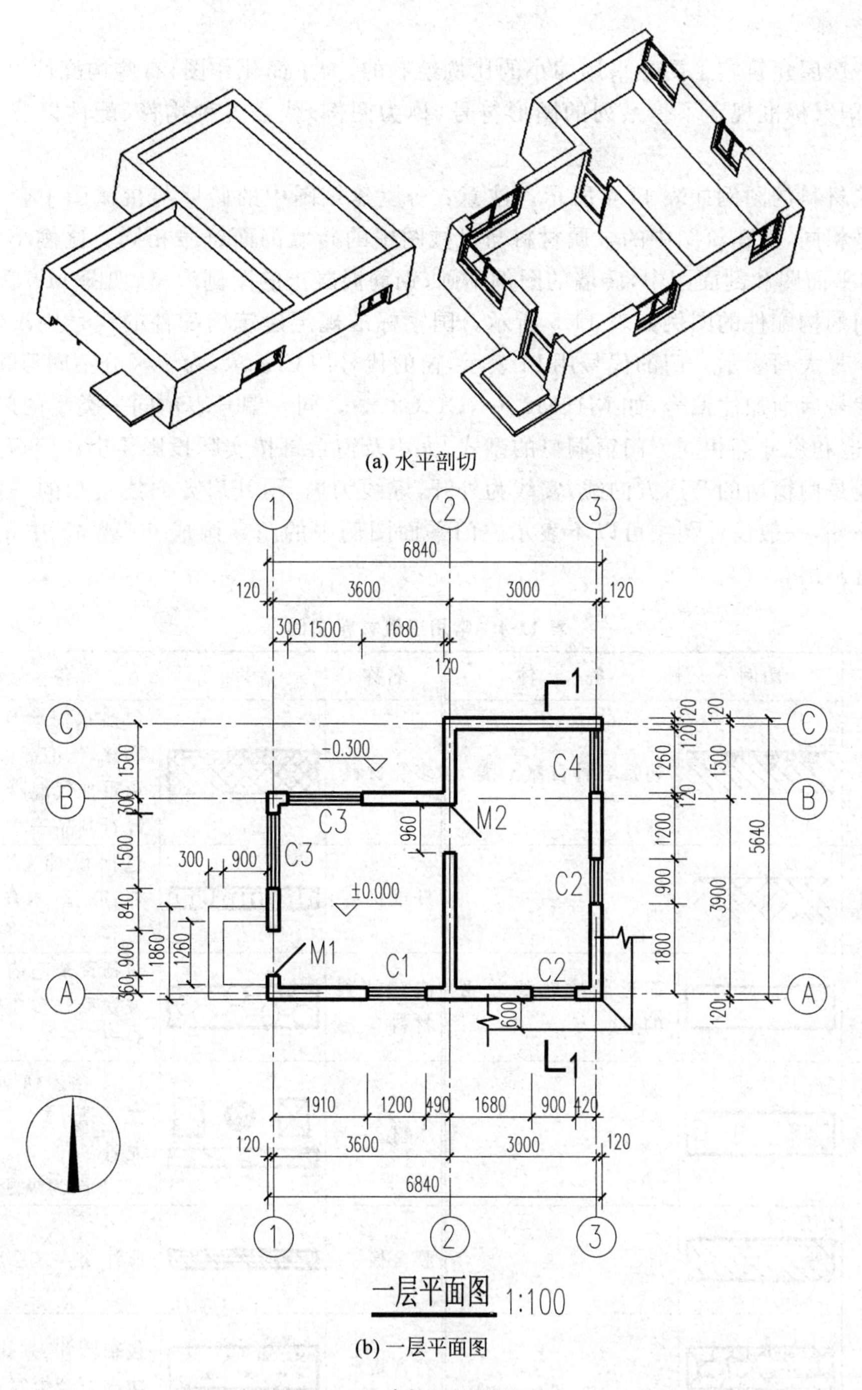

(a) 水平剖切

(b) 一层平面图

图 11-7　建筑平面图的形成

4）指北针

在底层平面图中画指北针，指北针标记了房屋的朝向。指北针的画法如图 11-8 所示，用细实线绘制，外圆直径 24mm，针尖指向正北，尾端宽度是 3mm。

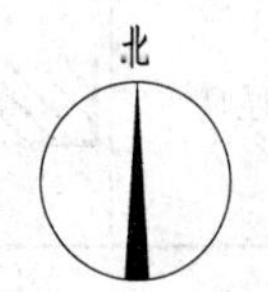

图 11-8　指北针

5）图例

由于房屋建筑施工图是采用缩小的比例绘制的，为了简化作图，有些构配件不按实际投影绘制，国家标准规定了一系列的图形符号（称为图例）代表各种构件、配件以及各种建筑材料。

建筑材料的图例如表 11-4 所示。注意：房屋建筑图中的砖墙与机械图中金属材料的剖面符号相同，而建筑图中的金属材料与机械图中的砖墙剖面符号相同。比例小于或等于 1∶50 的平面图和剖面图中，砖墙的图例不画，钢筋混凝土的图例涂黑，如图 11-7 所示。

常用的构配件的图例如表 11-5 所示。国家标准规定建筑构配件的代号用汉语拼音的第一个字母大写表示。门的代号用 M 表示，窗的代号用 C 表示，为了区分不同形式的门窗，在门窗代号后面加注编号，如 M1、M2、…，C1、C2、…。同一编号表示同一类型的门和窗，其类型、构造和尺寸都相同。门窗洞口的型式、大小及窗台都按实际投影绘出。门窗立面图例中的斜线是门窗扇的开启方向线，实线为外开，虚线为内开，开启方向线交角的一侧为安装合页的一侧，一般设计图中可以不表示。门平面图例中的门扇画成 90°或 45°中粗斜线，开启弧线宜画出。

表 11-4　常用建筑材料图例

名称	图例	备　注	名称	图例	备　注
自然土壤		包括各种自然土壤	多孔材料		包括水泥珍珠岩、沥青珍珠岩、泡沫混凝土、非承重加气混凝土、软木、蛭石制品等
夯实土壤			纤维材料		包括矿棉、岩棉、玻璃棉、麻丝、木丝板、纤维板等
砂、灰土		靠近轮廓线绘较密的点	泡沫塑料材料		包括聚苯乙烯、聚乙烯、聚氨酯等多孔聚合物类材料
砂砾石、碎砖三合土			木材		1. 上图为横断面，上左图为垫木、木砖或木龙骨 2. 下图为纵断面
石材			胶合板		应注明为×层胶合板
毛石			石膏板		包括圆孔、方孔石膏板，防水石膏板等
普通砖		包括实心砖、多孔砖、砌块等砌体。断面较窄不易绘出图例线时，可涂红	网状材料		1. 包括金属、塑料网状材料 2. 应注明具体材料名称

续表

名称	图例	备　注	名称	图例	备　注
耐火砖		包括耐酸砖等砌体	液体		应注明具体液体名称
空心砖		指非承重砖砌体	橡胶		
饰面砖		包括铺地砖、马赛克、陶瓷锦砖、人造大理石等	塑料		包括各种软、硬塑料及有机玻璃等
焦渣、矿渣		包括与水泥、石灰等混合而成的材料	防水材料		构造层次多或比例大时，采用上面图例
混凝土		1. 本图例指能承重的混凝土及钢筋混凝土 2. 包括各种强度等级、骨料、添加剂的混凝土	金属		1. 包括各种金属 2. 图形小时，可涂黑
钢筋混凝土		3. 在剖面图上画出钢筋时，不画图例线 4. 断面图形小，不易画出图例线时，可涂黑	玻璃		包括平板玻璃、磨砂玻璃、夹丝玻璃、钢化玻璃、中空玻璃、加层玻璃、镀膜玻璃等
粉刷		本图例采用较稀的点			

表 11-5　建筑构造及配件图例

名　称	图例	名　称	图例	名　称	图例
空门洞		单层固定窗		楼梯	上 底层 下 上 中间层 下 顶层
单扇门（包括平开或单面弹簧）		单层外开平开窗			
双扇门（包括平开或单面弹簧）		推拉窗		检查孔	可见　不可见

续表

名　称	图例	名　称	图例	名　称	图例
单扇双面弹簧门		单层外开上悬窗		孔洞	
双扇双面弹簧门		单层中悬窗		坑槽	
对开折叠门		高窗		墙预留洞	宽×高或φ 底(顶或中心)标高
烟道		通风道		墙预留槽	宽×高×深或φ 底(顶或中心)标高

6）尺寸标注与标高

建筑平面图中标注尺寸和标高。建筑平面图中的尺寸分为外部尺寸和内部尺寸。

外部尺寸共三道尺寸：如图 11-7 所示，由内向外，第一道尺寸表示房屋外墙门窗洞口等各细部位置的大小和定位尺寸，即细部尺寸；第二道尺寸表示定位轴线之间的间距尺寸，即轴线尺寸；第三道尺寸表示房屋的总长、总宽尺寸，即总体尺寸。

标高符号用细实线画出，高为 3mm 的等腰直角三角形，如图 11-9 所示。建筑平面图通常以室内一层地面为零点，标记为±0.000，分别标注各层楼地面的相对标高，标高以 m 为单位，注写到小数点后三位。零点标高以上为“正”，标高数字前不写“＋”号；零点标高以下为“负”，标高数字前必须写“－”号。

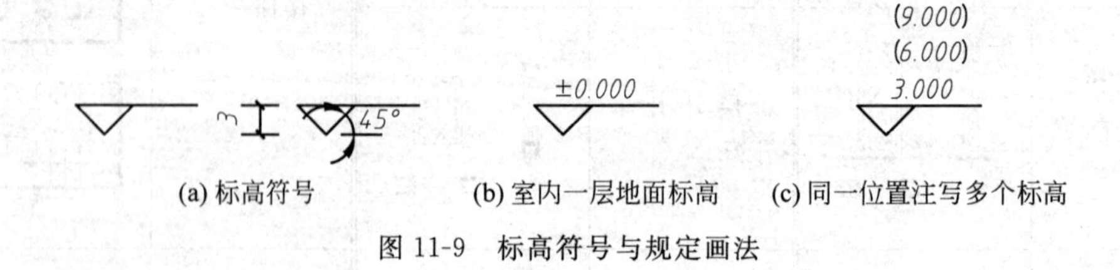

(a) 标高符号　(b) 室内一层地面标高　(c) 同一位置注写多个标高

图 11-9　标高符号与规定画法

7）索引符号与详图符号

房屋建筑图中某一局部或构配件需要用较大的比例画详图时，应采用索引符号索引，并在相应的详图下方标注详图符号。

索引符号的画法如图 11-10 所示，在需要另画详图的部位用细实线画出引出线，在引出线的另一端画一个直径为 10mm 的细实线圆，并用细实线画一个水平直径线。在上半圆内用阿拉伯数字标注详图的编号，在下半圆内标注该详图所在的图号(详图与被索引的图样不在同一张图纸)，如图 11-10(a)所示；如果详图与被索引的图样在同一张图纸，在下半圆中间画一水平细实线，如图 11-10(b)所示；如果索引出的详图采用标准图，应在引出线上标注该标准图集的编号，如图 11-10(c)所示。

详图符号的画法如图 11-11 所示，详图符号画直径为 14mm 的粗实线圆。如果详图与被索引的图样在同一张图纸，在详图符号内标注详图的编号，如图 11-11(a)所示；如果详图与被索引的图样不在同一张图纸，在圆中用细实线画一个水平直径线，上半圆内用阿拉伯数字标注详图编号，下半圆内标注被索引部位所在的图号，如图 11-11(b)所示。

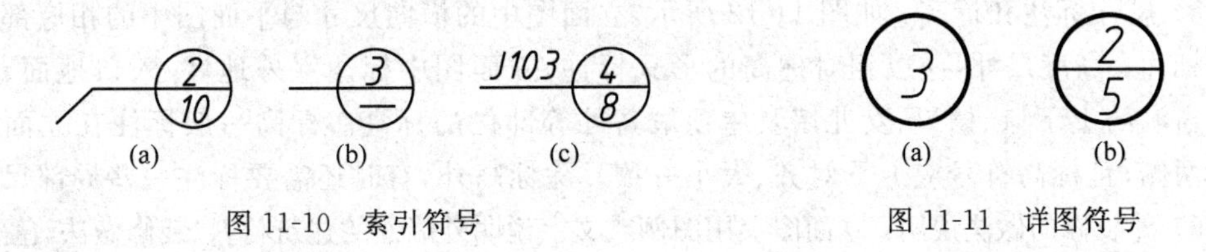

图 11-10　索引符号　　图 11-11　详图符号

11.2.2　建筑立面图

1. 建筑立面图的形成

建筑立面图主要反映房屋外部造型和外立面装修及其相应方向所见到的各构件的形状、位置、做法的图样，为室外装修所用。

将房屋的各个立面按正投影法投影到与之平行的投影面上，得到的投影图叫做建筑立面图，简称立面图，如图 11-12 所示。

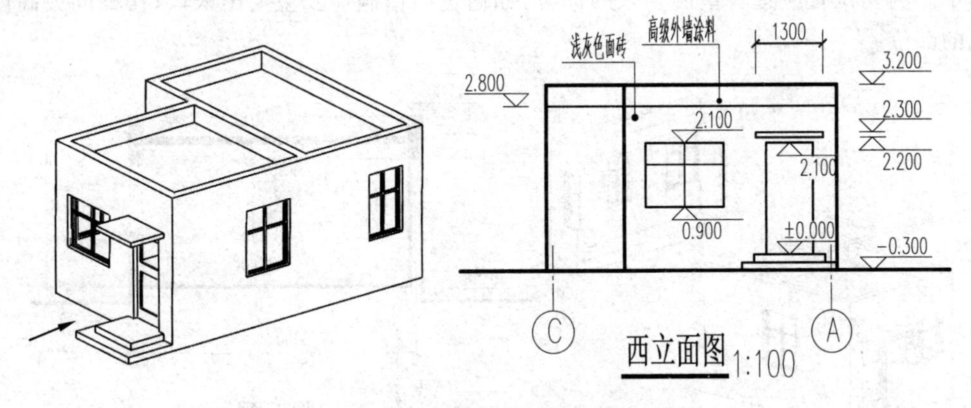

图 11-12　建筑立面图的形成

立面图可以根据立面左、右两端定位轴线的编号编注立面图的名称。如①-⑨立面图，⑨-①立面图，Ⓐ-Ⓒ立面图，Ⓒ-Ⓐ立面图等；也可以按房屋各立面的朝向来命名，如南立面图，北立面图，东立面图，西立面图，如图 11-12 所示；也可以将反映房屋的外貌特征或有主要出入口的那个立面放在正面，从房屋的正面从前向后投影得到的立面图是正立面图，从房屋的左侧面或右侧面投影得到的是左侧立面图或右侧立面图，从房屋的背面投射得到的是背立面图。注意：房屋建筑施工图中这三种命名方式都可以使用，但每套施工图纸只能采用其中的一种方式命名。

2. 建筑立面图的图示特点

(1) 比例：常用比例 1∶50、1∶100、1∶200，建筑立面图比例通常与建筑平面图相同。

(2) 图线：绘制立面图时，为了使房屋外形清晰、层次分明，国家标准规定立面图中用 4 种图线。室外地坪线用加粗线(1.4*d*)绘制；房屋的整体外包轮廓线用粗实线(*d*)绘制；在外轮廓线之内的凹进或凸出墙面的轮廓线，如门窗洞、窗台、阳台、雨篷、台阶、檐口、柱等用中粗实线(0.5*d*)绘制；其余如门窗扇、栏杆、雨水管、墙面分隔线等用细实线(0.25*d*)绘制。

(3) 定位轴线：立面图只绘制两端的定位轴线和编号，以便明确与平面图的联系。

(4) 图例：立面图中常用图例按表 11-5 中的规定绘制。

(5) 尺寸标注和标高：如图 11-12 所示，立面图中的横向尺寸与平面图中的相应部位相同，不标注；高度尺寸，应以相对标高的形式标注，立面图中标注室外地坪、入口地面、雨篷底、门窗洞的上下口、檐口、女儿墙及屋顶最高处等部位的标高。标高一般标注在立面图的左、右两侧，且标高符号应上下对齐、大小一致。除标高外，有时还需要标注一些局部尺寸。

(6) 外装修的做法说明：立面图上用图例或文字说明外墙面的建筑材料、装修做法、色彩等。

11.2.3 建筑剖面图

1. 建筑剖面图的形成

建筑剖面图表示建筑物内部的结构构造、垂直方向的分层情况、各层楼地面和屋顶的构造及相关尺寸、标高等。剖面图是与平、立面图配套的三个基本图样之一。

如图 11-13 所示，假想用一个或两个(必要时多个)平行于 *W* 面或 *V* 面的剖切平面将房屋垂直剖切后所得到的剖面图，称为建筑剖面图，简称剖面图。剖切位置符号标注在一层平面图中。剖切位置应选在室内复杂的部位，如通过门窗洞口及主要出入口、楼梯间或高度有变化的部位。

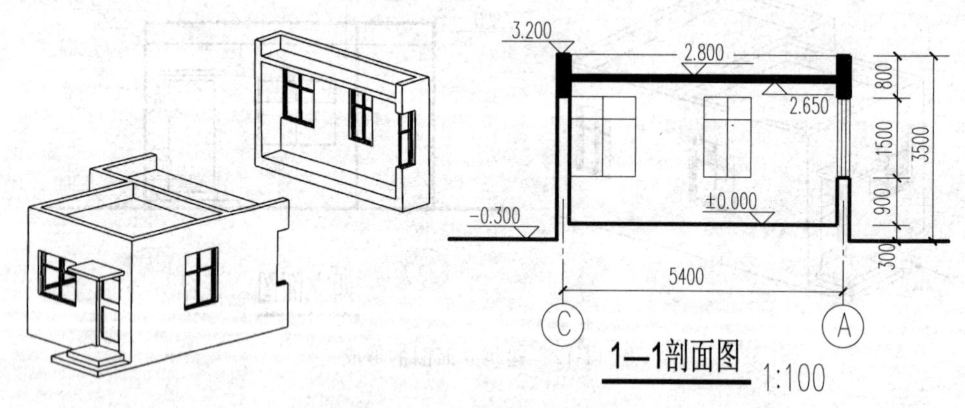

图 11-13 建筑剖面图的形成

2. 建筑剖面图的图示特点

(1) 比例：常用比例 1∶50、1∶100、1∶200，剖面图比例通常与建筑平、立面图相同。

(2) 图线：与建筑平面图相同，即剖切到的墙、柱、板、梁等构件的轮廓线画粗实线，其余图线画细实线。

(3) 定位轴线：剖面图中画墙、柱等的定位轴线和编号，以增强与其他图样的联系。

(4) 图例：剖面图中建筑材料和构配件的图例按表 11-4 和表 11-5 的规定绘制。

（5）尺寸标注：剖面图的尺寸包括外部尺寸和内部尺寸。外部尺寸要标注室外地坪、台阶、门窗洞上下口、雨篷、阳台、檐口、女儿墙等部位的标高与尺寸；内部尺寸要标注室内地面、各层楼地面、楼梯平台、室内门窗、屋面等部位的标高与尺寸。

（6）索引符号：配详图的部位要画出详图索引符号与编号。

11.3　建筑施工图的画法

以图 11-14 所示房屋的平、立、剖面图为例，介绍建筑施工图的绘图方法和步骤。

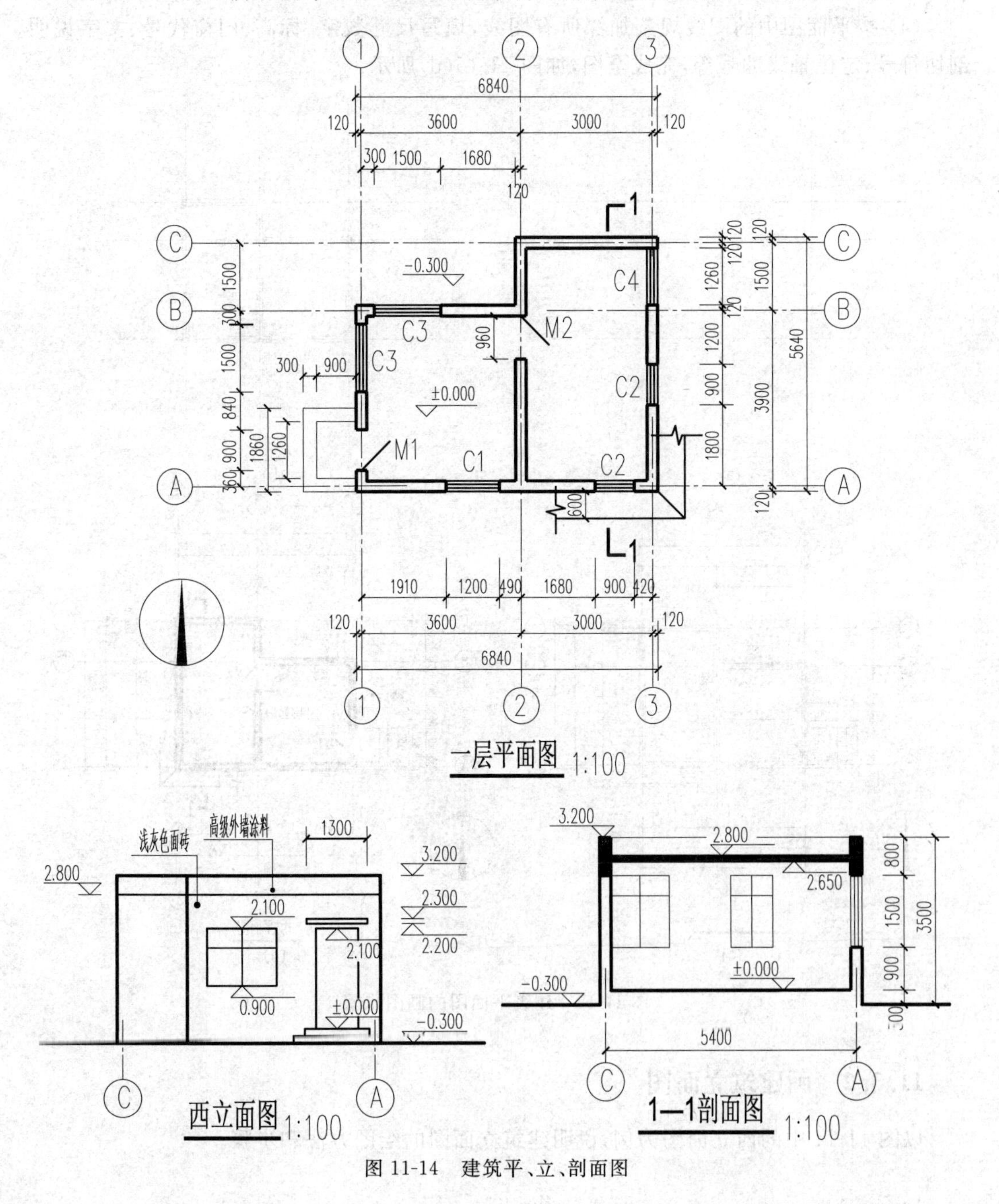

图 11-14　建筑平、立、剖面图

11.3.1　画建筑平面图

以图 11-14 中的一层平面图为例,说明平面图的绘图方法和步骤。

(1) 画纵向和横向的定位轴线网,如图 11-15(a)所示。

(2) 根据墙厚画出墙身线,根据门窗的定形和定位尺寸在墙体上画出门窗洞口的位置线,如图 11-15(b)所示。

(3) 画门窗、楼梯、台阶、散水等细部,画出尺寸线、尺寸界线和尺寸起止符号、标高符号、定位轴线圆,如图 11-15(c)所示。

(4) 按平面图中的图线规定加深所有图线,填写尺寸数字、标高、门窗代号、文字说明、剖切符号、定位轴线编号等,完成全图,如图 11-15(d)所示。

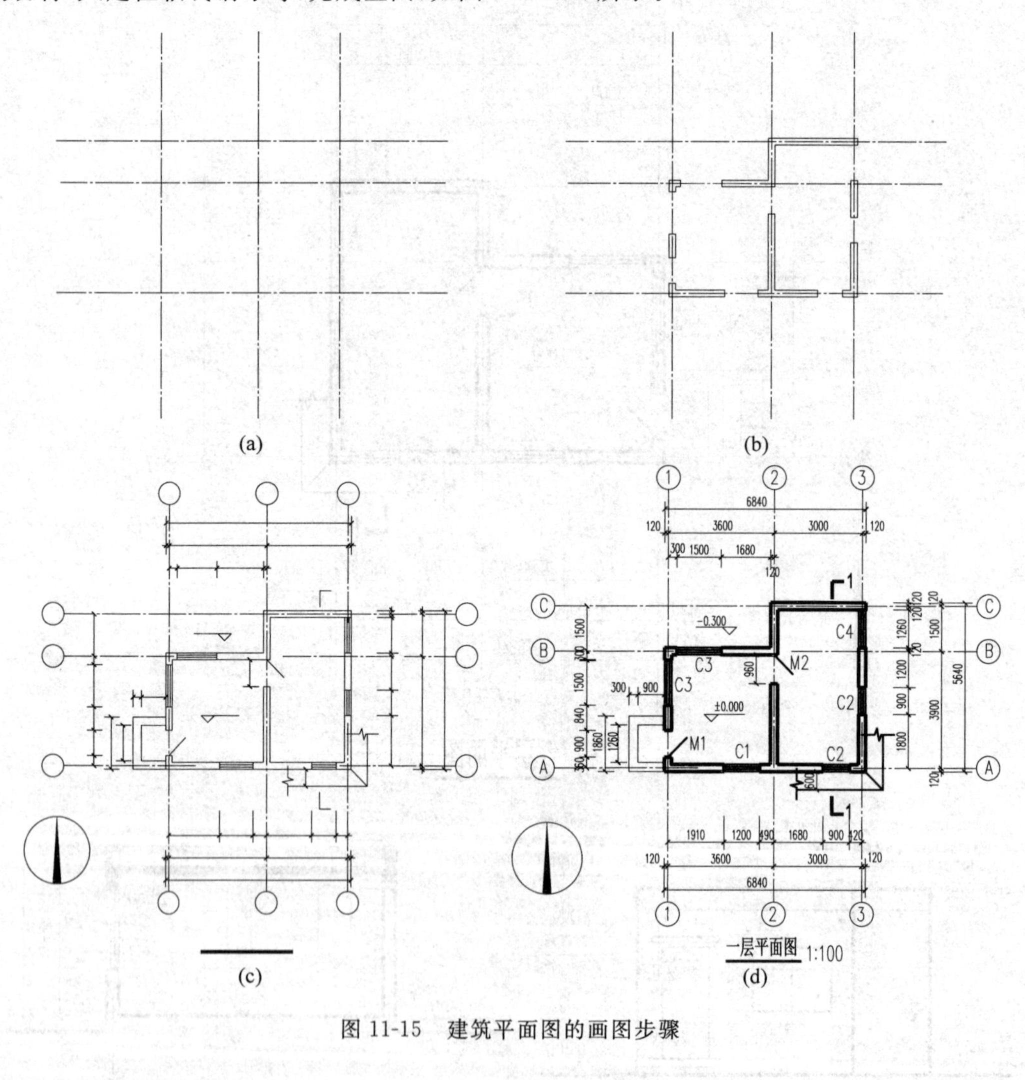

图 11-15　建筑平面图的画图步骤

11.3.2　画建筑立面图

以图 11-14 中的西立面图为例,说明建筑立面图的绘图方法和步骤。

(1) 画室外地坪线、屋顶线和房屋的外墙轮廓线，画定位轴线、室内地面线和各层楼面，如图 11-16(a)所示。

(2) 由平面图定出门窗洞口在水平方向的位置，再根据标高确定各层窗台、窗顶的高度尺寸，定出各层窗洞的高度位置，画出门窗洞、雨罩、台阶、阳台等的外轮廓线，如图 11-16(b)所示。

(3) 画门窗、楼梯、台阶、散水等细部，画出尺寸线、尺寸界线和尺寸起止符号、标高符号、定位轴线圆，如图 11-16(c)所示。

(4) 按立面图中的图线规定加深所有图线，填写尺寸数字、标高、门窗代号、文字说明、剖切符号、定位轴线编号等，完成全图，如图 11-16(d)所示。

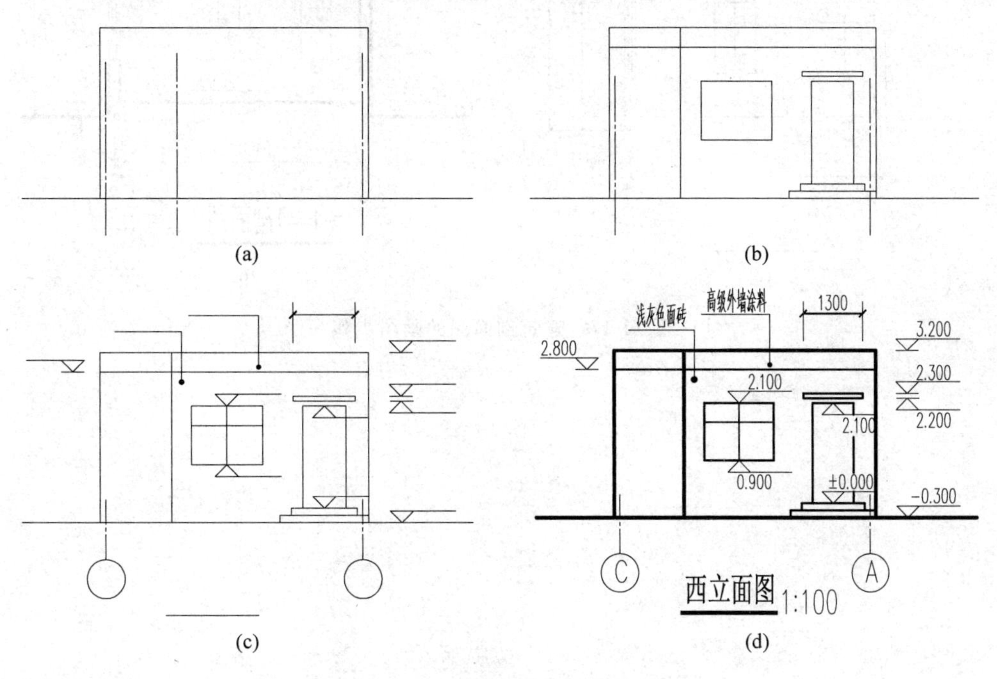

图 11-16　建筑立面图的画图步骤

11.3.3　画建筑剖面图

以图 11-14 中的 1—1 剖面图为例，说明建筑剖面图的绘图方法和步骤。

(1) 画定位轴线、室内外地面、各层楼面及屋面的高度线，如图 11-17(a)所示。

(2) 画各定位轴线墙的墙身线和各层楼地面、屋面的厚度线，再画出各层的门窗洞口的位置线等，如图 11-17(b)所示。

(3) 画门窗、楼梯、台阶、散水等细部，画出尺寸线、尺寸界线和尺寸起止符号、标高符号、定位轴线圆，如图 11-17(c)所示。

(4) 按剖面图中的图线规定加深所有图线，填写尺寸数字、标高、门窗代号、文字说明、剖切符号、定位轴线编号等，完成全图，如图 11-17(d)所示。

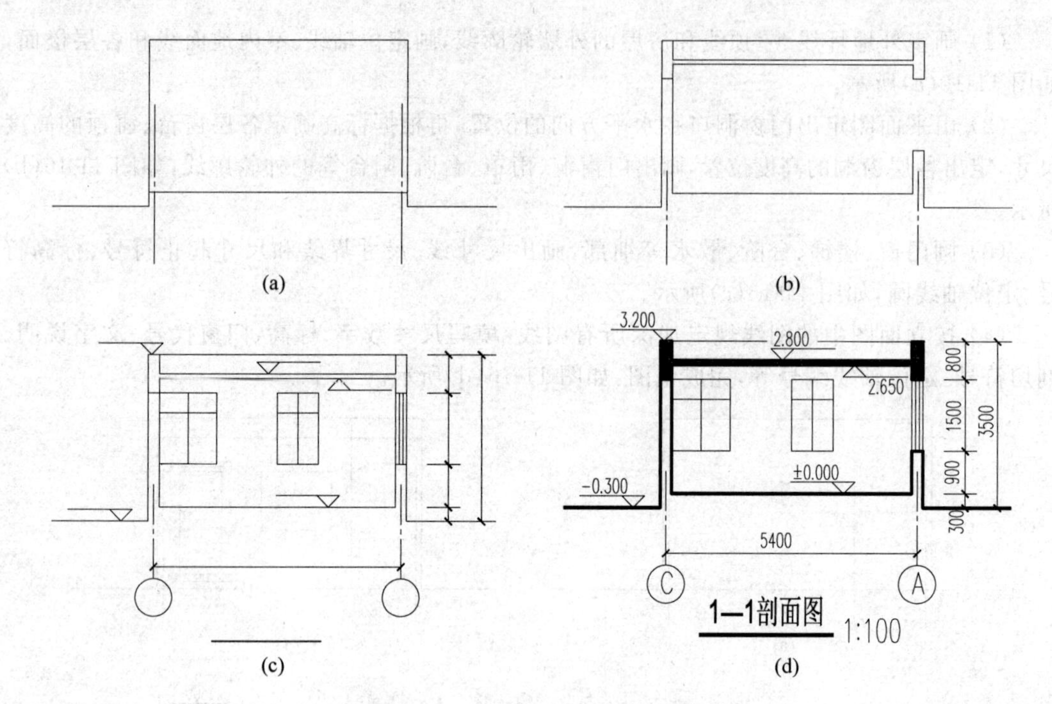

图 11-17　建筑剖面图的画图步骤

附　录

附录 A　螺纹

附表 A1　普通螺纹(GB/T 193—2003)

标记示例

粗牙普通螺纹、公称直径 10mm、右旋、中径公差带代号 5g、顶径公差带代号 6g、短旋合长度的外螺纹：

M10-5g6g-S

细牙普通螺纹、公称直径 10mm、螺距 1mm、左旋、中径和顶径公差带代号都是 6H、中等旋合长度的内螺纹：

M10×1-6H-LH

mm

公称直径 D、d		螺距 P		粗牙小径 D_1、d_1	公称直径 D、d		螺距 P		粗牙小径 D_1、d_1
第一系列	第二系列	粗牙	细牙		第一系列	第二系列	粗牙	细牙	
3		0.5	0.35	2.459		22	2.5	2,1.5,1,(0.75),(0.5)	19.294
	3.5	(0.6)		2.850	24		3	2,1.5,1,(0.75)	20.752
4		0.7	0.5	3.242		27	3	2,1.5,1,(0.75)	23.752
	4.5	(0.75)		3.688	30		3.5	(3),2,1.5,1,(0.75)	26.211
5		0.8		4.134					
6		1	0.75,(0.5)	4.917		33	3.5	(3),2,1.5,(1),(0.75)	29.211
8		1.25	1,0.75,(0.5)	6.647	36		4	3,2,1.5,(1)	31.670
10		1.5	1.25,1,0.75,(0.5)	8.376		39	4		34.670
12		1.75	1.5,1.25,1,(0.75),(0.5)	10.106	42		4.5	(4),3,2,1.5,(1)	37.129
	14	2	1.5,(1.25),1,(0.75),(0.5)	11.835		45	4.5		40.129
16		2	1.5,1,(0.75),(0.5)	13.835	48		5		42.587
	18	2.5	2,1.5,1,(0.75),(0.5)	15.294		52	5		46.587
20		2.5		17.294	56		5.5	4,3,2,1.5,(1)	50.046

注：1. 优先选用第一系列，括号内尺寸尽可能不用。

2. 公称直径 D、d 第三系列未列入。

附表 A2 非螺纹密封的管螺纹(GB/T 7307—2001)

标记示例

尺寸代号 $1\frac{1}{2}$ 的左旋 A 级外螺纹：

$G1\frac{1}{2}A—LH$

mm

螺纹尺寸代号	每 25.4mm 内的牙数	螺距 P	基本直径		螺纹尺寸代号	每 25.4mm 内的牙数	螺距 P	基本直径	
			大径 d、D	小径 d_1、D_1				大径 d、D	小径 d_1、D_1
1/8	28	0.907	9.728	8.566	$1^1/_4$	11	2.309	41.910	38.952
1/4	19	1.337	13.157	11.445	$1^1/_2$		2.309	47.807	44.845
3/8		1.337	16.662	14.950	$1^3/_4$		2.309	53.746	50.788
1/2	14	1.814	20.955	18.631	2		2.309	59.614	56.656
(5/8)		1.814	22.911	20.587	$2^1/_4$		2.309	65.710	62.752
3/4		1.814	26.441	24.117	$2^1/_2$		2.309	75.184	72.226
(7/8)		1.814	30.201	27.877	$2^3/_4$		2.309	81.534	78.576
1	11	2.309	33.249	30.291	3		2.309	87.884	84.926
$1^1/_8$		2.309	37.897	34.939	4		2.309	113.030	110.072

附录 B 常用的标准件

附表 B1 六角头螺栓—A 级和 B 级(GB/T 5782—2000)

六角头螺栓—全螺纹—A 级和 B 级(GB/T 5783—2000)

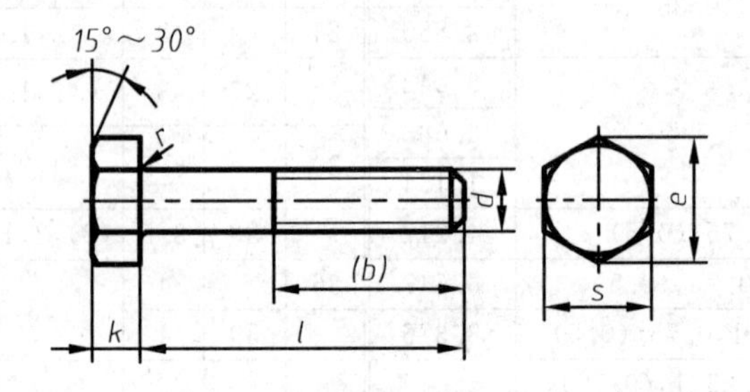

标 记 示 例

螺纹规格 d=M12、公称长度 l=80mm、性能等级为 8.8 级、表面氧化、A 级的六角螺栓：

螺栓 GB/T 5782 M12×80

mm

螺纹规格 d		M3	M4	M5	M6	M8	M10	M12	(M14)	M16	(M18)	M20	(M22)	M24	(M27)	M30	M36
s		5.5	7	8	10	13	16	18	21	24	27	30	34	36	41	46	55
k		2	2.8	3.5	4	5.3	6.4	7.5	8.8	10	11.5	12.5	14	15	17	18.7	22.5
r		0.1	0.2	0.2	0.25	0.4	0.4	0.6	0.6	0.6	0.6	0.8	1	0.8	1	1	1
e	A	6.01	7.66	8.79	11.05	14.38	17.77	20.03	23.36	26.75	30.14	33.53	37.72	39.98	—	—	—
	B	5.88	7.50	8.63	10.89	14.20	17.59	19.85	22.78	26.17	29.56	32.95	37.29	39.55	45.2	50.85	51.11

续表

螺纹规格 d		M3	M4	M5	M6	M8	M10	M12	(M14)	M16	(M18)	M20	(M22)	M24	(M27)	M30	M36
(b) GB/T 5782	$l \leqslant 125$	12	14	16	18	22	26	30	34	38	42	46	50	54	60	66	—
	$125 < l \leqslant 200$	18	20	22	24	28	32	36	40	44	48	52	56	60	66	72	84
	$l > 200$	31	33	35	37	41	45	49	53	57	61	65	69	73	79	85	97
l 范围 (GB/T 5782)		20~30	25~40	25~50	30~60	40~80	45~100	50~120	60~140	65~160	70~180	80~200	90~220	90~240	100~260	110~300	140~360
l 范围 (GB/T 5783)		6~30	8~40	10~50	12~60	16~80	20~100	25~120	30~140	30~150	35~150	40~150	45~150	50~150	55~200	60~200	70~200
l 系列		6,8,10,12,16,20,25,30,35,40,45,50,55,60,65,70,80,90,100,110,120,130,140,150,160,180,200,220,240,260,280,300,320,340,360,380,400,420,440,460,480,500															

附表 B2　双头螺柱

$b_m = 1d$(GB/T 897—1988)，　$b_m = 1.25d$(GB/T 898—1988)

$b_m = 1.5d$(GB/T 899—1988)，　$b_m = 2d$(GB/T 900—1988)

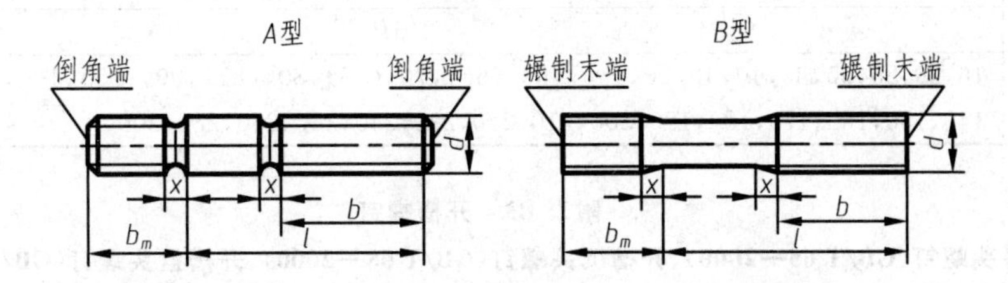

标 记 示 例

两端均为粗牙普通螺纹、螺纹规格 d=M10、公称长度 l=50mm、性能等级为 4.8 级、不经表面处理、$b_m = 1d$、B 型的双头螺柱：

螺柱 GB/T 897　M10×50

旋入机体一端为粗牙普通螺纹、旋入螺母一端为螺距 P=1mm 的细牙普通螺纹、$b_m = d$、螺纹规格 d=M10、公称长度 l=50mm、性能等级为 4.8 级，不经表面处理、A 型、$b_m = 1d$ 的双头螺柱：

螺柱　GB/T 897　AM10—M10×1×50

mm

螺纹规格 d	b_m				l/b
	GB/T 897—1988	GB/T 898—1988	GB/T 899—1988	GB/T 900—1988	
M5	5	6	8	10	$\frac{16 \sim 20}{10}, \frac{25 \sim 50}{16}$
M6	6	8	10	12	$\frac{20}{10}, \frac{25 \sim 30}{14}, \frac{35 \sim 70}{18}$
M8	8	10	12	16	$\frac{20}{12}, \frac{25 \sim 30}{16}, \frac{35 \sim 90}{22}$
M10	10	12	15	20	$\frac{25}{14}, \frac{30 \sim 35}{16}, \frac{40 \sim 120}{26}, \frac{130}{32}$
M12	12	15	18	24	$\frac{25 \sim 30}{16}, \frac{35 \sim 40}{20}, \frac{45 \sim 120}{30}, \frac{130 \sim 180}{36}$

续表

螺纹规格 d	b_{m}				l/b
	GB/T 897—1988	GB/T 898—1988	GB/T 899—1988	GB/T 900—1988	
M16	16	20	24	32	$\frac{30\sim35}{20}$,$\frac{40\sim55}{30}$,$\frac{60\sim120}{38}$,$\frac{130\sim200}{44}$
M20	20	25	30	40	$\frac{35\sim40}{25}$,$\frac{45\sim60}{35}$,$\frac{70\sim120}{46}$,$\frac{130\sim200}{52}$
M24	24	30	36	48	$\frac{45\sim50}{30}$,$\frac{60\sim75}{45}$,$\frac{80\sim120}{54}$,$\frac{130\sim200}{60}$
M30	30	38	45	60	$\frac{60\sim65}{40}$,$\frac{70\sim90}{50}$,$\frac{95\sim120}{66}$,$\frac{130\sim200}{72}$,$\frac{210\sim250}{85}$
M36	36	45	54	72	$\frac{65\sim75}{45}$,$\frac{80\sim110}{60}$,$\frac{120}{78}$,$\frac{130\sim200}{84}$,$\frac{210\sim300}{97}$
x(最大)	$2.5P$				
l系列	16,20,25,30,35,40,45,50,(55),60,(65),70,(75),80,(85),90,(95),100,110,120,130,140,150,160,170,180,190,200,210,220,230,240,250,260,280,300				

附表 B3　开槽螺钉

开槽圆柱头螺钉(GB/T 65—2000)、开槽沉头螺钉(GB/T 68—2000)、开槽盘头螺钉(GB/T 67—2000)

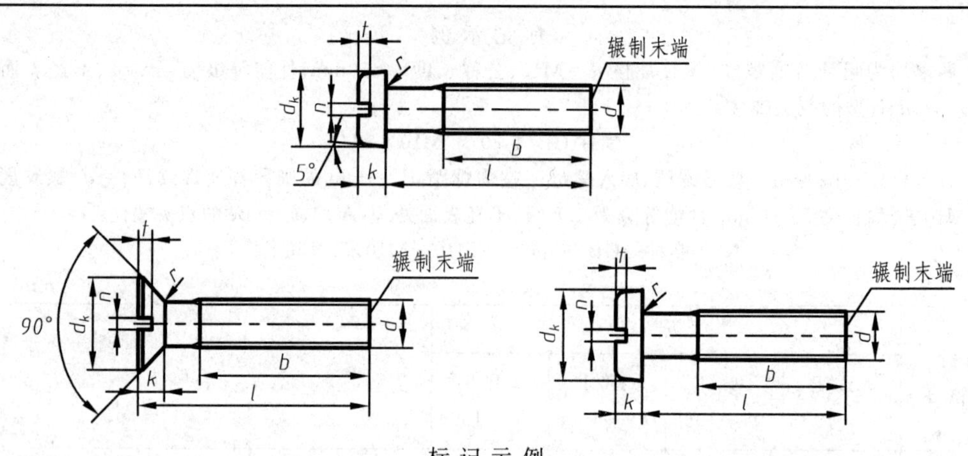

标 记 示 例

螺纹规格 d=M5、公称长度 l=20mm、性能等级为 4.8 级、不经表面处理的开槽圆柱头螺钉：

螺钉　GB/T 65　M5×20

mm

螺纹规格 d		M1.6	M2	M2.5	M3	M4	M5	M6	M8	M10
GB/T 65—2000	d_k					7	8.5	10	13	16
	k					2.6	3.3	3.9	5	6
	t min					1.1	1.3	1.6	2	2.4
	r min					0.2	0.2	0.25	0.4	0.4
	l					5~40	6~50	8~60	10~80	12~80
	全螺纹时最大长度					40	40	40	40	40

续表

螺纹规格 d		M1.6	M2	M2.5	M3	M4	M5	M6	M8	M10
GB/T 67—2000	d_k	3.2	4	5	5.6	8	9.5	12	16	23
	k	1	1.3	1.5	1.8	2.4	3	3.6	4.8	6
	t min	0.35	0.5	0.6	0.7	1	1.2	1.4	1.9	2.4
	r min	0.1	0.1	0.1	0.1	0.2	0.2	0.25	0.4	0.4
	l	2～16	2.5～20	3～25	4～30	5～40	6～50	8～60	10～80	12～80
	全螺纹时最大长度	30	30	30	30	40	40	40	40	40
GB/T 68—2000	d_k	3	3.8	4.7	5.5	8.4	9.3	11.3	15.8	18.3
	k	1	1.2	1.5	1.65	2.7	2.7	3.3	4.65	5
	t min	0.32	0.4	0.5	0.6	1	1.1	1.2	1.8	2
	r max	0.4	0.5	0.6	0.8	1	1.3	1.5	2	2.5
	l	2.5～16	3～20	4～25	5～30	6～40	8～50	8～60	10～80	12～80
	全螺纹时最大长度	30	30	30	30	45	45	45	45	45
n		0.4	0.5	0.6	0.8	1.2	1.2	1.6	2	2.5
b		25				38				
l 系列		2,2.5,3,4,5,6,8,10,12,(14),16,20,25,30,35,40,45,50,(55),60,(65),70,(75),80								

附表 B4 内六角圆柱头螺钉(GB/T 70.1—2000)

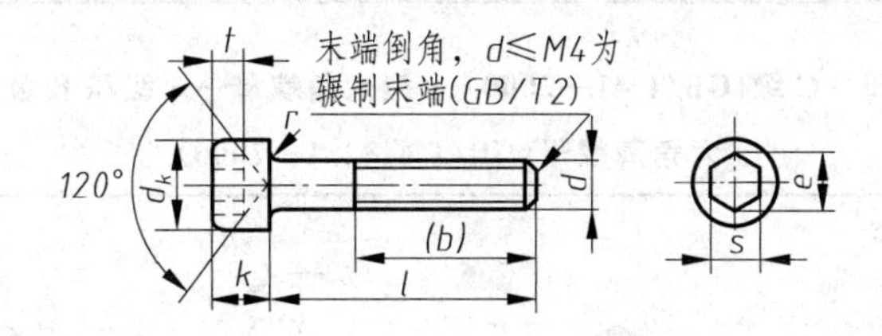

标记示例

螺纹规格 d=M5、公称长度 l=20mm、性能等级为 8.8 级、表面氧化的内六角圆柱头螺钉：

螺钉 GB/T 70.1 M5×20

mm

螺纹规格 d	M2.5	M3	M4	M5	M6	M8	M10	M12	(M14)	M16	M20	M24	M30	M36
d_k max	4.5	5.5	7	8.5	10	13	16	18	21	24	30	36	45	54
k max	2.5	3	4	5	6	8	10	12	14	16	20	24	30	36
t min	1.1	1.3	2	2.5	3	4	5	6	7	8	10	12	15.5	19
r	0.1		0.2		0.25	0.4		0.6			0.8		1	
s	2	2.5	3	4	5	6	8	10	12	14	17	19	22	27
e	2.3	2.87	3.44	4.58	5.72	6.86	9.15	11.43	13.72	16	19.44	21.73	25.15	30.85
b(参考)	17	18	20	22	24	28	32	36	40	44	52	60	72	84
l 系列	2.5,3,4,5,6,8,10,12,16,20,25,30,35,40,45,50,55,60,65,70,80,90,100,110,120,130,140,150,160,180,200													

注：1. b 不包括螺尾。

2. M3～M20 为商品规格，其他为通用规格。

附表 B5　开槽紧定螺钉

锥端(GB/T 71—1985)、平端(GB/T 73—1985)、长圆柱端(GB/T 75—1985)

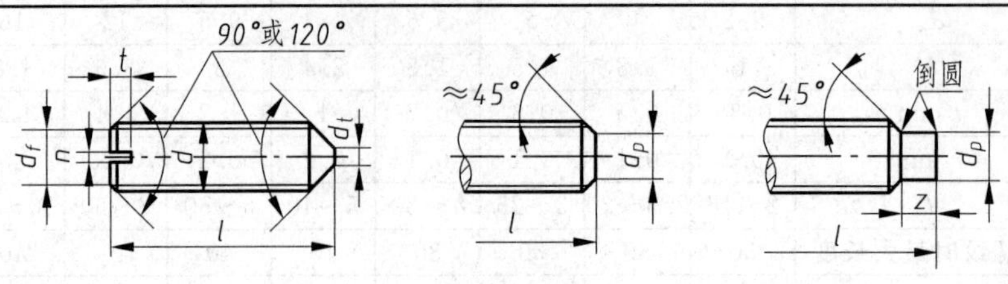

标 记 示 例

螺纹规格 d=M5、公称长度 l=12mm、性能等级为 14H 级、表面氧化的开槽锥端紧定螺钉：

螺钉　GB/T 71　M5×12

mm

螺纹规格 d	M2	M2.5	M3	M4	M5	M6	M8	M10	M12
d_f	螺纹小径								
d_t	0.2	0.25	0.3	0.4	0.5	1.5	2	2.5	3
d_p	1	1.5	2	2.5	3.5	4	5.5	7	8.5
n	0.25	0.4	0.4	0.6	0.8	1	1.2	1.6	2
t	0.84	0.95	1.05	1.42	1.63	2	2.5	3	3.6
z	1.25	1.5	1.75	2.25	2.75	3.25	4.3	5.3	6.3
l 系列	2,2.5,3,4,5,6,8,10,12,(14),16,20,25,30,35,40,45,50,(55),60								

附表 B6　1 型六角螺母—C 级(GB/T 41—2000)、1 型六角螺母—A 级和 B 级(GB/T 6170—2000)、六角薄螺母(GB/T 6172.1—2000)

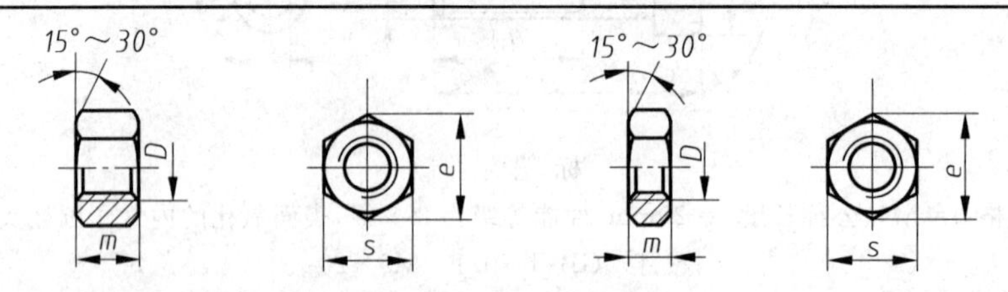

标 记 示 例

螺纹规格 D=M12、性能等级为 5 级、不经表面处理、C 级的 1 型六角螺母：

螺母　GB/T 41 M12

mm

螺纹规格 D		M3	M4	M5	M6	M8	M10	M12	(M14)	M16	(M18)	M20	(M22)	M24	(M27)	M30	M36	M42	M48
e min	GB/T 41	—	—	8.63	10.89	14.20	17.59	19.85	22.78	26.17	29.56	32.95	37.29	39.55	45.2	50.85	60.79	71.3	82.6
	GB/T 6170	6.01	7.66	8.79	11.05	14.38	17.77	20.03	23.36	26.75	29.56	32.95	37.29	39.55	45.2	50.85	60.75	71.3	82.6
	GB/T 6172.1	6.01	7.66	8.79	11.05	14.38	17.77	20.03	23.36	26.75	29.56	32.95	37.29	39.55	45.2	50.85	60.79	71.3	82.6
s		5.5	7	8	10	13	16	18	21	24	27	30	34	36	41	46	55	65	75
m max	GB/T 6170	2.4	3.2	4.7	5.2	6.8	8.4	10.8	12.8	14.8	15.8	18	19.4	21.5	23.8	25.6	31	34	38
	GB/T 6172.1	1.8	2.2	2.7	3.2	4	5	6	7	8	9	10	11	12	13.5	15	18	21	24
	GB/T 41	—	—	5.6	6.4	7.9	9.5	12.2	13.9	15.9	16.9	19	20.2	22.3	24.7	26.4	31.5	34.9	38.9

注：1. 不带括号的为优先系列。

2. A 级用于 $D \leqslant 16$ 的螺母；B 级用于 $D > 16$ 的螺母。

附表 B7 1型六角开槽螺母—A级和B级(GB/T 6178—2000)

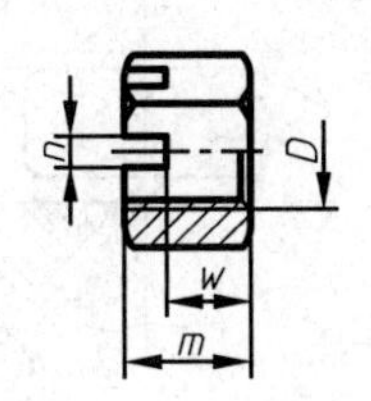

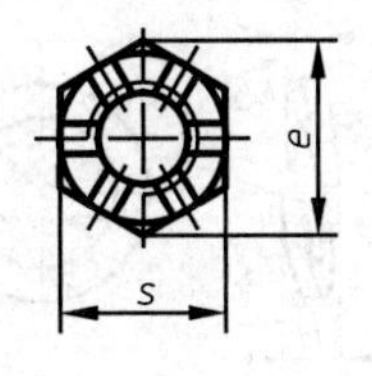

标记示例

螺纹规格 D=M5、性能等级为8级、不经表面处理、A级的1型六角开槽螺母：

螺母 GB/T 6178 M5

mm

螺纹规格 D	M4	M5	M6	M8	M10	M12	(M14)	M16	M20	M24	M30
e	7.7	8.8	11	14	17.8	20	23	26.8	33	39.6	50.9
m	6	6.7	7.7	9.8	12.4	15.8	17.8	20.8	24	29.5	34.6
n	1.2	1.4	2	2.5	2.8	3.5	3.5	4.5	4.5	5.5	7
s	7	8	10	13	16	18	21	24	30	36	46
w	3.2	4.7	5.2	6.8	8.4	10.8	12.8	14.8	18	21.5	25.6
开口销	1×10	1.2×12	1.6×14	2×16	2.5×20	3.2×22	3.2×25	4×28	4×36	5×40	6.3×50

注：1. 尽可能不采用括号内的规格。

2. A级用于 $D \leqslant 16$ 的螺母；B级用于 $D > 16$ 的螺母。

附表 B8 平垫圈—A级(GB/T 97.1—2002)、平垫圈倒角型—A级(GB/T 97.2—2002)

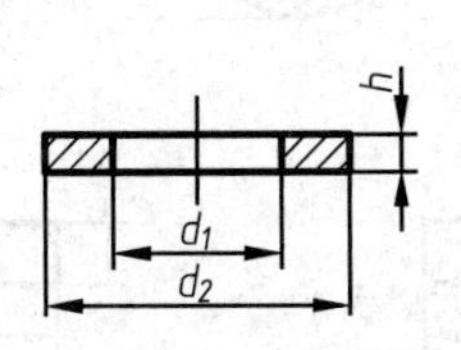

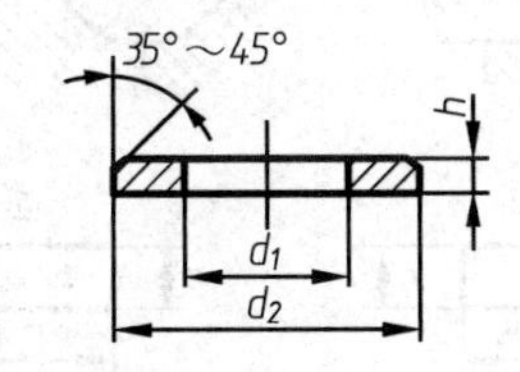

标记示例

标准系列、公称尺寸 d=8mm、由钢制造的硬度等级为200HV级、不经表面处理、产品等级为A级的平垫圈：

垫圈 GB/T 97.1 8

mm

规格(螺纹直径)	2	2.5	3	4	5	6	8	10	12	14	16	20	24	30
内径 d_1	2.2	2.7	3.2	4.3	5.3	6.4	8.4	10.5	13	15	17	21	25	31
外径 d_2	5	6	7	9	10	12	16	20	24	28	30	37	44	56
厚度 h	0.3	0.5	0.5	0.8	1	1.6	1.6	2	2.5	2.5	3	3	4	4

附表 B9　标准型弹簧垫圈(GB/T 93—1987)、轻型弹簧垫圈(GB/T 859—1987)

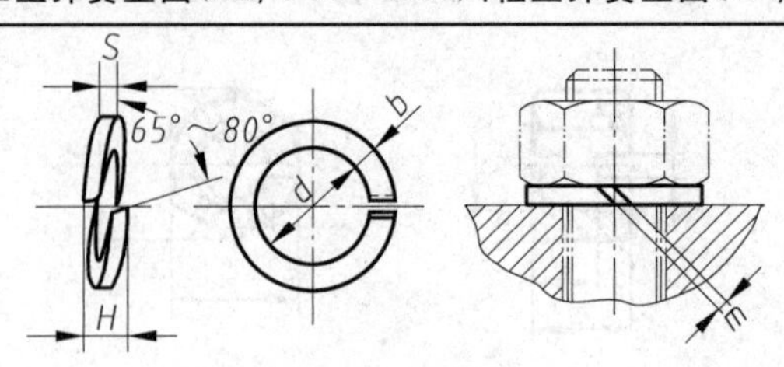

标 记 示 例

公称直径 16mm、材料为 65Mn、表面氧化的标准型弹簧垫圈：

垫圈　GB/T 93　16

mm

规格(螺纹直径)		2	2.5	3	4	5	6	8	10	12	16	20	24	30	36	42	48
d		2.1	2.6	3.1	4.1	5.1	6.2	8.2	10.2	12.3	16.3	20.5	24.5	30.5	36.6	42.6	49
H	GB/T 93—1987	1.2	1.6	2	2.4	3.2	4	5	6	7	8	10	12	13	14	16	18
	GB/T 859—1987	1	1.2	1.6	1.6	2	2.4	3.2	4	5	6.4	8	9.6	12			
$S(b)$	GB/T 93—1987	0.6	0.8	1	1.2	1.6	2	2.5	3	3.5	4	5	6	6.5	7	8	9
S	GB/T 859—1987	0.5	0.6	0.8	0.8	1	1.2	1.6	2	2.5	3.2	4	4.8	6			
$m\leqslant$	GB/T 93—1987	0.4		0.5	0.6	0.8	1	1.2	1.5	1.7	2	2.5	3	3.2	3.5	4	4.5
	GB/T859—1987	0.3		0.4		0.5	0.6	0.8	1	1.2	1.6	2	2.4	3			
b	GB/T 859—1987	0.8		1	1.2		1.6	2	2.5	3.5	4.5	5.5	6.5	8			

附表 B10　键和键槽的剖面尺寸(GB/T 1095—2003)、普通平键的形式尺寸(GB/T 1096—2003)

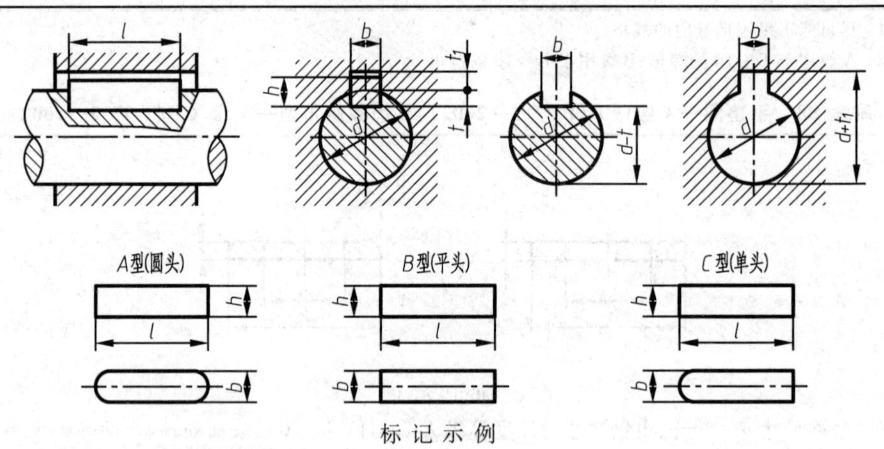

标 记 示 例

圆头普通平键(A 型)　$b=16$mm、$h=10$mm、$L=100$mm；

键 16×100　GB/T 1096—2003

mm

轴径	键		键槽				
			键宽			深度	
d	b	h	b	一般键连接偏差		轴 t	毂 t_1
				轴 N9	毂 JS9		
自 6～8	2	2	2	−0.004	±0.0125	1.2	1
>8～10	3	3	3	−0.029		1.8	1.4

续表

轴径	键		键槽				
			键宽			深度	
				一般键连接偏差			
d	b	h	b	轴 N9	毂 JS9	轴 t	毂 t_1
>10～12	4	4	4	0 −0.030	±0.018	2.5	1.8
>12～17	5	5	5			3.0	2.3
>17～22	6	6	6			3.5	2.8
>22～30	8	7	8	0 −0.036	±0.018	4.0	3.3
>30～38	10	8	10			5.0	3.3
>38～44	12	8	12	0 −0.043	±0.0215	5.0	3.3
>44～50	14	9	14			5.5	3.8
>50～58	16	10	16			6.0	4.3
>58～65	18	11	18			7.0	4.4
>65～75	20	12	20	0 −0.052	±0.026	7.5	4.9
>75～85	22	14	22			9.0	5.4
>85～95	25	14	25			9.0	5.4
>95～110	28	16	28			10.0	6.4
>110～130	32	18	32	0 −0.062	±0.031	11.0	7.4
>130～150	36	20	36			12.0	8.4
>150～170	40	22	40			13.0	9.4
>170～200	45	25	45			15.0	10.4
l系列	6,8,10,12,16,18,20,22,25,28,32,36,40,45,50,56,63,70,80,90,100,110,125,140,160,180,200,220,250,280,320,360,400,450						

附表 B11　圆柱销、不淬硬钢和奥氏体不锈钢(GB/T 119.1—2000)

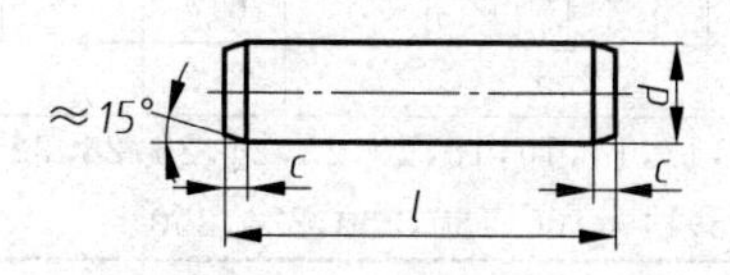

标记示例

公称直径 d=8mm、公差为 m6、长度 l=30mm、材料 35 钢、不经淬火、不经表面处理的圆柱销：

销　GB/T 119.1　8m6×30

mm

d	1	1.2	1.5	2	2.5	3	4	5	6	8	10	12
c≈	0.20	0.25	0.30	0.35	0.40	0.50	0.63	0.80	1.2	1.6	2	2.5
l系列	2,3,4,5,6,8,10,12,14,16,18,20,22,24,26,28,30,32,35,40,45,50,55,60,65,70,75,80,85,90,95,100,120,140											

附表 B12 圆锥销(GB/T 117—2000)

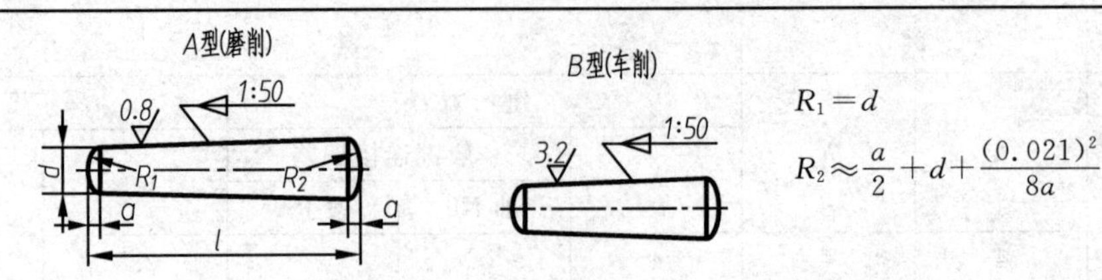

$R_1 = d$

$R_2 \approx \frac{a}{2} + d + \frac{(0.021)^2}{8a}$

标 记 示 例

公称直径 d=10mm、长度 l=60mm、材料 35 钢、热处理硬度 28～38HRC、表面氧化处理的 A 型圆锥销：

销 GB/T 117 10×60

mm

d	1	1.2	1.5	2	2.5	3	4	5	6	8	10	12
$a \approx$	0.12	0.16	0.2	0.25	0.3	0.4	0.5	0.63	0.8	1	1.2	1.6
l 系列	2,3,4,5,6,8,10,12,14,16,18,20,22,24,26,28,30,32,35,40,45,50,55,60,65,70,75,80,85,90,95,100,120,140,160,180											

附表 B13 开口销(GB/T 91—2000)

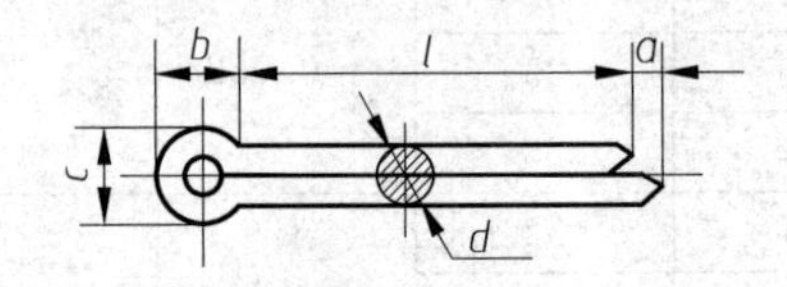

标 记 示 例

公称直径 d=5mm、长度 l=50mm、材料为 Q215 或 Q235、不经表面处理的开口销：

销 GB/T 91 5×50

mm

d		1	1.2	1.6	2	2.5	3.2	4	5	6.3	8	10	13
c	max	1.8	2	2.8	3.6	4.6	5.8	7.4	9.2	11.8	15	19	24.8
	min	1.6	1.7	2.4	3.2	4	5.1	6.5	8	10.3	13.1	16.6	21.7
$b \approx$		3	3	3.2	4	5	6.4	8	10	12.6	16	20	26
a max		1.6	2.5				3.2	4				6.3	
l 系列		4,5,6,8,10,12,14,16,18,20,22,24,25,28,32,36,40,45,50,56,63,71,80,90,110,112,125,140,160,180,200,224,250											

附表 B14 深沟球轴承(GB/T 276—1994)

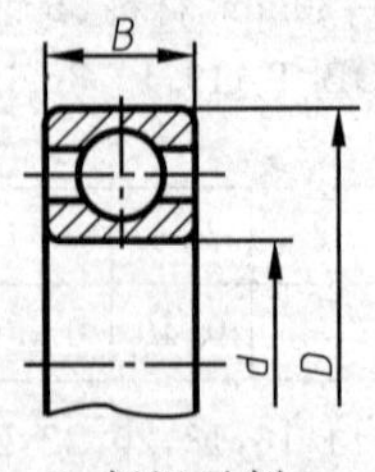

标记示例

60000 型

滚动轴承 6012 GB/T 276—1994

续表

mm

轴承代号	d	D	B	轴承代号	d	D	B
(0)1 尺寸系列				(0)3 尺寸系列			
606	6	17	6	634	4	16	5
607	7	19	6	635	5	19	6
608	8	22	7	6300	11	35	11
609	9	24	7	6301	12	37	12
6000	10	26	8	6302	15	42	13
6001	12	28	8	6303	17	47	14
6002	15	32	9	6304	20	52	15
6003	17	35	10	6305	25	62	17
6004	20	42	12	6306	30	72	19
6005	25	47	12	6307	35	80	21
6006	30	55	13	6308	40	90	23
6007	35	62	14	6309	45	100	25
6008	40	68	15	6310	50	110	27
6009	45	75	16	6311	55	120	29
6010	50	80	16	6312	60	130	31
6011	55	90	18				
6012	60	95	18				
(0)2 尺寸系列				(0)4 尺寸系列			
623	3	10	4	6403	17	62	17
624	4	13	5	6404	20	72	19
625	5	16	5	6405	25	80	21
626	6	19	6	6406	30	90	23
627	7	22	7	6407	35	100	25
628	8	24	8	6408	40	110	27
629	9	26	8	6409	45	120	29
6200	10	30	9	6410	50	130	31
6201	12	32	10	6411	55	140	33
6202	15	35	11	6412	60	150	35
6203	17	40	12	6413	65	160	37
6204	20	47	14	6414	70	180	42
6205	25	52	15	6415	75	190	45
6206	30	62	16	6416	80	200	48
6207	35	72	17	6417	85	210	52
6208	40	80	18	6418	90	225	54
6209	45	85	19	6419	95	240	55
6210	50	90	20				
6211	55	100	21				
6212	60	110	22				

附表 B15　圆锥滚子轴承(GB/T 297—1994)

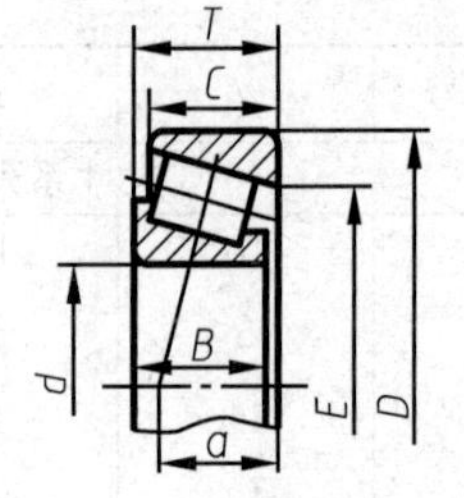

标记示例

30000 型

滚动轴承　30204　GB/T 297—1994

mm

轴承代号	d	D	T	B	C	E	a	轴承代号	d	D	T	B	C	E	a
02 尺寸系列								22 尺寸系列							
30204	20	47	15.25	14	12	37.3	11.2	32206	30	62	21.25	20	17	48.9	15.4
30205	25	52	16.25	15	13	41.1	12.6	32207	35	72	24.25	23	19	57	17.6
30206	30	62	17.25	16	14	49.9	13.8	32208	40	80	24.75	23	19	64.7	19
30207	35	72	18.25	17	15	58.8	15.3	32209	45	85	24.75	23	19	69.6	20
30208	40	80	19.75	18	16	65.7	16.9	32210	50	90	24.75	23	19	74.2	21
30209	45	85	20.75	19	16	70.4	18.6	32211	55	100	26.75	25	21	82.8	22.5
30210	50	90	21.75	20	17	75	20	32212	60	110	29.75	28	24	90.2	24.9
30211	55	100	22.75	21	18	84.1	21	32213	65	120	32.75	31	27	99.4	27.2
30212	60	110	23.75	22	19	91.8	22.4	32214	70	125	33.25	31	27	103.7	28.6
30213	65	120	24.75	23	20	101.9	24	32215	75	130	33.25	31	27	108.9	30.2
30214	70	125	26.25	24	21	105.7	25.9	32216	80	140	35.25	33	28	117.4	31.3
30215	75	130	27.75	25	22	110.4	27.4	32217	85	150	38.5	36	30	124.9	34
30216	80	140	28.25	26	22	119.1	28	32218	90	160	42.5	40	34	132.6	36.7
30217	85	150	30.5	28	24	126.6	29.9	32219	95	170	45.5	43	37	140.2	39
30218	90	160	32.5	30	26	134.9	32.4	32220	100	180	49	46	39	148.1	41.8
30219	95	170	34.5	32	27	143.3	35.1								
30220	100	180	37	34	29	151.3	36.5								
03 尺寸系列								23 尺寸系列							
30304	20	52	16.25	15	13	41.3	11	32304	20	52	22.25	21	18	39.5	13.4
30305	25	62	18.25	17	15	50.6	13	32305	25	62	25.25	24	20	48.6	15.5
30306	30	72	20.75	19	16	58.2	15	32306	30	72	28.75	27	23	55.7	18.8
30307	35	80	22.75	21	18	65.7	17	32307	35	80	32.75	31	25	62.8	20.5
30308	40	90	25.25	23	20	72.7	19.5	32308	40	90	35.25	33	27	69.2	23.4
30309	45	100	27.75	25	22	81.7	21.5	32309	45	100	38.25	36	30	78.3	25.6
30310	50	110	29.25	27	23	90.6	23	32310	50	110	42.25	40	33	86.2	28
30311	55	120	31.5	29	25	99.1	25	32311	55	120	45.5	43	35	94.3	30.6
30312	60	130	33.5	31	26	107.7	26.5	32312	60	130	48.5	46	37	102.9	32
30313	65	140	36	33	28	116.8	29	32313	65	140	51	48	39	111.7	34
30314	70	150	38	35	30	125.2	30.6	32314	70	150	54	51	42	119.7	36.5
30315	75	160	40	37	31	134	32	32315	75	160	58	55	45	127.8	39
30316	80	170	42.5	39	33	143.1	34	32316	80	170	61.5	58	48	136.5	42
30317	85	180	44.5	41	34	150.4	36	32317	85	180	63.5	60	49	144.2	43.6
30318	90	190	46.5	43	36	159	37.5	32318	90	190	67.5	64	53	151.7	46
30319	95	200	49.5	45	38	165.8	40	32319	95	200	71.5	67	55	160.3	49
30320	100	215	51.5	47	39	178.5	42	32320	100	215	77.5	73	60	171.6	53

附表 B16　单向平底推力球轴承(GB/T 301—1995)

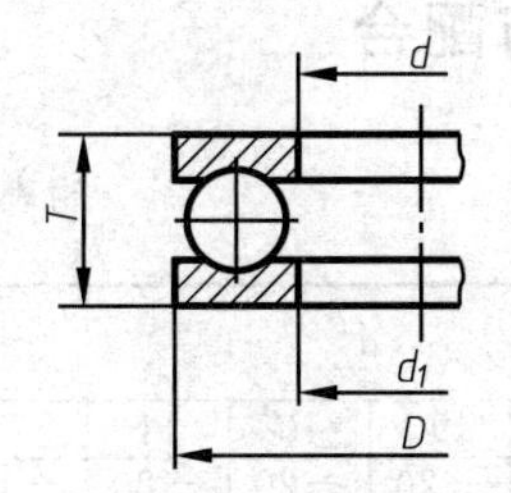

标记示例

50000 型

滚动轴承　51214　GB/T 301—1995

mm

轴承代号	d	d_1	D	T
11 尺寸系列				
51100	10	11	24	9
51101	12	13	26	9
51102	15	16	28	9
51103	17	18	30	9
51104	20	21	35	10
51105	25	26	42	11
51106	30	32	47	11
51107	35	37	52	12
51108	40	42	60	13
51109	45	47	65	14
51110	50	52	70	14
51111	55	57	78	16
51112	60	82	85	17
51113	65	65	90	18
51114	70	72	95	18
51115	75	77	100	19
51116	80	82	105	19
51117	85	87	110	19
51118	90	92	120	22
51120	100	102	135	25
12 尺寸系列				
51200	10	12	26	11
51201	12	14	28	11
51202	15	17	32	12
51203	17	19	35	12
51204	20	22	40	14
51205	25	27	47	15
51206	30	32	52	16
51207	35	37	62	18
51208	40	42	68	19
51209	45	47	73	20
51210	50	52	78	22
51211	55	57	90	25
51212	60	62	95	26
51213	65	67	100	27

轴承代号	d	d_1	D	T
12 尺寸系列				
51214	70	72	105	27
51215	75	77	110	27
51216	80	82	115	28
51217	85	88	125	31
51218	90	93	135	35
51219	100	103	150	38
13 尺寸系列				
51304	20	22	47	18
51305	25	27	52	18
51306	30	32	60	21
51307	35	37	68	24
51308	40	42	78	26
51309	45	47	85	28
51310	50	52	95	31
51311	55	57	105	35
51312	60	62	110	35
51313	65	67	115	36
51314	70	72	125	40
51315	75	77	135	44
51316	80	82	140	44
51317	85	88	150	49
14 尺寸系列				
51405	25	27	60	24
51406	30	32	70	28
51407	35	37	80	32
51408	40	42	90	36
51409	45	47	100	39
51410	50	52	110	43
51411	55	57	120	48
51412	60	62	130	51
51413	65	68	140	56
51414	70	73	150	60
51415	75	78	160	65
51416	80	83	170	68
51417	85	88	180	72

附录C　极限与配合

附表 C1　轴的极限偏差

基本尺寸/mm		a	b		c			d				e		
大于	至	11	11	12	9	10	11	8	9	10	11	7	8	9
—	3	-270	-140	-140	-60	-60	-60	-20	-20	-20	-20	-14	-14	-14
		-330	-200	-240	-85	-100	-120	-34	-45	-60	-80	-24	-28	-39
3	6	-270	-140	-140	-70	-70	-70	-30	-30	-30	-30	-20	-20	-20
		-345	-215	-260	-100	-118	-145	-48	-60	-78	-105	-32	-38	-50
6	10	-280	-150	-150	-80	-80	-80	-40	-40	-40	-40	-25	-25	-25
		-370	-240	-300	-116	-138	-170	-62	-76	-98	-130	-40	-47	-61
10	14	-290	-150	-150	-95	-95	-95	-50	-50	-50	-50	-32	-32	-32
14	18	-400	-260	-330	-138	-165	-205	-77	-93	-120	-160	-50	-59	-75
18	24	-300	-160	-160	-110	-110	-110	-65	-65	-65	-65	-40	-40	-40
24	30	-430	-290	-370	-162	-194	-240	-98	-117	-149	-195	-61	-73	-92
30	40	-310	-170	-170	-120	-120	-120							
		-470	-330	-420	-182	-220	-280	-80	-80	-80	-80	-50	-50	-50
40	50	-320	-180	-180	-130	-130	-130	-119	-142	-180	-240	-75	-89	-112
		-480	-340	-430	-192	-230	-290							
50	65	-340	-190	-190	-140	-140	-140							
		-530	-380	-490	-214	-260	-330	-100	-100	-100	-100	-60	-60	-60
65	80	-360	-200	-200	-150	-150	-150	-146	-174	-220	-290	-90	-106	-134
		-550	-390	-500	-224	-270	-340							
80	100	-380	-220	-220	-170	-170	-170							
		-600	-440	-570	-257	-310	-390	-120	-120	-120	-120	-72	-72	-72
100	120	-410	-240	-240	-180	-180	-180	-174	-207	-260	-340	-107	-126	-159
		-630	-460	-590	-267	-320	-400							
120	140	-460	-260	-260	-200	-200	-200							
		-710	-510	-660	-300	-360	-450							
140	160	-520	-280	-280	-210	-210	-210	-145	-145	-145	-145	-85	-85	-85
		-770	-530	-680	-310	-370	-460	-208	-245	-305	-395	-125	-148	-185
160	180	-580	-310	-310	-230	-230	-230							
		-830	-560	-710	-330	-390	-480							
180	200	-660	-340	-340	-240	-240	-240							
		-950	-630	-800	-355	-425	-530							
200	225	-740	-380	-380	-260	-260	-260	-170	-170	-170	-170	-100	-100	-100
		-1030	-670	-840	-375	-445	-550	-242	-285	-355	-460	-146	-172	-215
225	250	-820	-420	-420	-280	-280	-280							
		-1110	-710	-880	-395	-465	-570							
250	280	-920	-480	-480	-300	-300	-300							
		-1240	-800	-1000	-430	-510	-620	-190	-190	-190	-190	-110	-110	-110
280	315	-1050	-540	-540	-330	-330	-330	-271	-320	-400	-510	-162	-191	-240
		-1370	-860	-1060	-460	-540	-650							
315	355	-1200	-600	-600	-360	-360	-360							
		-1560	-960	-1170	-500	-590	-720	-210	-210	-210	-210	-125	-125	-125
355	400	-1350	-680	-680	-400	-400	-400	-299	-350	-440	-570	-182	-214	-265
		-1710	-1040	-1250	-540	-630	-760							
440	450	-1500	-760	-760	-440	-440	-440							
		-1900	-1160	-1390	-595	-690	-840	-230	-230	-230	-230	-135	-135	-135
450	500	-1650	-840	-840	-480	-480	-480	-327	-385	-480	-630	-198	-232	-290
		-2050	-1240	-1470	-635	-730	-880							

（摘自 GB/T 1800.2—2009） μm

f					g			h							
5	6	7	8	9	5	6	7	5	6	7	8	9	10	11	12
−6 −10	−6 −12	−6 −16	−6 −20	−6 −31	−2 −6	−2 −8	−2 −12	0 −4	0 −6	0 −10	0 −14	0 −25	0 −40	0 −60	0 −100
−10 −15	−10 −18	−10 −22	−10 −28	−10 −40	−4 −9	−4 −12	−4 −16	0 −5	0 −8	0 −12	0 −18	0 −30	0 −48	0 −75	0 −120
−13 −19	−13 −22	−13 −28	−13 −35	−13 −49	−5 −11	−5 −14	−5 −20	0 −6	0 −9	0 −15	0 −22	0 −36	0 −58	0 −90	0 −150
−16 −24	−16 −27	−16 −34	−16 −43	−16 −59	−6 −14	−6 −17	−6 −24	0 −8	0 −11	0 −18	0 −27	0 −43	0 −70	0 −110	0 −180
−20 −29	−20 −33	−20 −41	−20 −53	−20 −72	−7 −16	−7 −20	−7 −28	0 −9	0 −13	0 −21	0 −33	0 −52	0 −84	0 −130	0 −210
−25 −36	−25 −41	−25 −50	−25 −64	−25 −87	−9 −20	−9 −25	−9 −34	0 −11	0 −16	0 −25	0 −39	0 −62	0 −100	0 −160	0 −250
−30 −43	−30 −49	−30 −60	−30 −76	−30 −104	−10 −23	−10 −29	−10 −40	0 −13	0 −19	0 −30	0 −46	0 −74	0 −120	0 −190	0 −300
−36 −51	−36 −58	−36 −71	−36 −90	−36 −123	−12 −27	−12 −34	−12 −47	0 −15	0 −22	0 −35	0 −54	0 −87	0 −140	0 −220	0 −350
−43 −61	−43 −68	−43 −83	−43 −106	−43 −143	−14 −32	−14 −39	−14 −54	0 −18	0 −25	0 −40	0 −63	0 −100	0 −160	0 −250	0 −400
−50 −70	−50 −79	−50 −96	−50 −122	−50 −165	−15 −35	−15 −44	−15 −61	0 −20	0 −29	0 −46	0 −72	0 −115	0 −185	0 −290	0 −460
−56 −79	−56 −88	−56 −108	−56 −137	−56 −185	−17 −40	−17 −49	−17 −69	0 −23	0 −32	0 −52	0 −81	0 −130	0 −210	0 −320	0 −520
−62 −87	−62 −98	−62 −119	−62 −151	−62 −202	−18 −43	−18 −54	−18 −75	0 −25	0 −36	0 −57	0 −89	0 −140	0 −230	0 −360	0 −570
−68 −95	−68 −108	−68 −131	−68 −165	−68 −223	−20 −47	−20 −60	−20 −83	0 −27	0 −40	0 −63	0 −97	0 −155	0 −250	0 −400	0 −630

基本尺寸/mm		js			k			m			n			p		
大于	至	5	6	7	5	6	7	5	6	7	5	6	7	5	6	7
—	3	±2	±3	±5	+4 0	+6 0	+10 0	+6 +2	+8 +2	+12 +2	+8 +4	+10 +4	+14 +4	+10 +6	+12 +6	+16 +6
3	6	±2.5	±4	±6	+6 +1	+9 +1	+13 +1	+9 +4	+12 +4	+16 +4	+13 +8	+16 +8	+20 +8	+17 +12	+20 +12	+24 +12
6	10	±3	±4.5	±7	+7 +1	+10 +1	+16 +1	+12 +6	+15 +6	+21 +6	+16 +10	+19 +10	+25 +10	+21 +15	+24 +15	+30 +15
10 14	14 18	±4	±5.5	±9	+9 +1	+12 +1	+19 +1	+15 +7	+18 +7	+25 +7	+20 +12	+23 +12	+30 +12	+26 +18	+29 +18	+36 +18
18 24	24 30	±4.5	±6.5	±10	+11 +2	+15 +2	+23 +2	+17 +8	+21 +8	+29 +8	+24 +15	+28 +15	+36 +15	+31 +22	+35 +22	+43 +22
30 40	40 50	±5.5	±8	±12	+13 +2	+18 +2	+27 +2	+20 +9	+25 +9	+34 +9	+28 +17	+33 +17	+42 +17	+37 +26	+42 +26	+51 +26
50 65	65 80	±6.5	±9.5	±15	+15 +2	+21 +2	+32 +2	+24 +11	+30 +11	+41 +11	+33 +20	+39 +20	+50 +20	+45 +32	+51 +32	+62 +32
80 100	100 120	±7.5	±11	±17	+18 +3	+25 +3	+38 +3	+28 +13	+35 +13	+48 +13	+38 +23	+45 +23	+58 +23	+52 +37	+59 +37	+72 +37
120 140 160	140 160 180	±9	±12.5	±20	+21 +3	+28 +3	+43 +3	+33 +15	+40 +15	+55 +15	+45 +27	+52 +27	+67 +27	+61 +43	+68 +43	+83 +43
180 200 225	200 225 250	±10	±14.5	±23	+24 +4	+33 +4	+50 +4	+37 +17	+46 +17	+63 +17	+51 +31	+60 +31	+77 +31	+70 +50	+79 +50	+96 +50
250 280	280 315	±11.5	±16	±26	+27 +4	+36 +4	+56 +4	+43 +20	+52 +20	+72 +20	+57 +34	+66 +34	+86 +34	+79 +56	+88 +56	+108 +56
315 355	355 400	±12.5	±18	±28	+29 +4	+40 +4	+61 +4	+46 +21	+57 +21	+78 +21	+62 +37	+73 +37	+94 +37	+87 +62	+98 +62	+119 +62
400 450	450 500	±13.5	±20	±31	+32 +5	+45 +5	+68 +5	+50 +23	+63 +23	+86 +23	+67 +40	+80 +40	+103 +40	+95 +68	+108 +68	+131 +68

续表

r			s			t			u		v	x	y	z
5	6	7	5	6	7	5	6	7	6	7	6	6	6	6
+14 +10	+16 +10	+20 +10	+18 +14	+20 +14	+24 +14	—	—	—	+24 +18	+28 +18	—	+26 +20	—	+32 +26
+20 +15	+23 +15	+27 +15	+24 +19	+27 +19	+31 +19	—	—	—	+31 +23	+35 +23	—	+36 +28	—	+43 +35
+25 +19	+28 +19	+34 +19	+29 +23	+32 +23	+38 +23	—	—	—	+37 +28	+43 +28	—	+43 +34	—	+51 +42
+31 +23	+34 +23	+41 +23	+36 +28	+39 +28	+46 +28	—	—	—	+44 +33	+51 +33	—	+51 +40	—	+61 +50
						—	—	—			+50 +39	+56 +45	—	+71 +60
+37 +28	+41 +28	+49 +28	+44 +35	+48 +35	+56 +35	—	—	—	+54 +41	+62 +41	+60 +47	+67 +54	+76 +63	+86 +73
						+50 +41	+54 +41	+62 +41	+61 +48	+69 +48	+68 +55	+77 +64	+88 +75	+101 +88
+45 +34	+50 +34	+59 +34	+54 +43	+59 +43	+68 +43	+59 +48	+64 +48	+73 +48	+76 +60	+85 +60	+84 +68	+96 +80	+110 +94	+128 +112
						+65 +54	+70 +54	+79 +54	+86 +70	+95 +70	+97 +81	+113 +97	+130 +114	+152 +136
+54 +41	+60 +41	+71 +41	+66 +53	+72 +53	+83 +53	+79 +66	+85 +66	+96 +66	+106 +87	+117 +87	+121 +102	+141 +122	+163 +144	+191 +172
+56 +43	+62 +43	+72 +43	+72 +59	+78 +59	+89 +59	+88 +75	+94 +75	+105 +75	+121 +102	+132 +102	+139 +120	+165 +146	+193 +174	+229 +210
+66 +51	+73 +51	+86 +51	+86 +71	+93 +71	+106 +71	+106 +91	+113 +91	+126 +91	+146 +124	+159 +124	+168 +146	+200 +178	+236 +214	+280 +258
+69 +54	+76 +54	+89 +54	+94 +79	+101 +79	+114 +79	+119 +104	+126 +104	+139 +104	+166 +144	+179 +144	+194 +172	+232 +210	+276 +254	+332 +310
+81 +63	+88 +63	+103 +63	+110 +92	+117 +92	+132 +92	+140 +122	+147 +122	+162 +122	+195 +170	+210 +170	+227 +202	+273 +248	+325 +300	+390 +365
+83 +65	+90 +65	+105 +65	+118 +100	+125 +100	+140 +100	+152 +134	+159 +134	+174 +134	+215 +190	+230 +190	+253 +228	+305 +280	+365 +340	+440 +415
+86 +68	+93 +68	+108 +68	+126 +108	+133 +108	+148 +108	+164 +146	+171 +146	+186 +146	+235 +210	+250 +210	+277 +252	+335 +310	+405 +380	+490 +465
+97 +77	+106 +77	+123 +77	+142 +122	+151 +122	+168 +122	+186 +166	+195 +166	+212 +166	+265 +236	+282 +236	+313 +284	+379 +350	+454 +425	+549 +520
+100 +80	+109 +80	+126 +80	+150 +130	+159 +130	+176 +130	+200 +180	+209 +180	+226 +180	+287 +258	+304 +258	+339 +310	+414 +385	+499 +470	+604 +575
+104 +84	+113 +84	+130 +84	+160 +140	+169 +140	+186 +140	+216 +196	+225 +196	+242 +196	+313 +284	+330 +284	+369 +340	+454 +425	+549 +520	+669 +640
+117 +94	+126 +94	+146 +94	+181 +158	+190 +158	+210 +158	+241 +218	+250 +218	+270 +218	+347 +315	+367 +315	+417 +385	+507 +475	+612 +580	+742 +710
+121 +98	+130 +98	+150 +98	+193 +170	+202 +170	+222 +170	+263 +240	+272 +240	+292 +240	+382 +350	+402 +350	+457 +425	+557 +525	+682 +650	+822 +790
+133 +108	+144 +108	+165 +108	+215 +190	+226 +190	+247 +190	+293 +268	+304 +268	+325 +268	+426 +390	+447 +390	+511 +475	+626 +590	+766 +730	+936 +900
+139 +114	+150 +114	+171 +114	+233 +208	+244 +208	+265 +208	+319 +294	+330 +294	+351 +294	+471 +435	+492 +435	+566 +530	+696 +660	+856 +820	+1036 +1000
+153 +126	+166 +126	+189 +126	+259 +232	+272 +232	+295 +232	+357 +330	+370 +330	+393 +330	+530 +490	+553 +490	+635 +595	+780 +740	+960 +920	+1140 +1100
+159 +132	+172 +132	+195 +132	+279 +252	+292 +252	+315 +252	+387 +360	+400 +360	+423 +360	+580 +540	+603 +540	+700 +660	+860 +820	+1040 +1000	+1290 +1250

附表 C2　孔的极限偏差

基本尺寸/mm		A	B		C	D				E		F			
大于	至	11	11	12	11	8	9	10	11	8	9	6	7	8	9
—	3	+330 +270	+200 +140	+240 +140	+120 +60	+34 +20	+45 +20	+60 +20	+80 +20	+28 +14	+39 +14	+12 +6	+16 +6	+20 +6	+31 +6
3	6	+345 +270	+215 +140	+260 +140	+145 +70	+48 +30	+60 +30	+78 +30	+105 +30	+38 +20	+50 +20	+18 +10	+22 +10	+28 +10	+40 +10
6	10	+370 +280	+240 +150	+300 +150	+170 +80	+62 +40	+76 +40	+98 +40	+130 +40	+47 +25	+61 +25	+22 +13	+28 +13	+35 +13	+49 +13
10	18	+400 +290	+260 +150	+330 +150	+205 +95	+77 +50	+93 +50	+120 +50	+160 +50	+59 +32	+75 +32	+27 +16	+34 +16	+43 +16	+59 +16
18	24	+430 +300	+290 +160	+370 +160	+240 +110	+98 +65	+117 +65	+149 +65	+195 +65	+73 +40	+92 +40	+33 +20	+41 +20	+53 +20	+72 +20
24	30														
30	40	+470 +310	+330 +170	+420 +170	+280 +120	+119 +80	+142 +80	+180 +80	+240 +80	+89 +50	+112 +50	+41 +25	+50 +25	+64 +25	+87 +25
40	50	+480 +320	+340 +180	+430 +180	+290 +130										
50	65	+530 +340	+380 +190	+490 +190	+330 +140	+146 +100	+174 +100	+220 +100	+290 +100	+106 +60	+134 +60	+49 +30	+60 +30	+76 +30	+104 +30
65	80	+550 +360	+390 +200	+500 +200	+340 +150										
80	100	+600 +380	+440 +220	+570 +220	+390 +170	+174 +120	+207 +120	+260 +120	+340 +120	+126 +72	+159 +72	+58 +36	+71 +36	+90 +36	+123 +36
100	120	+630 +410	+460 +240	+590 +240	+400 +180										
120	140	+710 +460	+510 +260	+660 +260	+450 +200	+208 +145	+245 +145	+305 +145	+395 +145	+148 +85	+185 +85	+68 +43	+83 +43	+106 +43	+143 +43
140	160	+770 +520	+530 +280	+680 +280	+460 +210										
160	180	+830 +580	+560 +310	+710 +310	+480 +230										
180	200	+950 +660	+630 +340	+800 +340	+530 +240	+242 +170	+285 +170	+355 +170	+460 +170	+172 +100	+215 +100	+79 +50	+96 +50	+122 +50	+165 +50
200	225	+1030 +740	+670 +380	+840 +380	+550 +260										
225	250	+1110 +820	+710 +420	+880 +420	+570 +280										
250	280	+1240 +920	+800 +480	+1000 +480	+620 +300	+271 +190	+320 +190	+400 +190	+510 +190	+191 +110	+240 +110	+88 +56	+108 +56	+137 +56	+186 +56
280	315	+1370 +1050	+860 +540	+1060 +540	+650 +330										
315	355	+1560 +1200	+960 +600	+1170 +600	+720 +360	+299 +210	+350 +210	+440 +210	+570 +210	+214 +125	+265 +125	+98 +62	+119 +62	+151 +62	+202 +62
355	400	+1710 +1350	+1040 +680	+1250 +680	+760 +400										
400	450	+1900 +1500	+1160 +760	+1390 +760	+840 +440	+327 +230	+385 +230	+480 +230	+630 +230	+232 +135	+290 +135	+108 +68	+131 +68	+165 +68	+223 +68
450	500	+2050 +1650	+1240 +840	+1470 +840	+880 +480										

（摘自 GB/T 1800.2—2009）　　　　μm

G		H							JS			K			M		
6	7	6	7	8	9	10	11	12	6	7	8	6	7	8	6	7	8
+8 +2	+12 +2	+6 0	+10 0	+14 0	+25 0	+40 0	+60 0	+100 0	±3	±5	±7	0 −6	0 −10	0 −14	−2 −8	−2 −12	−2 −16
+12 +4	+16 +4	+8 0	+12 0	+18 0	+30 0	+48 0	+75 0	+120 0	±4	±6	±9	+2 −6	+3 −9	+5 −13	−1 −9	0 −12	+2 −16
+14 +5	+20 +5	+9 0	+15 0	+22 0	+36 0	+58 0	+90 0	+150 0	±4.5	±7	±11	+2 −7	+5 −10	+6 −16	−3 −12	0 −15	+1 −21
+17 +6	+24 +6	+11 0	+18 0	+27 0	+43 0	+70 0	+110 0	+180 0	±5.5	±9	±13	+2 −9	+6 −12	+8 −19	−4 −15	0 −18	+2 −25
+20 +7	+28 +7	+13 0	+21 0	+33 0	+52 0	+84 0	+130 0	+210 0	±6.5	±10	±16	+2 −11	+6 −15	+10 −23	−4 −17	−0 −21	+4 −29
+25 +9	+34 +9	+16 0	+25 0	+39 0	+62 0	+100 0	+160 0	+250 0	±8	±12	±19	+3 −13	+7 −18	+12 −27	−4 −20	0 −25	+5 −34
+29 +10	+40 +10	+19 0	+30 0	+46 0	+74 0	+120 0	+190 0	+300 0	±9.5	±15	±23	+4 −15	+9 −21	+14 −32	−5 −24	0 −30	+5 −41
+34 +12	+47 +12	+22 0	+35 0	+54 0	+87 0	+140 0	+220 0	+350 0	±11	±17	±27	+4 −18	+10 −25	+16 −38	−6 −28	0 −35	+6 −48
+39 +14	+54 +14	+25 0	+40 0	+63 0	+100 0	+160 0	+250 0	+400 0	±12.5	±20	±31	+4 −21	+12 −28	+20 −43	−8 −33	0 −40	+8 −55
+44 +15	+61 +15	+29 0	+46 0	+72 0	+115 0	+185 0	+290 0	+460 0	±14.5	±23	±36	+5 −24	+13 −33	+22 −50	−8 −37	0 −46	+9 −63
+49 +17	+69 +17	+32 0	+52 0	+81 0	+130 0	+210 0	+320 0	+520 0	±16	±26	±40	+5 −27	+16 −36	+25 −56	−9 −41	0 −52	+9 −72
+54 +18	+75 +18	+36 0	+57 0	+89 0	+140 0	+230 0	+360 0	+570 0	±18	±28	±44	+7 −29	+17 −40	+28 −61	−10 −46	0 −57	+11 −78
+60 +20	+83 +20	+40 0	+63 0	+97 0	+155 0	+250 0	+400 0	+630 0	±20	±31	±48	+8 −32	+18 −45	+29 −68	−10 −50	0 −63	+11 −86

续表

基本尺寸/mm		N			P		R		S		T		U
大于	至	6	7	8	6	7	6	7	6	7	6	7	7
—	3	-4 -10	-4 -14	-4 -18	-6 -12	-6 -16	-10 -16	-10 -20	-14 -20	-14 -24	—	—	-18 -28
3	6	-5 -13	-4 -16	-2 -20	-9 -17	-8 -20	-12 -20	-11 -23	-16 -24	-15 -27	—	—	-19 -31
6	10	-7 -16	-4 -19	-3 -25	-12 -21	-9 -24	-16 -25	-13 -28	-20 -29	-17 -32	—	—	-22 -37
10	18	-9 -20	-5 -23	-3 -30	-15 -26	-11 -29	-20 -31	-16 -34	-25 -36	-21 -39	—	—	-26 -44
18	24	-11 -24	-7 -28	-3 -36	-18 -31	-14 -35	-24 -37	-20 -41	-31 -44	-27 -48	—	—	-33 -54
24	30										-37 -50	-33 -54	-40 -61
30	40	-12 -28	-8 -33	-3 -42	-21 -37	-17 -42	-29 -45	-25 -50	-38 -54	-34 -59	-43 -59	-39 -64	-51 -76
40	50										-49 -65	-45 -70	-61 -86
50	65	-14 -33	-9 -39	-4 -50	-26 -45	-21 -51	-35 -54	-30 -60	-47 -66	-42 -72	-60 -79	-55 -85	-76 -106
65	80						-37 -56	-32 -62	-53 -72	-48 -78	-69 -88	-64 -94	-91 -121
80	100	-16 -38	-10 -45	-4 -58	-30 -52	-24 -59	-44 -66	-38 -73	-64 -86	-58 -93	-84 -106	-78 -113	-111 -146
100	120						-47 -69	-41 -76	-72 -94	-66 -101	-97 -119	-91 -126	-131 -166
120	140	-20 -45	-12 -52	-4 -67	-36 -61	-28 -68	-56 -81	-48 -88	-85 -110	-77 -117	-115 -140	-107 -147	-155 -195
140	160						-58 -83	-50 -90	-93 -118	-85 -125	-127 -152	-119 -159	-175 -215
160	180						-61 -86	-53 -93	-101 -126	-93 -133	-139 -164	-131 -171	-195 -235
180	200	-22 -51	-14 -60	-5 -77	-41 -70	-33 -79	-68 -97	-60 -106	-113 -142	-105 -151	-157 -186	-149 -195	-219 -265
200	225						-71 -100	-63 -109	-121 -150	-113 -159	-171 -200	-163 -209	-241 -287
225	250						-75 -104	-67 -113	-131 -160	-123 -169	-187 -216	-179 -225	-267 -313
250	280	-25 -57	-14 -66	-5 -86	-47 -79	-36 -88	-85 -117	-74 -126	-149 -181	-138 -190	-209 -241	-198 -250	-295 -347
280	315						-89 -121	-78 -130	-161 -193	-150 -202	-231 -263	-220 -272	-330 -382
315	355	-26 -62	-16 -73	-5 -94	-51 -87	-41 -98	-97 -133	-87 -144	-179 -215	-169 -226	-257 -293	-247 -304	-369 -426
355	400						-103 -139	-93 -150	-197 -233	-187 -244	-283 -319	-273 -330	-414 -471
400	450	-27 -67	-17 -80	-6 -103	-55 -95	-45 -108	-113 -153	-103 -166	-219 -259	-209 -272	-317 -357	-307 -370	-467 -530
450	500						-119 -159	-109 -172	-239 -279	-229 -292	-347 -387	-337 -400	-517 -580

附录 D　常用的金属材料与非金属材料

附表 D1　金属材料

标准	名称	牌号	应用举例		说　明
GB/T 700—2006	碳素结构钢	Q215	A级	金属结构件、拉杆、套圈、铆钉、螺栓、短轴、心轴、凸轮（载荷不大的）、垫圈、渗碳零件及焊接件	“Q”为碳素结构钢屈服点“屈”字的汉语拼音首位字母，后面数字表示屈服点数值。如Q235表示碳素结构钢屈服点为235MPa 新旧牌号对照： Q215—A2 Q235—A3 Q275—A5
			B级		
		Q235	A级	金属结构件，心部强度要求不高的渗碳或氰化零件，吊钩、拉杆、套圈、汽缸、齿轮、螺栓、螺母、连杆、轮轴、楔、盖及焊接件	
			B级		
			C级		
			D级		
		Q275	轴、轴销、刹车杆、螺母、螺栓、垫圈、连杆、齿轮以及其他强度较高的零件		
GB/T 699—1999	优质碳素结构钢	10F 10	用作拉杆、卡头、垫圈、铆钉及焊接零件		牌号的两位数字表示平均碳的质量分数，45钢即表示碳的质量分数为0.45%； 碳的质量分数≤0.25%的碳钢属低碳钢（渗碳钢）； 碳的质量分数为0.25%～0.6%的碳钢属中碳钢（调质钢）； 碳的质量分数大于0.6%的碳钢属高碳钢； 沸腾钢在牌号后加符号“F”； 锰的质量分数较高的钢，须加注化学元素符号“Mn”
		15F 15	用于受力不大和韧性较高的零件、渗碳零件及紧固件（如螺栓、螺钉）、法兰和化工贮器		
		35	用于制造曲轴、转轴、轴销、杠杆连杆、螺栓、螺母、垫圈、飞轮（多在正火、调质下使用）		
		45	用作要求综合力学性能高的各种零件，通常经正火或调质处理后使用。用于制造轴、齿轮、齿条、链轮、螺栓、螺母、销钉、键、拉杆等		
		65	用于制造弹簧、弹簧垫圈、凸轮、轧辊等		
		15Mn	制作心部力学性能要求较高且须渗碳的零件		
		65Mn	用作要求耐磨性高的圆盘、衬板、齿轮、花键轴、弹簧等		
GB/T 3077—1999	合金结构钢	30Mn2	起重机行车轴、变速箱齿轮、冷镦螺栓及较大截面的调质零件		钢中加入一定量的合金元素，提高了钢的力学性能和耐磨性，也提高了钢的淬透性，保证金属在较大截面上获得高的力学性能
		20Cr	用于要求心部强度较高、承受磨损、尺寸较大的渗碳零件，如齿轮、齿轮轴、蜗杆、凸轮、活塞销等，也用于速度较大、受中等冲击的调质零件		
		40Cr	用于受变载、中速、中载、强烈磨损而无很大冲击的重要零件，如重要的齿轮、轴、曲轴、连杆、螺栓、螺母等		
		35SiMn	可代替40Cr用于中小型轴类、齿轮等零件及430℃以下的重要紧固件等		
		20 CrMnTi	强度、韧性均高，可代替镍铬钢用于承受高速、中等或重载荷以及冲击、磨损等重要零件，如渗碳齿轮、凸轮等		

续表

标准	名称	牌号	应用举例	说　明
GB/T 11352—2009	铸钢	ZG230—450	轧机机架、铁道车辆摇枕、侧梁、铁铮台、机座、箱体、锤轮、450℃以下的管路附件等	"ZG"为铸钢汉语拼音的首位字母，后面数字表示屈服点和抗拉强度。如ZG230—450表示屈服点为230MPa、抗拉强度为450MPa
		ZG310—570	联轴器、齿轮、汽缸、轴、机架、齿圈等	
GB/T 9439—1988	灰铸铁	HT150	用于小载荷和对耐磨性无特殊要求的零件，如端盖、外罩、手轮、一般机床底座、床身及其复杂零件，滑台、工作台和低压管件等	"HT"为灰铁的汉语拼音的首位字母，后面的数字表示抗拉强度。如HT200表示抗拉强度为200MPa的灰铸铁
		HT200	用于中等载荷和对耐磨性有一定要求的零件，如机床床身、立柱、飞轮、汽缸、泵体、轴承座、活塞、齿轮箱、阀体等	
		HT250	用于中等载荷和对耐磨性有一定要求的零件，如阀壳、油缸、汽缸、联轴器、机体、齿轮、齿轮箱外壳、飞轮、衬套、凸轮、轴承座、活塞等	
		HT300	用于受力大的齿轮、床身导轨、车床卡盘、剪床床身、压力机的床身、凸轮、高压油缸、液压泵和滑阀壳体、冲模模体等	
GB/T 1176—1987	5-5-5 锡青铜	ZCuSn5 Pb5Zn5	耐磨性和耐蚀性均好，易加工，铸造性和气密性较好。用于较高载荷、中等滑动速度下工作的耐磨、耐蚀零件，如轴瓦、衬套、缸套、油塞、离合器、蜗轮等	"Z"为铸造汉语拼音的首位字母，各化学元素后面的数字表示该元素含量的百分数（质量分数），如ZCuAl10Fe3 表示含Al8.5%～11%，Fe2%～4%，其余为Cu的铸造铝青铜
	10-3 铝青铜	ZCuAl10 Fe3	力学性能好，耐磨性、耐蚀性、抗氧化性好，可焊接性好，不易钎焊，大型铸件自700℃空冷可防止变脆。可用于制造强度高、耐磨、耐蚀的零件，如蜗轮、轴承、衬套、管嘴、耐热管配件等	
	25-6-3-3 铝黄铜	ZCuZn 25A16 Fe3Mn3	有很好的力学性能，铸造性良好，耐蚀性较好，有应力腐蚀开裂倾向，可以焊接。适用于高强耐磨零件，如桥梁支承板、螺母、螺杆、耐磨板、滑块和蜗轮等	
	58-2-2 锰黄铜	ZCu58 Mn2Pb2	有较好的力学性能和耐蚀性，耐磨性较好，切削性良好。可用于一般用途的构件、船舶仪表等使用的外形简单的铸件，如套筒、衬套、轴瓦、滑块等	
GB/T 1173—1995	铸造铝合金	ZL102 ZL202	耐磨性中上等，用于制造载荷不大的薄壁零件	ZL102表示含硅10%～13%（质量分数）、余量为铝的铝硅合金；ZL202表示含铜9%～11%、余量为铝的铝铜合金

续表

标准	名称	牌号	应用举例	说明
GB/T 3190—2008	硬铝	LY12	焊接性能好，适于制作中等强度的零件	LY12表示含铜(质量分数)3.8%～4.9%、镁1.2%～1.8%、锰0.3%～0.9%、余量为铝的硬铝
	工业纯铝	L2	适于制作贮槽、塔、热交换器、防止污染及深冷设备等	L2表示含杂质≤0.4%的工业纯铝

附表D2　非金属材料

标　　准	名　　称	牌号	说　　明	应用举例
GB/T 539—2008	耐油石棉橡胶板		有厚度(0.4～3.0)mm的十种规格	供航空发动机用的煤油、润滑油及冷气系统接合处的密封衬垫材料
GB/T 5574—2008	耐酸碱橡胶板	2707 2807 2709	较高硬度 中等硬度	具有耐酸碱性能，在温度为－30～＋60℃的20%浓度的酸碱液体中工作，用作冲制密封性能较好的垫圈
	耐油橡胶板	3707 3807 3709 3809	较高硬度	可在一定温度的机油、变压器油、汽油等介质中工作，适于冲制各种形状的垫圈
	耐热橡胶板	4708 4808 4710	较高硬度 中等硬度	可在－30～＋100℃且压力不大的条件下，于热空气、蒸汽介质中工作，用作冲制各种垫圈和隔热垫板

参 考 文 献

[1] 杨惠英,王玉坤.机械制图[M].3 版. 北京:清华大学出版社,2011.

[2] 唐克忠,朱同均.画法几何及工程制图[M].3 版.北京:高等教育出版社,2002.

[3] 刘小年,郭克希.工程制图[M].2 版.北京:高等教育出版社,2010.

[4] 张大庆,田风奇,赵红英,等.画法几何基础与机械制图[M].北京:清华大学出版社,2012.

[5] 薛颂菊.工程制图习题集[M].北京:清华大学出版社,2012.